U0793823

"十四五"职业教育国家规划教材

中等职业教育课程改革国家规划新教材
全国中等职业教育教材审定委员会审定

机 械 制 图

(多学时)

第 2 版

主　编　钱可强　姜尤德
副主编　王　瑶　王调品　李建华　周玉凯
参　编　张旭林　罗　清　钟本安　王洪军
谢贤萍　张　伟　顾　亮　韩　钊
唐　莉　李　梅　李建梅　赵　燕
张　沙　黄宗慧　李明春　刘穿峡
邹文韩　杨　柳

机 械 工 业 出 版 社

本书是“十四五”职业教育国家规划教材，是根据教育部于2009年发布的《中等职业学校机械制图教学大纲》编写的。

本书共分8个单元，主要内容包括制图基本知识、正投影作图基础、轴测图、组合体、图样画法、标准件和常用件、零件图和装配图。

为便于教学，本书配套有电子教案PPT授课讲义、主要知识点的Flash动画、全部插图的电子挂图等教学资源，选择本书作为教材的教师可来电（010-88379197）索取，或登录www.cmpedu.com网站，注册、免费下载。与本书配套的由钱可强、姜尤德主编的《机械制图习题集（多学时）》第2版以及由李添翼主编的《机械制图教学指导》由机械工业出版社同时出版。

本书可作为中等职业学校机械类相关专业教材，也可作为相关专业人员培训教材。

图书在版编目（CIP）数据

机械制图（多学时） 第2版/钱可强，姜尤德主编. —2版. —北京：机械工业出版社，2016.8（2023.8重印）

中等职业教育课程改革国家规划新教材

ISBN 978-7-111-54320-6

Ⅰ.①机… Ⅱ.①钱… ②姜… Ⅲ.①机械制图-中等专业学校-教材 Ⅳ.①TH126

中国版本图书馆CIP数据核字（2016）第165949号

机械工业出版社（北京市百万庄大街22号 邮政编码100037）
策划编辑：齐志刚 责任编辑：黎 艳 责任校对：潘 蕊
封面设计：马精明 责任印制：李 昂
中农印务有限公司印刷
2023年8月第2版第16次印刷
184mm×260mm · 14.75印张 · 357千字
标准书号：ISBN 978-7-111-54320-6
定价：46.00元

电话服务 网络服务
客服电话：010-88361066 机 工 官 网：www.cmpbook.com
010-88379833 机 工 官 博：weibo.com/cmp1952
010-68326294 金 书 网：www.golden-book.com
封底无防伪标均为盗版 机工教育服务网：www.cmpedu.com

关于“十四五”职业教育
国家规划教材的出版说明

为贯彻落实《中共中央关于认真学习宣传贯彻党的二十大精神的决定》《习近平新时代中国特色社会主义思想进课程教材指南》《职业院校教材管理办法》等文件精神，机械工业出版社与教材编写团队一道，认真执行思政内容进教材、进课堂、进头脑要求，尊重教育规律，遵循学科特点，对教材内容进行了更新，着力落实以下要求：

1. 提升教材铸魂育人功能，培育、践行社会主义核心价值观，教育引导学生树立共产主义远大理想和中国特色社会主义共同理想，坚定“四个自信”，厚植爱国主义情怀，把爱国情、强国志、报国行自觉融入建设社会主义现代化强国、实现中华民族伟大复兴的奋斗之中。同时，弘扬中华优秀传统文化，深入开展宪法法治教育。

2. 注重科学思维方法训练和科学伦理教育，培养学生探索未知、追求真理、勇攀科学高峰的责任感和使命感；强化学生工程伦理教育，培养学生精益求精的大国工匠精神，激发学生科技报国的家国情怀和使命担当。加快构建中国特色哲学社会科学学科体系、学术体系、话语体系。帮助学生了解相关专业和行业领域的国家战略、法律法规和相关政策，引导学生深入社会实践、关注现实问题，培育学生经世济民、诚信服务、德法兼修的职业素养。

3. 教育引导学生深刻理解并自觉实践各行业的职业精神、职业规范，增强职业责任感，培养遵纪守法、爱岗敬业、无私奉献、诚实守信、公道办事、开拓创新的职业品格和行为习惯。

在此基础上，及时更新教材知识内容，体现产业发展的新技术、新工艺、新规范、新标准。加强教材数字化建设，丰富配套资源，形成可听、可视、可练、可互动的融媒体教材。

教材建设需要各方的共同努力，也欢迎相关教材使用院校的师生及时反馈意见和建议，我们将认真组织力量进行研究，在后续重印及再版时吸纳改进，不断推动高质量教材出版。

机械工业出版社

第2版前言

本书自出版以来，已被众多中等职业技术学校、技工院校及岗位培训机构作为教材。“估中学、做中教”“以例代理”的创新理念始终贯穿于教材之中，通过近几年的教学实践，反映良好。在这次重印的过程中，编写人员贯彻党的二十大精神和理念，以融入“知识学习、技能提升、立德树人”，让学生树立“科技兴国、科技强国、科技报国”的使命感为培养目标，对教材内容进行了认真的研究。本次重印仍保持第2版的课程体系不变，针对部分章节的内容做了适当的调整和补充。

本次重印修改的主要内容有以下几个方面。

1. 删去第1版第十单元“零部件测绘”，在本版第七单元中增补第五节“零件的测绘”；删去第1版第十一单元“第三角画法”，在本版第五单元中增补第五节“第三角画法简介”；将第1版第三单元并入第二单元“正投影作图基础”，内容做了相应调整，淡化了截交线和相贯线的投影作图。全书共设8个单元，内容更加精练实用。

2. 对第1版的体例做了调整，将各单元的“学习引导”移入配套的“电子教案”中，将部分“实际演练”改为“课堂讨论”，保留每一节的“典型案例”以及部分“知识拓展”“小技巧”等；对全书的插图进行了检查修正，将部分简单的插图重新排版，使版面更加紧凑和美观。

3. “做中教、做中学”是职业教育的创新理念，“上课听得懂，习题不会做”是学习本课程的普遍现象。本次修订在第1版基础上更加丰富了“课堂讨论”的内容，在教师引导下，以讨论的形式，展开师生互动，边讲边练，边做边学，由一个知识点扩大思维空间，旨在培养学生举一反三、自主学习的良好习惯。

4. 进一步修改、理顺和调整了全书的文字叙述，使之更加精练，可读性更强。例如：

1）第一单元通过“绘制简单平面图形”“绘制复杂平面图形”和“尺规绘图”三节的叙述，将原来平铺直叙、枯燥乏味的国家标准各项规定穿插其中，使目的、任务更明确。

2）删去第1版第七单元“表面结构表示法”一节中与图样画法无关的内容，以点到为止的叙述方法，突出图形符号的图示表达。

3）第七单元“零件表达方案的确定”一节，通过典型案例“轴承座”详尽而全面地分析了表达方案的选择方法和过程，删去了四类典型零件不同的表达方法，直接切入主题，叙述通俗，概念清楚，体现了“以例代理”的编写风格。

5. 零装结合体系，打造本书特色：在识读“球阀”主要零件图的基础上，再讲述“球阀”装配图，初步认识和了解装配图的内容和画法规定；以“千斤顶”为例介绍由零件图画装配图的方法与步骤；再通过“齿轮泵”和“推杆阀”，全面阐述识读装配图并拆画零件图的方法和过程。通过以上四个装配图实例，由简单到复杂，从画图、读图到拆图，并且与习题作业相呼应，环环相扣，逐步掌握识读中等复杂程度机械图样的能力。

6. 采用2016年以前新颁布的有关国家标准，更新相关内容和图例。

7. 与本书配套的《机械制图习题集（多学时）》第2版同时出版。本书配套资源“电子教案”“电子挂图”“授课讲义”和习题集参考答案等均做了相应的修订。

8. 二维码观看视频资源注意事项：

1）本书利用计算机和网络技术建立立体化教材，通过扫描二维码可免费观看相关知识点和关键操作步骤的视频。

2）本书附带视频文件版权所有，未经允许请勿擅自使用。

3）由于二维码技术首次在该类教材中使用，不成熟的地方请谅解。

本书由上海同济大学钱可强、成都市现代制造职业技术学校姜尤德任主编；成都市现代制造职业技术学校王瑶、周玉凯，成都市工业职业技术学校王调品，四川机电高级技工学校李建华任副主编；参加修订工作的还有中国五冶职工大学张旭林、黄宗慧，四川航天职业技术学院罗清，成都市工程职业技术学校钟本安、杨柳，成都市现代制造职业技术学校张伟、顾亮、韩钊、唐莉、李梅、李建梅、赵燕、李明春、刘穿峡、邹文韩，四川机电高级技工学校张沙，成都市洞子口职业高级中学王洪军，四川川化集团技工学校谢贤萍。中国兵器装备集团公司高级工程师张辽川参与教材建设，根据企业需要，在制图标准、公差配合和视图的简化画法方面结合企业的应用，提出了许多建设性意见；董国耀教授对本书第 1 版提出了很多指导性的意见和建议；李同军老师绘制全书精美的立体润饰图，在此表示衷心的感谢。

欢迎选用本书的师生和广大读者提出宝贵意见，以便下次修订时调整与改进，谢谢！

钱可强

第1版前言

为贯彻《国务院关于大力发展职业教育的决定》精神，落实《教育部关于进一步深化中等职业教育教学改革的若干意见》关于“加强中等职业教育教材建设，保证教学资源基本质量”的要求，确保新一轮中等职业教育教学改革顺利进行，全面提高教育教学质量，保证高质量教材进课堂，教育部对中等职业学校德育课、文化基础课等必修课程和部分大类专业基础课教材进行了统一规划并组织编写。本书是中等职业教育课程改革国家规划新教材之一，是根据教育部于2009年发布的《中等职业学校机械制图教学大纲》编写的。

针对职业教育特色和教学模式的需要，以及中职学生的心理特点和认知规律，本书的编写，以“简明实用”为编写宗旨，以“识图为主”为编写思路，以“以例代理”为编写风格，以“零装结合”为编写体系，努力做到：基本理论以应用为目的，必需和够用为度；对于后续课程要讲授的知识，如技术要求、合理标注尺寸等，采用广而不深、点到为止的叙述方法；基本技能不要狭义地理解为绘图基本功，而应该以培养识图能力为重点，并贯穿始终。

机械制图课程是中等职业学校机械类各专业学生必修的基础课。该课程应着力培养学生的综合职业能力和继续学习专业技术的能力，以及团队合作与交流的能力。为此，本书力求体现以下特点：

1. 版式新颖，图文并茂

以典型案例为主线，阐明必要的相关知识，通过实际演练巩固提高。本书明确了每个教学环节的学习目标和任务，并给予恰当的提示，把握重点，少走弯路。将一些不重要但必须了解或掌握的小常识、小技巧穿插其中；文字叙述力求简明扼要，通俗易懂。对于绘图时易犯的错误，本书给出了正误对比图例；对复杂的投影作图，本书采用分解图示；对难以看懂的投影图，本书附加立体图帮助理解。全书版式新颖活泼，插图准确精美，在读者赏心悦目之时，激发其求知的欲望。

2. 精讲多练，师生互动

“做中学，做中教”是职业教育的创新理念。本书尝试将基本概念和基本理论融入大量实例之中，以课堂讨论的形式，在教师的启发引导下，边讲边练、边做边学，由一个知识点扩大思维空间，培养举一反三、多向思维的能力和自主学习的良好习惯。

3. 贴近工程，团队协作

综合实践是本书的重要组成部分，零部件测绘[㊀]就是以齿轮泵为典型部件来介绍测绘全过程。通过测绘实践，可使学生得到本课程基本知识、原理和方法的综合运用和全面训练，这既是理论联系实际培养学生动手能力的有效方法，也是培养学生制订并实施工作计划能力和团队合作交流能力，提高其职业素质的重要一环。

㊀ 建议选用由钱可强主编的《零部件测绘实训教程》作为补充教材。

4. 贴近生活，激发兴趣

本书将生活中的实例融入制图教学。例如，在叙述多边形平面图形的作图方法后，让学生仔细观察足球是由哪些多边形拼接而成的；又如，在初步掌握组合体的绘制和识读方法的基础上，要求学生由一个或两个视图构思想象出多种不同形体。

5. 最新国标，配套课件

本书贯彻最新国家标准，包括 GB/T 131—2006 表面结构表示法、GB/T 1182—2008 几何公差、GB/T 1800—2009 极限与配合等。本书提供配套的整体教学资源，包括按课时划分的 PowerPoint 授课讲义、主要知识点的 Flash 动画、全部插图的电子挂图。借助这套完整的教学资源，教师可节省备课时间和板书工作量，可通过动画更加生动地演示绘图过程。选择本书作为教材的教师可来电（010-88379197）索取，或登录 www.cmpedu.com 网站，注册、免费下载。

参加本书编写工作的成员是来自全国不同地区高校、高职、中职院校的资深教师和工矿企业的高级工程师。本书由同济大学教授钱可强任主编，成都市新都职业技术学校姜尤德、北京电子科技职业学院邱坤、江苏省武进职业教育中心校李添翼任副主编，参与本书编写的人员还有上海大学李良训、北京机床研究所郭卫国、北京卫星制造厂冯家林、汕头林百欣科技中专杨芊、济南技师学院李永民、唐山学院康英杰、广州市市政建材职业学校陈玉清、唐山机车车辆厂高级技校马玉青。在本书的编写过程中，北京理工大学董国耀教授提出了很多指导性和建设性的建议和意见，在此表示衷心感谢！

本书经全国中等职业教育教材审定委员会审定，由宋宪一、严国华主审。教育部评审专家、主审专家在评审及审稿过程中对本书内容及体系提出了很多宝贵的建议，在此对他们表示衷心的感谢！

本书虽经全体编者通力合作，仍难免疏漏或考虑不周，欢迎广大读者和选用本教材的老师提出宝贵意见和建议，以便及时调整补充，谢谢。

钱可强

目 录

出版说明
第 2 版前言
第 1 版前言
绪论 …… 1
第一单元 制图基本知识 …… 6
第一节 绘制简单平面图形 …… 6
第二节 绘制复杂平面图形 …… 12
第三节 尺规绘图 …… 20
第二单元 正投影作图基础 …… 27
第一节 绘制简单形体三视图 …… 27
第二节 点、直线、平面的投影 …… 34
第三节 平面体及其切割的投影作图 …… 40
第四节 曲面体及其切割的投影作图 …… 46
第五节 两回转体相贯的投影作图 …… 55
第三单元 轴测图 …… 61
第一节 正等轴测图画法 …… 61
第二节 斜二轴测图画法 …… 70
第三节 轴测草图画法 …… 72
第四单元 组合体 …… 77
第一节 绘制组合体三视图 …… 77
第二节 标注组合体的尺寸 …… 84
第三节 识读组合体三视图 …… 89
第五单元 图样画法 …… 98
第一节 视图 …… 98
第二节 剖视图 …… 103
第三节 断面图 …… 116
第四节 局部放大图和简化画法 …… 121
第五节 第三角画法简介 …… 125
第六单元 标准件和常用件 …… 130
第一节 螺纹紧固件 …… 130
第二节 键和销 …… 141
第三节 直齿圆柱齿轮 …… 145
第四节 弹簧 …… 149
第五节 滚动轴承 …… 150
第七单元 零件图 …… 155
第一节 零件表达方案的确定 …… 155
第二节 零件图中的尺寸标注 …… 161
第三节 机械图样中的技术要求 …… 169
第四节 读零件图 …… 183
第五节 零件的测绘 …… 189
第八单元 装配图 …… 193
第一节 初识装配图 …… 193
第二节 画装配图的方法和步骤 …… 200
第三节 读装配图和拆画零件图 …… 207
附录 …… 212
参考文献 …… 225

绪论

一、图样的内容和作用

机械制图是研究机械图样的一门学科。在现代工业生产中，无论是设计制造机床、车辆、船舶、机械设备、化工设备、各种仪表或电子仪器等，都离不开图样。我们知道，任何机器都是由许多零件和部件组合而成。从图 0-1 中可看到，齿轮泵是汽车中的一个部件，而齿轮泵又由若干零件所组成。在设计汽车时，要画出它的总图、部件装配图和零件图；在制

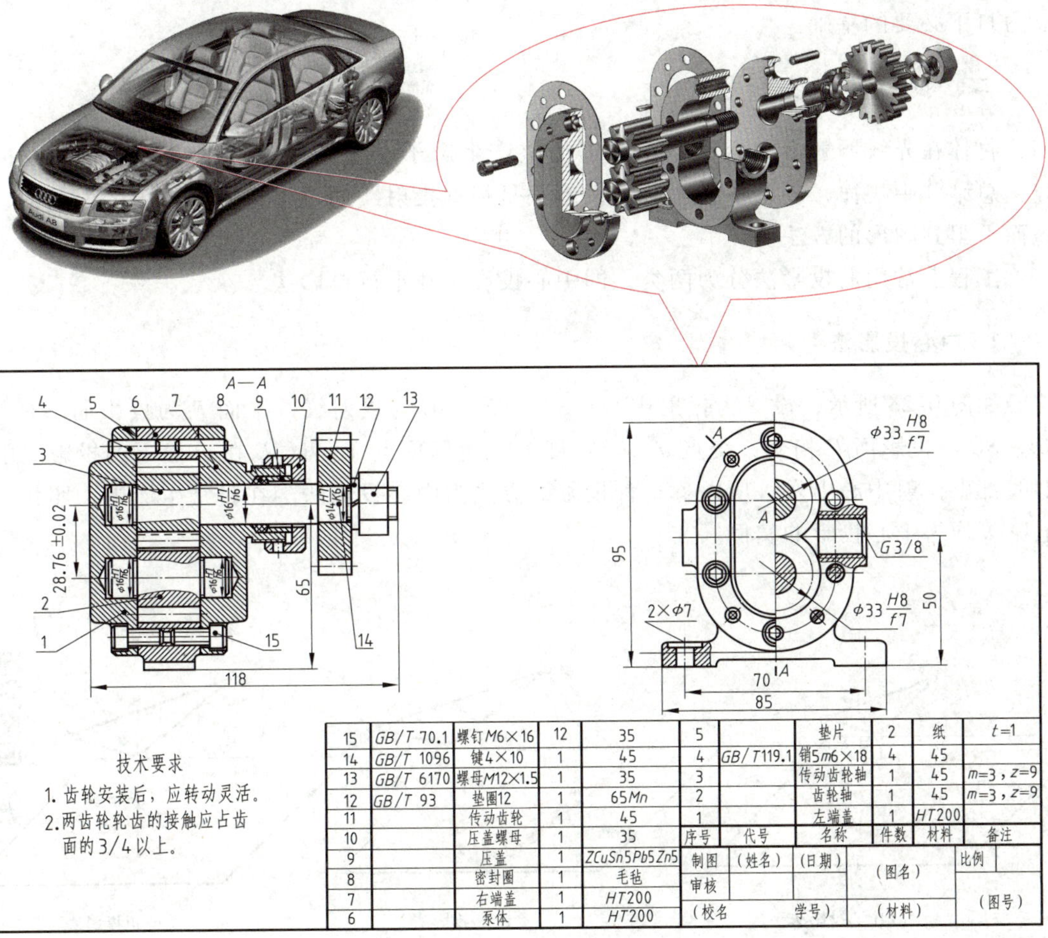

图 0-1　汽车齿轮泵

造汽车时，要根据零件图加工零件，然后按装配图把零件装配成部件，再和其他零件或部件按总图装配成汽车。由此可见，图样是工业生产中的重要技术文件。

根据投影原理、国家标准或有关规定表示的工程对象，并有必要的技术说明的“图”称为图样。工程图样是现代工业生产不可缺少的依据。设计者通过图样表达设计意图；制造者通过图样了解设计要求、组织制造和指导生产；使用者通过图样了解机器设备的结构和性能，进行操作、维修和保养。因此，图样是传递和交流技术信息和思想的媒介和工具，是工程界通用的技术语言。中等职业教育培养的是生产第一线的现代新型技能型人才，因此，要求他们必须学会并掌握这种语言，具备识读和绘制工程图样的基本能力。

机械制图主要是应用投影原理来研究表达机器的部件或零件的图示方法。一张生产图样，不仅要表达零件的结构形状和尺寸，还要注写各种技术要求，因此，它涉及的知识比较广。本课程学习的基本内容，主要是用图形来表达零件或根据已经画好的图样来想象零件的形状。而对于按工艺要求合理标注尺寸和技术要求的内容等只作适当介绍，有待学习其他课程和今后工作中进一步掌握。

本课程研究的图样主要是机械图样，是学习识读和绘制机械图样的原理和方法的一门主干技术基础课。通过本课程学习，可为学习后续的机械基础和专业课程以及发展自身的职业能力打下必要的基础。

二、投影的方法和分类

物体在光线照射下，会在地面或墙面上产生影子。人们根据这种自然现象加以抽象研究，总结其中规律，创造了投影法。投影法是根据投射线通过物体，向选定的面投射，并在该面上得到图形的方法。

工程上常用的投影法分为两类，即中心投影法和平行投影法。

1. 中心投影法

如图 0-2a 所示，设 S 为投射中心，SA、SB、SC 为投射线，平面 P 为投影面。延长 SA、SB、SC 与投影面 P 相交，交点 a、b、c 即为三角形顶点 A、B、C 在 P 面上的投影。由于投射线都由投射中心出发，所以称这种投影的方法为中心投影法。在日常生活中，照相、放映电影等均为中心投影的实例。

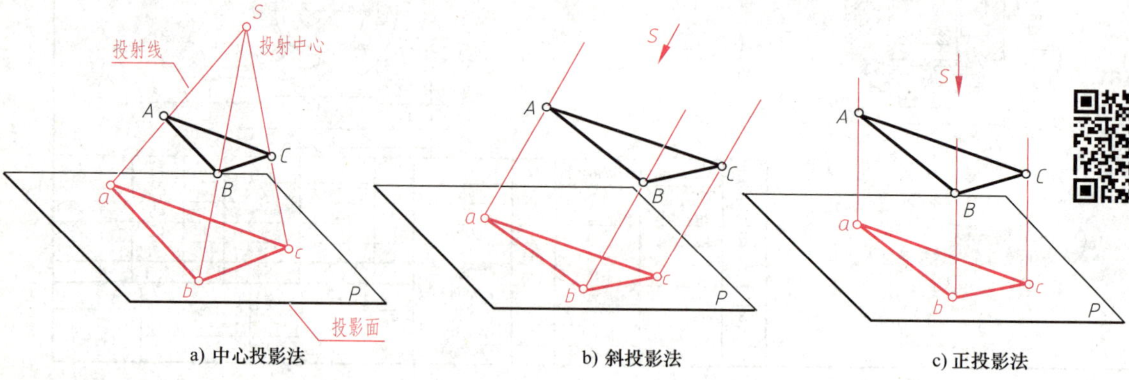

图 0-2　中心投影法和平行投影法

2. 平行投影法

当投射中心位于无限远处，所有投射线互相平行，这种投影法称为平行投影法。在平行投影法中，S 表示投射方向。根据投射线与投影面形成不同的角度，平行投影法又分为斜投影法与正投影法两种：

1）斜投影法：投射线与投影面相倾斜的平行投影法（图 0-2b）。

2）正投影法：投射线与投影面相垂直的平行投影法（图 0-2c）。

三、工程上常用的投影图

1. 透视图

用中心投影法将物体投射到单一投影面上所得到的图形称为透视图。由于透视图与人的视觉相符，能体现近大远小的效果，所以形象逼真，具有丰富的立体感。但作图比较麻烦，且度量性差，常用于建筑效果图。

2. 轴测图

将物体正放用斜投影法画出的图或将物体斜放用正投影法画出的图称为轴测图，如图 0-3 所示的千斤顶轴测图。轴测图虽不符合近大远小的视觉习惯，但其具有很强的直观性，所以在工程上特别是机械图样中得到广泛应用。

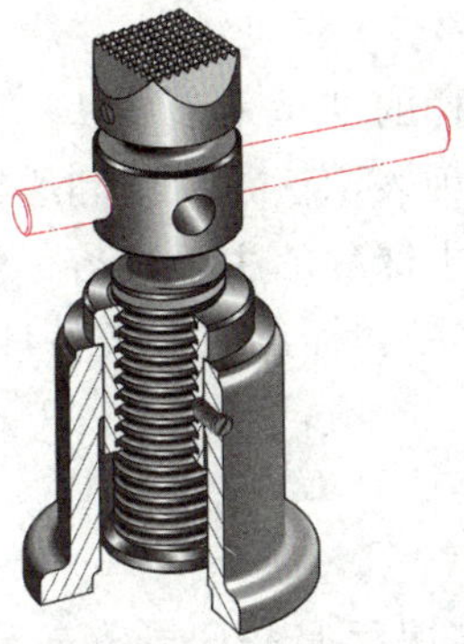

图 0-3　千斤顶轴测图

3. 多面正投影图

通过正投影法得到的图形称为正投影图（图 0-4a）。

用正投影法将物体分别投射到互相垂直的几个投影面上，如正面 V、水平面 H 和侧面 W，得到三个投影（图 0-4b）。然后将 H、W 面旋转到与 V 面同在的平面上（图 0-4c）。这种用一组投影表达物体形状的图称为多面正投影图。

正投影图直观性不强，但它能正确反映物体的形状和大小，且作图方便，度量性好，所以在工程上应用最广。

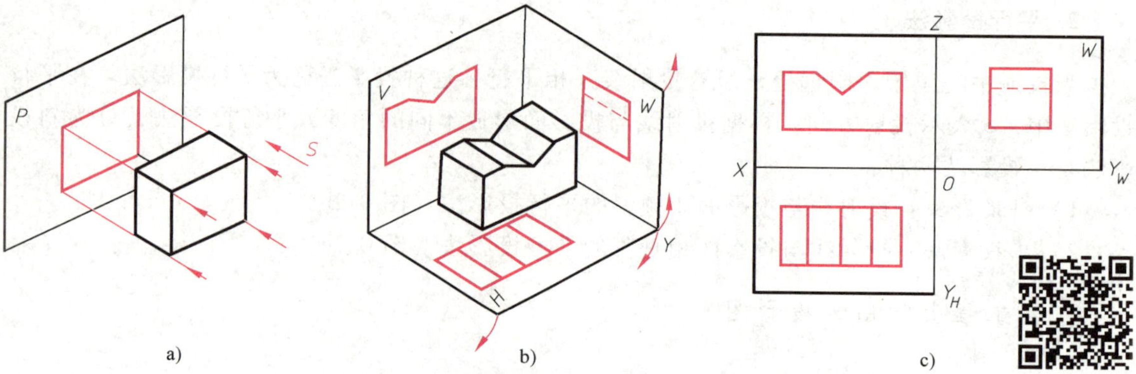

图 0-4　多面正投影图

四、本课程的主要内容和基本要求

本课程的主要内容包括制图基本知识与技能、正投影作图基础、机械图样的表示法、零件图和装配图的识读与绘制等。

学完本课程应达到以下基本要求：

1）通过学习制图基本知识与技能，应了解和熟悉国家标准《机械制图》的基本规定，学会正确使用绘图工具和仪器的方法，初步掌握绘图基本技能。

2）正投影法基本原理是识读和绘制机械图样的理论基础，是本课程的核心内容。通过学习正投影作图基础，应掌握运用正投影法表达空间形体的图示方法，并具备一定的空间想象和思维能力。

3）机械图样的表示法包括图样的“基本表示法”和常用机件及标准结构要素的“特殊表示法”。熟练掌握并正确运用各种表示法是识读和绘制机械图样的重要基础。

4）机械图样的识读和绘制是本课程的主干内容，也是学习本课程的最终目的。通过学习应了解各种技术要求的符号、代号和标记的含义，具备识读和绘制中等复杂程度的零件图和装配图的基本能力。

五、学习方法提示

（1）由物画图、由图想物　本课程是一门既有较高的理论性又具有较强的实践性的技术基础课，其核心内容是学习如何用二维平面来表达三维空间形体，以及由二维平面图形想象三维空间物体的形状。因此，学习本课程的重要方法是自始至终把物体的投影与物体的空间形状紧密联系，不断地由物画图和由图想物，既要想象构思物体的形状，又要思考作图的投影规律，使固有的三维形态思维提升到形象思维和抽象思维相融合的境界，逐步提高空间想象和思维能力。

（2）学与练相结合　每堂课后，只有认真完成相应的习题或作业，才能使所学知识得到巩固。虽然本课程的教学目标是以识图为主，但是，读图源于画图，所以要读画结合，通过画图训练来促进读图能力的培养。

（3）重视实践　要重视实践，树立理论联系实际的学风，既要用理论指导画图，又要通过画图实践加深对基础理论和作图方法的理解。只有通过大量的画图、看图练习，才能掌握本课程的基本内容。

(4) 执行国标　工程图样不仅是中国工程界的技术语言，也是国际通用的工程技术语言，不同国家、不同语言的工程技术人员都能看懂。工程图样之所以具有这种性质，是因为它是按国际上共同遵守的若干规则绘制的。这些规则可归纳为两个方面，一方面是规律性的投影作图，另一方面是规范性的制图标准。学习本课程时，应同时遵循这两方面的规律和规定，不仅要熟练地掌握空间形体与平面图形的对应关系，具备丰富的空间想象力以及识读和绘制图样的基本能力，还要了解并熟悉《技术制图》、《机械制图》等国家标准的相关内容，并严格遵守它们。

第一单元 制图基本知识

工程图样是现代工业生产中的重要技术资料，也是工程界交流技术信息的共同语言，具有严格的规范性。掌握制图基本知识与技能，是画图和读图能力的基础。本单元将着重介绍国家标准《技术制图》和《机械制图》中的有关规定，并简要介绍绘图工具的使用以及平面图形的画法。

第一节 绘制简单平面图形

通过绘制右图所示的简单平面图形，学会使用绘图工具作图，掌握等分圆周及作正多边形的方法，了解图样中各种线型规格，从而具备绘图的初步能力。

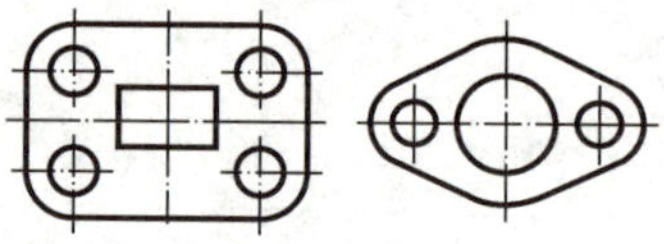

一、尺规绘图工具和仪器的用法

1. 图板和丁字尺

画图时，先将图纸用胶带纸固定在图板上，丁字尺头部紧靠图板左边。画线时，铅笔垂直纸面向右倾斜约 30°（图 1-1a）。丁字尺上下移动到画线位置，自左向右画水平线（图 1-1b）。

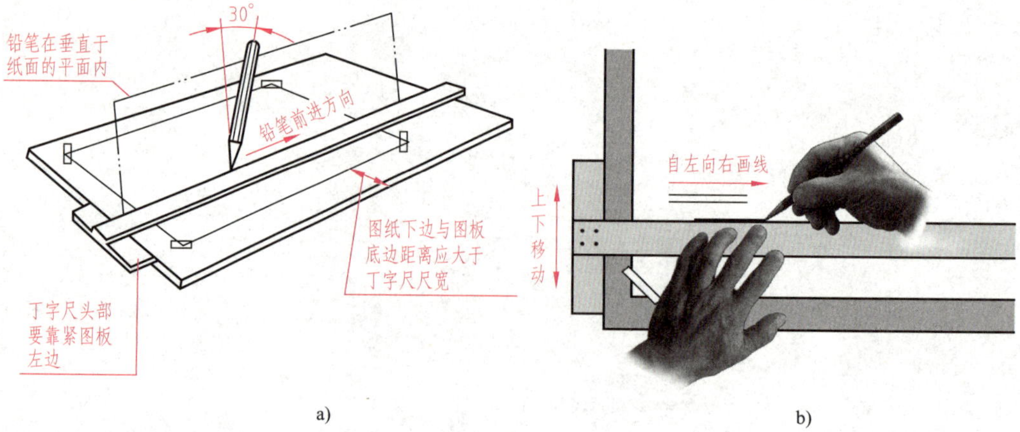

图 1-1 图板和丁字尺

2. 三角板

一副三角板由 45°和 30°（60°）两块直角三角板组成。三角板与丁字尺配合使用可画垂直线（图 1-2），还可画出与水平线成 45°、60°、30°以及 75°、15°的倾斜线（图 1-3）。

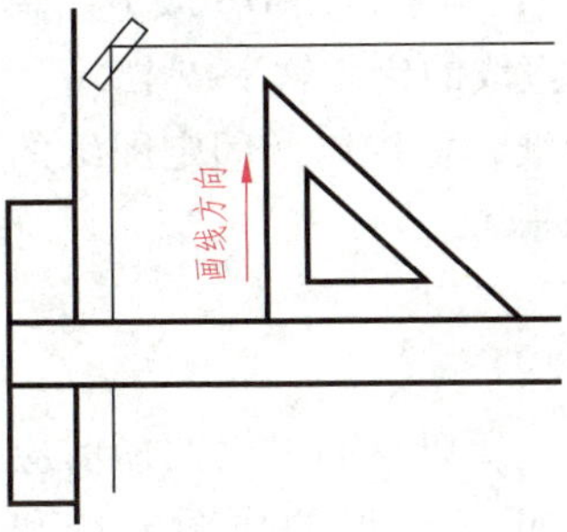

图 1-2　用三角板丁字尺画垂直线

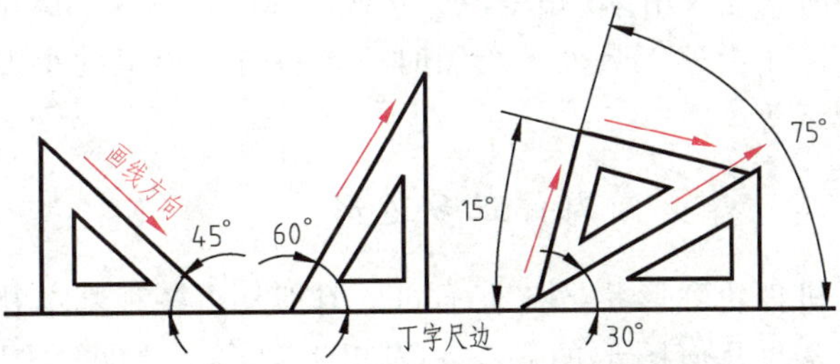

图 1-3　用三角板画常用角度斜线

两块三角板配合使用，可画任意已知直线的平行线或垂直线（图 1-4）。

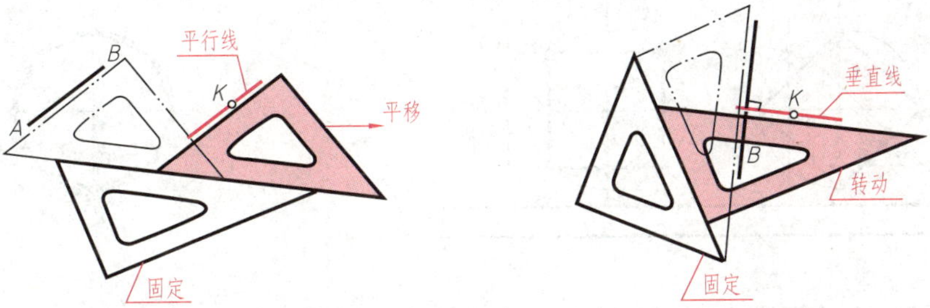

a) 作平行线　　b) 作垂直线

图 1-4　两块三角板配合使用

3. 圆规和分规

（1）圆规　圆规用来画圆和圆弧。画圆时，圆规的钢针应使用有台阶的一端，以避免图纸上的针孔不断扩大，并使笔尖与纸面垂直。圆规的使用方法如图 1-5 所示。

（2）分规　分规用来截取线段、等分直线或圆周，以及从尺上量取尺寸（图 1-6b）。分规的两个针尖并拢时应对齐（图 1-6a）。

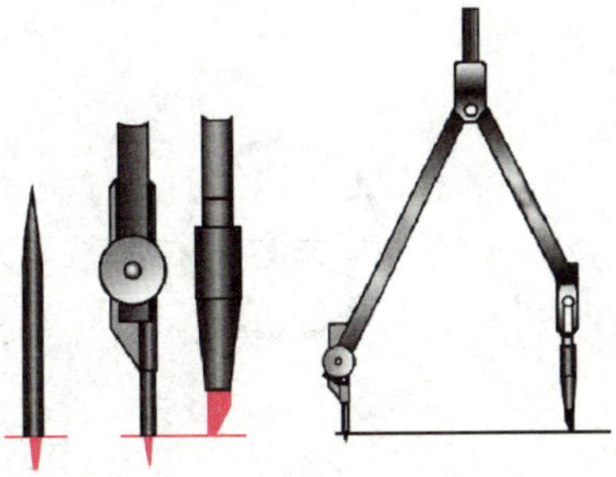

a)　　b)

图 1-5　圆规的使用

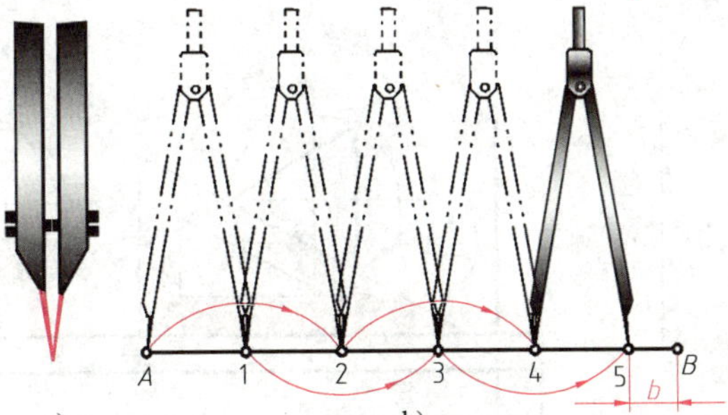

a)　　b)

图 1-6　分规的使用

4. 铅笔

绘图铅笔用“B”和“H”代表铅芯的软硬程度。“B”表示软性铅笔，B前面的数字越大，表示铅芯越软（黑）；“H”表示硬性铅笔，H前面的数字越大，表示铅芯越硬（淡）。“HB”表示铅芯软硬适中。画粗线常用B或HB，画细线常用H或2H，写字常用HB或H。画底稿时，建议用2H铅笔。画圆或圆弧时，圆规插脚中的铅芯应比画直线的铅芯软1~2档。

除了上述工具外，绘图时还要备有削铅笔的小刀，磨铅芯的砂纸，橡皮以及固定图纸的胶带纸等。

二、等分圆周作正多边形

机件轮廓形状虽各有不同，但都是由各种基本几何图形组成的，所以绘制平面图形前应掌握常见几何图形的画法。表1-1列出了常见的圆周等分以及作正多边形的作图方法和步骤。

表1-1　常见的圆周等分以及作正多边形的作图方法和步骤

圆周四、八等分	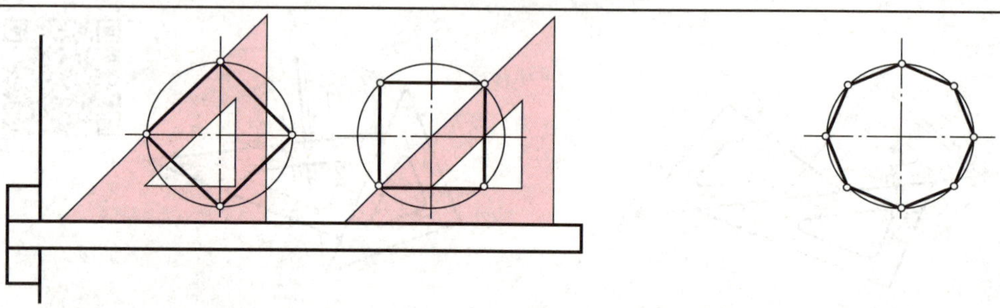 用45°三角板和丁字尺配合作图，可直接作出圆周的四、八等分，并作四边形和八边形
圆周三、六等分	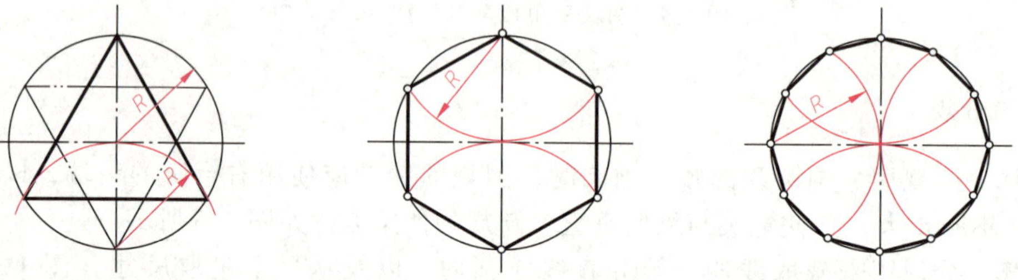 用圆规作出圆周的三、六等分，并作出三角形和六边形、十二边形
	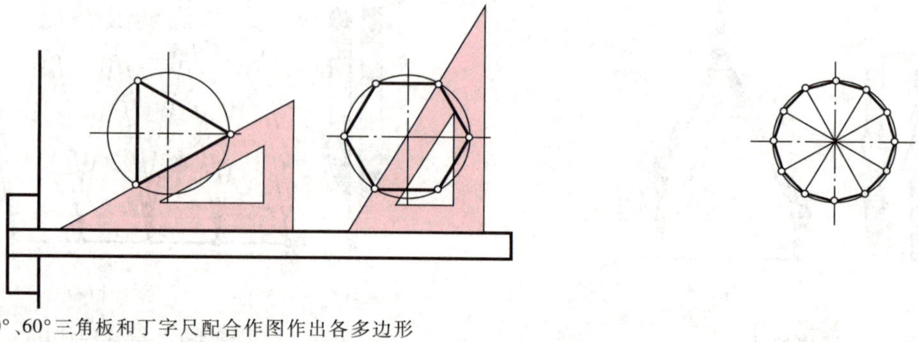 用30°、60°三角板和丁字尺配合作图作出各多边形

（续）

圆周五等分	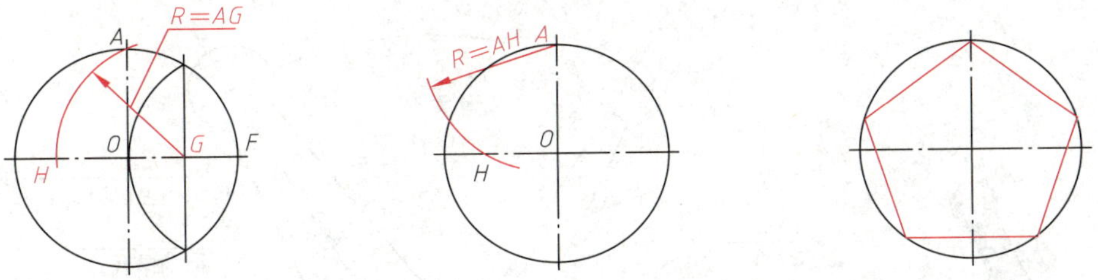 1. 作半径 *OF* 的等分点 *G*，以 *G* 为圆心、*AG* 为半径画圆弧交水平直径线于 *H* 2. 以 *AH* 为半径，分圆周为五等份，顺序连接各分点即成

小技巧

铅笔应从没有标号的一端开始削起，木杆削去 25～30mm，铅芯外露约 8mm。用于画底稿线、细线和写字的铅笔，其铅芯宜磨成圆锥形（图 1-7a）；用于画粗线的铅笔，其铅芯建议磨成宽度 *d* 接近粗线宽度的扁四棱柱形（图 1-7b）；修磨铅芯，可在砂纸上进行（图 1-7c）。如果采用自动铅笔绘图，应备有 0.3mm（画细线）和 0.5mm（画粗线及写字）两种铅芯。

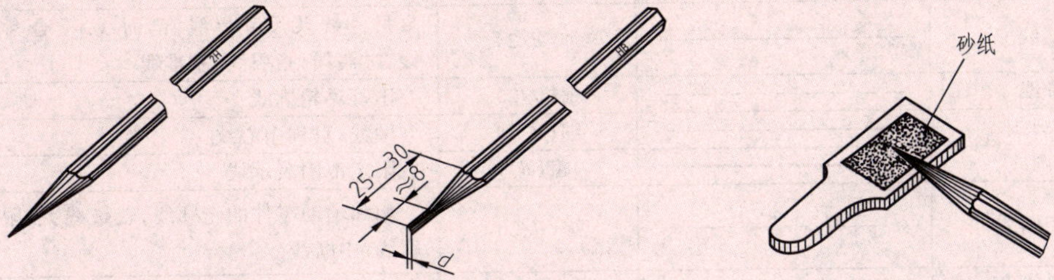

a) 圆锥形　　b) 四棱柱形　　c) 在砂纸上修磨

图 1-7　削铅笔

三、图线（GB/T 4457.4—2002）[㊀]

1. 图线的型式及应用

绘图时应采用国家标准规定的图线型式和画法。国家标准《技术制图　图线》规定了绘制各种技术图样的 15 种基本线型。根据基本线型及其变形，机械图样中规定了 9 种图线，

㊀ 《标准化法》规定，国家标准分为强制性标准和推荐性标准。“G”“B”“T”分别为“国家”“标准”“推荐”汉语拼音第一个字母。4457.4 为发布顺序号，2002 是年号。

其名称、型式、宽度及应用示例见图1-8和表1-2。

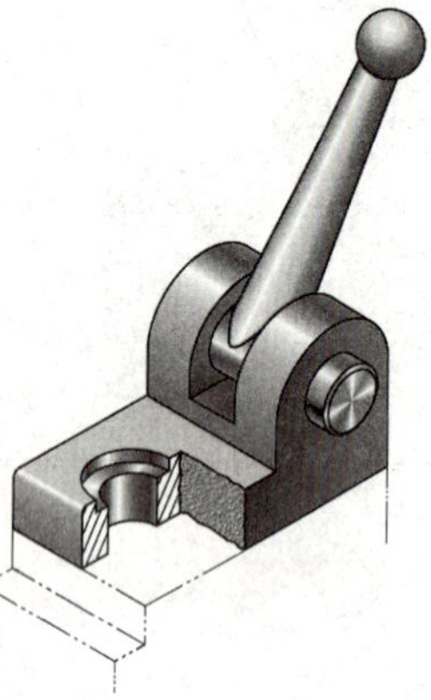

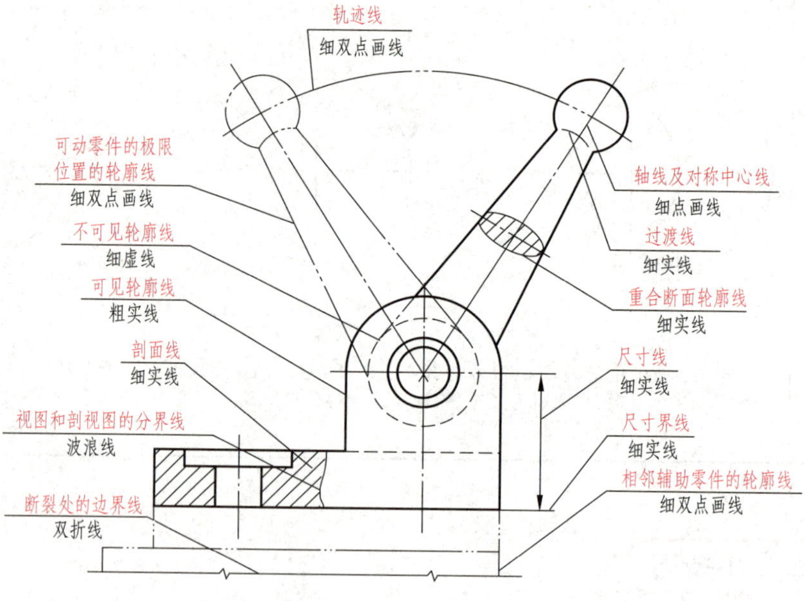

图1-8 图线应用示例

表1-2 图线的名称、型式、宽度及应用（根据GB/T 4457.4—2002）

图线名称	图线型式	图线宽度	一般应用举例
粗实线	————	粗（d）	可见轮廓线
细实线	————	细（$d/2$）	尺寸线及尺寸界线，剖面线，重合断面的轮廓线，过渡线，指引线，基准线
细虚线	— — — —	细（$d/2$）	不可见轮廓线
细点画线	—·—	细（$d/2$）	轴线，对称中心线
粗点画线	—·—	粗（d）	限定范围表示线
细双点画线	—··—	细（$d/2$）	相邻辅助零件的轮廓线，轨迹线，极限位置的轮廓线，中断线
波浪线	～～～	细（$d/2$）	断裂处的边界线，视图与剖视图的分界线
双折线	—\/—\/—	细（$d/2$）	同波浪线
粗虚线	— — — —	粗（d）	允许表面处理的表示线

2. 图线宽度

机械图样中采用粗细两种图线宽度，它们的比例关系为2：1。图线的宽度（d）应按图样的类型和尺寸大小，在下列数系中选取：0.13、0.18、0.25、0.35、0.5、0.7、1.0、1.4、2（单位：mm）。粗线宽度通常采用d=0.5mm或0.7mm。为了保证图样清晰，便于复制，图样上尽量避免出现线宽小于0.18mm的图线。

3. 图线的画法

1）在同一图样中，同类图线的宽度应一致，虚线、点画线、双点画线和线段长度和间隔应大致相同。

2）画圆的中心线时，圆心应是长画的交点，细点画线的两端应超出圆外 3mm 左右（图 1-9a）；当圆的图形较小（如圆的直径小于 8mm）时可用细实线代替细点画线（图 1-9b）。

3）图线相交时，都应以画相交，而不应在点或间隔处相交；当细虚线为粗实线的延长线时，虚、实线之间应留空隙（图 1-10）。

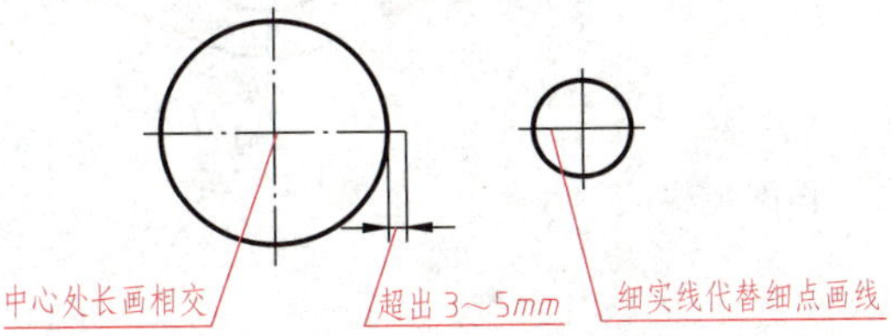

a)　　b)

图 1-9　圆的中心线画法

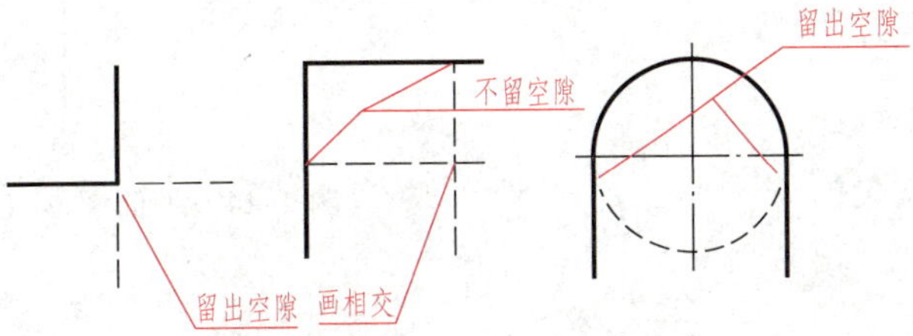

a)　　b)　　c)

图 1-10　细虚线画法

典型案例

【案例 1-1】　绘制图 1-11 所示的平面图形。

作图

先画出水平和垂直的两条中心线，再按给出的尺寸画出大小两个矩形，然后定出四角小圆的圆心，最后画出小圆和圆弧。

作图步骤（图 1-12）。

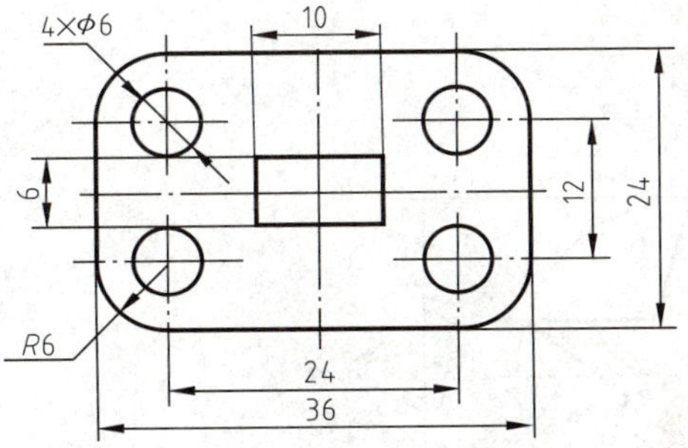

图 1-11　平面图形（一）

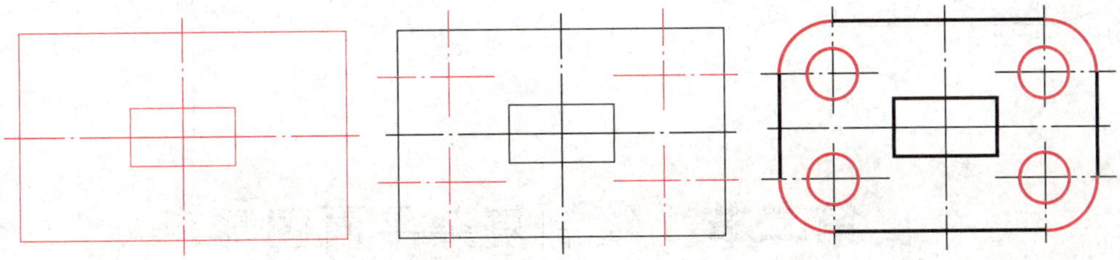

a)　　b)　　c)

图 1-12　平面图形（一）作图步骤

【案例 1-2】　绘制图 1-13 所示的平面图形。

作图

先画出水平和垂直的两条中心线，并定出两边小圆的位置；画出中间的大圆和两边的小圆；再根据 $\phi24$ 和 $R6$ 画出四段圆弧；最后作

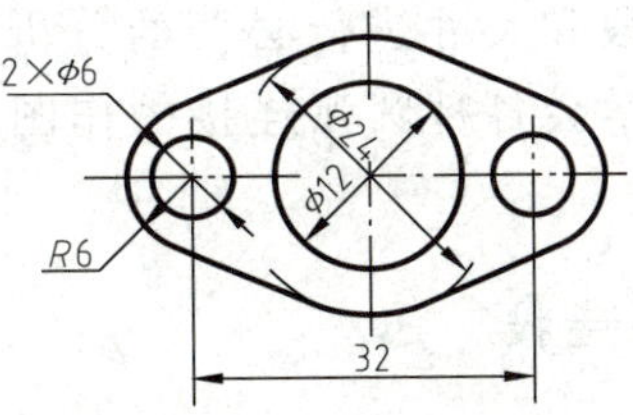

图 1-13　平面图形（二）

圆弧的公切线。

作图步骤（图1-14）。

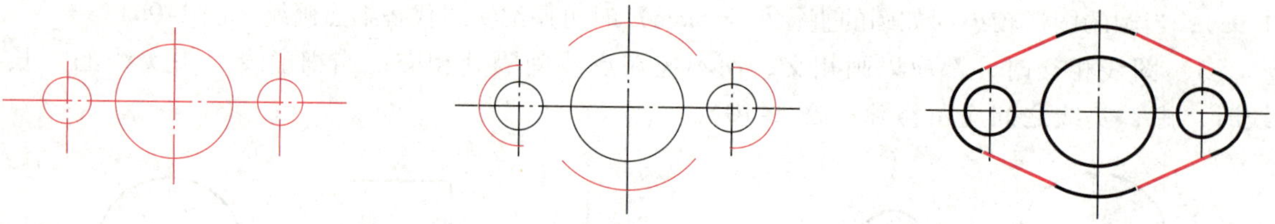

图1-14 平面图形（二）作图步骤

课堂讨论

1. 由几个正三角形可以拼成一个正六边形？蜂巢的造型是由哪个多边形构成？仔细观察足球是由哪些多边形组合而成的？

2. 参考下面左图在右图中作五角星（放大一倍）。

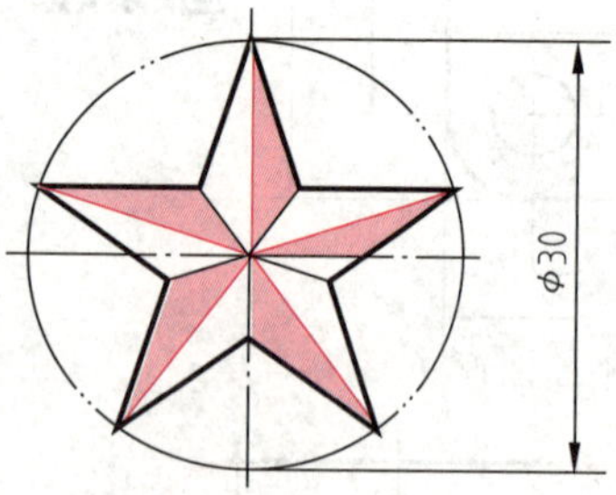

第二节 绘制复杂平面图形

连杆或扳手等机件（轮廓形状）的平面图形通常是由若干线段（直线或圆弧）连接而成，图形比较复杂。作图前应对图形中的线段和尺寸进行必要的分析。通过绘制这些机件的平面图形，学会各种圆弧连接的作图方法，了解标注尺寸的规则和方法。

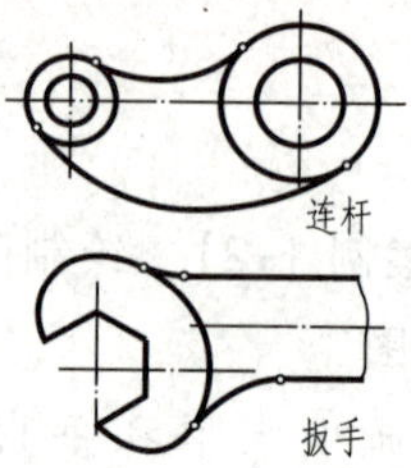

一、圆弧连接

用一段圆弧光滑地连接相邻两已知线段（直线或圆弧）的作图方法称为圆弧连接。例如，在图 1-15 中，用 $R16$ 圆弧连接两直线，用 $R12$ 圆弧连接一直线和一圆弧，用 $R35$ 圆弧连接两圆弧等。要保证圆弧连接光滑，作图时必须先求作连接圆弧的圆心以及连接圆弧与已知线段的切点，以保证线段与线段在连接处相切。圆弧连接作图见表 1-3。

a) 拨叉

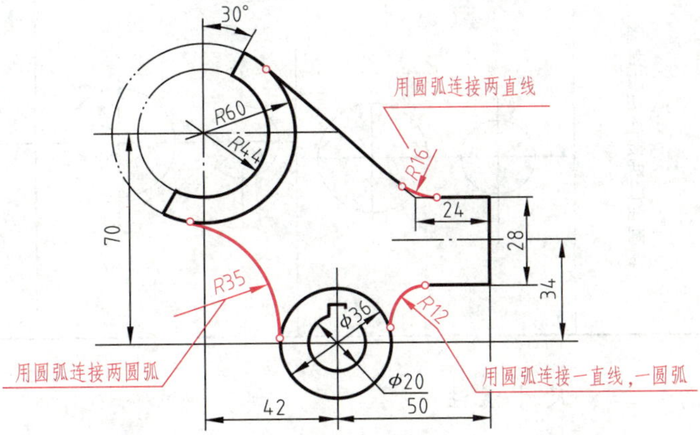

b) 三种情况示例

图 1-15　圆弧连接的三种情况

表 1-3　圆弧连接作图

	已知条件	作图方法和步骤		
		1. 求连接弧圆心 O	2. 求连接点（切点）A、B	3. 画连接弧并描粗
圆弧连接两已知直线	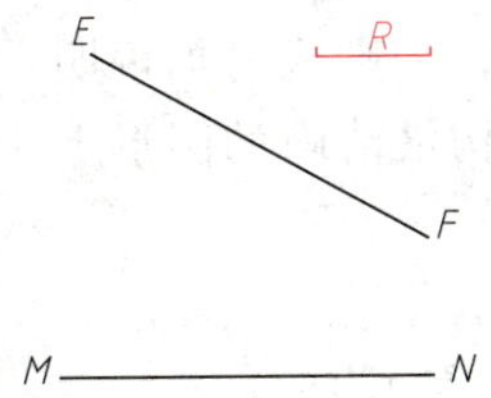	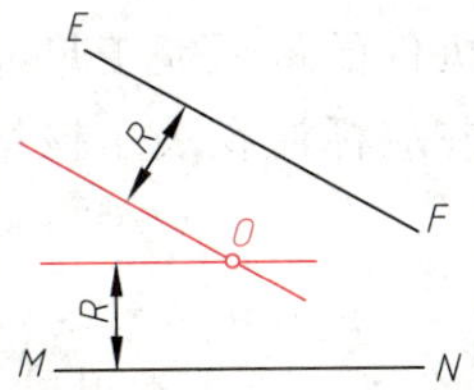	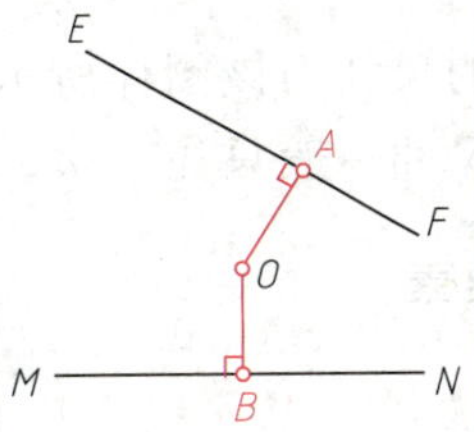	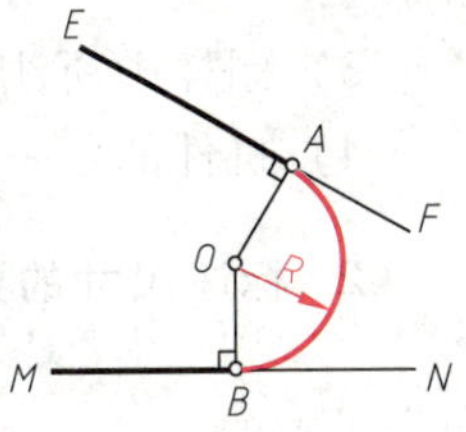
圆弧连接已知直线和圆弧	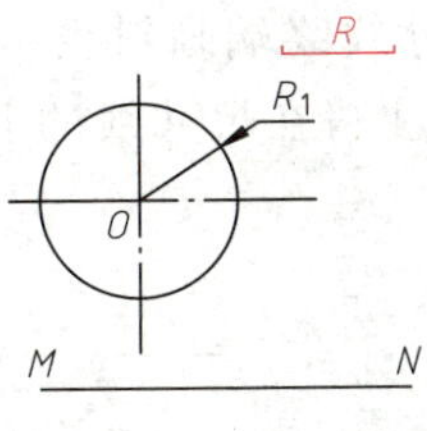	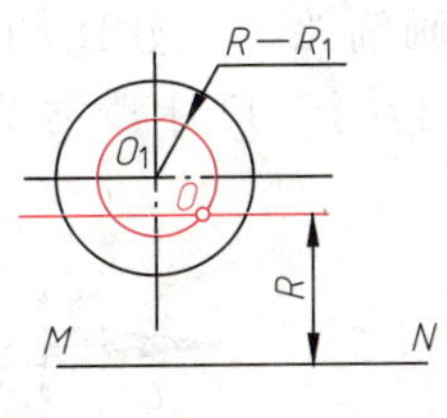	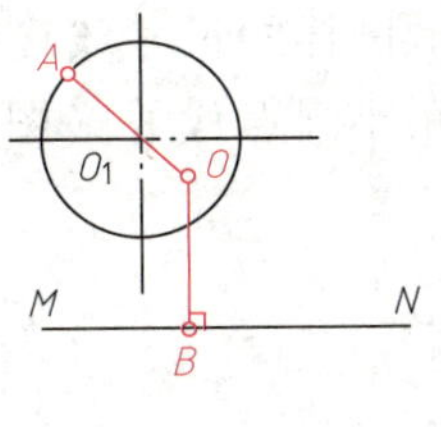	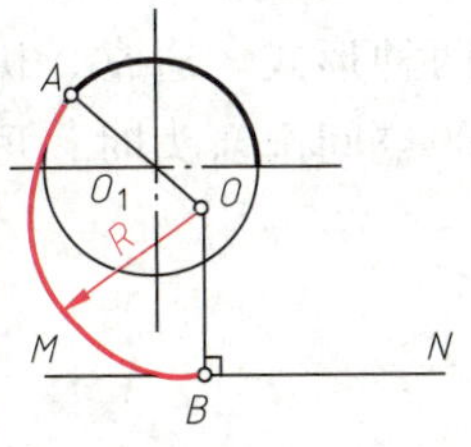
圆弧外切连接两已知圆弧	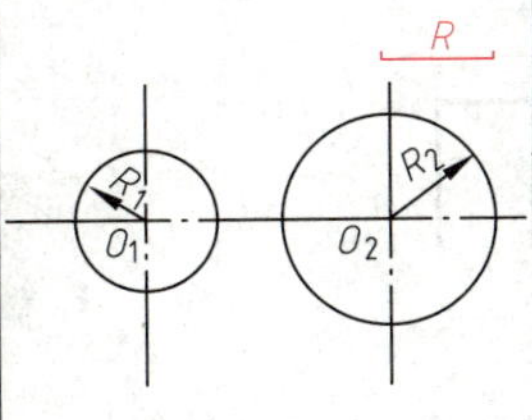	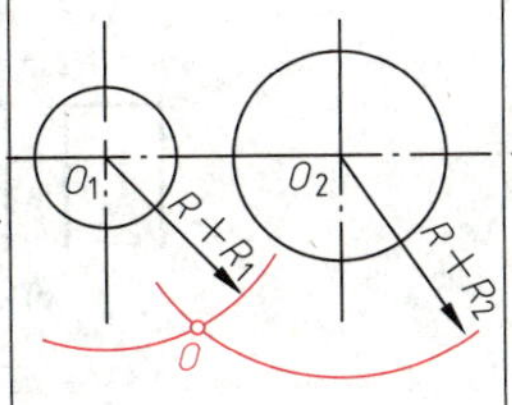	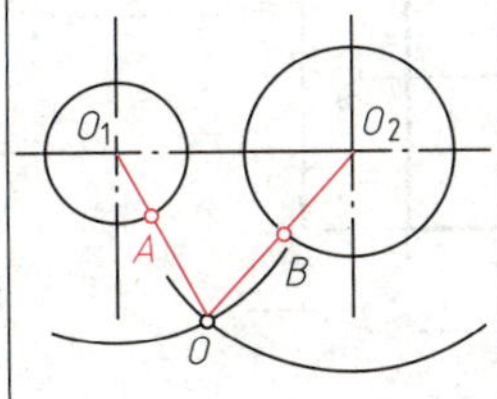	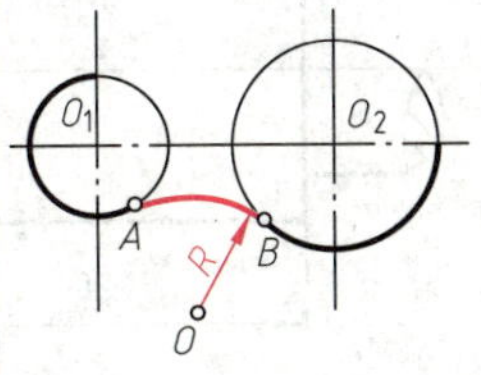

（续）

	已知条件	作图方法和步骤		
		1. 求连接弧圆心 O	2. 求连接点（切点）A、B	3. 画连接弧并描粗
圆弧内切连接两已知圆弧	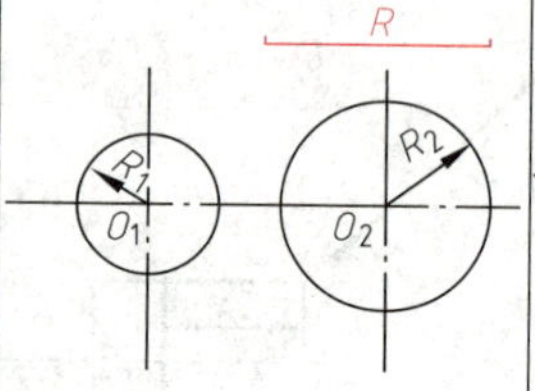	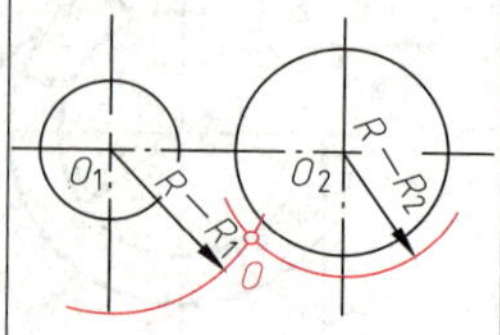	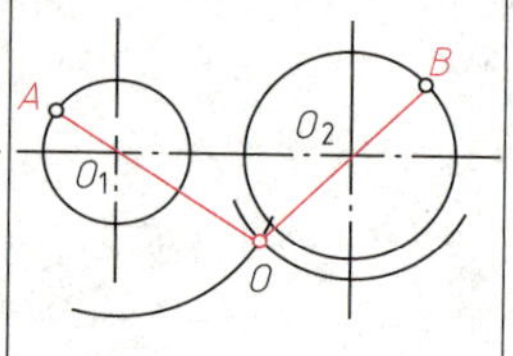	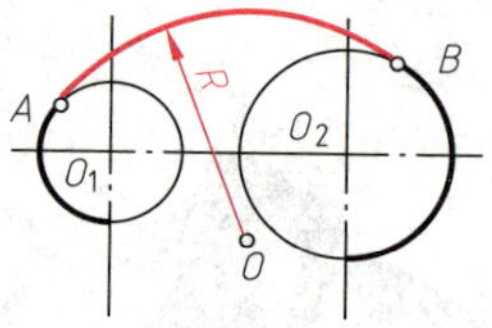

二、尺寸注法

1. 标注尺寸的基本规则

1）机件的真实大小应以图样上所注的尺寸数值为依据，与图形的比例及绘图的准确度无关。

2）图样中的尺寸以毫米（mm）为单位时，不必标注计量单位的符号（或名称）。如果采用其他单位，则必须注明相应的单位符号。本书中没有注明单位符号的尺寸，均以毫米为单位。

3）图样中所注的尺寸为该图样所示机件的最后完工尺寸，否则应另加说明。

4）机件的每一尺寸一般只注一次，并应标注在表示该结构最清晰的图形上。

2. 标注尺寸的要素

标注尺寸由尺寸界线、尺寸线和尺寸数字三个要素组成（图1-16）。

尺寸界线和尺寸线画成细实线，尺寸线的终端有箭头（图1-17a）和斜线（图1-17b）两种形式。通常，机械图样的尺寸线终端画箭头，土建图的尺寸线终端画斜线。当没有足够的空间画箭头时，可用小圆点代替（图1-17c）。尺寸数字一般注写在尺寸线的上方。

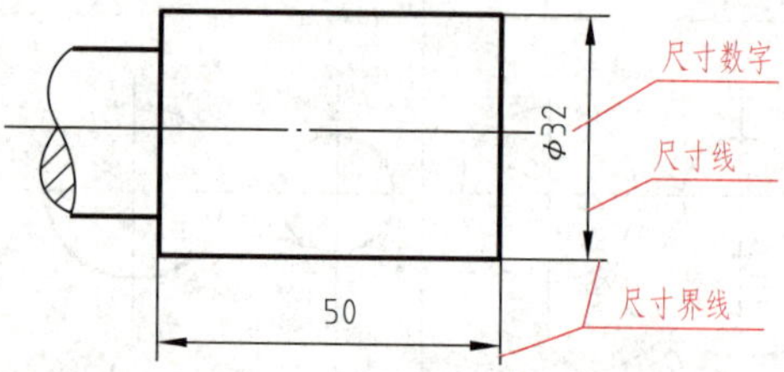

图1-16　标注尺寸的要素

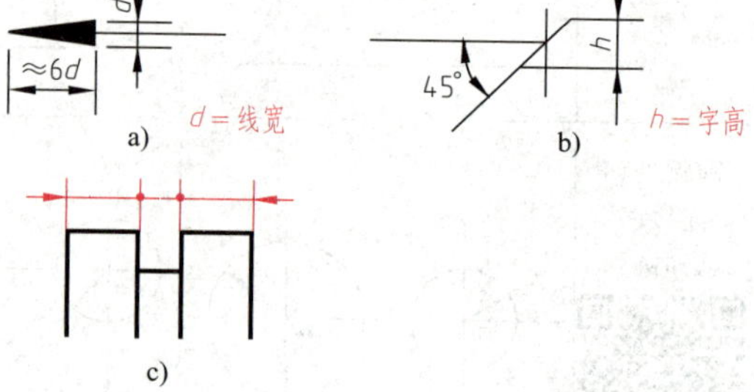

图1-17　尺寸线的终端形式

3. 尺寸注法示例（表 1-4）

表 1-4　尺寸注法示例

项目	图　　例	说　　明
尺寸界线	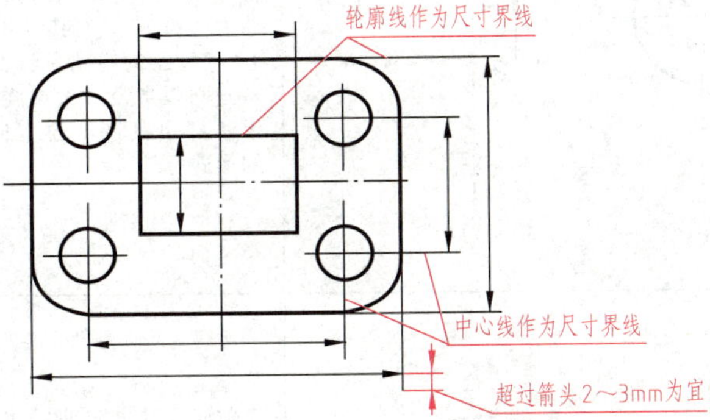	尺寸界线应由图形的轮廓线、轴线或对称中心线处引出，也可利用轮廓线、轴线或对称中心线作为尺寸界线 尺寸界线一般应与尺寸线垂直并超过尺寸线 2~3mm
尺寸线	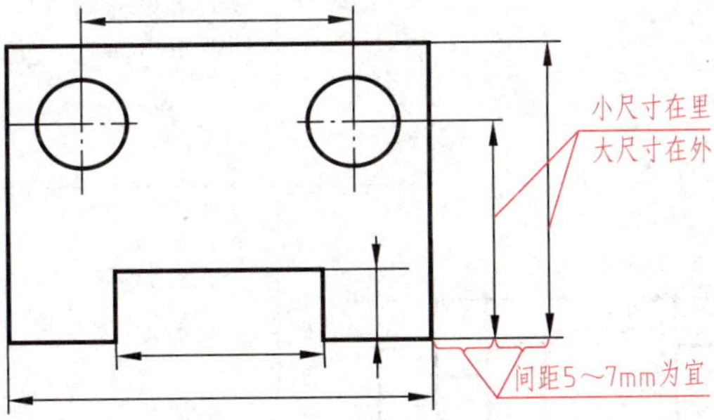	尺寸线不能用其他图线代替，一般也不得与其他图线重合或画在其他图线的延长线上 尺寸线应平行于被标注的线段，其间隔及两平行的尺寸线间的间隔以 5~7mm 为宜 尺寸线间或尺寸线与尺寸界线之间应尽量避免相交
尺寸数字	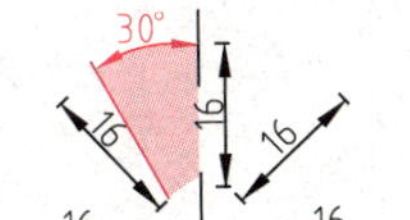 a) 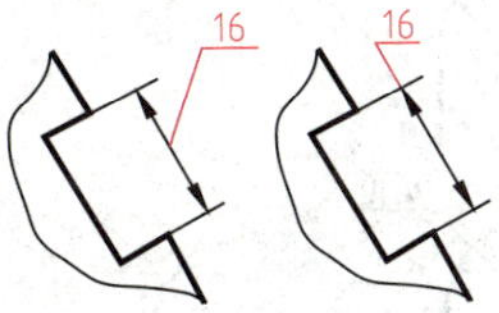 b) 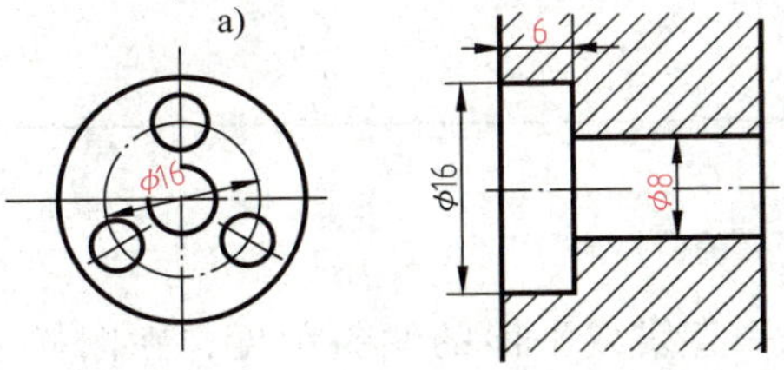 c)	水平方向线性尺寸数字一般书写在尺寸线的上方或中断处，垂直方向线性尺寸数字一般写在尺寸线的左方或中断处 线性尺寸数字的注写方向如图 a 所示，并尽量避免在 30°范围内标注尺寸，当无法避免时，可按图 b 所示的形式标注 尺寸数字不能被图样上的任何图线所通过，当不可避免时，必须将图线断开，如图 c 所示

（续）

项目	图　　例	说　　明
直径和半径	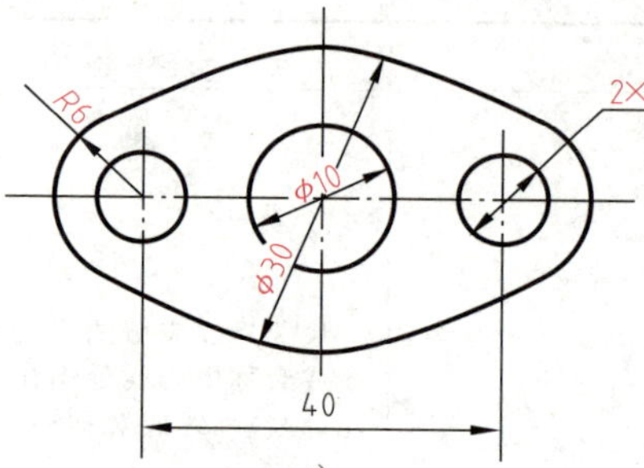 a) 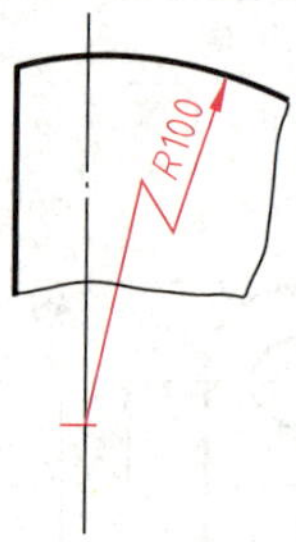 b)	标注直径时，在尺寸数字前加注符号“φ”，标注半径时，在尺寸数字前加注符号“*R*”，其尺寸线应通过圆心，尺寸线的终端应画成箭头（图 a） 当圆弧半径过大或在图纸范围内无法标出其圆心位置时，可按图 b 的形式标注
角度	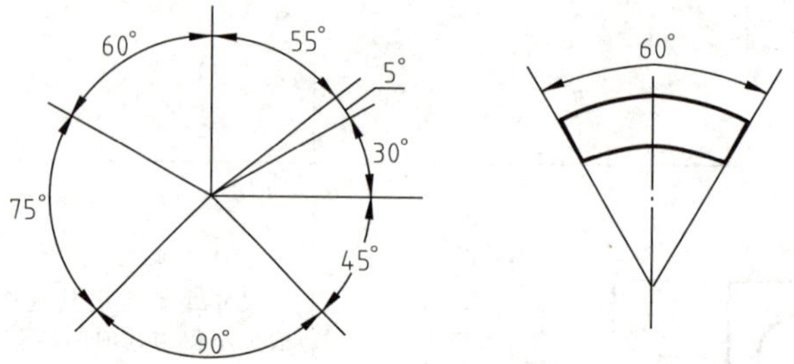	标注角度尺寸的尺寸界线应沿径向引出，尺寸线是以角度顶点为圆心的圆弧线，角度的数字应水平注写，一般注写在尺寸线的中断处，必要时也可注写在尺寸线的上方、外侧或引出标注
小尺寸	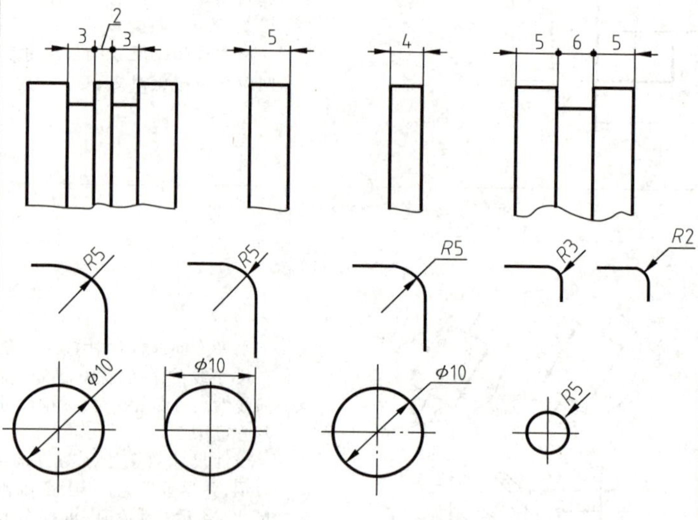	无足够位置注写小尺寸时，箭头可外移或用小圆点代替两个箭头；尺寸数字也可写在尺寸界线外或引出标注

三、斜度和锥度

（1）斜度　斜度指一直线或平面对另一直线或平面的倾斜程度，在图样上通常以 1∶*n* 的形式标注，并在前面加上斜度符号。

（2）锥度　锥度指正圆锥底圆直径与圆锥高度之比，在图样上通常以 1∶*n* 的形式标注，并在前面加上锥度符号。

斜度和锥度的画法（表 1-5）。

表 1-5　斜度和锥度的画法

项目	作图步骤	说　明
斜度	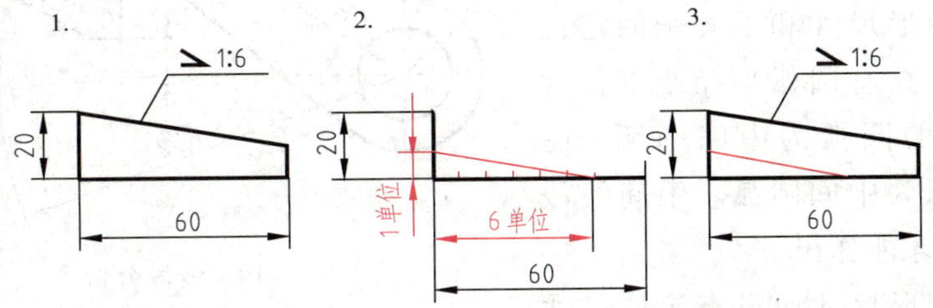	1. 给出图形 2. 作斜度 1∶6 的辅助线 3. 完成作图并标注尺寸 注：标注斜度符号时，其符号的斜边的斜向应与斜度的方向一致
锥度	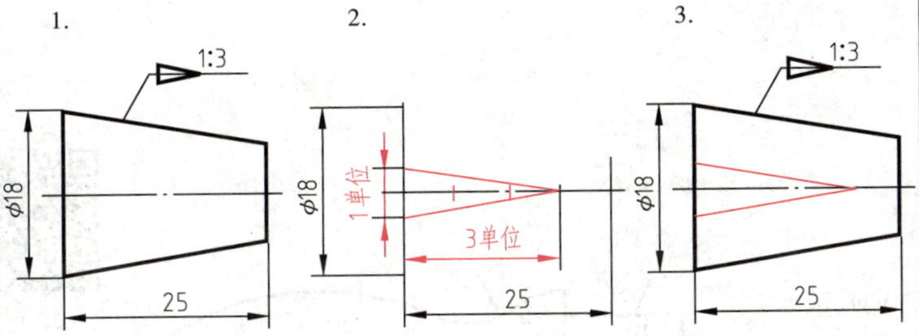	1. 给出图形 2. 作锥度 1∶3 的辅助线 3. 完成作图并标注尺寸 注：标注锥度符号时，其锥度符号的尖端应与圆锥的锥顶方向一致

四、平面图形的尺寸分析和线段分析

1. 尺寸分析

平面图形所注尺寸，按其作用可分为定形尺寸和定位尺寸。

（1）定形尺寸　确定平面图形中各组成部分的形状和大小的尺寸称为定形尺寸，如图 1-18 中所示的长度、宽度尺寸 40、25，四个圆孔的直径 $\phi10$ 和圆角半径 $R5$。

（2）定位尺寸　确定平面图形中各组成部分之间相对位置的尺寸称为定位尺寸，如图 1-18 中所示的尺寸 30、15，就是用来确定四个圆孔位置的尺寸。

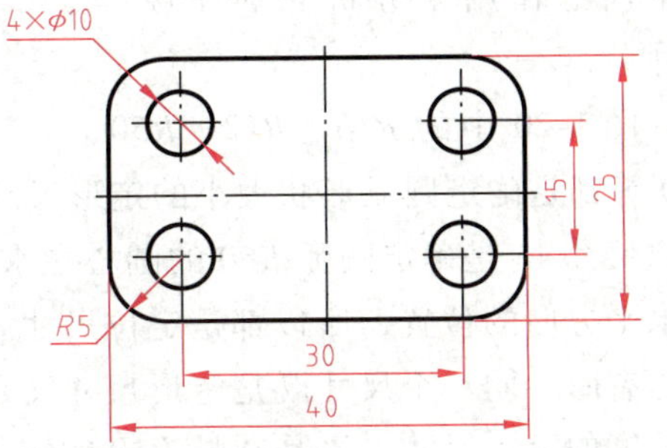

图 1-18　尺寸分析

2. 线段分析

平面图形中，有些线段尺寸齐全，可根据其定形、定位尺寸直接作出。有些线段的定位尺寸未完全注出，需根据已注出的尺寸和该线段与相邻线的连接关系，通过几何作图才能画出。

在实际绘图中，按线段的尺寸是否标注齐全将线段分为三类：

（1）已知线段　具有定形尺寸和齐全的定位尺寸的线段称为已知线段，具有圆弧半径或直径大小和圆心的两个定位尺寸的圆弧为已知圆弧。例如，图1-19所示拨钩中，半径为$R25$、$R52$、$R10$的圆弧和直径为$\phi12$的圆均为已知圆弧。已知线段根据所给尺寸能够直接作出。

（2）中间线段　具有定形尺寸和不齐全的定位尺寸的线段称为中间线段，具有圆弧半径或直径大小和圆心的一个定位尺寸的圆弧为中间圆弧。图1-19所示半径为$R12$的圆弧为中间圆弧。中间线段需要一端的相邻线段作出后才能作出。

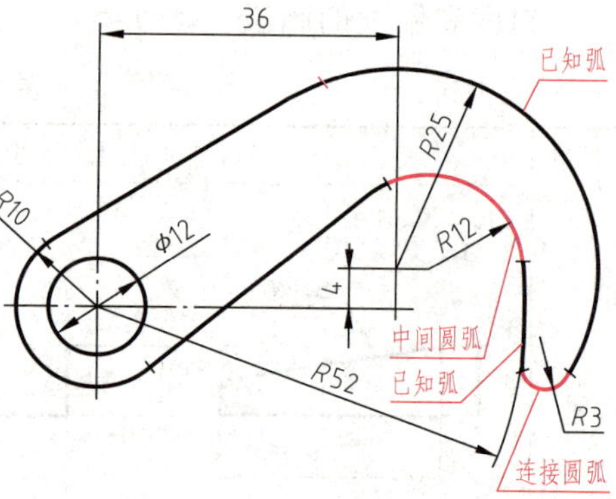

图1-19　线段分析

（3）连接线段　只有定形尺寸而没有定位尺寸的线段称为连接线段。图1-19所示半径为$R3$的圆弧就是连接圆弧。连接线段需要在两端相邻线段作出后才能作出。

典型案例

【案例1-3】　绘制图1-20所示手柄的轮廓平面图形。

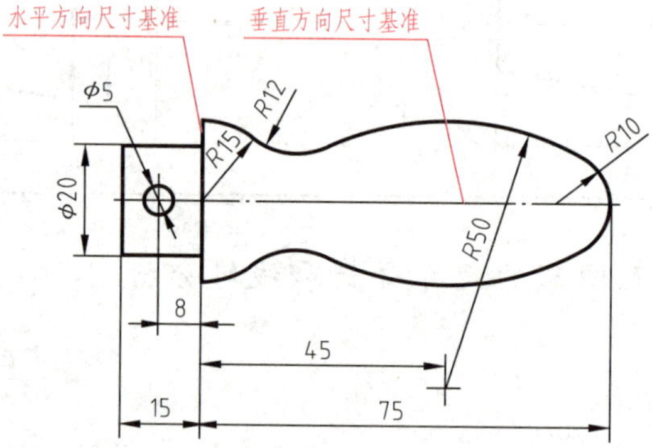

图1-20　手柄

1. 尺寸分析

一般情况下，应根据尺寸在图形中所起作用来分析它属于哪类尺寸。

图1-20中的$R15$、$R12$、$R50$、$R10$等都是确定圆弧形状大小的定形尺寸；尺寸8是确定圆$\phi5$的圆心在水平方向位置的尺寸，尺寸45是确定圆弧$R50$的圆心在水平方向位置的尺寸，尺寸75则可确定圆$R10$的圆心在水平方向的位置，所以都是定位尺寸。

有时，同一个尺寸既是定形尺寸又是定位尺寸，如图1-20中的尺寸75，它既是决定手柄长度的定形尺寸，又是圆弧$R10$的定位尺寸。

标注平面图形的定位尺寸时，首先要确定标注尺寸的起始位置，标注尺寸的起点即为尺寸基准[⊖]。平面图形尺寸有水平和垂直两个方向，每个方向都必须确定尺寸基准。通常以对称线、较长的直线或圆的中心线作为尺寸基准，如图1-20所示。

2. 线段分析

平面图形中的线段，根据其定位尺寸是否完整，可分为已知线段、中间线段和连接线段

⊖　基准指在机构中或加工时用以确定零件及其几何元素位置的一些点、线、面。在平面图形中，确定尺寸位置的几何元素称为尺寸基准。

三类线段。下面着重分析图 1-21 中圆弧的性质。

(1) 已知弧　图 1-21 中 $R15$ 和 $R10$ 的圆心位置已确定，属已知弧。

(2) 中间弧　图 1-21 中 $R50$，其圆心在长度方向的定位尺寸为 45，而高度方向的定位尺寸没有给出，属中间弧。画图时要根据它和 $R10$ 相切的条件才能画出。

(3) 连接弧　图 1-21 中的 $R12$，只有半径尺寸，没有给出圆心的两个定位尺寸，属连接弧。画图时可利用该圆弧与 $R50$ 及 $R15$ 相切的条件作出。

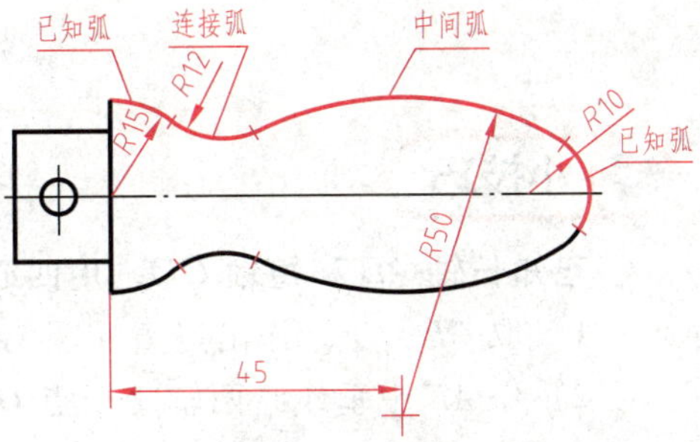

图 1-21　线段分析

通过以上分析可知，画图时应首先画出图形中的已知弧，再画中间弧，最后画连接弧。

3. 作图步骤

根据上述分析，手柄轮廓平面图形的作图步骤（图 1-22）。

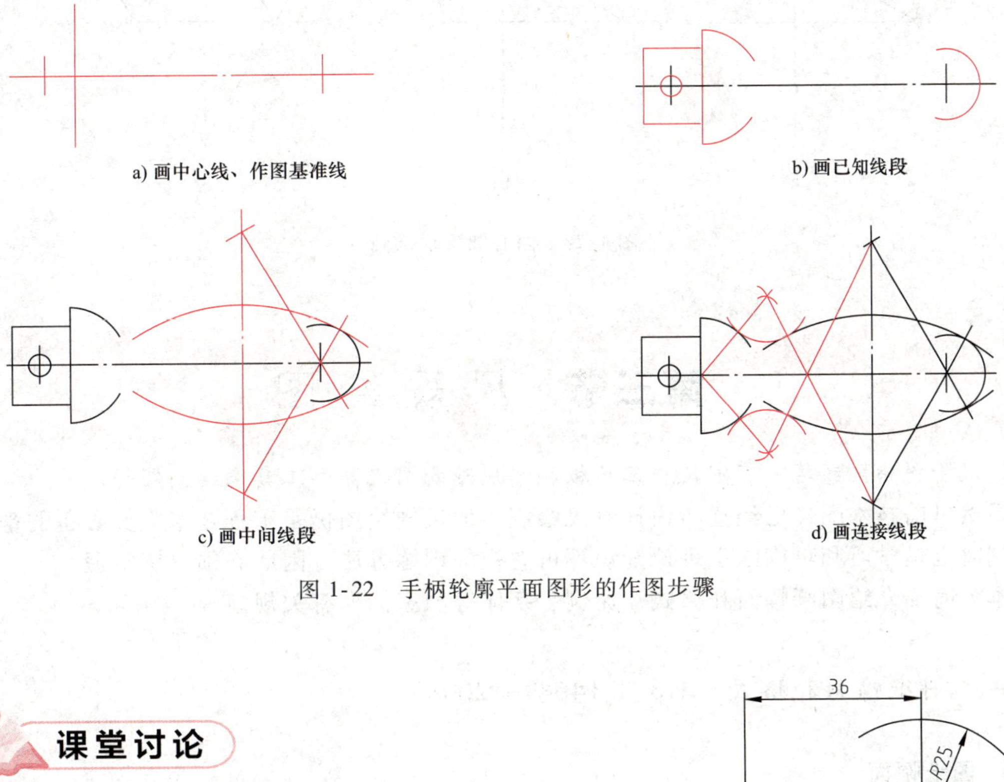
a) 画中心线、作图基准线　b) 画已知线段　c) 画中间线段　d) 画连接线段

图 1-22　手柄轮廓平面图形的作图步骤

课堂讨论

根据图 1-19 所示拨钩的图形，参照图 1-22 的作图步骤，在图 1-23 已知线段的图形上逐步作出中间弧和连接弧。

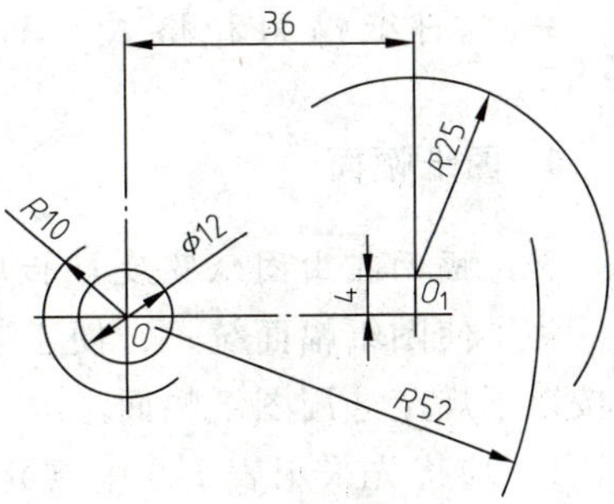

图 1-23　拨钩

小技巧

已知长轴 AB 和短轴 CD，用四心圆法作椭圆。

1）取 $CE=CF$，作出点 E（图 1-24a）。

2）作 AE 中垂线与两轴交于点 O_3、O_1，并作出对称点 O_4、O_2（图 1-24b）。

3）分别以 O_1、O_2、O_3、O_4 为圆心作四段圆弧（切点 K 在相应的连心线上）（图 1-24c）。

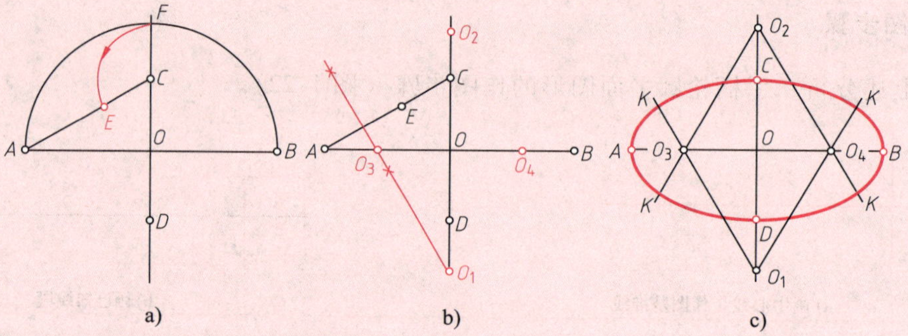

图 1-24 四心圆法作椭圆

第三节 尺规绘图

尺规绘图指用铅笔、丁字尺、三角板和圆规等绘图仪器和工具来绘制图样。

虽然目前技术图样已经逐步由计算机绘制，但尺规绘图仍是工程技术人员必备的基本技能，同时也是学习和巩固图学理论知识不可忽视的训练方法，因此必须熟练掌握。

本节简要介绍图纸幅面和格式、比例、字体等国家标准有关规定。

一、图纸幅面和格式（GB/T 14689—2008）

1. 图纸幅面

图纸幅面指由图纸宽度与长度组成的图面。

为了使图纸幅面统一，便于装订和管理，并符合缩微复制原件的要求，绘制技术图样时应按以下规定选用图纸幅面。

1）应优先采用表 1-6 中规定的图纸基本幅面（表中符号 B、L、e、c、a 如图 1-26 所示）。基本幅面共有 5 种，其尺寸关系如图 1-25 所示。

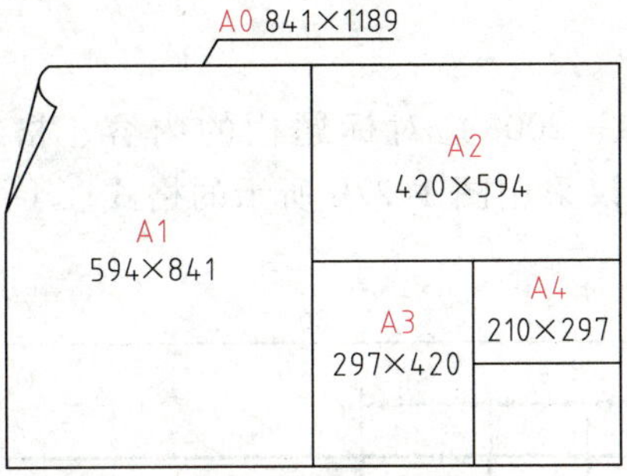

图 1-25　基本幅面的尺寸关系

表 1-6　图纸幅面尺寸　　（单位：mm）

幅面代号	$B\times L$	e	c	a
A0	841×1189	20	10	25
A1	594×841			
A2	420×594	10		
A3	297×420		5	
A4	210×297			

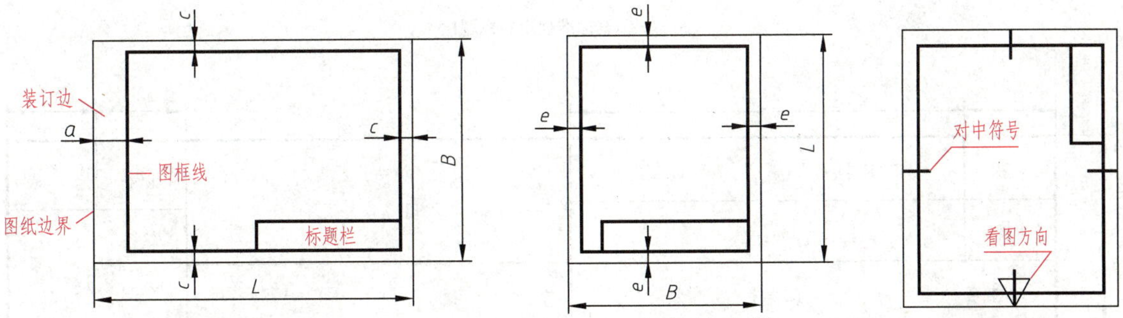

a) 留装订边（X型）　　b) 不留装订边（Y型）　　c) 对中符号和看图方向

图 1-26　图框格式和看图方向

2）必要时允许选用加长幅面，其尺寸必须是由基本幅面的短边成整数倍增加后得出。

2. 图框格式

图纸上限定绘图区域的线框称为图框。

1）在图纸上必须用粗实线画出图框，其格式分为留装订边和不留装订边两种（图1-26 a、b）。

2）同一产品图样只能采用一种格式。

3. 对中符号和看图方向

图框右下角必须画出标题栏，标题栏中的文字方向为看图方向。为了使图样复制时定位方便，应在各边长的中点处分别画出对中符号（粗实线）。如果使用预先印制的图纸，需要改变标题栏的方位时，必须将其旋转至图纸的右上角。此时，为了明确绘图与看图的方向，应在图纸的下边对中符号处画出方向符号（图 1-26c）。

4. 标题栏

国家标准（GB/T 10609.1—2008）对标题栏的内容、格式及尺寸作了统一规定（图 1-27a）。本书在制图作业中建议采用图 1-27b 所示的格式。

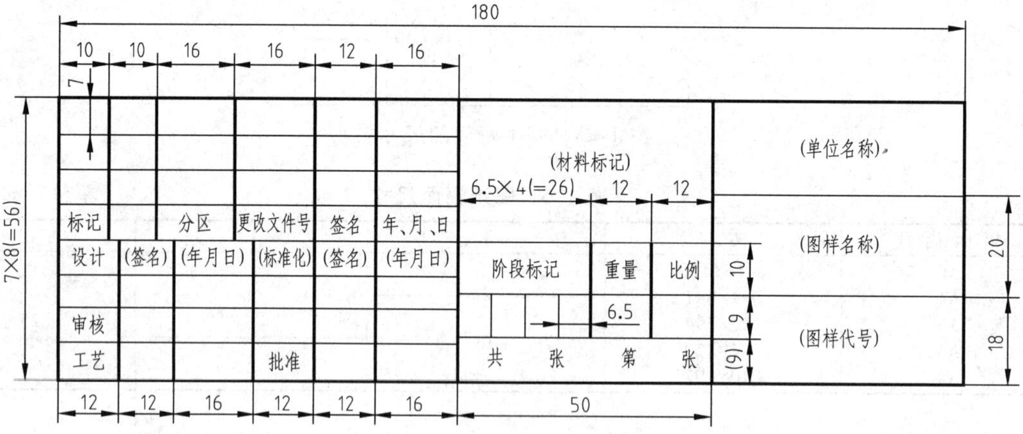

a) 国家标准规定的标题栏

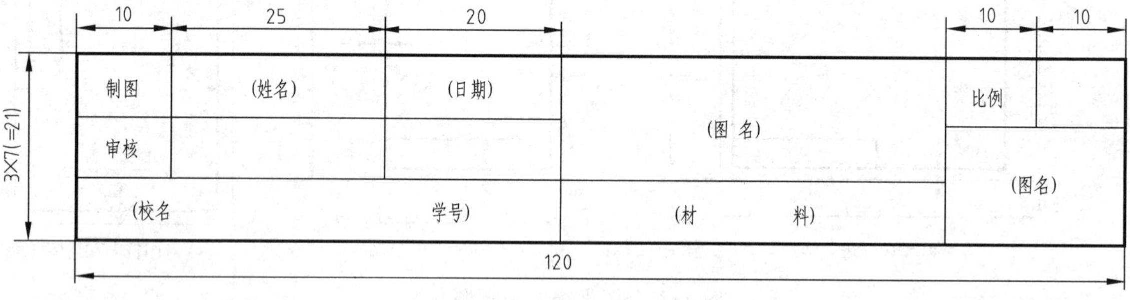

b) 制图作业用的简化标题栏

图 1-27 标题栏

二、比例（GB/T 14690—1993）

比例指图样中图形与其实物相应要素的线性尺寸之比。绘图时，应从表 1-7 规定的常用的比例中选取比例。

表 1-7 常用的比例

种　类	比　例
原值比例	1：1
放大比例	2：1　2.5：1　4：1　5：1　10：1
缩小比例	1：1.5　1：2　1：2.5　1：3　1：4　1：5

为了从图样上直接反映实物的大小，绘图时应优先采用原值比例。若机件太大或太小，可采用缩小或放大比例绘制。选用比例的原则是有利于图形的清晰表达和图纸幅面的有效利用。必须注意，不论采用何种比例绘图，标注尺寸时，均按机件的实际尺寸大小注出，如图 1-28所示。

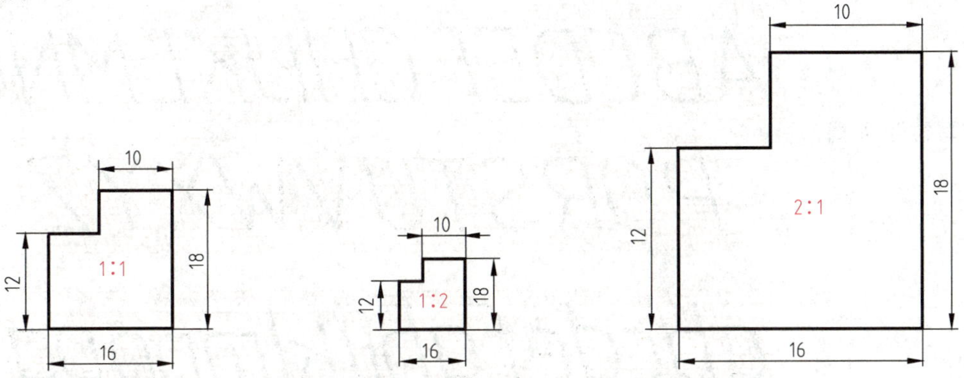

图 1-28　不同比例绘制的图形

三、字体（GB/T 14691—1993）

图样中书写的汉字、数字和字母，必须作到：字体工整、笔画清楚、间隔均匀、排列整齐。字体的号数即字体的高度 h 分为八种，即 20、14、10、7、5、3.5、2.5、1.8（单位：mm）。

汉字应写成长仿宋体，并采用国家正式公布的简化字。汉字的高度不应小于 3.5mm，其宽度一般为字高 h 的 $1/\sqrt{2}$。

数字和字母分为 A 型和 B 型。A 型字体的笔画宽度 d 为字高 h 的 1/14；B 型字体的笔画宽度 d 为字高 h 的 1/10。数字和字母可写成直体或斜体（常用斜体），斜体字字头向右倾斜，与水平基准线约成 75°。

字体示例：

汉字　10 号字

字体工整笔画清楚间隔均匀排列整齐

7 号字

横平竖直　注意起落　结构均匀　填满方格

5 号字

技术制图机械电子汽车船舶土木建筑矿山井港口纺织服装

3.5 号字

螺纹齿轮端子接线飞行指导驾驶舱位挖填施工引水通风闸阀坝棉麻化纤

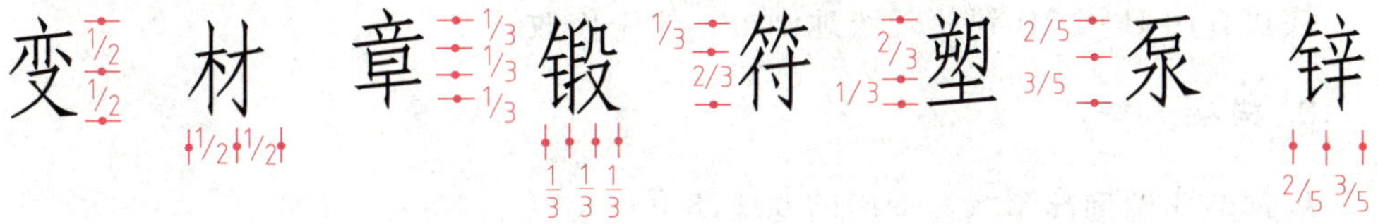

汉字结构分析

阿拉伯数字

大写拉丁字母

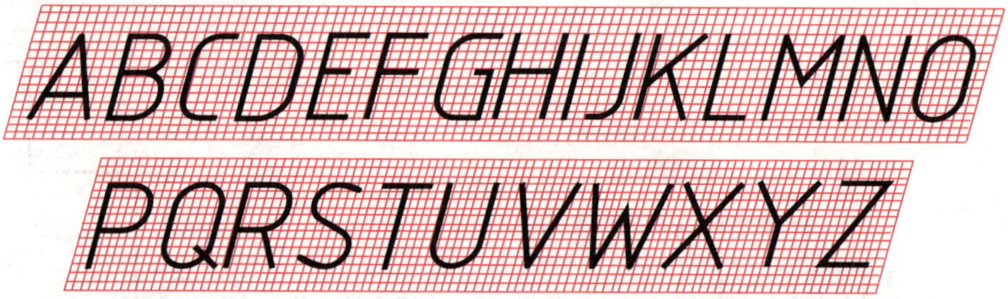

小写拉丁字母

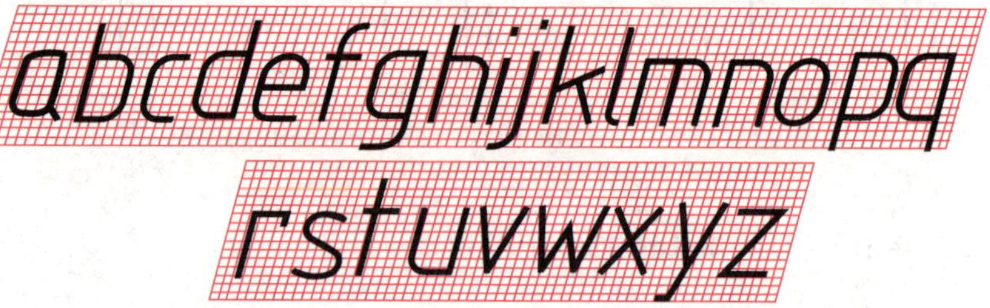

罗马数字

四、尺规绘图的方法和步骤

1. 画图前的准备工作

1）分析图形的尺寸与线段，拟订作图步骤。

2）确定比例，选取图纸幅面。

3）画出图框和标题栏。

2. 画底稿

1）画作图基准线，确定图形位置。

2）依次画出已知线段、中间线段和连接线段，完成图形。

3）画尺寸界线和尺寸线。

4）检查底稿，修正错误，擦去多余作图线。

底稿宜用 H 或 2H 铅笔轻淡地画出，便于修改。

3. 描深

按标准线型描深图线，描深的顺序如下：

1）*先粗后细*　先描深全部粗实线（HB 或 B 铅笔），再描深全部虚线、点画线和细实线

（H 或 2H 铅笔），以提高绘图速度和保证同类线型粗细一致。

2）先曲后直　描深同一种线型时，应先画圆弧，后画直线段，以保证连接光滑。

3）先水平后垂直　先从上而下画水平线，再从左到右画垂直线，最后画倾斜线，以保证图面清洁。

4）画箭头，填写尺寸数字、填写标题栏等。

典型案例

【案例 1-4】　绘制图 1-29a 所示扳手的平面轮廓图形。

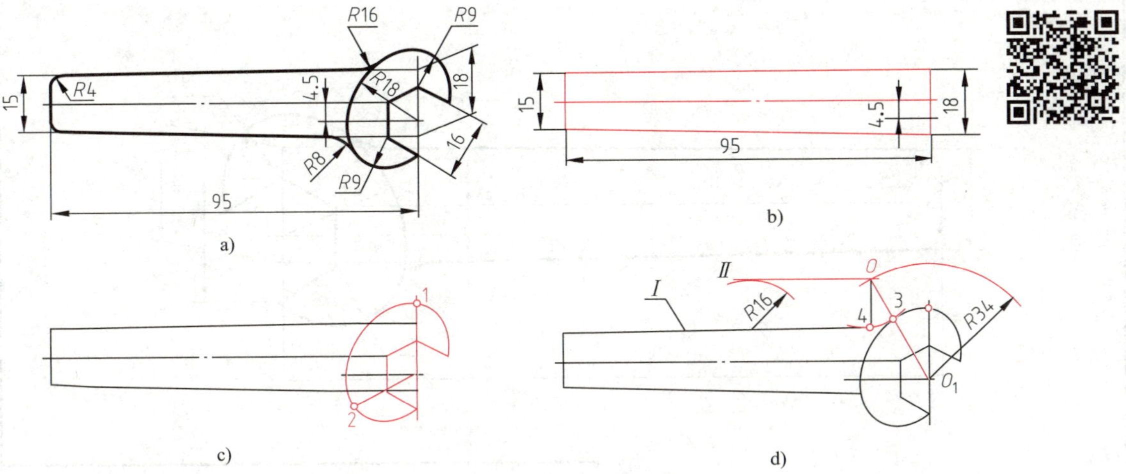

图 1-29　扳手的画图步骤

1. 图形分析

扳手钳口是正六边形的四条边。扳手弯头形状由一个 $R18$ 圆弧和两个 $R9$ 圆弧组成，圆心位置已知，$R16$、$R8$、$R4$ 均为连接圆弧。

2. 画底稿

底稿一般用较硬的铅笔（H 或 2H）轻淡地画出。画底稿的步骤如下：

1）根据已知尺寸画出扳手轴线和中心线及手柄的轮廓（图 1-29b）。

2）根据尺寸 16 作出正六边形，再由 $R18$ 和两个 $R9$ 圆弧作出扳手头部弯头的图形，圆弧的连接点是 1 和 2（图 1-29c）。

3）作连接圆弧 $R16$ 的圆心。以 O_1 为圆心，以 $R=18+16=34$ 为半径画弧，作与直线 Ⅰ 平行且距离为 16 的直线 Ⅱ，直线 Ⅱ 与圆弧的交点 O 即为圆心。作 $R16$ 圆弧，点 3、4 为切点（图 1-29d）。$R8$ 和 $R4$ 圆弧的圆心求法相同。

3. 描深

底稿完成后，要仔细校对，修正错误，并擦去多余的作图线，再按各种图线的线宽要求进行描深，一般用 B 或 HB 铅笔描深粗实线，圆规用的铅芯应比画直线用的铅笔芯软一号。描深粗实线时，先描深圆或圆弧，再从图的左上方开始，顺次向下描深所有水平方向的粗实线；仍从图的左上方开始，顺次向右描深所有垂直方向的粗实线。

按上述顺序，用 H 铅笔描深全部细线（细实线、细点画线、细虚线）。

4. 画箭头、注尺寸、填写标题栏

图 1-30 所示为完成的扳手平面图形。

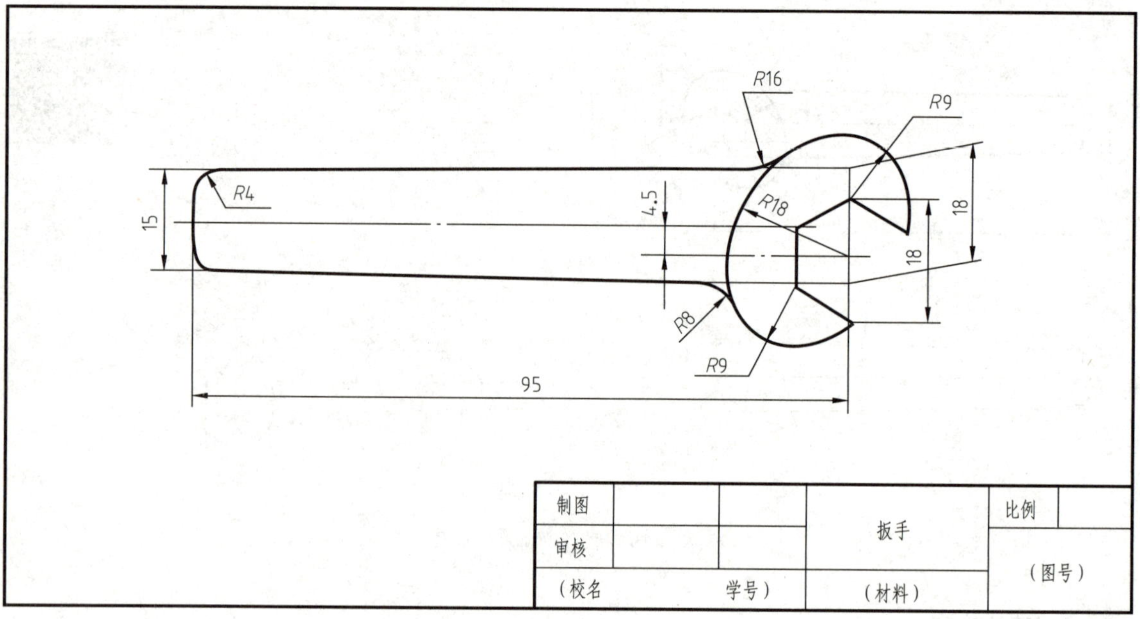

图 1-30　扳手平面图形

第二单元 正投影作图基础

正投影法能准确表达物体的形状，度量性好，作图方便，在工程上得到广泛应用。机械图样主要是用正投影法绘制的。因此，正投影法的基本原理是识读和绘制机械图样的理论基础，也是本课程的核心内容。

第一节 绘制简单形体三视图

视图是怎样得来的？画视图是根据什么原理？三视图是怎样画出来的？

一、正投影及其投影特性

1. 正投影法

如图 2-1 所示，设置一个直立投影面 P，在该平面的前方放置 V 形块，使 V 形块的前面与 P 面平行。用一束相互平行的光线向 P 面垂直投射，在 P 面上得到 V 形块的影子，即 V 形块在 P 面上的正投影。产生正投影的方法称为正投影法，直立平面 P 称为投影面，互相平行的光线称为投射线。利用正投影的方法在一个投影面上所得到的一个投影能反映物体一个方向的形状。

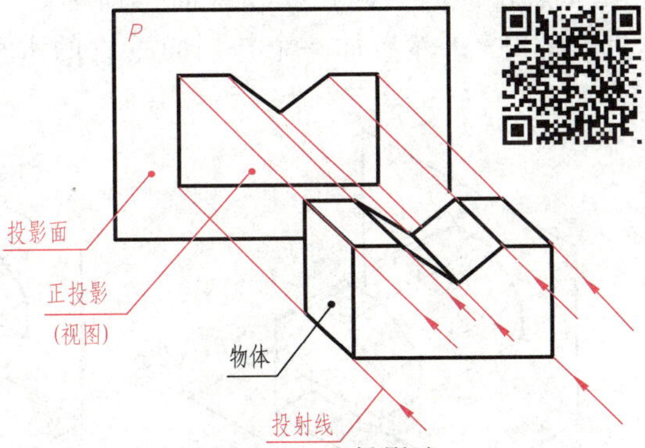

图 2-1 正投影法

由于机械图样主要是用正投影法绘制，为叙述方便，本书将正投影简称为投影。在工程图样中，根据有关标准绘制的多面正投影图也称为视图。

2. 正投影法基本性质

（1）实形性 物体上平行于投影面的平面（P），其投影反映实形；平行于投影面的直线（*AB*）的投影反映实长（图 2-2a）。

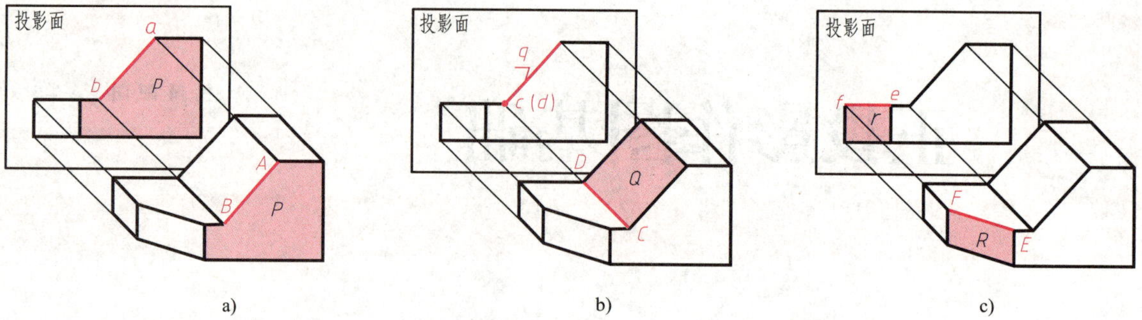

图 2-2 正投影的基本特性

（2）积聚性 物体上垂直于投影面的平面（*Q*），其投影积聚成一条直线；垂直于投影面的直线（*CD*）的投影积聚成一点（图 2-2b）。

（3）类似性 物体上倾斜于投影面的平面（*R*），其投影是原图形的类似形（类似形指两图形相应线段间保持定比关系，即边数、平行关系、凹凸关系不变）；倾斜于投影面的直线（*EF*）的投影比实长短（图 2-2c）。

二、三视图的形成及其对应关系

1. 三投影面体系的建立

用正投影法在一个投影面上得到的一个视图，只能反映物体一个方向的形状，而不能完整反映物体的形状。例如，图 2-3a 所示垫块在投影面上的投影只能反映其前面的形状，而顶面和侧面的形状无法反映出来。因此，要表示垫块完整的形状，就必须从多个方向进行投射，画出多个视图，通常用三个视图来表示。

如图 2-3a 所示，首先将垫块由前向后向正立投影面（简称正面，用 *V* 表示）投射，在正面上得到一个视图，称为主视图[㊀]；然后加一个与正面垂直的水平投影面（简称水平面，

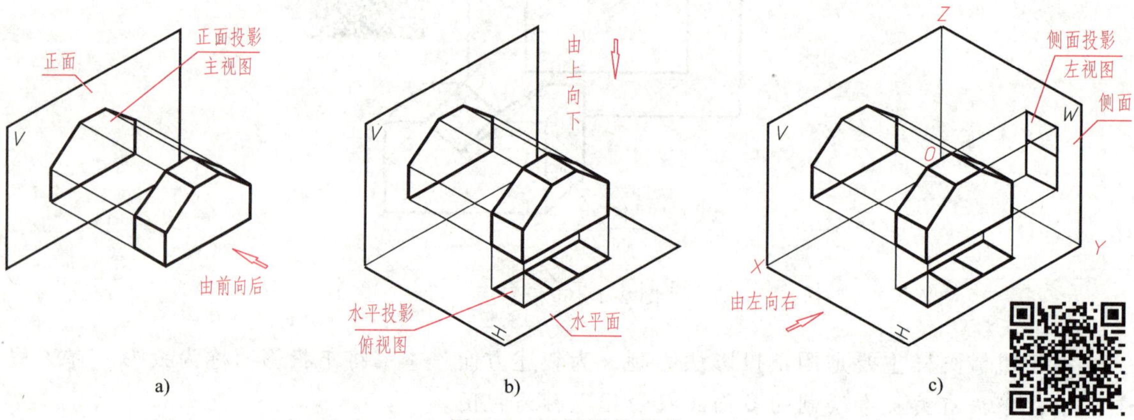

图 2-3 三视图的形成

㊀ 由于正面投影反映物体的主要轮廓形状，所以称为“主视图”。

用 H 表示)，并由垫块的上方向下投射，在水平面上得到第二个视图，称为俯视图（图 2-3b)；再加一个与正面和水平面均垂直的侧立投影面（简称侧面，用 W 表示)，从垫块的左方向右投射，在侧面上得到第三个视图，称为左视图（图 2-3c)。显然，垫块的三个视图从三个不同方向反映了垫块的完整形状。

三个互相垂直的投影面构成三投影面体系，投影面的交线 OX、OY、OZ 称为投影轴，三投影轴交于一点 O，称为原点。为了将垫块的三个视图画在一张图纸上，需将三个投影面展开到一个平面上（图 2-4a)，规定正面不动，将水平面和侧面沿 OY 轴分开，并将水平面绕 OX 轴向下旋转 90°（随水平面旋转的 OY 轴用 OY_H 表示)；将侧面绕 OZ 轴向右旋转 90°（随侧面旋转的 OY 轴用 OY_W 表示)。旋转后，俯视图在主视图的下方，左视图在主视图的右方（图 2-4b)。画三视图时不必画出投影面的边框，所以去掉边框，得到图 2-4c 所示的三视图。

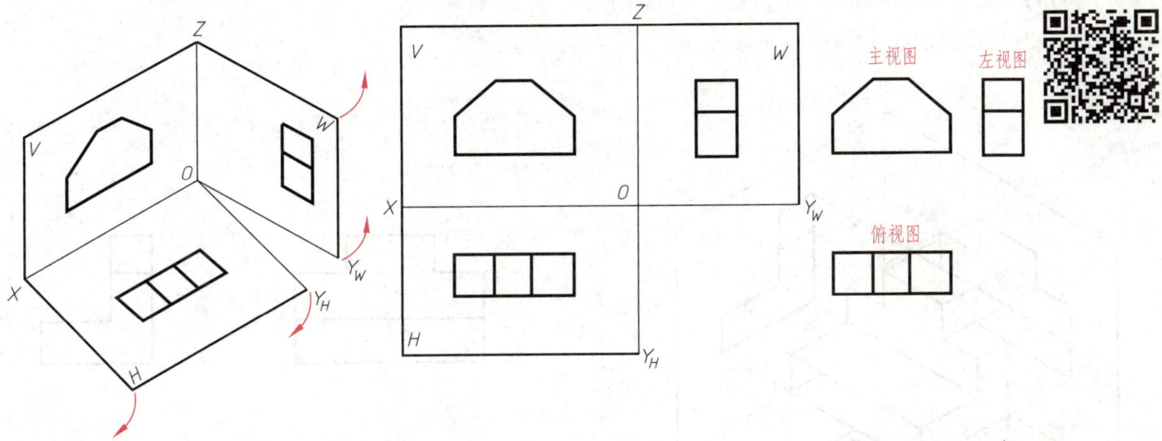

a)　　b)　　c)

图 2-4　三视图的展开

2. 三视图的投影对应关系

物体有长、宽、高三个方向的大小。通常规定：物体左右之间的距离为长，前后之间的距离为宽，上下之间的距离为高（图 2-5a)。从图 2-5b 可以看出，一个视图只能反映物体两个方向的大小。例如，主视图反映垫块的长和高，俯视图反映垫块的长和宽，左视图反映垫块的宽和高。由上述三个投影面展开过程可知，俯视图在主视图的下方，对应的长度相等，且左右两端对正，即主、俯视图等长并对正；同理，左视图与主视图高度相等且对齐，即主、左视图等高且平齐；左视图与俯视图均反映垫块的宽度，所以俯、左视图等宽且前后对应（图 2-5c)。

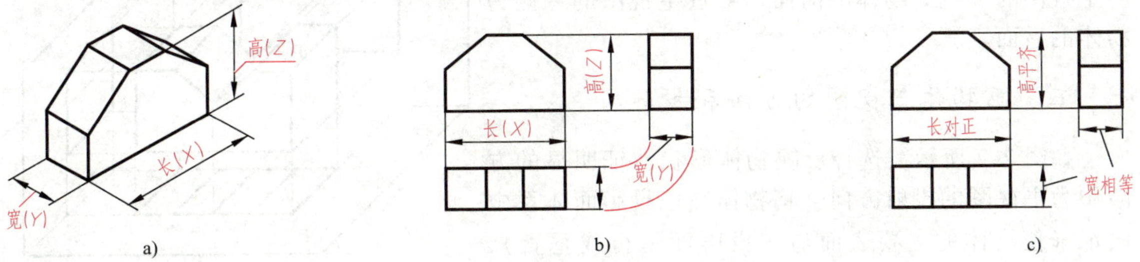

a)　　b)　　c)

图 2-5　三视图的投影对应关系

上述三视图之间的投影对应关系，可归纳为以下三条投影规律（三等规律）：

主视图与俯视图反映物体的长度——长对正

主视图与左视图反映物体的高度——高平齐

俯视图与左视图反映物体的宽度——宽相等

“长对正、高平齐、宽相等”的投影对应关系是三视图的重要特性，也是画图与读图的依据。

3. 三视图与物体的方位对应关系

如图 2-6 所示，物体有上、下、左、右、前、后六个方位，其中：

主视图反映物体的上、下和左、右的相对位置关系；

俯视图反映物体的前、后和左、右的相对位置关系；

左视图反映物体的前、后和上、下的相对位置关系。

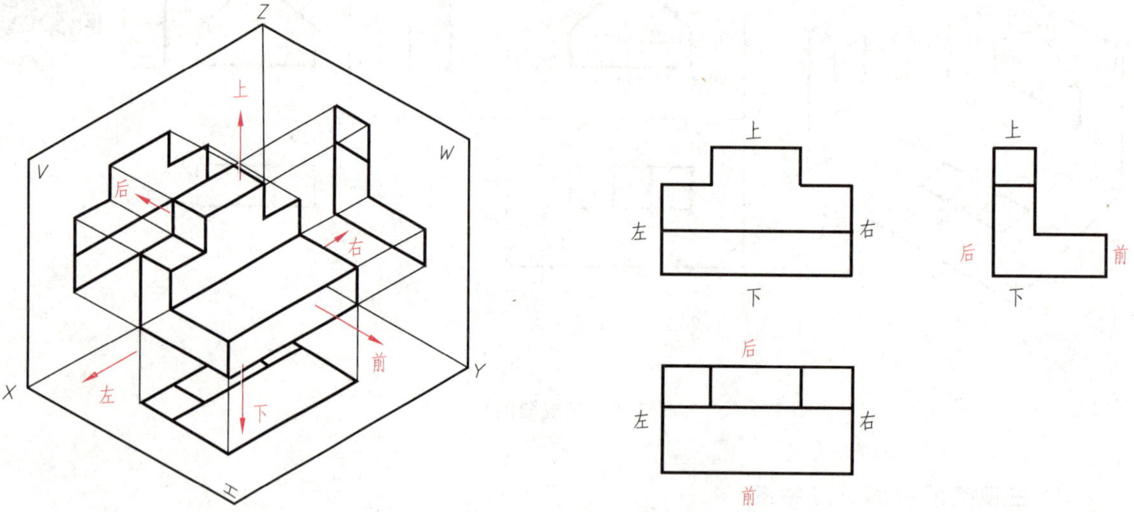

a) b)

图 2-6 三视图的方位关系

画图和读图时，要特别注意俯视图与左视图的前、后对应关系。在三个投影面展开过程中，水平面向下旋转，俯视图的下方实际上表示物体的前方。而侧面向右旋转时，原来向前的 OY 轴成为向右的 OY_W，即左视图的右方实际上表示物体的前方，因此，三视图中，俯视图、左视图远离主视图的一侧为物体的前面，靠近主视图的一侧为物体的后面。

三、画物体三视图的方法和步骤

如图 2-7 所示，选择反映物体形状特征明显的方向作为主视图的投射方向。将物体在三投影面体系中放正（使物体的主要表面与三投影面平行或垂直），按正投影法向各投影面投射。作图步骤（图 2-8）。

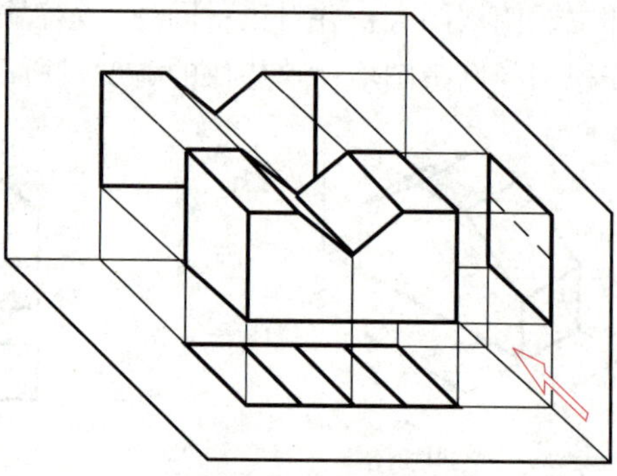

图 2-7 主视图投射方向

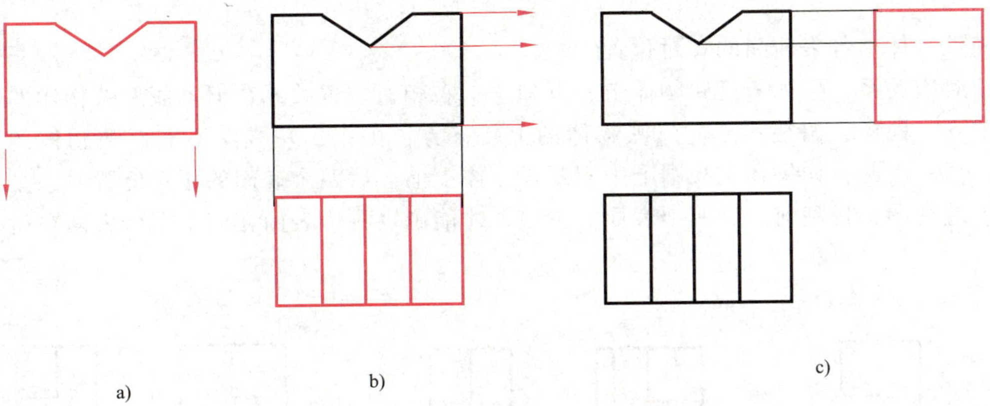

图 2-8　V 形块三视图的画图步骤

初学者作图时应注意：画简单形体的三视图时，可先画出主视图，再按“长对正、高平齐、宽相等”的对应关系逐个画出俯视图和左视图。但是，画比较复杂的形体的三视图时，必须将几个视图配合起来画，按物体的各个组成部分，从反映形状特征明显的视图入手，依次画出三视图。

典型案例

【案例 2-1】 根据缺角长方体的立体图和主、俯视图（图 2-9a），补画左视图。

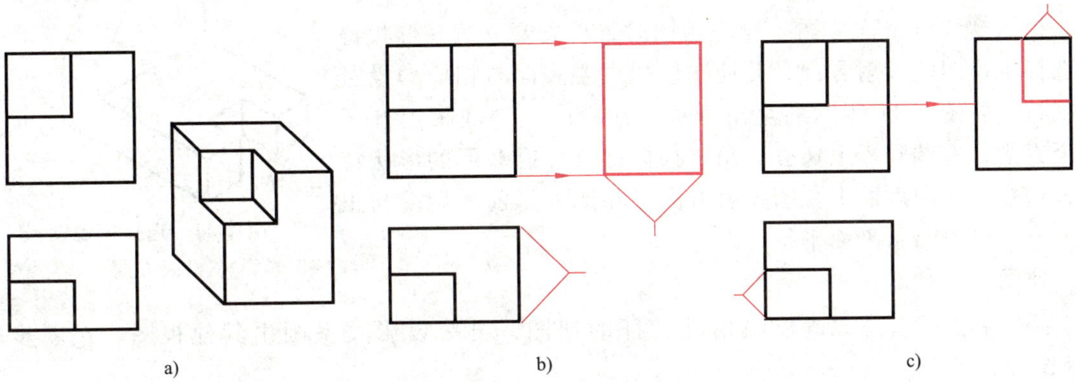

图 2-9　由主、俯视图补画左视图

分析

应用三视图的投影和方位对应关系的特性来想象和补画左视图。

作图

1）按长方体的主、左视图高平齐，俯、左视图宽相等的投影关系，补画长方体的左视图（图 2-9b）。

2）同样方法补画长方体上缺角的左视图，此时必须注意缺角在长方体中前、后位置的方位对应关系（图 2-9c）。

讨论

怎样判断长方体上各表面间的相对位置？

根据方位对应关系，主视图反映物体上、下和左、右相对位置关系，但不能反映物体的前、后方位关系。同样，俯视图不能反映物体的上、下方位关系，左视图不能反映物体的左、右方位关系。因此，如果在主视图上来判断长方体上前、后两个表面的相对位置时，必须从俯视图或左视图上找到前、后两个表面的位置，才能确定哪个表面在前，哪个表面在后（图 2-10a）。

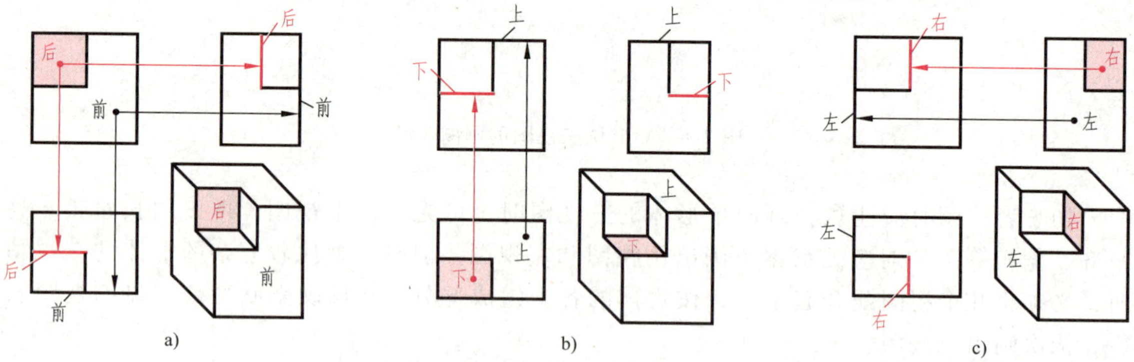

图 2-10　立体表面相对位置分析

同样方法在俯视图上判断长方体上、下两个表面的相对位置，在左视图上判断长方体左、右两个表面的相对位置（图 2-10b、c）。

【案例 2-2】 绘制图 2-11 所示物体的三视图。

分析

根据物体（或立体图）画三视图时，首先要分析其形状特征选择主视图的投射方向，并使物体的主要表面与相应的投影面平行。如图 2-11 所示的直角弯板，在它的左端底板上开了一个方槽，右端竖板上切去一角。根据直角弯板 L 形的形状特征，选择由前向后的主视图投射方向，并使 L 形前、后壁与正面平行，底面与水平面平行。

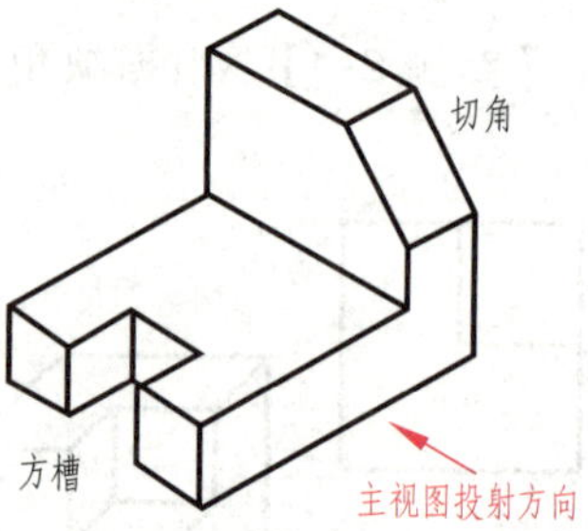

图 2-11　选择主视图投射方向

作图

画三视图时，应先画反映形状特征的视图，再按投影关系画出其他视图。作图步骤（图 2-12）。

（1）画直角弯板轮廓的三视图　先画反映直角弯板形状特征 L 形的主视图（尺寸从立体图中量取），再按投影关系画出俯、左视图（图 2-12a）。

（2）画方槽的三面投影　先画反映方槽形状特征的俯视图，再按“长对正和宽相等”的投影关系分别画出主视图中的虚线（视图上对于不可见轮廓线的投影画细虚线）和左视图中的图线（图 2-12b）。

（3）画右部切角的三面投影　先画反映切角形状特征的左视图，再按“高平齐、宽相等”的投影关系分别画出主视图和俯视图中的图线。画俯视图中的图线时，应注意前后对应关系（图 2-12c）。

（4）检查无误，完成三视图　如图 2-12d 所示。

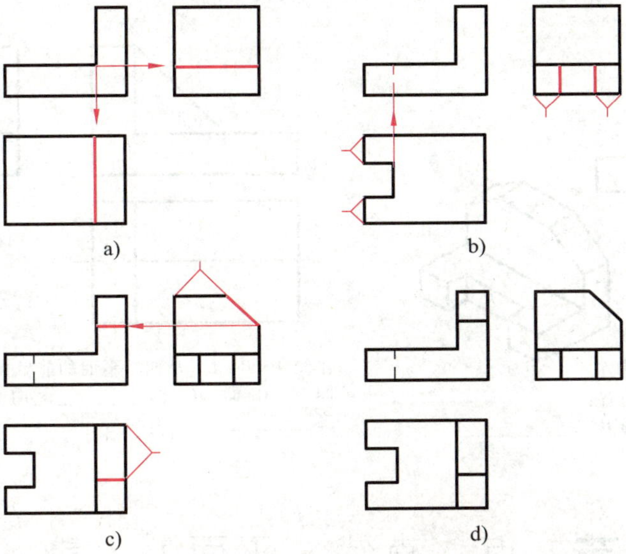

图 2-12　三视图的作图步骤

课堂讨论

1. 观察物体的三视图，在立体图中找出相对应的物体，填写对应的序号。

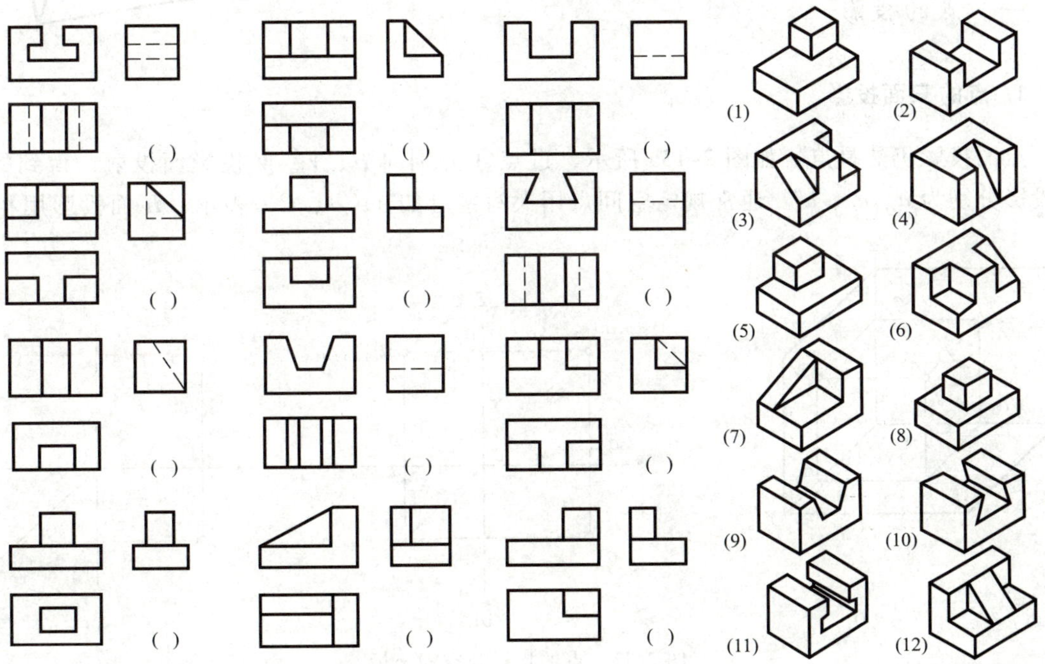

2. 参照立体图，补画三视图中缺线，并在主视图上注出 A、B、C 三个平面的字母，然后填空。

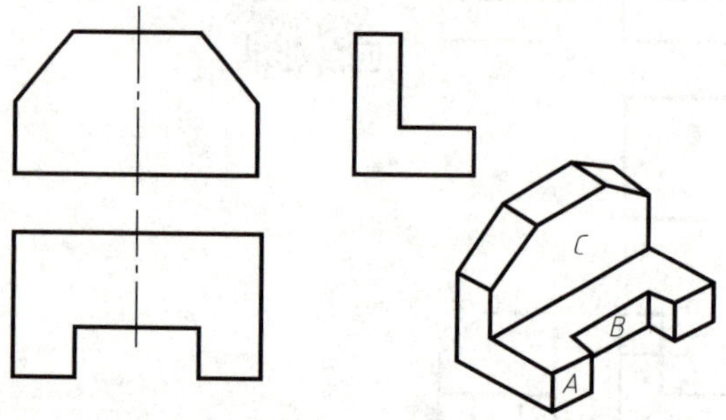

比较 A、B、C 三个平面的前、后位置：
面 A 在面 B 之________，面 C 在面 B 之________。

3. 根据给出的视图轮廓想象物体形状，补画俯视图中缺线，并填空

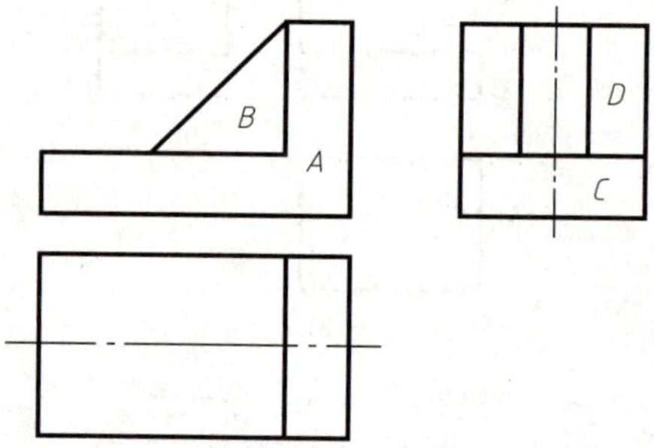

比较 A、B、C、D 四个平面的前后、左右位置：
面 A 在面 B 之________，面 C 在面 D 之________。

第二节　点、直线、平面的投影

任何物体的表面都包含点、线和面等几何元素。三棱锥就是由四个平面、六条直线和四个点构成。绘制三棱锥的三视图，实际上就是画出构成三棱锥表面的这些点、直线和平面的投影。因此，要正确而迅速地表达物体的形状，必须掌握这些几何元素的投影特性和作图方法，对今后的画图和读图具有重要意义。

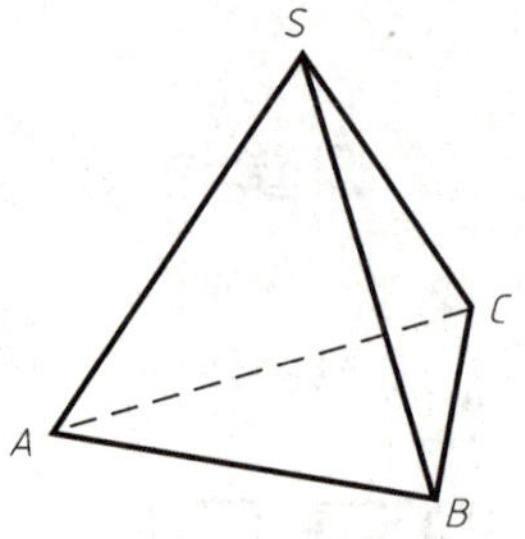

一、点的投影

1. 点的三面投影

点的投影仍然是点。如图 2-13a 所示，过点 A 分别向 H、V、W 投影面投射，得到的三面投影分别为 a、a′、a″。通常规定空间点用大写字母如 A、B、C…表示；H 面投影用相应

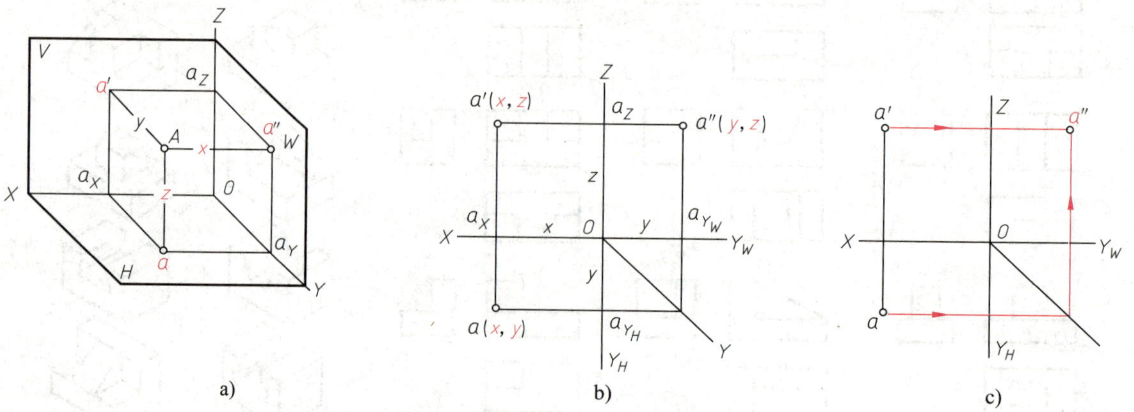

图 2-13　点的投影与空间坐标

的小写字母 a、b、c…表示；V 面投影用小写字母加一撇 a'、b'、c'…表示；W 面投影用小写字母加两撇 a''、b''、c''…表示。

2. 已知点的两面投影求第三投影

点在空间的位置可由点到三个投影面的距离来确定。如图 2-13a 所示，A 点到 W 面的距离为 X 坐标，A 点到 V 面的距离为 Y 坐标，A 点到 H 面的距离为 Z 坐标。图 2-13b 为点的三面投影图，从图中可看出，空间点在某一投影面上的位置由该点两个相应的坐标值所确定。由此可见，空间点的任意两个投影，就包含了该点空间位置的三个坐标，即确定了点的空间位置。因此，若已知某点的任何两个投影，都可以根据投影对应关系求出该点的第三投影。如图 2-13c 所示，已知点 A 的投影 a 和 a'，可按图中箭头所示作出 a''。

3. 重影点的可见性判别

空间两点在某一投影面上的投影重合称为重影（图 2-14），点 B 和点 A 在 H 面上的投影 $b(a)$ 重影，称为重影点。两点重影时，远离投影面的一点为可见，另一点为不可见，并规定在不可见点的投影符号外加括号表示（图 2-14b）。重影点的可见性可通过该点的另两个投影来判别，例如，在图 2-14b 中，从 V 面（或 W 面）投影可知，点 B 在点 A 之上，可判断在 H 面投影中 b 为可见，(a) 为不可见。

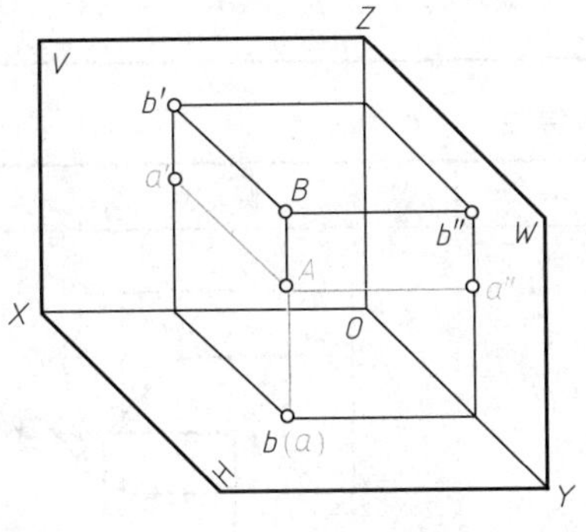

a)

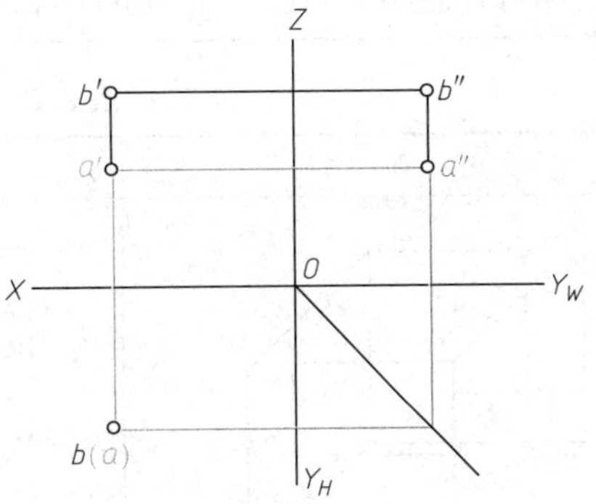

b)

图 2-14　重影点的投影

二、直线的投影

空间直线与投影面的相对位置有三种：投影面平行线、投影面垂直线和一般位置直线。

1. 投影面平行线

投影面平行线有三种位置：

水平线——平行于水平面的直线；正平线——平行于正面的直线；侧平线——平行于侧面的直线。投影面平行线的投影特性见表 2-1。

2. 投影面垂直线

投影面垂直线也有三种位置：

铅垂线——垂直于水平面的直线；正垂线——垂直于正面的直线；侧垂线——垂直于侧面的直线。投影面垂直线的投影特性见表2-2。

表2-1　投影面平行线的投影特性

水　平　线	正　平　线	侧　平　线
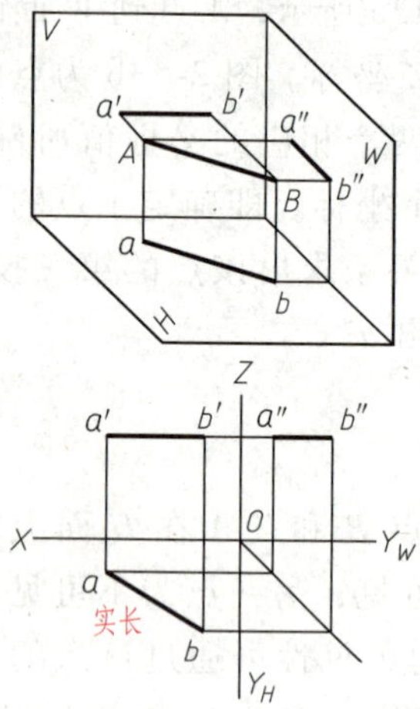	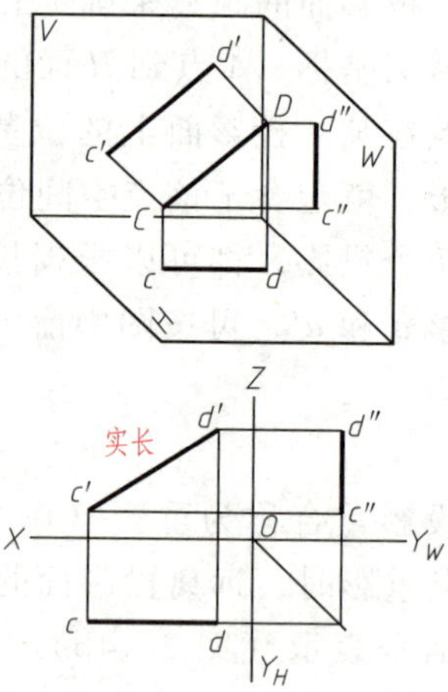	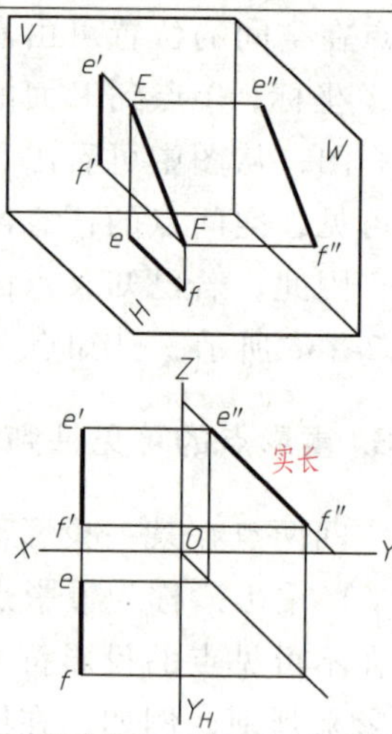

投影特性：
1. 投影面平行线的三个投影都是直线，其中在与直线平行的投影面上的投影反映线段实长
2. 另外两个投影都短于线段实长，且分别平行于相应的投影轴

表2-2　投影面垂直线的投影特性

铅　垂　线	正　垂　线	侧　垂　线
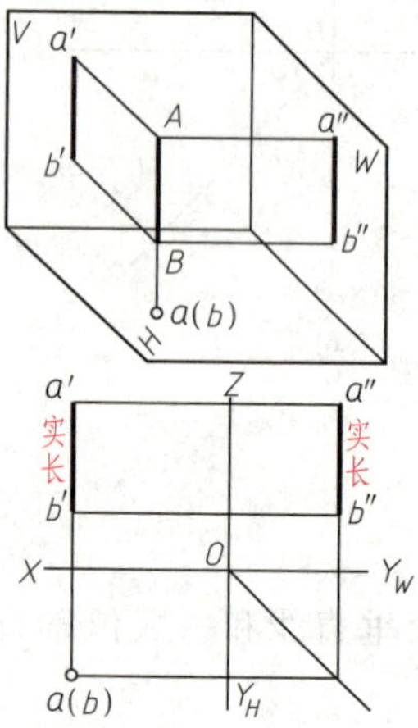	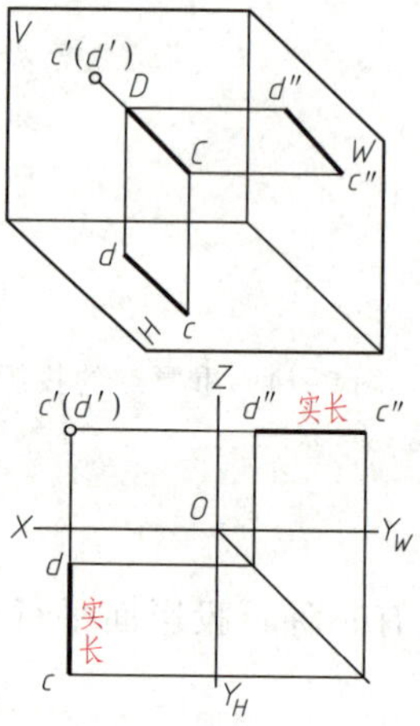	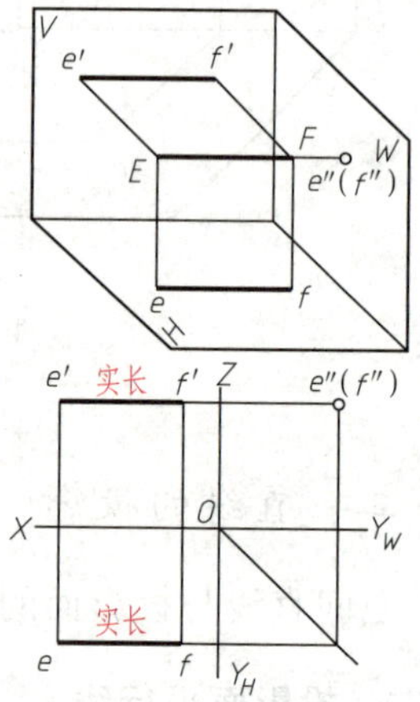

投影特性：
1. 投影面垂直线在所垂直的投影面上的投影必积聚成为一个点
2. 另外两个投影都反映线段实长，且垂直于相应的投影轴

3. 一般位置直线

既不平行也不垂直于任何一个投影面，即与三个投影面都处于倾斜位置的直线，称为一

般位置直线，如图 2-15 所示直线 AB。一般位置直线的投影特性如下：

1）三个投影均不反映实长。

2）三个投影均对投影轴倾斜。

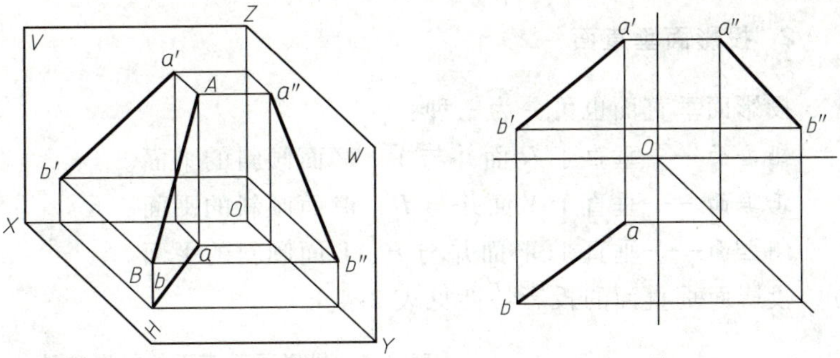

a)　　　　b)

图 2-15　一般位置直线

三、平面的投影

在三投影面体系中，平面对投影面的相对位置有三种：

投影面平行面——平行于一个投影面，垂直于另外两个投影面的平面。

投影面垂直面——垂直于一个投影面，倾斜于另外两个投影面的平面。

一般位置平面——与三个投影面都倾斜的平面。

投影面平行面与投影面垂直面统称为特殊位置平面。

在三面体系中，平面对 H、V、W 面的倾角（指该平面与投影面的两面角）分别用 α、β、γ 来表示。

1. 投影面平行面

投影面平行面可分为三种：

水平面——平行于 H 面并垂直于 V、W 面的平面。

正平面——平行于 V 面并垂直于 H、W 面的平面。

侧平面——平行于 W 面并垂直于 V、H 面的平面。

投影面平行面的投影特性见表 2-3。

表 2-3　投影面平行面的投影特性

水　平　面	正　平　面	侧　平　面
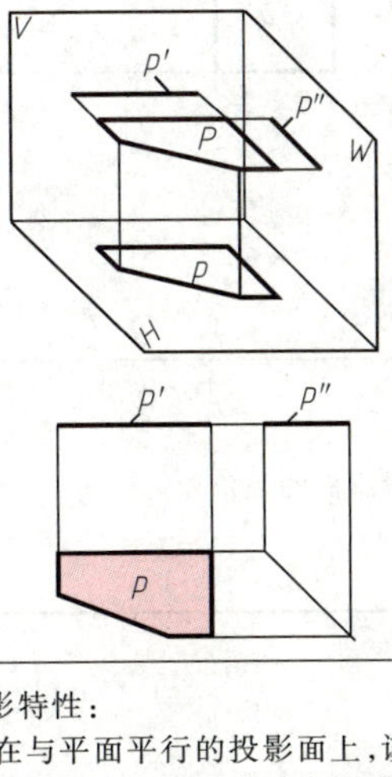	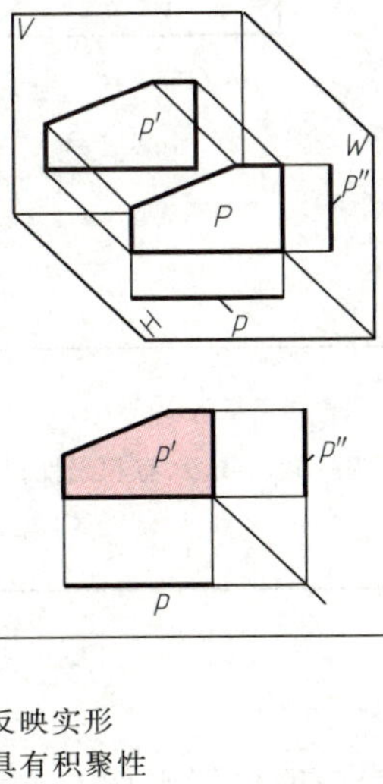	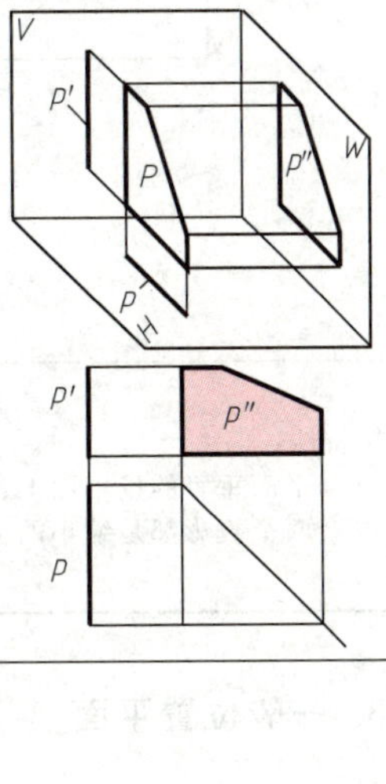

投影特性：
1. 在与平面平行的投影面上，该平面的投影反映实形
2. 其余两个投影为水平线段或铅垂线段，都具有积聚性

2. 投影面垂直面

投影面垂直面也可分为三种：

铅垂面——垂直于 *H* 面并与 *V*、*W* 面倾斜的平面。

正垂面——垂直于 *V* 面并与 *H*、*W* 面倾斜的平面。

侧垂面——垂直于 *W* 面并与 *H*、*V* 面倾斜的平面。

投影面垂直面的投影特性见表 2-4。

表 2-4　投影面垂直面的投影特性

铅　垂　面	正　垂　面	侧　垂　面
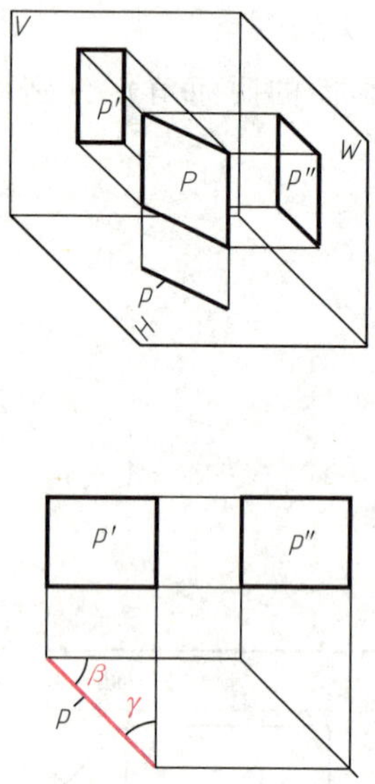	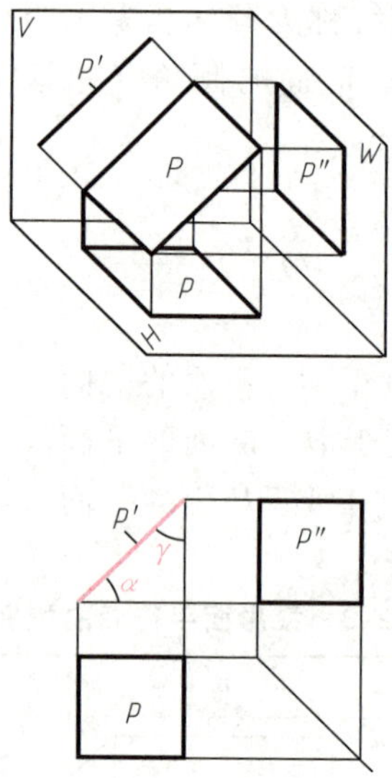	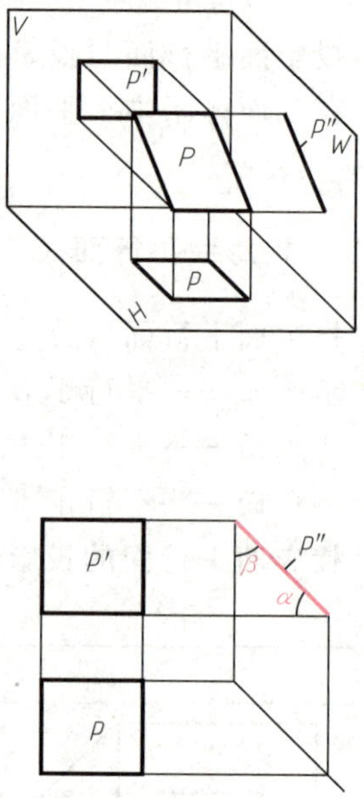

投影特性：

1. 在与平面垂直的投影面上，该平面的投影为一倾斜线段，有积聚性，且反映与另两投影面的倾角
2. 其余两个投影都是缩小的类似形

3. 一般位置平面

与三个投影面都倾斜的平面称为一般位置平面。

如图 2-16 所示，△*ABC* 与 *V*、*H*、*W* 面都倾斜，所以在三个投影面上的投影△*a′b′c′*、△*abc*、△*a″b″c″*均为缩小了的类似形。三个投影面上的投影都不能直接反映该平面对投影面的倾角。

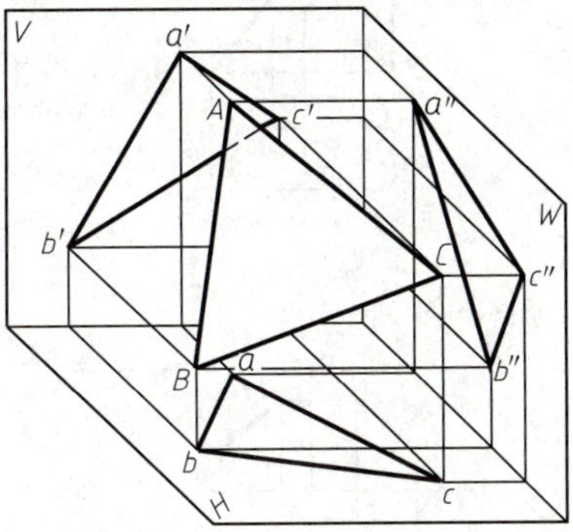

a)

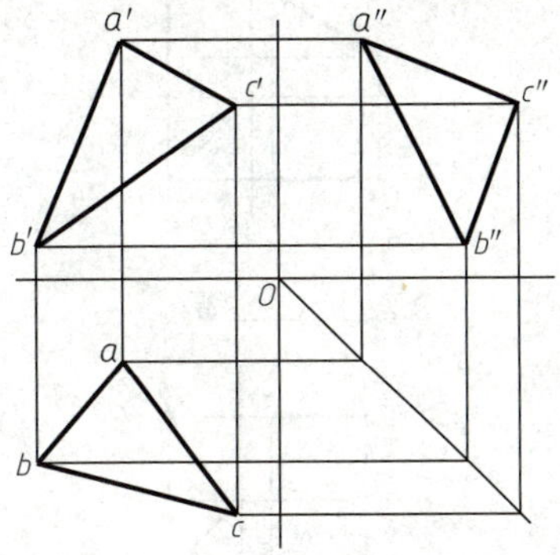

b)

图 2-16　一般位置平面

小技巧

用硬纸板剪开自制一个三投影面体系，将铅笔或三角板在投影面体系中摆出各种不同位置，对照投影图熟悉并记住各种位置直线和平面的投影特性（图 2-17）。

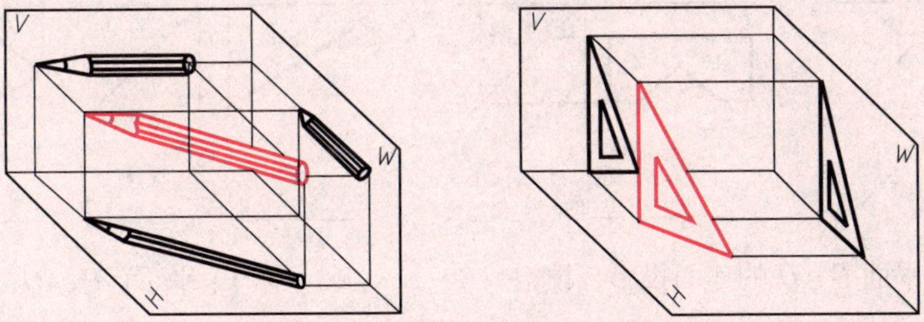

图 2-17　铅笔和三角板的投影

课堂讨论

1. 作点 *A*（25、15、20）、*B*（15、0、10）的三面投影。

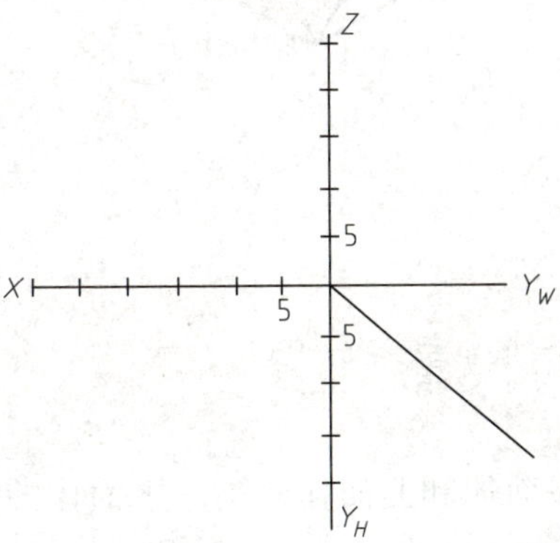

2. 已知立体上点 *A*、*B*、*C*、*D* 的两面投影，标出它们的侧面投影，并在立体图上标出其位置。

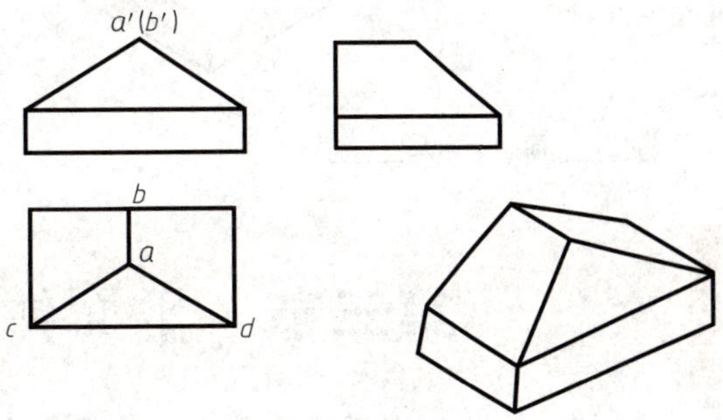

3. 判断下列各直线与投影的相对位置，并填空。

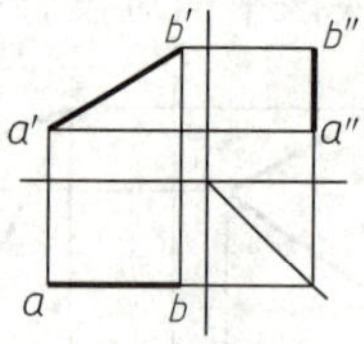

______线

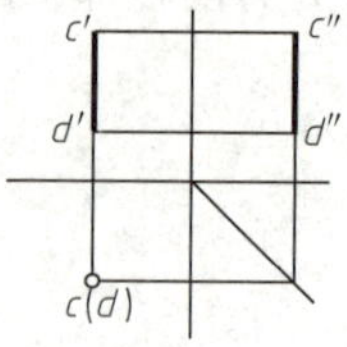

______线

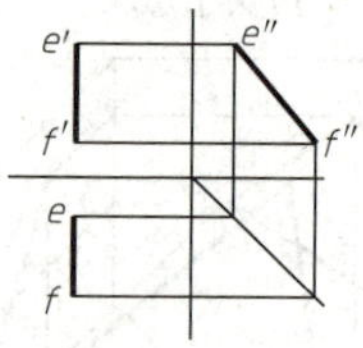

______线

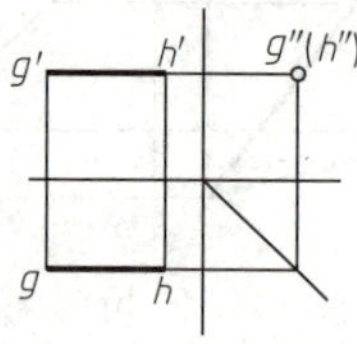

______线

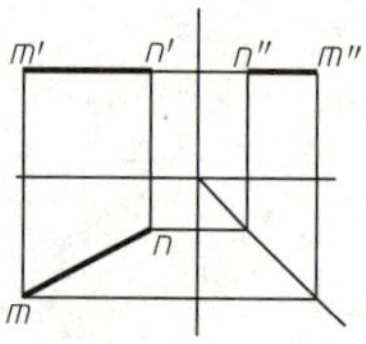

______线

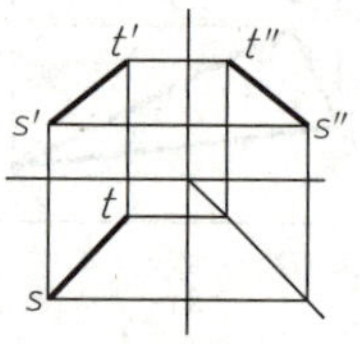

______线

4. 根据平面图形的两面投影，求作第三投影，并判断与投影面的相对位置，填空。

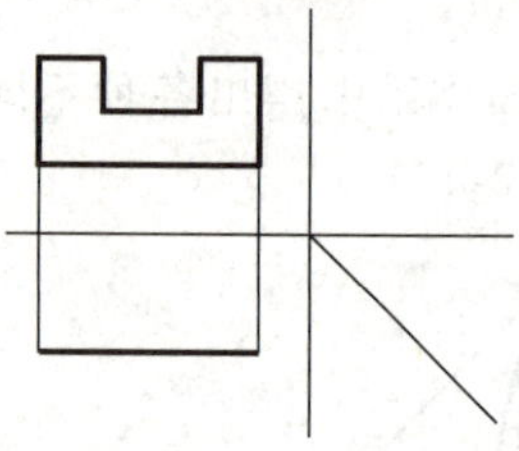

______面

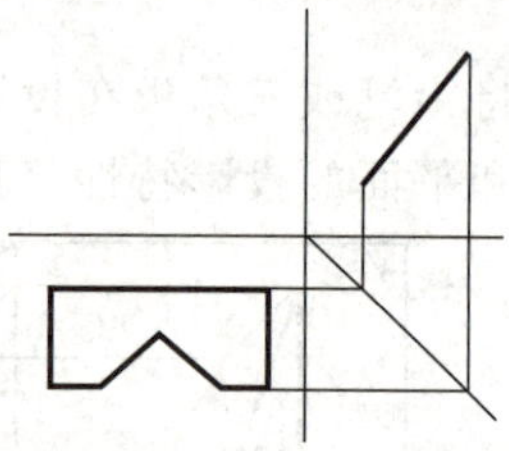

______面

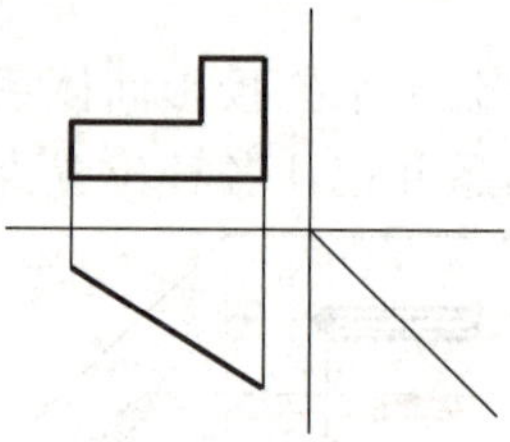

______面

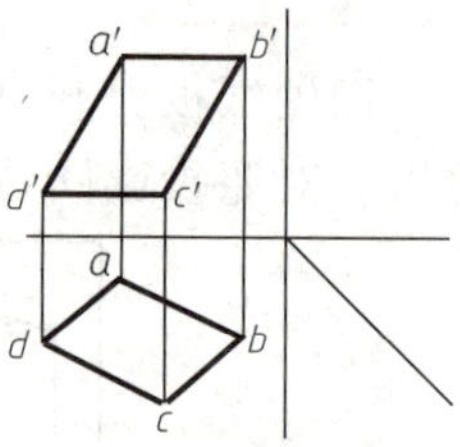

______面

5. （1）标出平面 *P*、*Q* 的三面投影，填空。

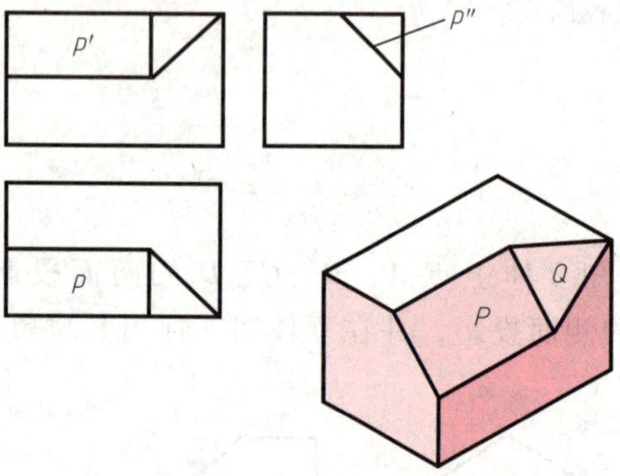

P 面是______面，*Q* 面是______平面。

（2）标出平面 *P*、*Q* 的另两个投影，填空。

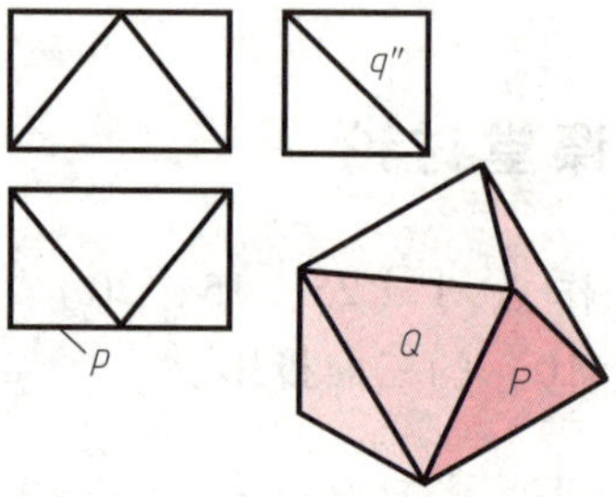

P 是______面，*Q* 是______面。

第三节　平面体及其切割的投影作图

任何物体都可以看成由若干基本体组合而成。基本体有平面体和曲面体两类。平面体的每个表面都是平面，如棱柱、棱锥等；曲面体至少有一个表面是曲面。常见的曲面体为回转体，如圆柱、圆锥、圆球等。

工程上常见的形体多数具有立体被切割或两立体相交而形成截交线或相贯性（如压块、顶尖和三通管）。了解这些交线的性质并掌握交线的画法，有助于正确表达机件的结构形状以及读图时对机件进行形体分析。

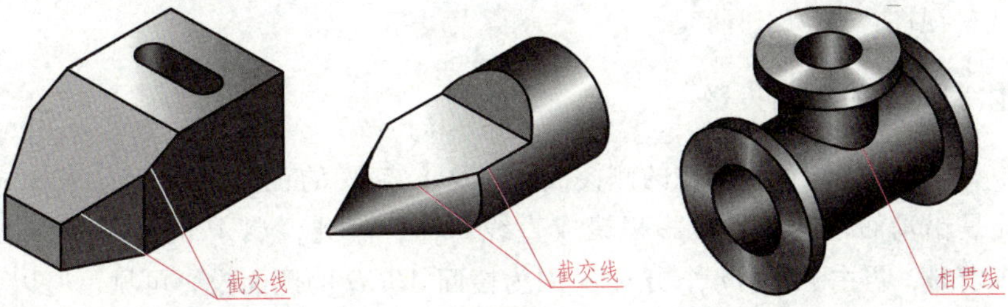

a) 压块　　b) 顶尖　　c) 三通管

一、棱柱

棱柱的棱线互相平行。常见的棱柱有三棱柱、四棱柱、五棱柱和六棱柱等。下面以六棱柱为例，分析其投影特征和作图方法。

1. 投影分析

图 2-18a 所示正六棱柱的顶面和底面平行于水平面，前、后两个棱面平行于正面，其余棱面均为铅垂面。在这种位置下，正六棱柱的投影特征是：

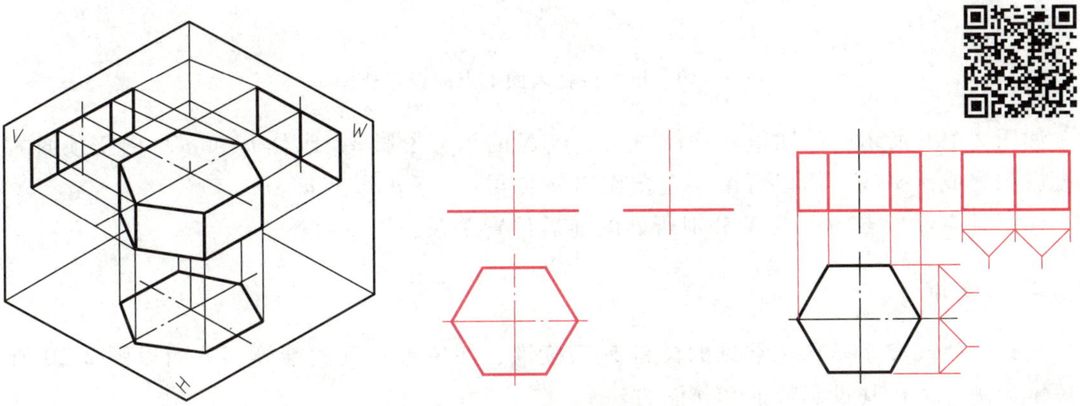

a)　　b)　　c)

图 2-18　正六棱柱的投影作图

俯视图　俯视图为正六边形，是顶面和底面的重合投影，反映实形；六条边是六个棱面的积聚投影。

主视图　主视图为三个矩形线框，中间的矩形是前、后棱面的重合投影，反映实形；左、右两个矩形是其余四个棱面的重合投影，为缩小的类似形；顶面和底面为水平面，其正面投影积聚为上、下两条水平线。

左视图　左视图为两个相同的矩形线框，是左、右四个棱面的重合投影，均为缩小的类似形；顶面和底面仍为两条水平线。

2. 作图步骤

1）作正六棱柱的对称中心线和底面基线，先画出具有轮廓特征的俯视图——正六边形（图2-18b）。

2）按长对正的投影关系，并量取正六棱柱的高度画出主视图，再按高平齐、宽相等的投影关系画出左视图（图2-18c）。

3. 棱柱体表面上的点的投影

如图2-19a所示，已知正六棱柱的侧棱面 $ABCD$ 上点 M 的正面投影 m'，求作 m 和 m''。由于点 M 所在棱面是铅垂面，其水平投影积聚成直线 $abcd$，因此，点 M 的水平投影必在该直线上，可由 m' 直接作出 m，再由 m' 和 m 作出 m''。因为棱面 $ABCD$ 的侧面投影可见，所以 m'' 可见。

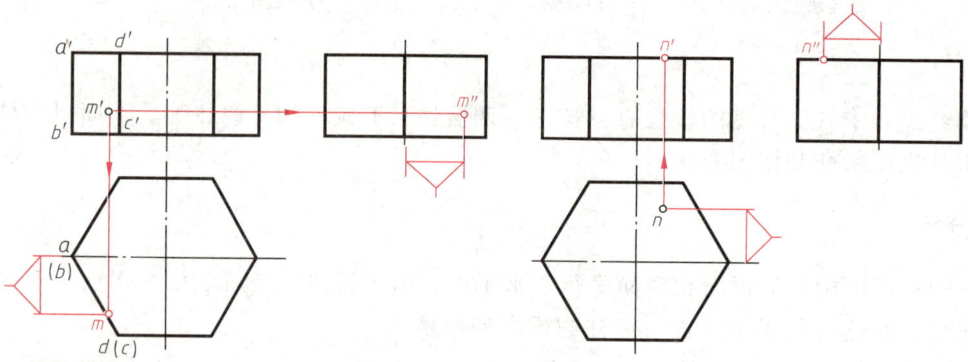

a)　　b)

图2-19　正六棱柱表面上点的投影作图

如图2-19b所示，已知正六棱柱顶面上点 N 的水平投影 n，求作 n' 和 n''。由于顶面的正面投影积聚成水平线，所以可由 n 直接作出 n'，再由 n、n' 作出 n''。

作图时应注意点 M、点 N 分别所处的前后位置关系。

二、棱锥

棱锥的棱线交于一点。常见的棱锥有三棱锥、四棱锥、五棱锥等。下面以图2-20所示四棱锥为例，分析其投影特征和作图方法。

1. 投影分析

图2-20a所示四棱锥前后、左右对称，底面平行于水平面，其水平投影反映实形。左、右两个棱面垂直于正面，它们的正面投影积聚成直线。前、后两个棱面垂直于侧面，它们的侧面投影积聚成直线。与锥顶相交的四条棱线不平行于任一投影面，所以它们在三个投影面上的投影都不反映实长。

2. 作图步骤

1）作四棱锥的对称中心线、轴线和底面，先画出底面俯视图——矩形（图2-20b）。

2）根据四棱锥的高度在轴线上定出锥顶 S 的三面投影位置，然后在主、俯视图上分别用直线连接锥顶与底面四个顶点的投影，即得四条棱线的投影。再由主、俯视图画出左视图（图 2-20c）。

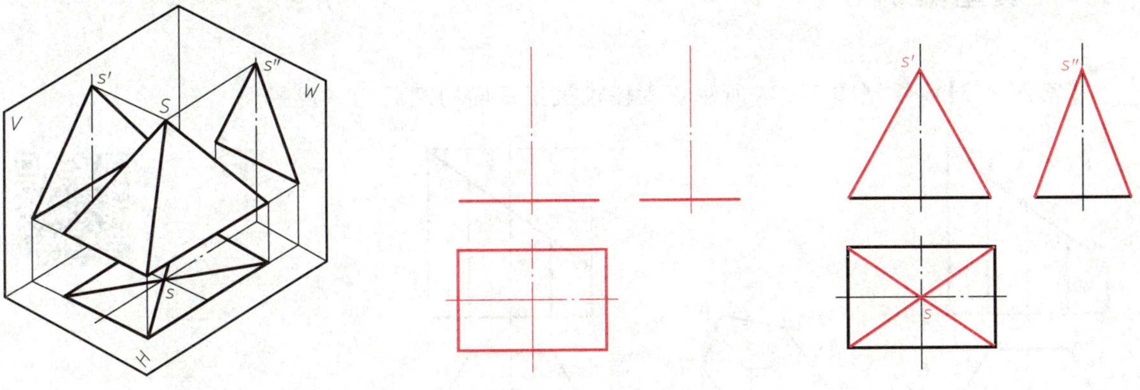

a)　　　b)　　　c)

图 2-20　四棱锥的投影作图

3. 四棱锥体表面上点的投影

如图 2-21 所示，已知四棱锥棱面 SBC 上点 M 的正面投影 m'，求作 m 和 m''。作图方法是：在 SBC 棱面上，由锥顶 S 过点 M 作辅助线 SE，因为点 M 在直线 SE 上，则点 M 的投影必在直线 SE 的同面投影（同一个投影面上的投影）上。所以只要作出 SE 的水平投影 se，即可作出 M 点的水平投影 m。

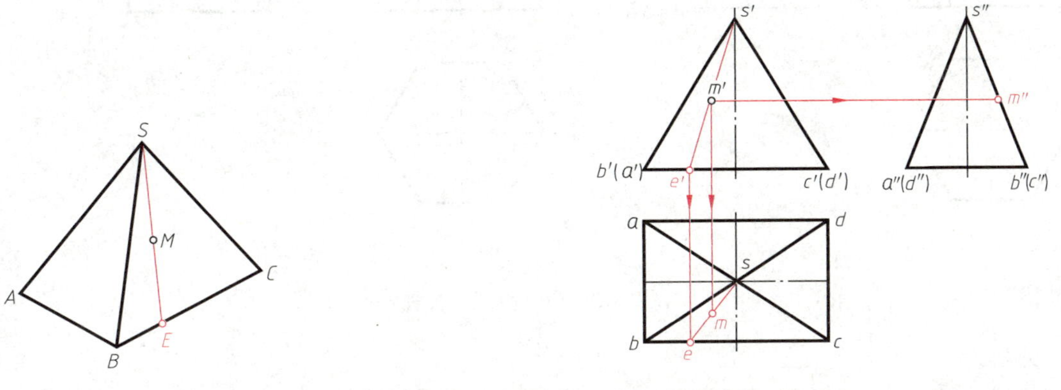

a)　　　b)

图 2-21　四棱锥体表面上的点的投影作图

作图步骤如图 2-21b 所示，在主视图上由 s' 过 m' 作直线交于 $b'c'$ 得 e'，再由 $s'e'$ 作出 se，在 se 上定出 m。由于棱面 SBC 是侧垂面，也可由 m' 直接作出 m''。

三、平面切割平面体

用平面切割立体，平面与立体表面的交线称为截交线，该平面称为截平面，截交线是由直线围成的平面多边形，是截平面与立体的共有线（图 2-22）。

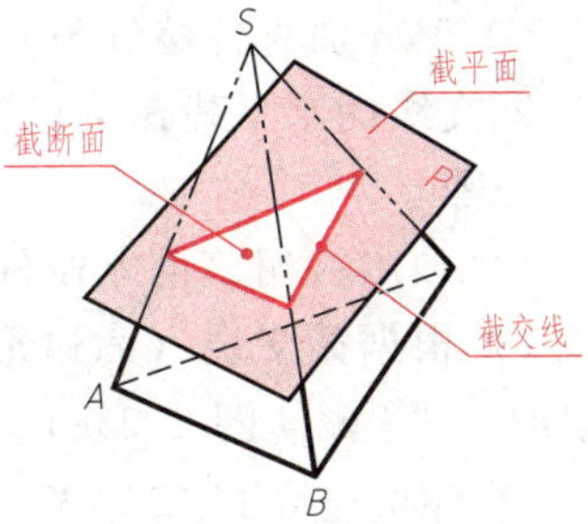

图 2-22　平面切割体

典型案例

【案例 2-3】 绘制图 2-23a 所示正六棱柱被正垂面切割后的三视图。

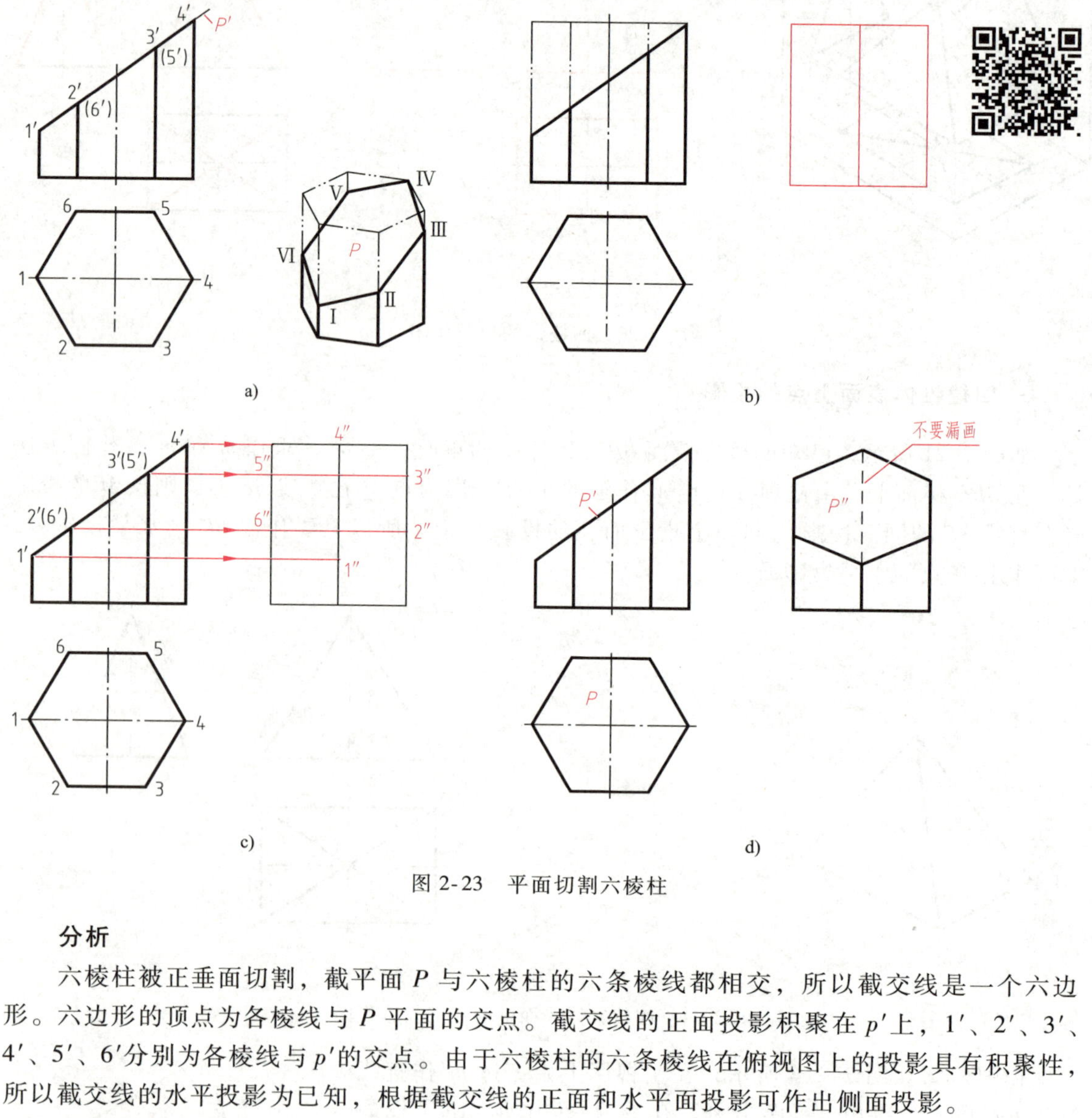

图 2-23　平面切割六棱柱

分析

六棱柱被正垂面切割，截平面 P 与六棱柱的六条棱线都相交，所以截交线是一个六边形。六边形的顶点为各棱线与 P 平面的交点。截交线的正面投影积聚在 p'上，1′、2′、3′、4′、5′、6′分别为各棱线与 p'的交点。由于六棱柱的六条棱线在俯视图上的投影具有积聚性，所以截交线的水平投影为已知，根据截交线的正面和水平面投影可作出侧面投影。

作图

1）画出被切割前六棱柱的左视图（图 2-23b）。

2）根据截交线（六边形）各顶点的正面、水平面投影作出截交线的侧面投影 1″、2″、3″、4″、5″、6″（图 2-23c）。

3）顺次连接 1″、2″、3″、4″、5″、6″、1″，补画遗漏的虚线（注意：六棱柱上最右棱线的侧面投影为不可见，左视图上不要漏画这一段虚线），擦去多余作图线，描深。作图结果（图 2-23d）。

【案例 2-4】 画出图 2-24 所示平面切割体的三视图。

分析

该切割体可看成是用正垂面 P 和铅垂面 Q 分别切去长方体的左上角和左前角而形成。平面 P 与长方体表面的交线Ⅰ Ⅱ、Ⅲ Ⅳ是正垂线（图 2-25a）；平面 Q 与长方体表面的交线 AB、CD 是铅垂线，而 P 面与 Q 面的交线 AD 则是一般位置直线（图 2-25b）。本题作图的关键是求作 AD 的侧面投影 $a''d''$。

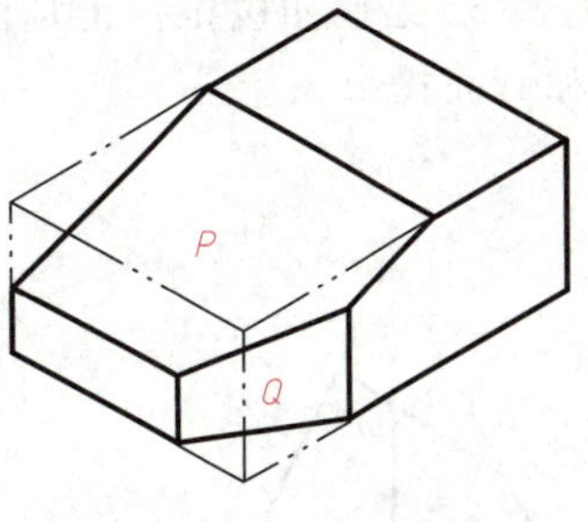

图 2-24　平面切割体

作图

1）作出长方体被正垂面 P 切割后的投影（图 2-25a）。

2）作出铅垂面 Q 的投影（图 2-25b）。铅垂面 Q 产生的交线为梯形 $ABCD$。先画出有积聚性的水平投影，再作出铅垂线 AB 和 CD 的正面和侧面投影 $a'b'$、$c'd'$，$a''b''$、$c''d''$，连接端点$a''d''$即为一般位置直线 AD 的侧面投影。值得注意的是：长方体被正垂面切割后的 P 面的水平和侧面投影是类似的五边形；被铅垂面切割后的 Q 面的正面和侧面投影是类似的四边形。

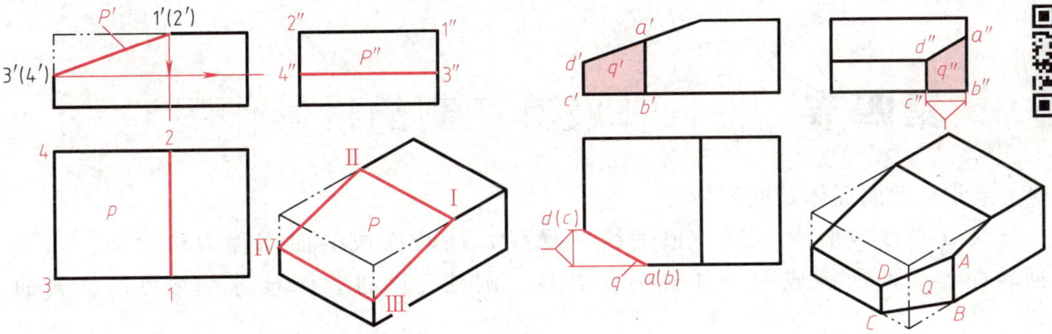

a)　　　　　　　　　　　　　　b)

图 2-25　平面切割体的作图过程

课堂讨论

1. 补画俯视图，并作出表面上点 M、N 的另两个投影。

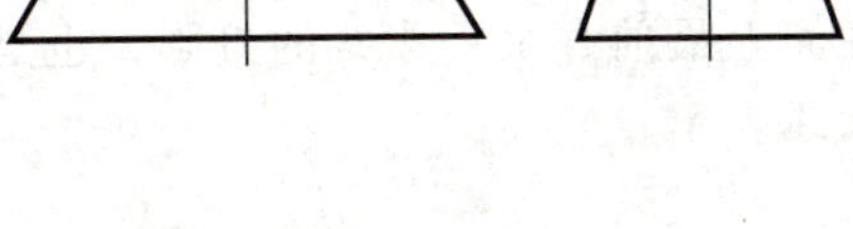

2. 补画左视图，并作出表面上点 M、N 的另两个投影（判断可见性）。

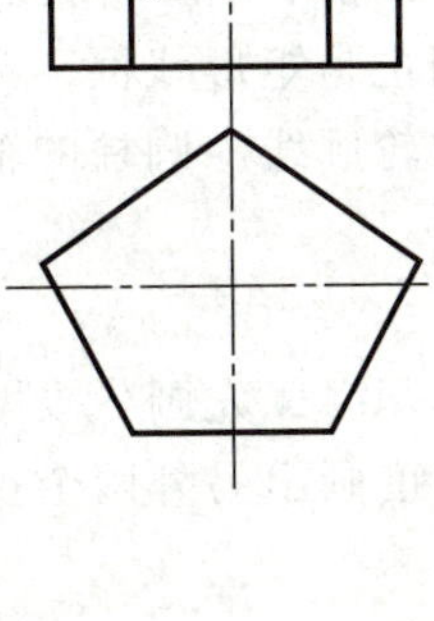

3. 绘制四棱锥被正垂面 P 切割后的水平和侧面投影。

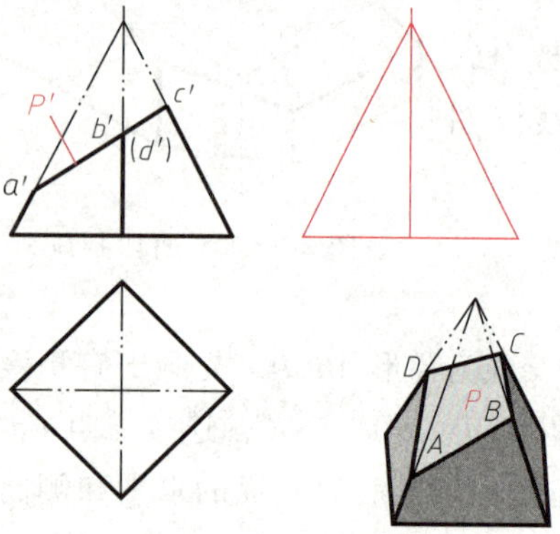

4. 已知物体的主、俯视图（参照立体图）补画左视图。

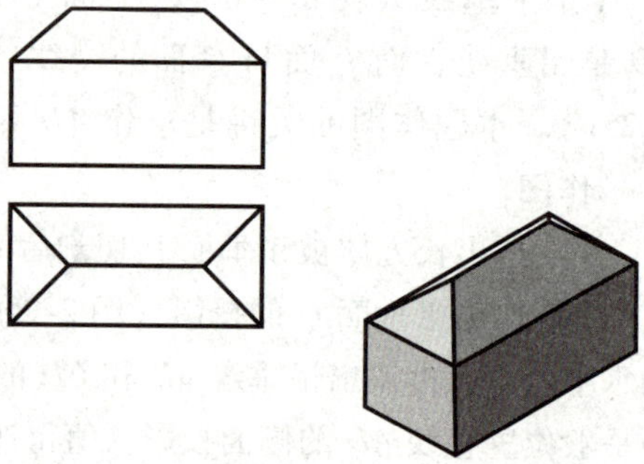

第四节　曲面体及其切割的投影作图

工程上最常见的曲面体是回转体。

由一母线（直线或曲线）绕一根轴线（导线）回转而成的曲面称为回转面。由回转面或回转面与平面所围成的立体称为回转体。圆柱、圆锥、圆球等是常见的回转曲面体。

一、圆柱

圆柱的表面有圆柱面与上、下两底面。圆柱面可看作由一条直母线绕平行于它的轴线回转而成（图2-26a）。直母线处于圆柱面上的任一位置时，称为圆柱面的素线。

1. 投影分析

如图2-26b所示，当圆柱轴线垂直于水平面时，其投影特征是：

俯视图　俯视图是一个圆，是圆柱面的积聚性投影，也是上、下底面的重合投影，用垂直相交的细点画线（称中心线）表示圆心的位置。

主视图　主视图是一个矩形线框，是圆柱面的投影，两条竖线是圆柱面上最左、最右素线的投影，也是圆柱面前、后分界的转向轮廓线。用细点画线表示圆柱轴线的投影。

左视图　左视图也是矩形线框，两条竖线是圆柱面上最前、最后素线的投影，也是圆柱面左、右分界的转向轮廓线。圆柱的轴线仍用细点画线表示。

2. 作图方法

画圆柱体的三视图时，先画各投影的中心线，再画圆柱面投影具有积聚性圆的俯视图，然后根据圆柱体的高度画出另外两个视图（图2-26c）。

3. 圆柱体表面上点的投影

如图 2-26d 所示，已知圆柱面上点 M 的正面投影 m'，求作 m 和 m''。首先根据圆柱面水平投影的积聚性作出 m。由于 m'是可见的，则点 M 在前半圆柱面上，m 必在水平投影圆的前半圆周上。再按投影关系作出 m''。由于点 M 在右半圆柱面上，所以（m''）不可见。

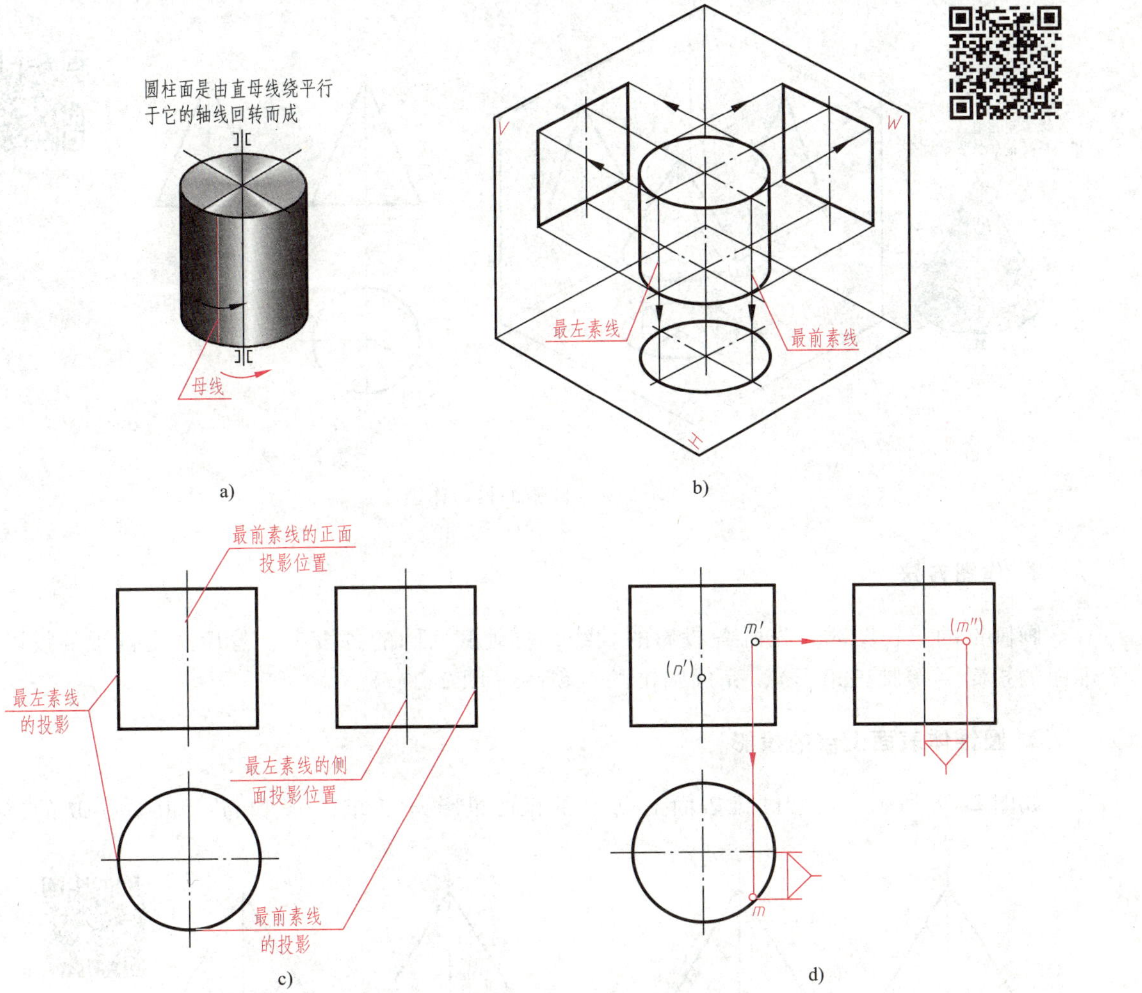

图 2-26　圆柱的投影作图及表面上的点的投影

若已知圆柱面上点 N 的正面投影（n'），怎样求作 n 和 n''以及判别可见性，请读者自行分析。

二、圆锥

圆锥的表面有圆锥面和底面。圆锥面可看作由一条直母线绕与它斜交的轴线回转而成（图 2-27a）。直母线处于圆锥面上的任一位置时，称为圆锥面的素线。

1. 投影分析

图 2-27b 所示为轴线垂直于水平面的正圆锥的三视图。锥底面平行于水平面，水平投影

反映实形。圆锥面的三个投影都没有积聚性，其水平投影与底面的水平投影重合，全部可见。正面投影由前、后两个半圆锥面的投影重合为一等腰三角形，三角形的两腰分别是圆锥面最左、最右素线的投影，也是圆锥面前、后分界的转向轮廓线。侧面投影由左、右两半圆锥面的投影重合为一等腰三角形，三角形的两腰分别是圆锥最前、最后素线的投影，也是圆锥面左、右分界的转向轮廓线。

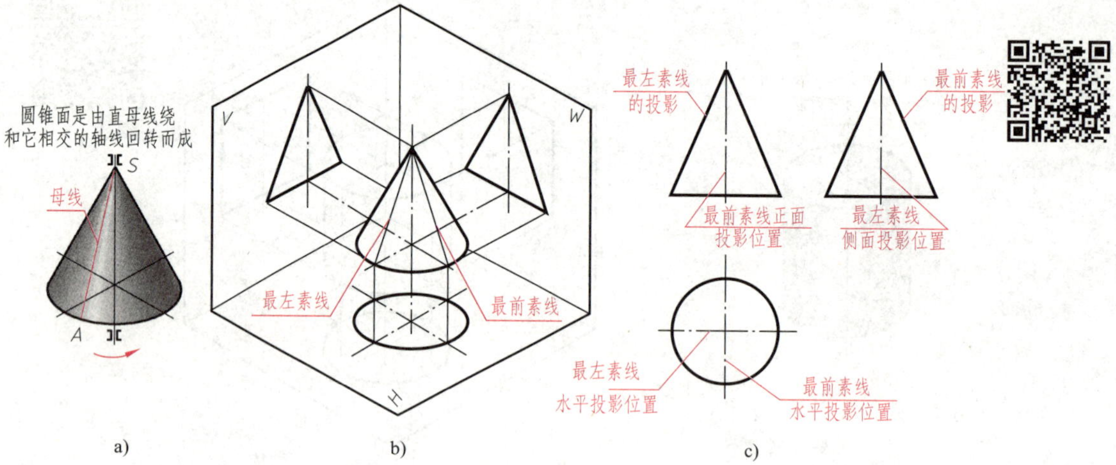

图 2-27　圆锥的投影作图

2. 作图方法

画圆锥的三视图时，先画各投影的轴线，再画底面圆的各投影，然后画出锥顶的投影和锥面的投影（等腰三角形），完成圆锥的三视图（图 2-27c）。

3. 圆锥体表面上点的投影

如图 2-28 所示，已知圆锥表面上点 M 的正面投影 m'，求作 m 和 m''。根据点 M 的位置

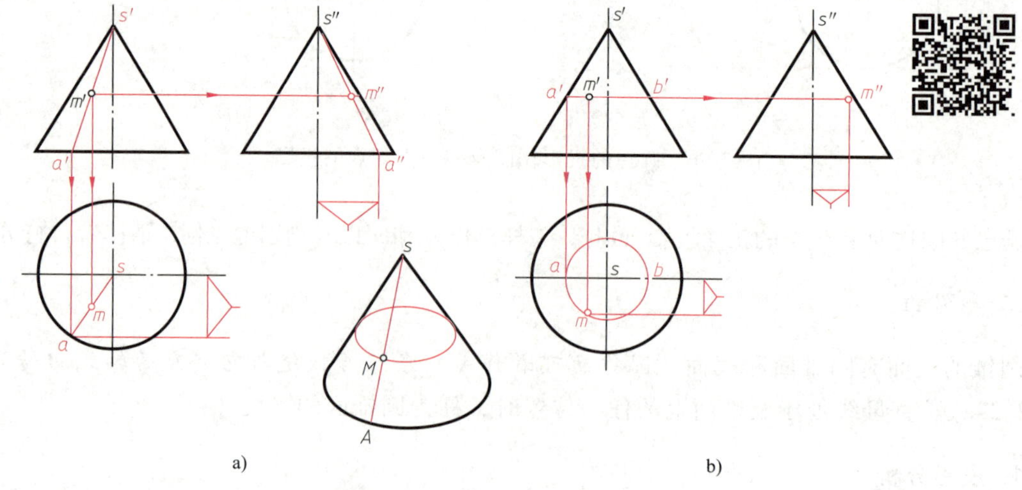

图 2-28　圆锥表面上的点的投影

和可见性，可确定点 M 在前、左圆锥面上，点 M 的三面投影均为可见。

作图方法有两种：

（1）辅助素线法　如图 2-28a 所示，过锥顶 S 和点 M 作辅助素线 SA，即在投影图中作连线 $s'm'$，并延长到与底面的正面投影相交于 a'，由 $s'a'$ 作出 sa，由 sa 作出 $s''a''$，再按点在直线上的投影关系由 m' 作出 m 和 m''。

（2）辅助纬圆法　如图 2-28b 所示，过点 M 在圆锥面上作垂直于圆锥轴线的水平辅助纬圆（参阅立体图），点 M 的各投影必在该圆的同面投影上，即在投影图中过 m' 作圆锥轴线的垂直线，交圆锥左、右轮廓线于 a'、b'，$a'b'$ 即辅助纬圆的正面投影，以 s 为圆心，$a'b'$ 为直径，作辅助纬圆的水平投影。由 m' 求得 m，再由 m'、m 求得 m''。

三、圆球

圆球面可看作由一条圆母线绕其直径回转而成（图 2-29a）。

1. 投影分析

从图 2-29b 和图 2-29c 可看出，球面上最大圆 A 将圆球分为前、后两个半球，前半球可见，

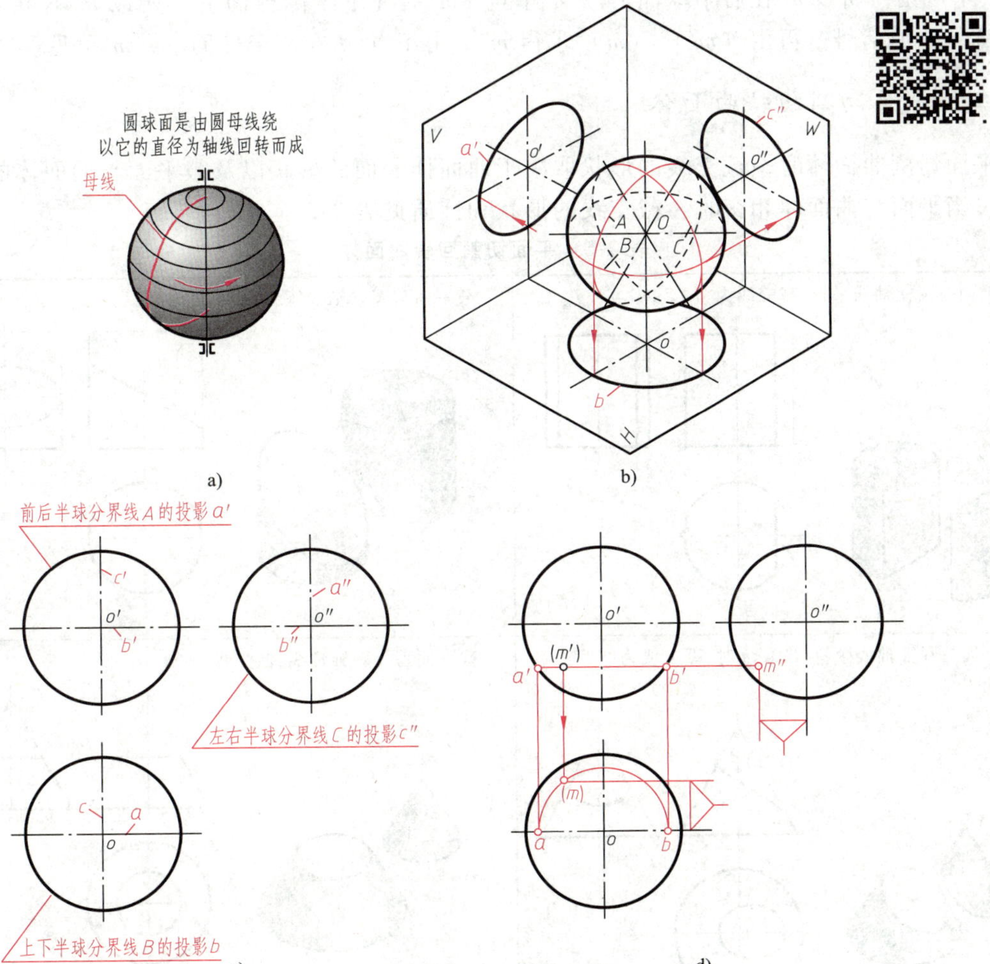

图 2-29　圆球的投影作图与表面上点的投影

后半球不可见，正面投影为圆 a'，形成了主视图的轮廓线，而其水平投影和侧面投影都与相应的中心线重合，不必画出；最大圆 B 将圆球分为上、下两个半球，上半球可见，下半球不可见，俯视图中只要画出 B 的水平投影图 b；最大圆 C 将圆球分为左、右两个半球，左半球可见，右半球不可见，左视图中只要画出 C 的侧面投影圆 c''；B、C 的其余两投影与相应的中心线重合，均不必画出。因此圆球的三视图均为大小相等的圆，其直径与球的直径相等。

2. 作图方法

如图 2-29c 所示，先确定球心的三面投影，过球心分别画出圆球垂直于投影面的轴线的三投影，再画出与球等直径的圆。

3. 圆球表面上的点的投影

如图 2-29d 所示，已知球面上点 M 的正面投影（m'），求 m 和 m''。由于球面的三个投影都没有积聚性，可利用辅助纬圆法求解。过（m'）作水平纬圆的正面投影 $a'b'$，再作出其水平投影（以 o 为圆心，$a'b'$为直径画圆）。由（m'）在该圆的水平投影上求得 m，由于（m'）不可见，所以 m 在后半球面上。又由于（m'）在下半圆球面上，所以 m 不可见，在投影符号上加括号。再由（m'）、（m）求得 m''。由于点 M 在左半球面上，m''可见。

四、平面切割回转曲面体

平面切割曲面体时，截交线的形状取决于曲面体表面的形状以及截平面与曲面体的相对位置。当平面与曲面体相交时，截交线的形状和性质见表 2-5。

表 2-5　平面切割回转曲面体

截平面与圆柱轴线平行，截交线为矩形 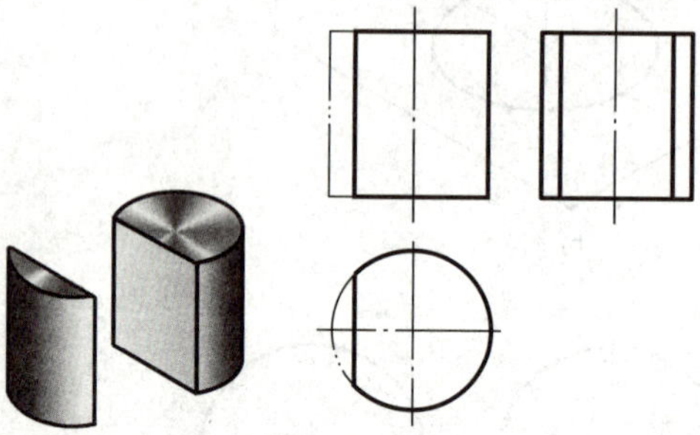	截平面与圆柱轴线倾斜，截交线为椭圆或椭圆弧加直线 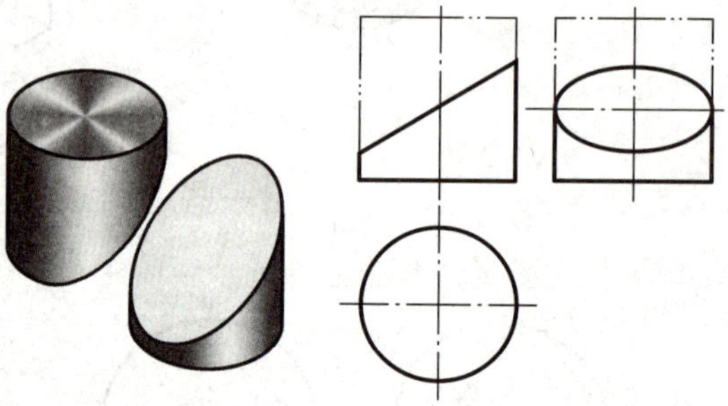
截平面与圆锥轴线倾斜，当 $\alpha<\theta$ 时，截交线为椭圆或椭圆弧加直线 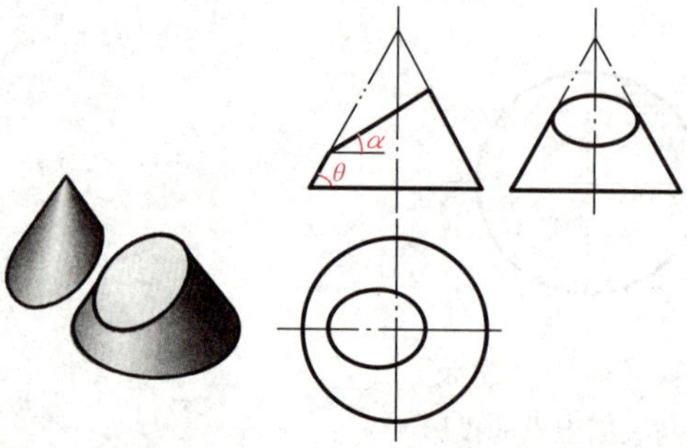	截平面垂直圆锥轴线，截交线为圆 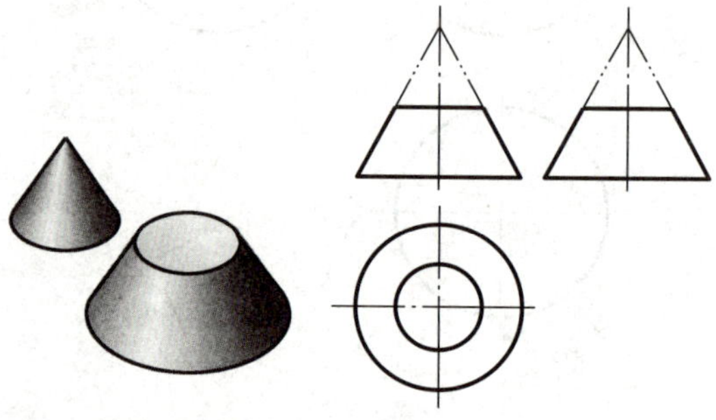

（续）

截平面与圆锥轴线平行或倾斜，当 $\alpha>\theta$ 时，截交线为双曲线加直线 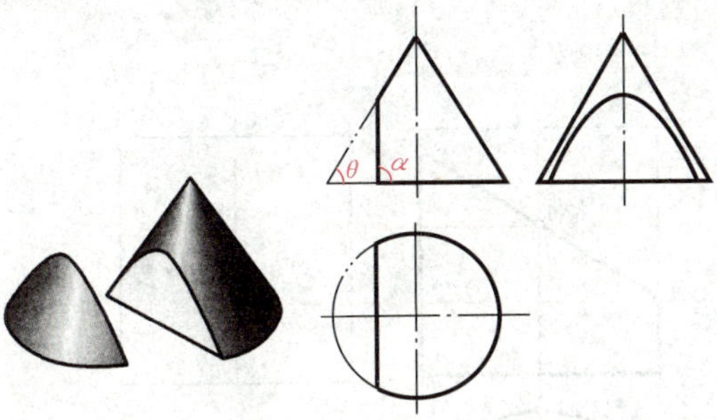	截平面与圆锥轴线倾斜，当 $\alpha=\theta$ 时，截交线为抛物线加直线 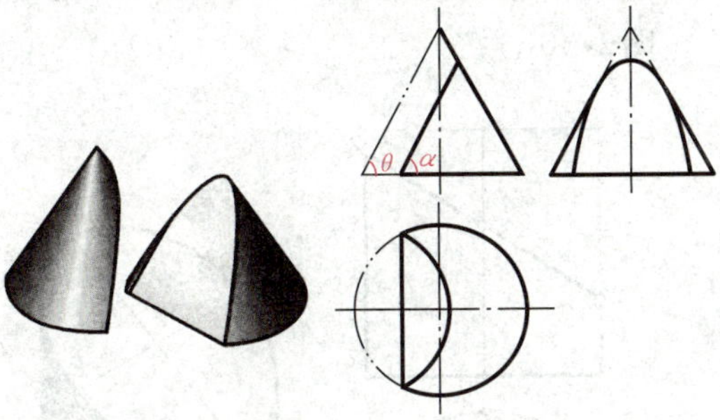
截平面过圆锥锥顶，截交线为等腰三角形 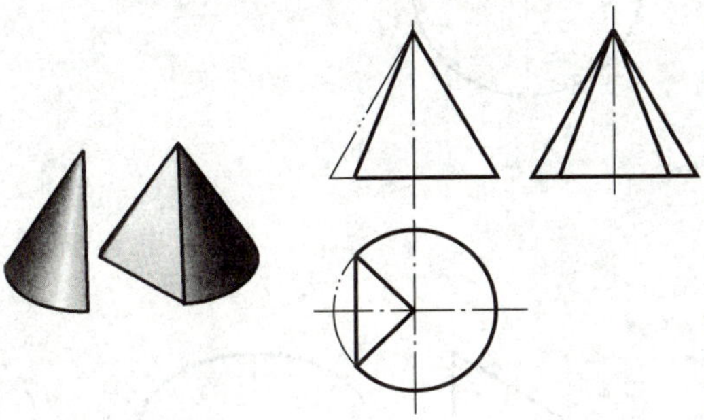	截平面与圆球相交，截交线是圆 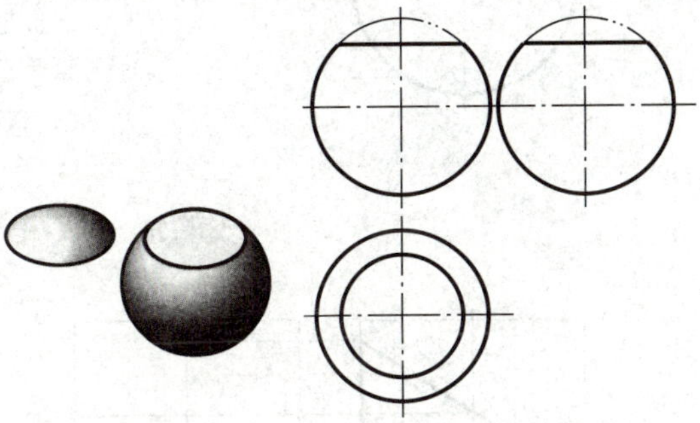

平面与回转曲面体相交时，其截交线一般为封闭的平面曲线或直线，或直线与平面曲线组成的封闭平面图形。作图的基本方法是求出曲面体表面上若干条素线与截平面的交点，然后光滑连接而成。截交线上一些能确定其形状和范围的点，如最高与最低点、最左与最右点、最前与最后点，以及可见与不可见的分界点等，均称为特殊点。作图时通常先作出截交线上的特殊点，再按需要作出一些中间点，最后依次连接各点，并注意投影的可见性。本节仅介绍平面切割圆柱体的截交线画法。

典型案例

【案例 2-5】 图 2-30a 所示为圆柱被正垂面斜切，已知主、俯视图，补画左视图。

分析

截平面 P 与圆柱的轴线倾斜，截交线为椭圆。由于 P 面是正垂面，所以截交线的正面投影积聚在 p' 上；因为圆柱面的水平投影有积聚性，所以截交线的水平投影积聚在圆周上。而截交线的侧面投影一般情况下仍为椭圆。

作图

1）求特殊点　由图 2-30a 可知，最低点 A 和最高点 B 是椭圆长轴的两端点，也是位于圆柱最左、最右素线上的点。最前点 C 和最后点 D 是椭圆短轴的两端点，也是位于圆柱最前、最后素线上的点。A、B、C、D 的正面和水平投影可利用积聚性直接作出。然后由正面投影 a'、b'、c'、d' 和水平投影 a、b、c、d 作出侧面投影 a''、b''、c''、d''（图2-30b）。

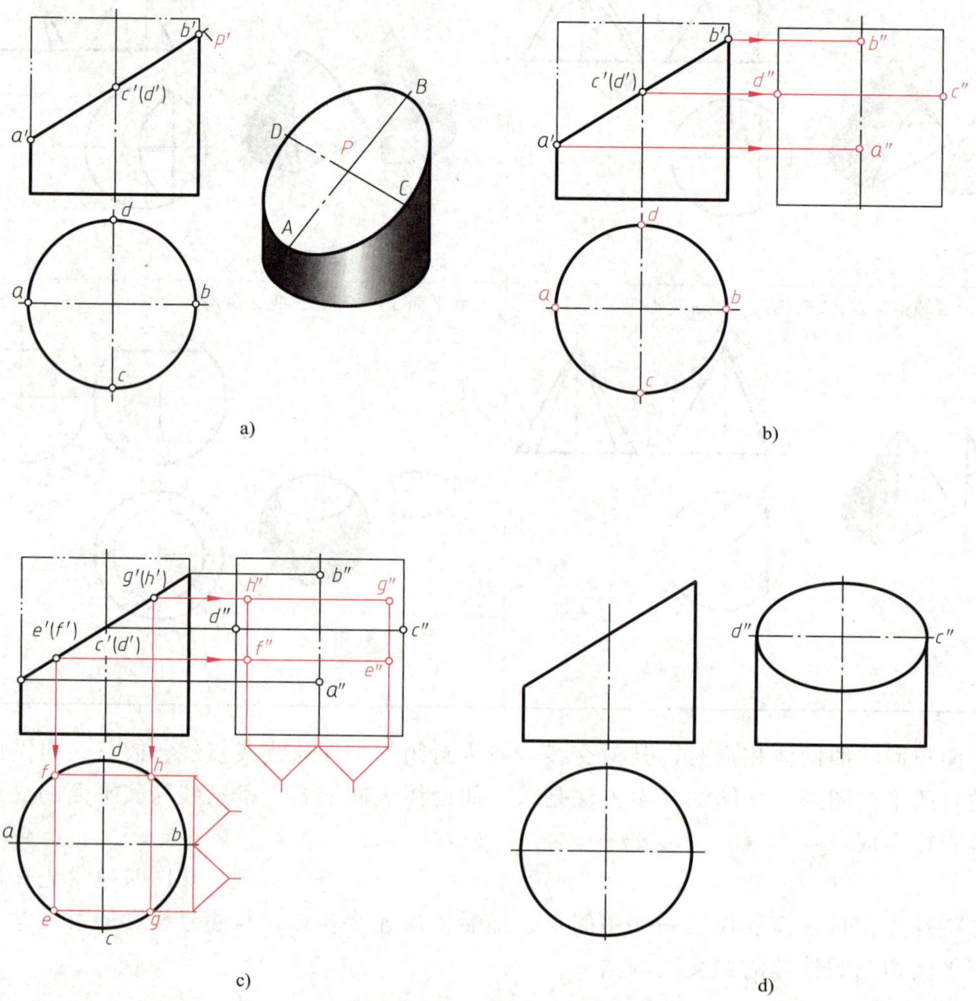

图 2-30　正垂面斜切圆柱

2）*求中间点*　为了准确作图，还必须在特殊点之间作出适当数量的中间点，如 E、F、G、H 各点。可先作出它们的水平投影 e、f、g、h 和正面投影 $e'(f')$、$g'(h)$，再作出侧面投影 e''、f''、g''、h''（图 2-30c）。

3）依次光滑连接 a''、e''、c''、g''、b''、h''、d''、f''、a''，即为所求截交线椭圆的侧面投影，圆柱的轮廓线在 c''、d''处与椭圆相切。描深切割后的图形轮廓（图 2-30d）。

思考

随着截平面与圆柱轴线倾角的变化，所得截交线椭圆的长轴的投影也相应变化（短轴投影不变）。当截平面与轴线成 45°时（正垂面位置），截交线的空间形状仍为椭圆，请思考截交线的侧面投影是圆还是椭圆？为什么？

【案例 2-6】 求作带切口圆柱的侧面投影（图 2-31a）。

分析

圆柱切口由水平面 P 和侧平面 Q 切割而成。如图 2-31a 所示，由截平面 P 所产生的截交线是一段圆弧，其正面投影是一段水平线（积聚在 p'上），水平投影是一段圆弧（积聚在圆柱的水平投影上）。截平面 P 与 Q 的交线是一条正垂线 BD，其正面投影积聚成点 $b'(d')$，水平投影 b 和 d 在圆周上。由截平面 Q 所产生的截交线是两段铅垂线 AB 和 CD（圆柱面上两段素线）。它们的正面投影 $a'b'$与 $c'd'$积聚在 q'上，水平投影分别为圆周上两个点 $a(b)$、$c(d)$。Q 面与圆柱顶面的截交线是一条正垂线 AC，其正面投影 $a'(c')$ 积聚成点，水平投影 ac、bd 重合。

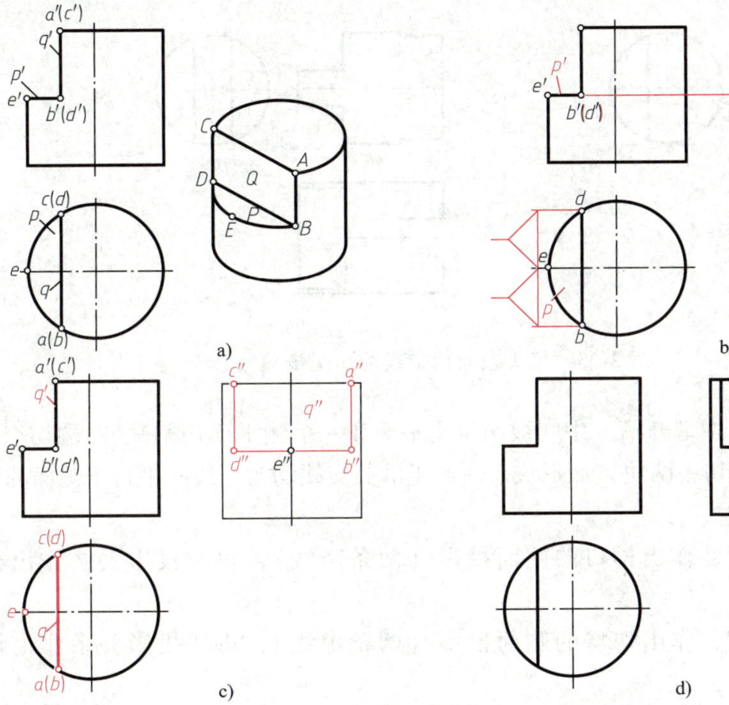

图 2-31　求作带切口圆柱的侧面投影

作图

1）由 p'向右引投影连线，再从俯视图上量取宽度定出 b''、d''（图 2-31b）。

2）由 b''、d''分别向上作竖线与顶面交于 a''、c''，即得由截平面 Q 所产生的截交线 AB、CD 的侧面投影 $a''b''$、$c''d''$（图 2-31c）。

3）作图结果（图 2-31d）。

思考

如果扩大切割圆柱的范围，使截平面 P 切过圆柱的轴线，如图 2-32 所示，其侧面投影与图 2-31d 所示的侧面投影有所不同，由于截平面 P 切过圆柱轴线，圆柱面的前后两段轮廓已被切去。应仔细分析由于切割位置不同而形成侧面投影所画轮廓线的区别。

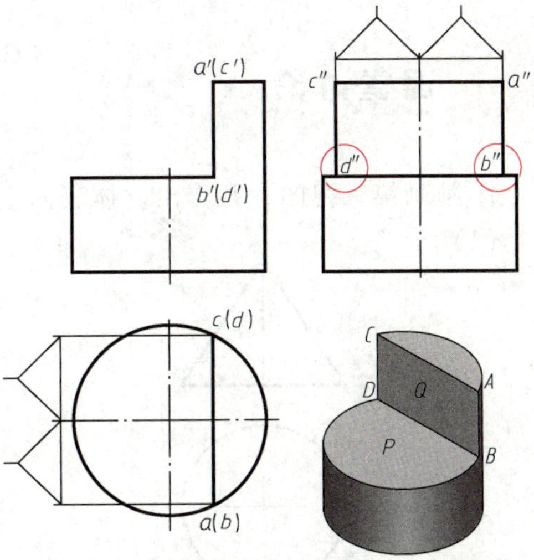

图 2-32　不同切割范围下侧面投影的变化

【案例 2-7】 补全接头的三面投影（图3-33a）。

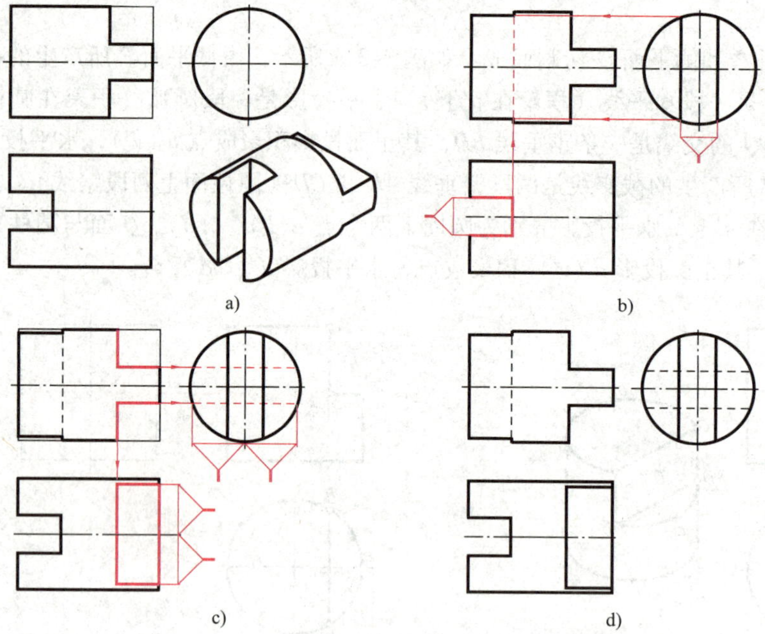

图 2-33 接头表面截交线的作图步骤

分析

接头是由一个圆柱体左端开槽（中间被两个正平面和一个侧平面切割）、右端切肩（上、下被水平面和侧平面对称地切去两块）而形成。所产生的截交线均为直线和平行于侧面的圆弧。

作图

1）根据槽口的宽度，作出槽口的侧面投影（两条竖线），再按投影关系作出槽口的正面投影（图 2-33b）。

2）根据切肩的厚度，作出切肩的侧面投影（两条虚线），再按投影关系作出切肩的水平投影（图 2-33c）。

3）作图结果（图 2-33d）。

课堂讨论

1. 补画第三视图，并作出立体表面上点 *M*、*N* 的另两个投影。

（1）

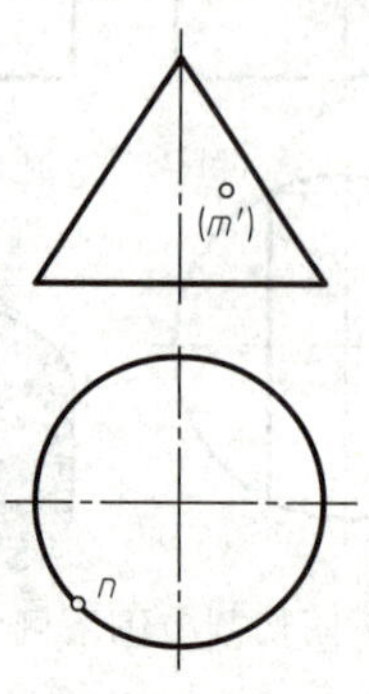

（2）

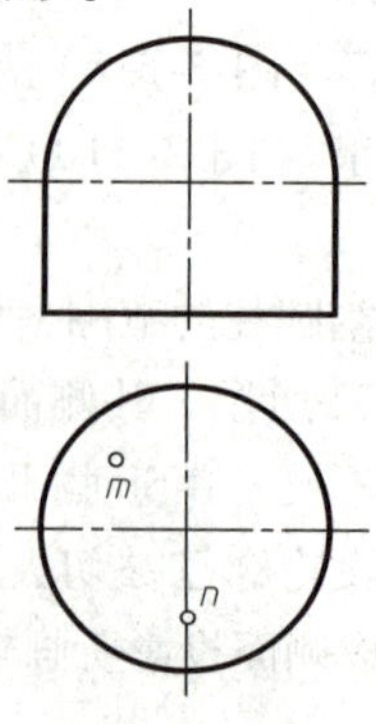

2. 已知开槽四棱柱的主、俯视图，完成左视图。

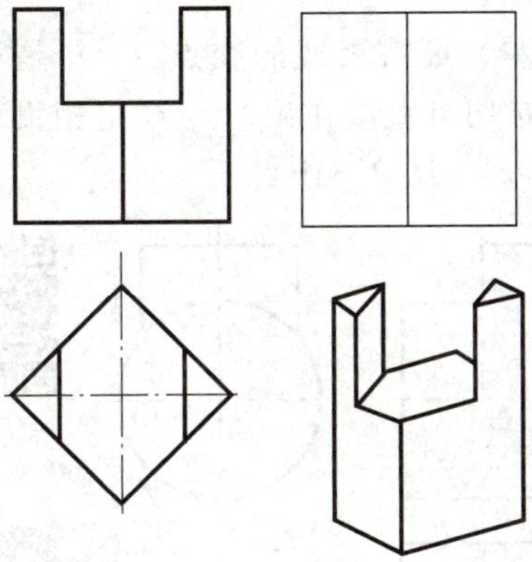

3. 作出上部开槽、下部切肩和圆柱体的左视图。

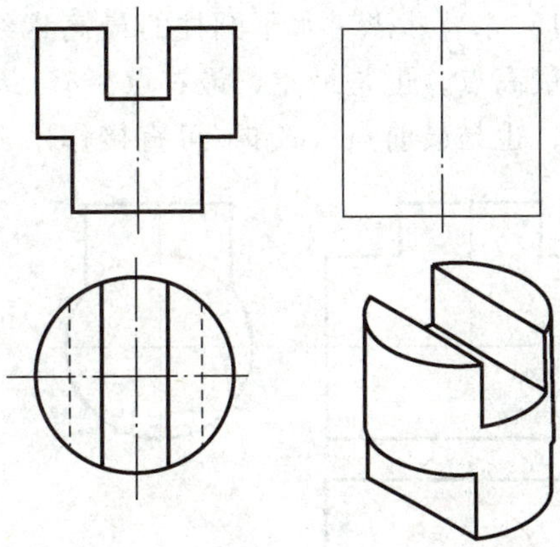

小提示

读者在求作四棱柱或圆柱被切割后的左视图时，要注意：当四棱柱或圆柱上端开槽后，它们的最前、最后棱线或素线均在开槽部位被切去一段，所以左视图的外形轮廓线，在开槽部位必定会向内“收缩”，其收缩程度与槽宽有关。

第五节　两回转体相贯的投影作图

两立体相交称为相贯，其表面产生的交线称为相贯线。两个立体的形状、大小和相对位置不同，相贯线的形状也不同，但所有的相贯线都具有以下性质：

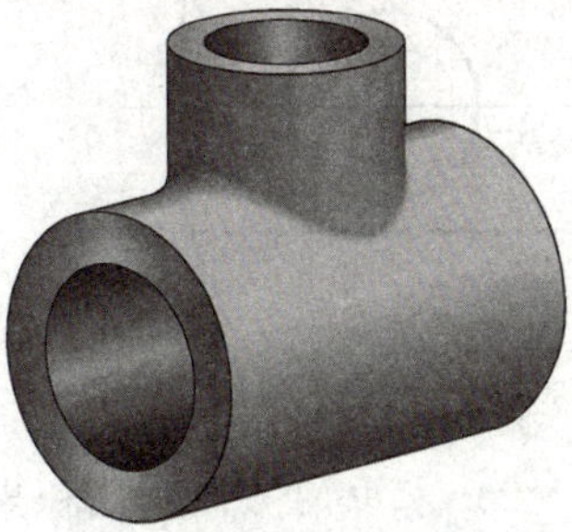

1）相贯线是相交两立体表面的共有线，相贯线上的点是相交两立体表面上的共有点。

2）相贯线一般是封闭的空间曲线，特殊情况下可能是平面曲线或直线。

两圆柱正交是工程上最常见的，右图所示的三通管就是轴线正交的两圆柱表面所形成相贯线的实例。本节主要介绍不等径正交两圆柱相贯线的投影作图及其简化画法。

1. 投影分析

两圆柱轴线垂直相交称为正交，当直立圆柱轴线为铅垂线，水平圆柱轴线为侧垂线时，直立圆柱面的水平投影和水平圆柱面的侧面投影都具有积聚性，所以相贯线的水平投影和侧面投影分别积聚在它们的圆周上（图 2-34a）。因此，只要根据已知的水平和侧面投影求作相贯线的正面投影即可。两不等径圆柱正交形成的相贯线为空间曲线（图 2-34b）。因为相贯线前后对称，在其正面投影中，可见的前半部分与不可见的后半部分重合，且左右也对称。因此，求作相贯线的正面投影，只需作出前面的一半。

2. 作图步骤

1）求特殊点　水平圆柱的最高素线与直立圆柱最左、最右素线的交点 A、B 是相贯线上的最高点，也是最左、最右点。a'、b'，a、b 和 a''、b''均可直接作出。点 C 是相贯线上最低点，也是最前点，c''和 c 可直接作出，再由 c''、c 求得 c'（图 2-34b）。

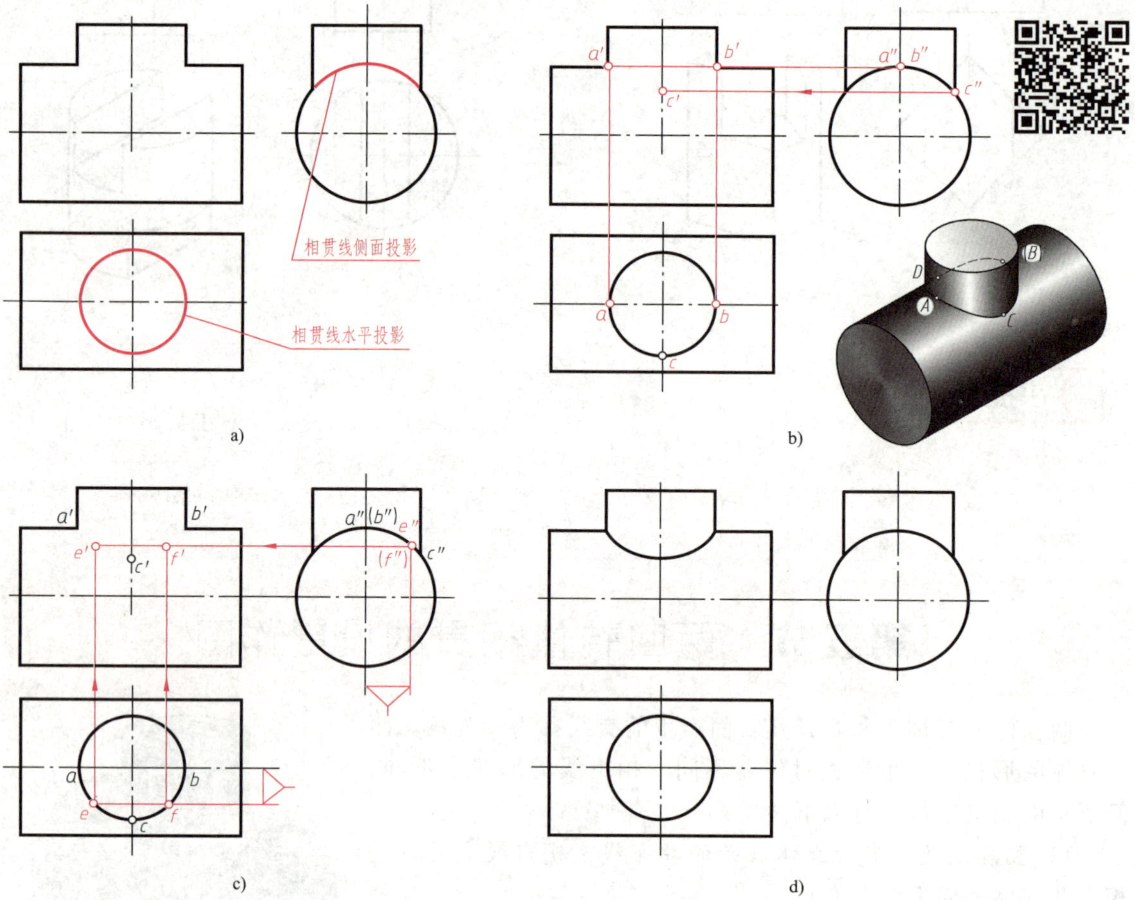

图 2-34　不等径两圆柱正交

2）求中间点　利用积聚性，在侧面投影和水平投影上定出 e''、f''和 e、f，再作出 e'、f'（图 2-34c）。

3）依次光滑连接 a'、e'、c'、f'、b'，即为相贯线的正面投影，作图结果（图 2-34d）。

3. 讨论

1）如图 2-35a 所示，若在水平圆柱上穿孔，就出现了圆柱外表面与圆柱孔内表面的相贯线。这种相贯线可以看成是直立圆柱与水平圆柱相贯后，再把直立圆柱抽去而形成。

再如图 2-35b 所示，若要求作两圆柱孔内表面的相贯线，作图方法与求作两圆柱外表面相贯线的方法相同。

2）如图 2-36 所示，当正交两圆柱的相对位置不变，而相对大小发生变化时，相贯线的形状和位置也将随之变化。

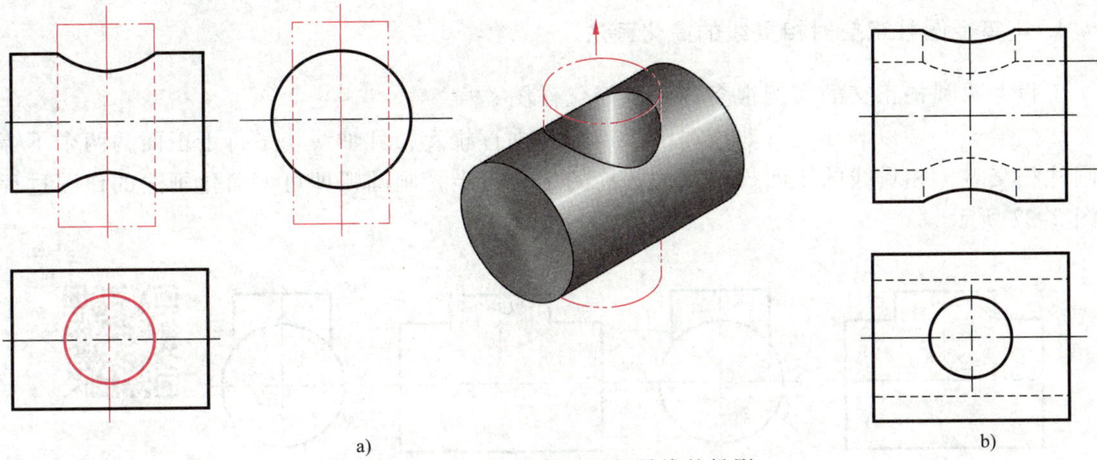

图 2-35　圆柱穿孔后相贯线的投影

当 $\phi_1>\phi$ 时，相贯线的正面投影为上下对称的曲线（图 2-36a）。

当 $\phi_1=\phi$ 时，相贯线在空间为两个相交的椭圆，其正面投影为两条相交的直线（图2-36b）。

当 $\phi_1<\phi$ 时，相贯线的正面投影为左右对称的曲线（图 2-36c）。

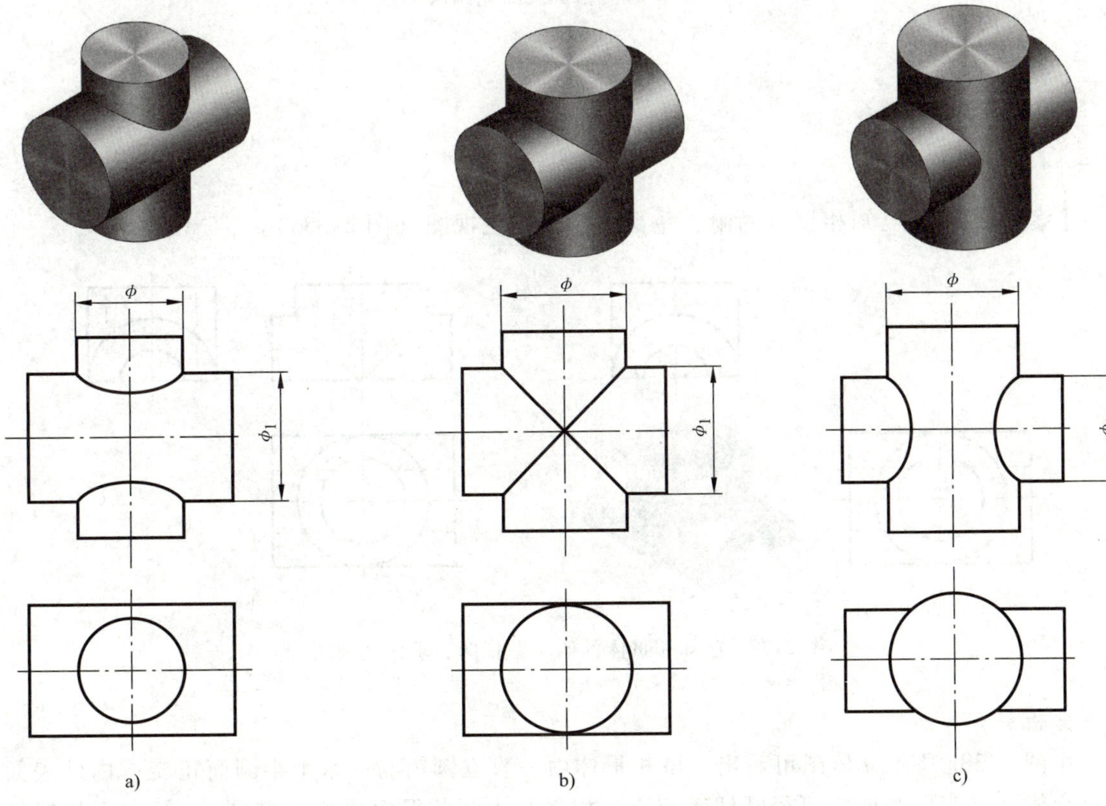

图 2-36　两圆柱正交时相贯线的变化

从图2-36a、c可看出，在相贯线的非积聚性投影上，相贯线的弯曲方向总是朝向较大圆柱的轴线。

4. 不等径圆柱正交时相贯线的简化画法

工程上两圆柱正交的实例很多，为了简化作图，国家标准规定，允许采用简化画法作出相贯线的投影，即以圆弧代替非圆曲线。当轴线垂直相交，且轴线均平行于正面的两个不等径圆柱相交时，相贯线的正面投影以大圆柱的半径为半径画圆弧即可。简化画法的作图过程如图2-37所示。

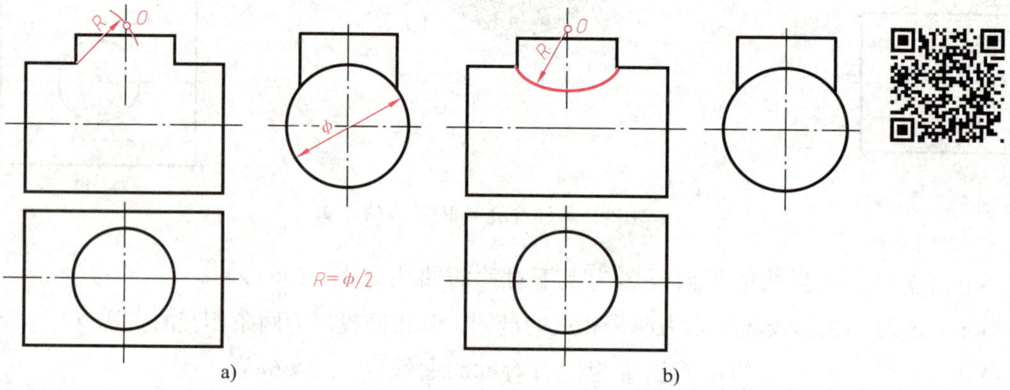

图2-37　相贯线简化画法

典型案例

【案例2-8】　已知相贯体的俯、左视图，求作主视图（图2-38a）。

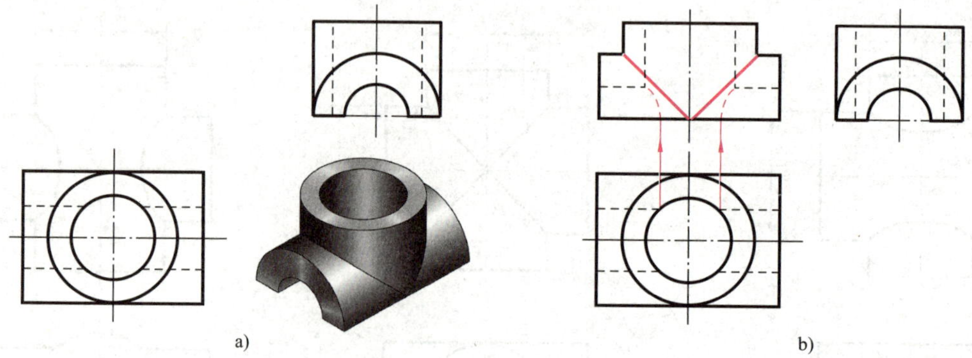

图2-38　已知相贯体的俯、左视图，求作主视图

分析

由图2-38a所示立体图可看出，该相贯体由一直立圆筒与一水平半圆筒正交，内外表面都有交线。外表面为两个等径圆柱面相交，相贯线为两条平面曲线（椭圆），其水平投影和侧面投影都积聚在它们所在的圆柱面有积聚性的投影上，正面投影为两段直线。内表面的相

贯线为两段空间曲线，水平投影和侧面投影也都积聚在圆柱孔有积聚性的投影上，正面投影为两段曲线。

作图（图 2-38b）

1）作两等径圆柱外表面相贯线的正面投影，两段 45°斜线。

2）作圆孔内表面相贯线的正面投影。可以用图 2-34 所示的方法作这两段曲线，也可以采用图 2-37 所示的简化画法作两段圆弧。

【案例 2-9】 求作半球与两个圆柱的组合相贯线（图 2-39）。

分析

三个或三个以上的立体相交，其表面形成的交线称为组合相贯线。

如图 2-39 所示，相贯体中的大圆柱与半球相切，左侧小圆柱的上半部与半球相交，是共有侧垂轴的同轴回转体，相贯线是垂直于侧垂轴的半圆。

小圆柱的下半部与大圆柱相交，相贯线是一条空间曲线。由于相贯体前后对称，所以相贯线的正面投影前后重合。

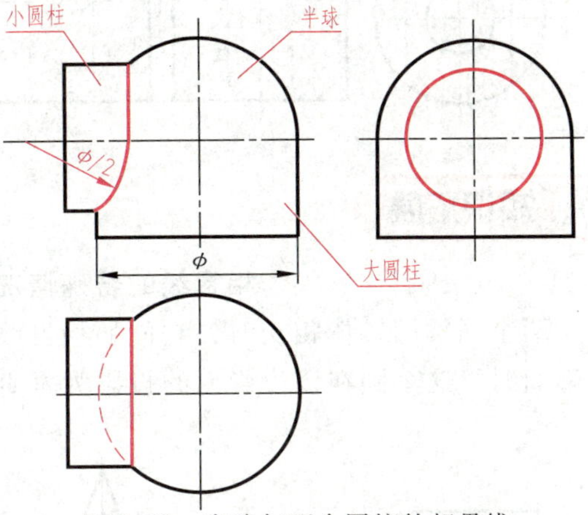

图 2-39　半球与两个圆柱的相贯线

作图

1）小圆柱面与半球面的相贯线是半个侧平圆弧，其正面投影和水平投影均积聚为直线。

2）小圆柱面与大圆柱面的相贯线的正面投影采用简化画法画出（半径为 $\phi/2$ 的圆弧）；水平投影与大圆柱面的水平投影（积聚圆的虚线部分）重合。

3）由于小圆柱轴线是侧垂线，所以相贯线的侧面投影与小圆柱的侧面投影（积聚圆）重合。

课堂讨论

1. 补全相贯线的投影。

（1）

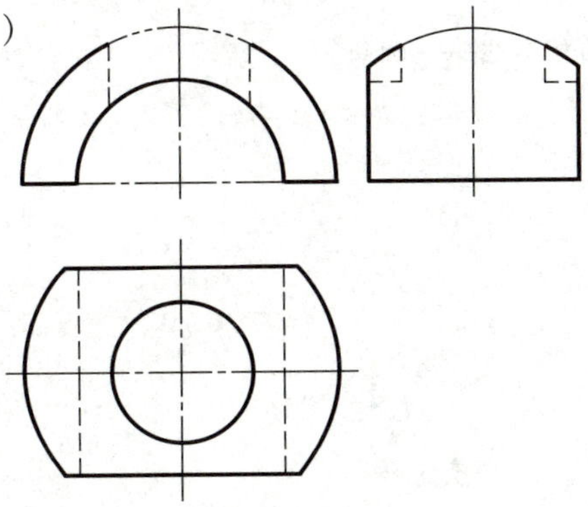

（2）

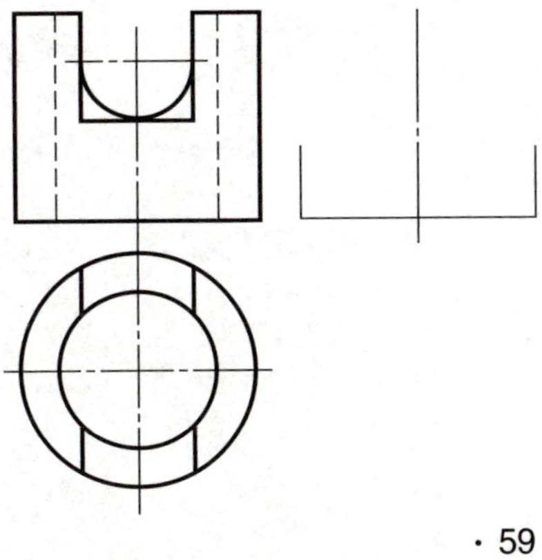

2. 已知主、俯视图，选择正确的左视图，在括号内打（√）。

（1）

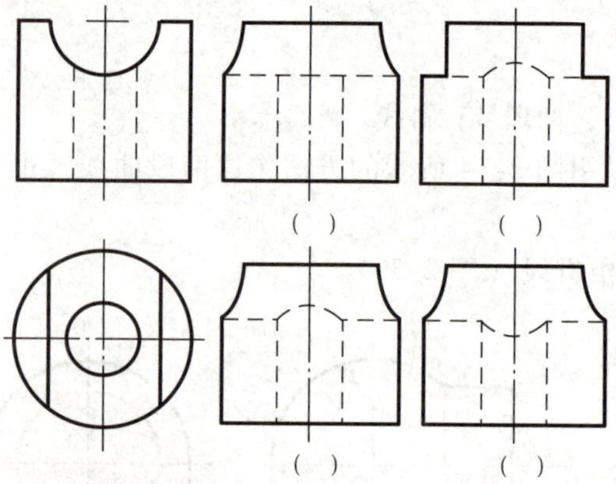

（2）

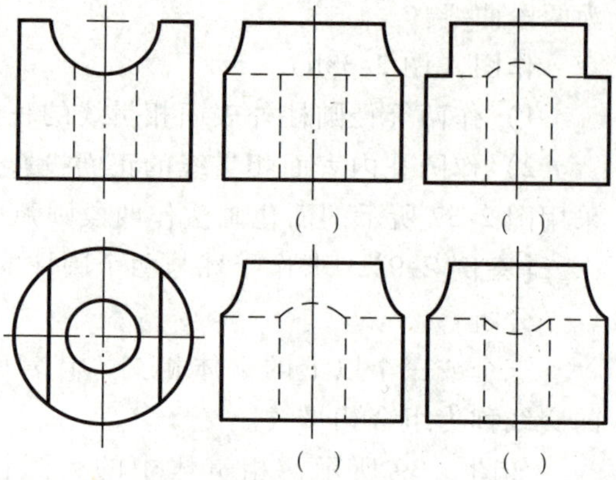

知识拓展

相贯线的特殊情况——相贯线为平面曲线

两个同轴回转体相交时，它们的相贯线一定是垂直于轴线的圆，当回转体轴线平行于某投影面时，这个圆在该投影面的投影为垂直于轴线的直线（图2-40）。

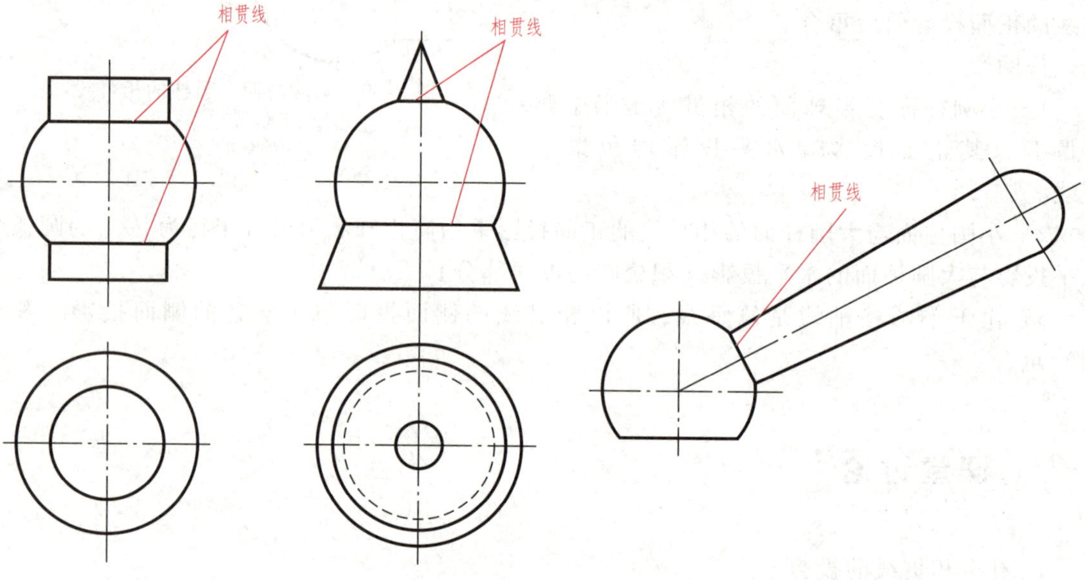

图2-40 同轴回转体的相贯线——圆

第三单元 轴测图

正投影图能够准确、完整地表达物体的形状，且作图简便，但是缺乏立体感。因此，工程上常采用直观性较强，富有立体感的轴测图作为辅助图样，用以说明机器及零部件的外观、内部结构或工作原理。

在制图课程的教学过程中，学习轴测图画法，可以帮助初学者提高理解形体的空间想象能力，为读懂正投影图提供形体分析与构思的思路和方法。

第一节 正等轴测图画法

应用正投影法绘制的多面视图（图 3-1a）能够准确表达物体的形状，但直观性差。正等轴测图（图 3-1b）是在一个投影面上得到的能够反映物体长、宽、高三个方向上尺寸的轴测图，其立体感强，容易看懂，但不能反映物体的准确形状和尺寸，所以只能作为辅助图样。正等轴测图作图比较方便，形象逼真，在工程上应用最广泛。

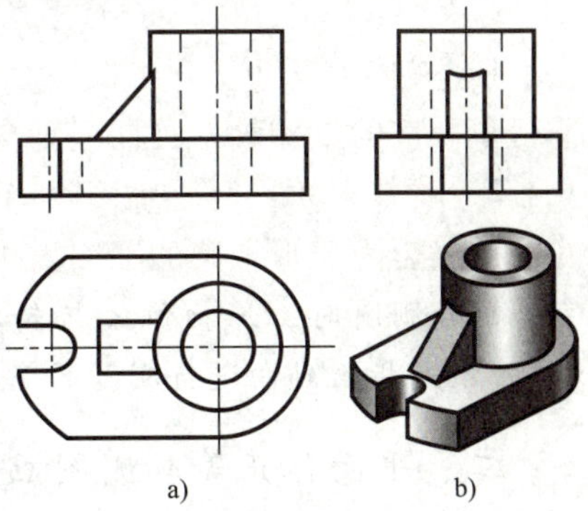

图 3-1 三视图与轴测图

一、正等轴测图的形成和投影特性

如图 3-2a 所示，在一立方体上设直角坐标轴 O_0X_0、O_0Y_0、O_0Z_0，将此立方体放在轴测投影面 P 的前方，使立方体倾斜放置，令三根坐标轴对 P 面的倾角相等，用平行的投射线垂直于 P 面进行投射，这样得到的投影即正等轴测投影，也称为正等轴测图，简称正等测。

1. 轴测轴

直角坐标轴在轴测投影面上的投影 OX、OY、OZ 称为轴测轴，三条轴测轴的交点 O 称为原点。

2. 轴间角

轴测投影中，任意两根轴测轴之间的夹角 $\angle XOY$、$\angle YOZ$、$\angle ZOX$，称为轴间角。正等测中的轴间角 $\angle XOY = \angle YOZ = \angle ZOX = 120°$。作图时，通常将 OZ 轴画成铅垂位置，OX、OY 轴分别与水平线成 30°角（图 3-2b）。

3. 轴向伸缩系数

轴测轴上的单位长度与相应直角坐标轴的单位长度的比值称为轴向伸缩系数。OX、OY、

OZ 轴上的轴向伸缩系数分别用 p_1、q_1、r_1 表示。为了便于作图，常将轴向伸缩系数加以简化，用 p、q、r 表示。正等测图中的简化轴向伸缩系数 $p=q=r=1$（图3-2b）。作图时，凡平行于轴测轴的线段，可直接按物体上相应线段的实际长度量取。

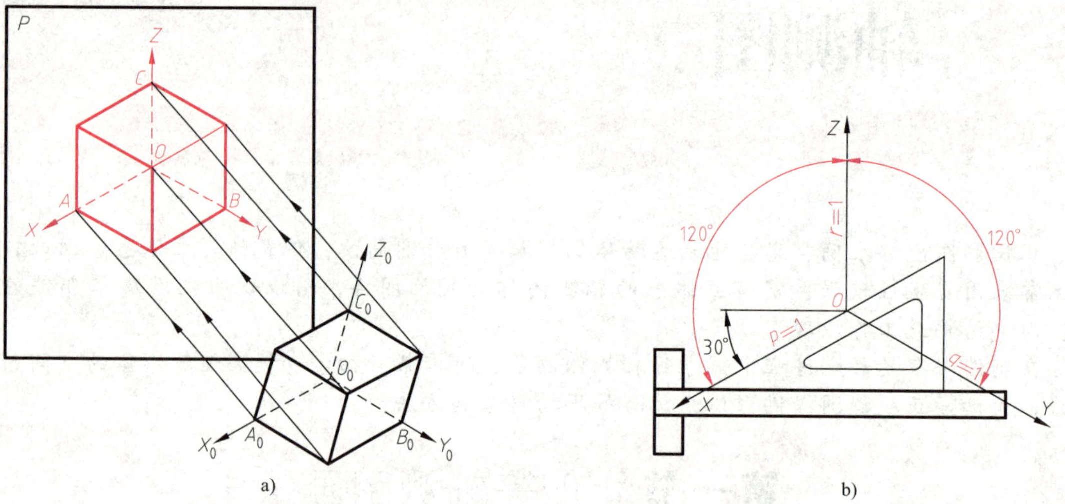

图3-2　正等轴测图的轴间角和轴向伸缩系数

4. 正等轴测图的投影特性

1）物体上互相平行的线段，轴测投影仍互相平行。平行于坐标轴的线段，轴测投影仍平行于相应的轴测轴，且同一轴向所有线段的轴向伸缩系数相同。

2）物体上不平行于轴测投影面的平面图形，在轴测图上变成原形的类似形，如正方形的轴测投影为菱形，圆的轴测投影为椭圆等。

画轴测图时，凡物体上与轴测轴平行的线段的尺寸可以沿轴向直接量取。所谓“轴测”，就是指沿轴向进行测量的意思。

二、平面体正等轴测图画法

画物体轴测图的基本方法是坐标法和切割法。坐标法是沿坐标轴测量画出各顶点的轴测投影，并相连形成物体的轴测图；对于不完整的形体，也可先按完整形体画出，然后用切割的方法画出其不完整部分。

1. 坐标法

根据物体的形体特征，选定合适的坐标轴，并画出轴测轴，然后按立体表面上各点的坐标关系，分别作出轴测投影，依次连接各点的轴测投影，从而完成物体的轴测图。坐标法是画轴测图的基本方法。

如图3-3所示，正四棱锥前后、左右对称，将坐标原点 O_0 设定在底面中心，以底面的对称中心线为 X_0、Y_0 轴，Z_0 轴与四棱锥轴线重合。这样便于直接作出底面矩形各顶点的坐标，用坐标法从底面开始作图。

作图过程（图3-3）。

1）定出坐标原点 O_0 和坐标轴 O_0X_0、O_0Y_0、O_0Z_0（图 3-3a）。

2）画出轴测轴 OX、OY。由于 1_0、2_0 分别在 O_0X_0、O_0Y_0 坐标轴上，可直接量取到 OX、OY 轴上，并作出点 1、2 的对称点 3、4。过各点作轴测轴的平行线即得底面矩形的轴测投影 $ABCD$（图 3-3b）。

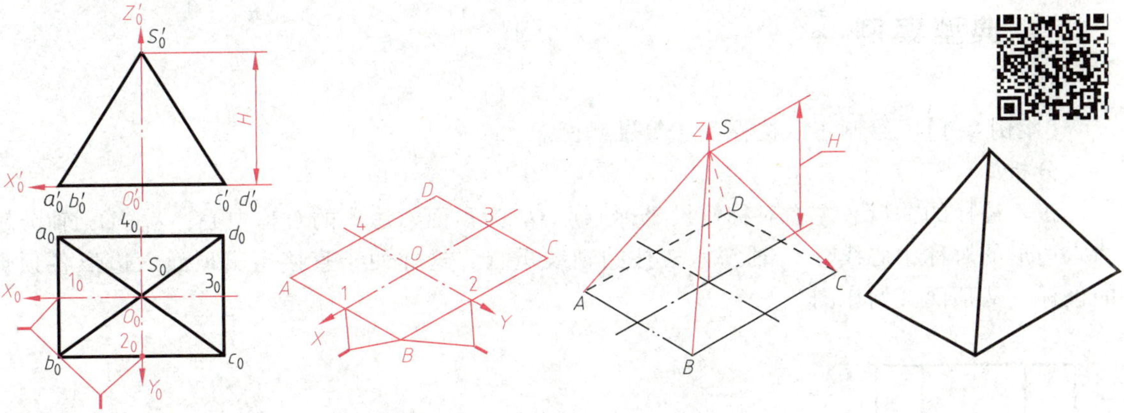

a)　　b)　　c)　　d)

图 3-3　坐标法画正等轴测图

3）作轴测轴 OZ，在 OZ 上直接量取四棱锥高度 H，得锥顶 S，连接 SA、SB、SC、SD 各棱线（图 3-3c）。

4）擦去作图线，描深轮廓线。注意：轴测图上只要求画出可见轮廓线，不可见轮廓（虚）线一般不必画出（图 3-3d）。

2. 切割法

对于图 3-4a 所示的楔形块，可采用切割法作图，将它看成由一个长方体斜切一角而成。对于切割后的斜面中与三个坐标轴都不平行的线段，在轴测图上不能直接从正投影图中量取，必须按坐标求出其端点，然后再连接。

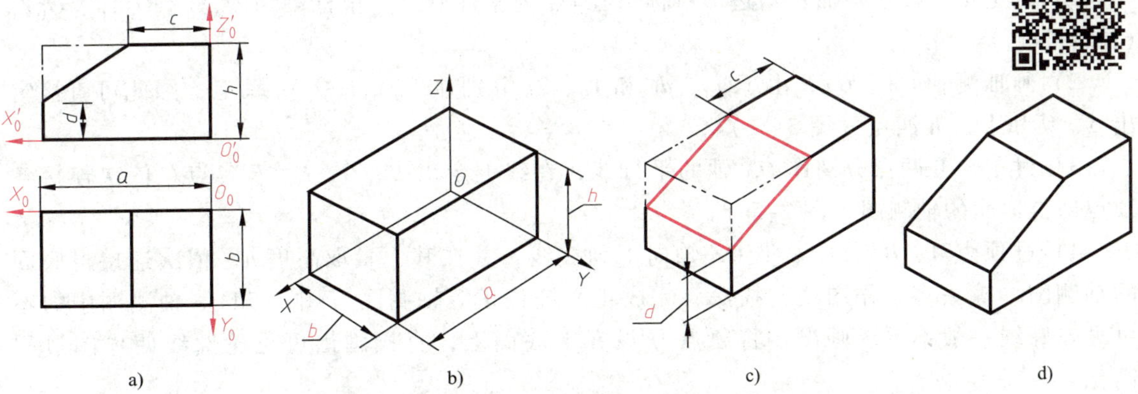

a)　　b)　　c)　　d)

图 3-4　切割法画正等轴测图

作图

1）定坐标原点及坐标轴（图 3-4a）。

2）按给出的尺寸 a、b、h 作出长方体的轴测图（图 3-4b）。

3）按给出的尺寸 c、d 定出斜面上线段端点的位置，并连成平行四边形（图 3-4c）。

4）擦去作图线，描深，完成楔形块正等轴测图（图 3-4d）。

典型案例

【案例 3-1】 绘制正六棱柱的正等轴测图。

分析

正六棱柱的前后、左右对称。设坐标原点 O_0 为顶面六边形的对称中心，X_0、Y_0 轴分别为六边形的对称中心线，Z_0 轴与六棱柱的轴线重合，这样便于直接定出顶面六边形各顶点的坐标。从顶面开始作图。

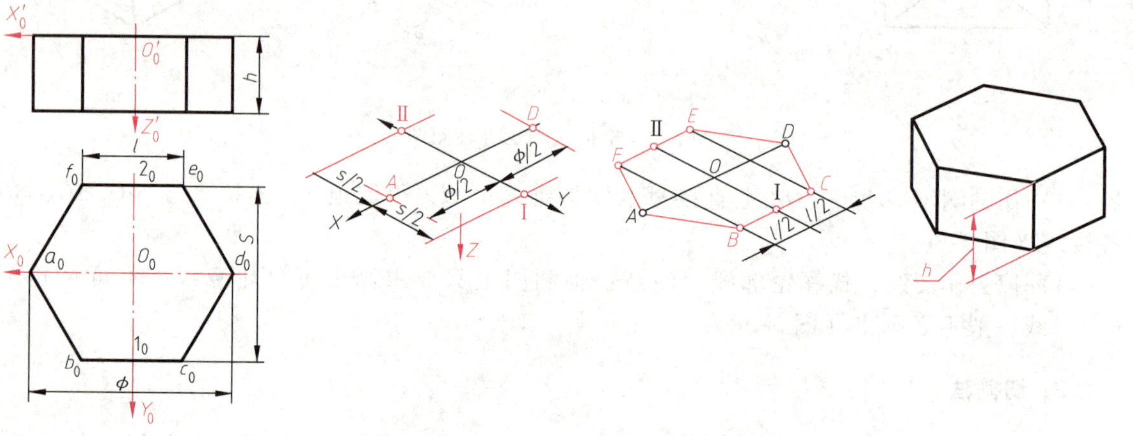

图 3-5 正六棱柱的正等轴测图画法

作图

1）选定正六棱柱顶面正六边形对称中心 O_0 为坐标原点，坐标轴为 O_0X_0、O_0Y_0、O_0Z_0（图 3-5a）。

2）画轴测轴 OX、OY，由于 a_0、d_0 和 1_0、2_0 分别在 O_0X_0、O_0Y_0 轴上，因此可直接定出 A、D 和Ⅰ、Ⅱ四点（图 3-5b）。

3）过Ⅰ、Ⅱ两点分别作 OX 轴的平行线，在线上定出 B、C、E、F 各点。依次连接各顶点即得顶面的轴测图（图 3-5c）。

4）过顶点 A、B、C、F 沿 OZ 轴向下画棱线，并在其上量取高度 h，依次连接得底面的轴测图，擦去多余作图线，描深，完成正六棱柱正等轴测图（图 3-5d）。轴测图中的不可见轮廓线一般不要求画出，将原点 O 设在上底面上，直接画出可见轮廓线使作图过程简化。

【案例 3-2】 绘制 V 形块的正等轴测图。

分析

对于某些带切口的物体，如图 3-6 所示 V 形块，可看成由一个长方体经过若干次切割而成的。作图时，可先画出完整形体的轴测图，再按形体形成的过程逐步切去多余的部分而得到所求的轴测图。

作图

1）选定坐标原点与坐标轴（图 3-6a）。

2）画轴测轴和完整的长方体（图 3-6b）。

3）用切割法切去物体前端画出斜面（图 3-6c）。

4）画出 V 形槽后面的三个角点 A、B、C（图 3-6d）。

5）切去 V 形槽，$AD /\!/ BE /\!/ CF /\!/ OY$，$KF /\!/ MN$，连接 DF、EF（图 3-6e）。

6）擦去作图线，描深可见轮廓线（图 3-6f）。

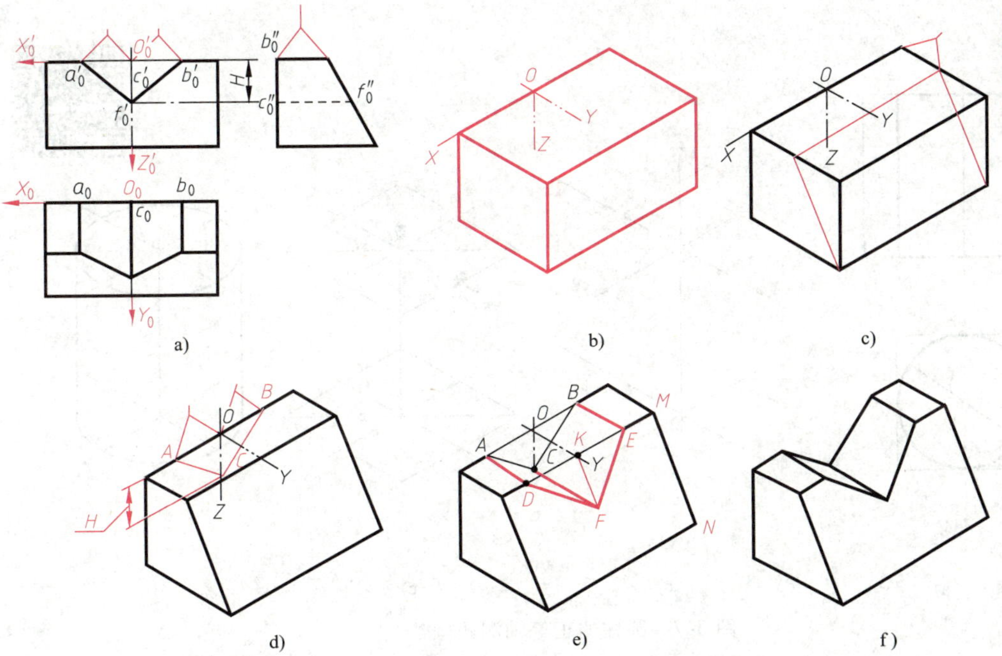

图 3-6 V 形块正等轴测图作图过程

三、回转曲面体的正等轴测图画法

1. 圆柱

分析

如图 3-7a 所示，直立正圆柱的轴线垂直于水平面，上、下底为两个与水平面平行且大小相同的圆，在轴测图中均为椭圆。可按圆柱的直径 ϕ 和高度 h 作出两个形状和大小相同、中心距为 h 的椭圆，再作两椭圆的公切线。

作图

1）以上底圆的圆心为原点 O_0，上底圆的中心线 O_0X_0、O_0Y_0 和圆柱轴线 O_0Z_0 为坐标轴，作上底圆的外切正方形，得切点 a、b、c、d（图 3-7a）。

2）画轴测轴，定出四个切点 A、B、C、D，过四点分别作 X、Y 轴的平行线，得外切正方形的轴测图（菱形）。沿 Z 轴量取圆柱高度 h，用同样方法作出下底菱形（图 3-7b）。

3）过菱形两顶点 1、2，连 $1C$、$2B$ 得交点 3，连 $1D$、$2A$ 得交点 4。1、2、3、4 即为形成近似椭圆的四段圆弧的圆心。分别以 1、2 为圆心，$1C$ 为半径作 $\overset{\frown}{CD}$ 和 $\overset{\frown}{AB}$[⊖]；分别以 3、4 为圆心，$3B$ 为半径作 $\overset{\frown}{BC}$ 和 $\overset{\frown}{AC}$，得圆柱上底的轴测图（椭圆）。将椭圆的三个圆心 2、3、4 沿 Z 轴平移距离 h，作出下底椭圆，不可见的圆弧不必画出（图 3-7c）。

4）作两椭圆的公切线，擦去多余图线，描深，完成圆柱轴测图（图 3-7d）。

讨论

在图 3-7c 所示作图过程中，可以证明 $2A \perp 1A$、$2B \perp 1B$，该性质可用于后面绘制圆角的正等轴测图时确定圆心点。

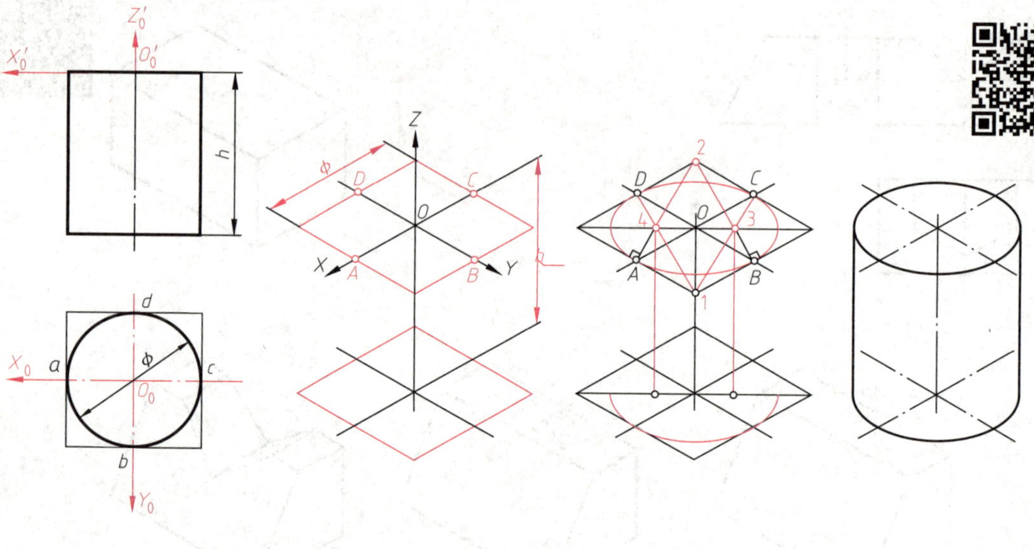

a)　　b)　　c)　　d)

图 3-7　圆柱的正等轴测图画法

当圆柱轴线垂直于正面或侧面时，轴测图的画法与上述相同，只是圆平面内所含的轴测轴应分别为 X、Z 和 Y、Z，如图 3-8 所示。

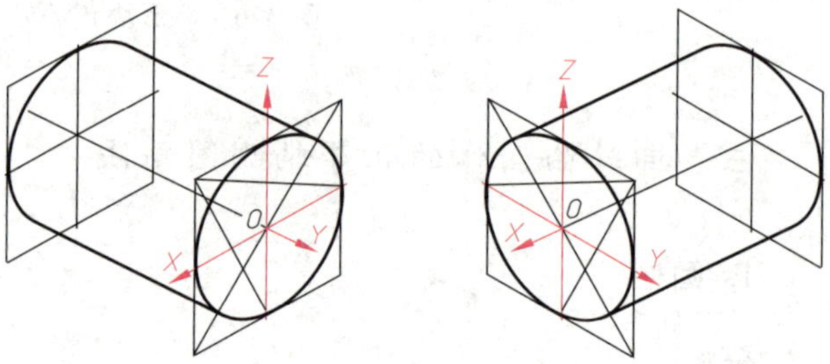

图 3-8　圆柱的正等轴测图

2. 圆角

分析

平行于坐标面的圆角是圆的一部分，图 3-9a 所示为常见的 1/4 圆周的圆角，其正等轴测图恰好是上述近似椭圆的四段圆弧中的一段。

⊖　按国标新规定，圆弧符号应在字母的左边（即 $\frown AB$），为方便，本书仍沿用原来形式（$\overset{\frown}{AB}$）。

作图

1）作出平板的轴测图，并根据圆角半径 R，在平板上底面相应的棱线上作出切点 1、2、3、4（图 3-9b）。

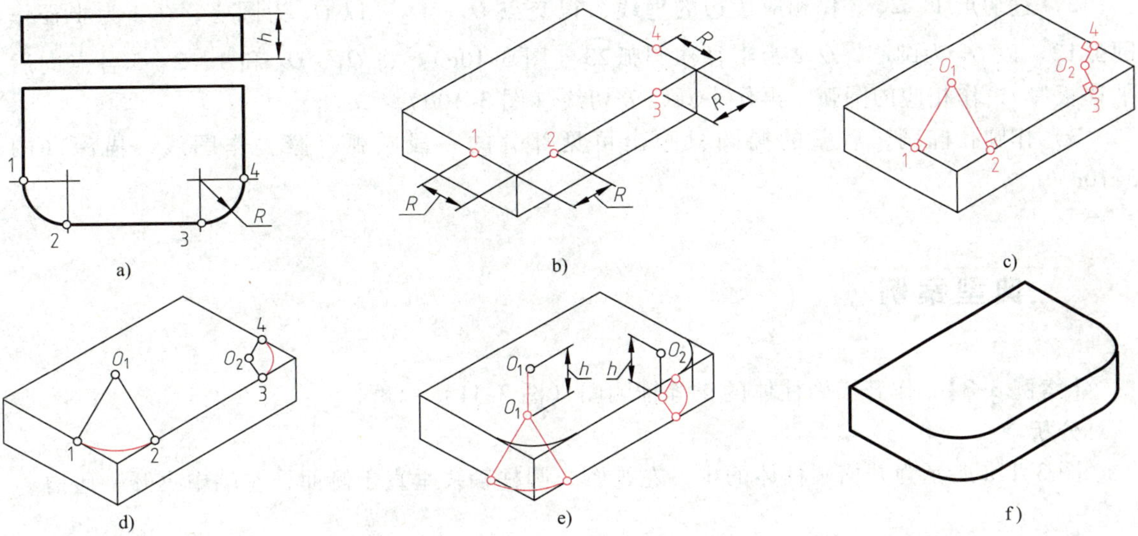

图 3-9 圆角的正等轴测图画法

2）过切点 1、2 分别作相应各边的垂线，得交点 O_1，过切点 3、4 作相应各边的垂线，得交点 O_2。以 O_1 为圆心，$O_1$1 为半径作圆弧 $\overset{\frown}{12}$；以 O_2 为圆心，$O_2$3 为半径作圆弧 $\overset{\frown}{34}$，得平板上底面两圆角的轴测图（图 3-9c、d）。

3）将圆心 O_1、O_2 下移平板厚度 h，再用与上底面圆弧相同的半径分别作两圆弧，得平板下底面圆角的轴测图（图 3-9e）。在平板右端作上、下小圆弧的公切线，描深可见部分轮廓线（图 3-9f）。

3. 半圆头板

分析

根据图 3-10a 给出的尺寸先作出包括半圆头的长方体，以包含 X、Z 轴的一对共轭轴作

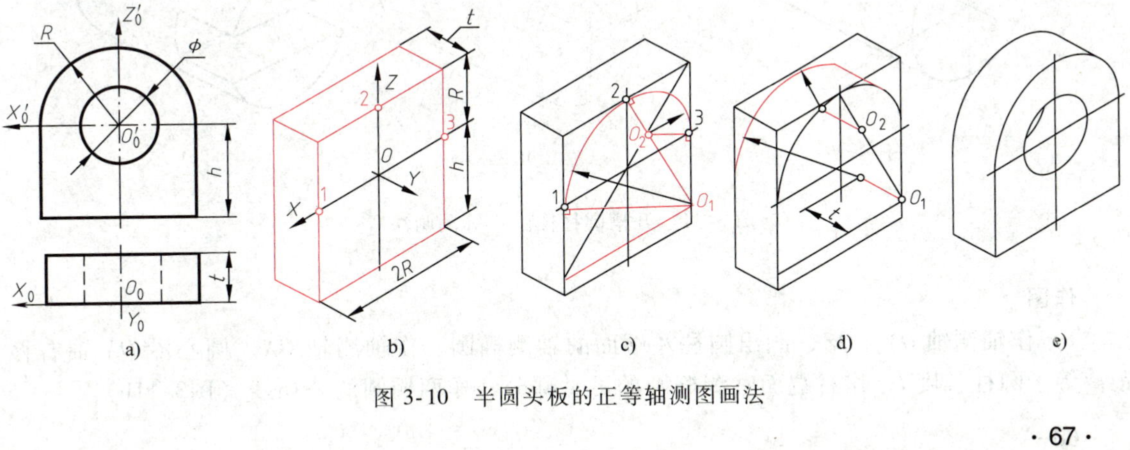

图 3-10 半圆头板的正等轴测图画法

出半圆头和圆孔的轴测图。

作图

1）画出长方体的轴测图，并标出切点1、2、3（图3-10b）。

2）过切点1、2、3作相应棱边的垂线，得交点 O_1、O_2。以 O_1 为圆心，O_12 为半径作圆弧 $\overset{\frown}{12}$。以 O_2 为圆心，O_22 为半径作圆弧 $\overset{\frown}{23}$（图3-10c）。将 O_1、O_2 和1、2、3各点向后平移板厚 t，作相应的圆弧，再作小圆弧公切线（图3-10d）。

3）作圆孔椭圆，后壁的椭圆只画出可见部分的一段圆弧，擦去作图线，描深（图3-10e）。

典型案例

【案例3-3】 作开槽圆柱体的正等轴测图（图3-11）。

分析

图3-11a所示为开槽圆柱体的主、左视图，圆柱轴线垂直于侧面，左端中央开一通槽。

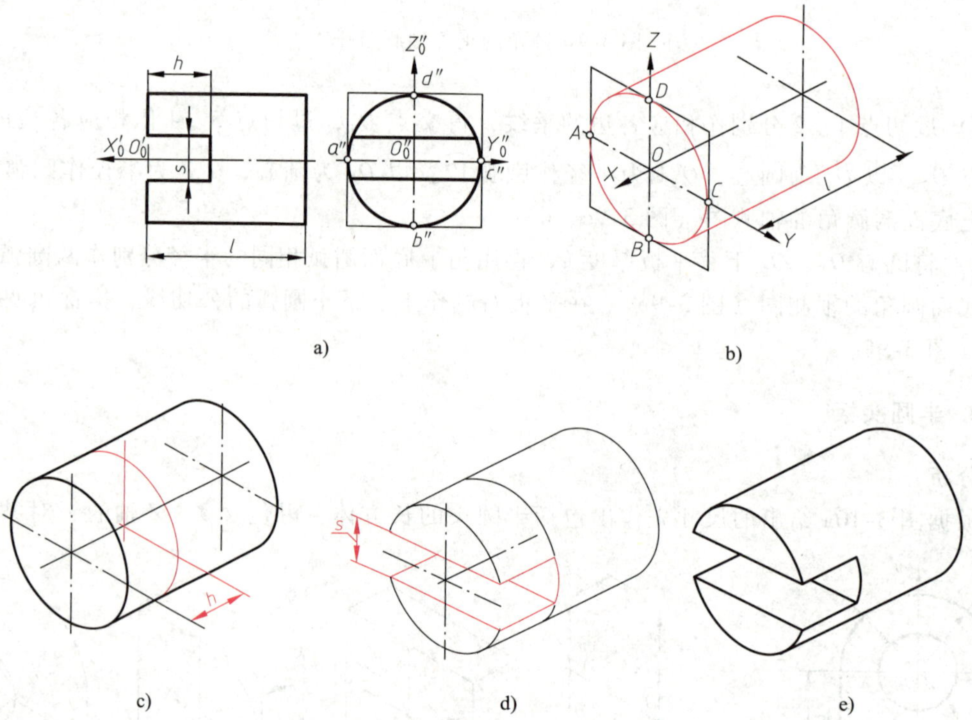

图3-11 开槽圆柱体的正等测画法

作图

1）作轴测轴 OY、OZ，画出圆柱左端面的轴测椭圆。作轴测轴 OX、圆心沿 OX 轴右移距离等于圆柱长度 l，作右端面轴测椭圆的可见部分，作两椭圆的公切线（图3-11b）。

2）由左端面圆心右移距离等于槽口深度 h，作槽口底面椭圆（图 3-11c）。

3）量取槽口宽度 s，作出槽口部分的轴测图（图 3-11d）。

4）描深可见部分轮廓线，完成开槽圆柱体的正等轴测图（图 3-11e）。

【案例 3-4】 根据图 3-12a 所示的两个视图，画正等轴测图。

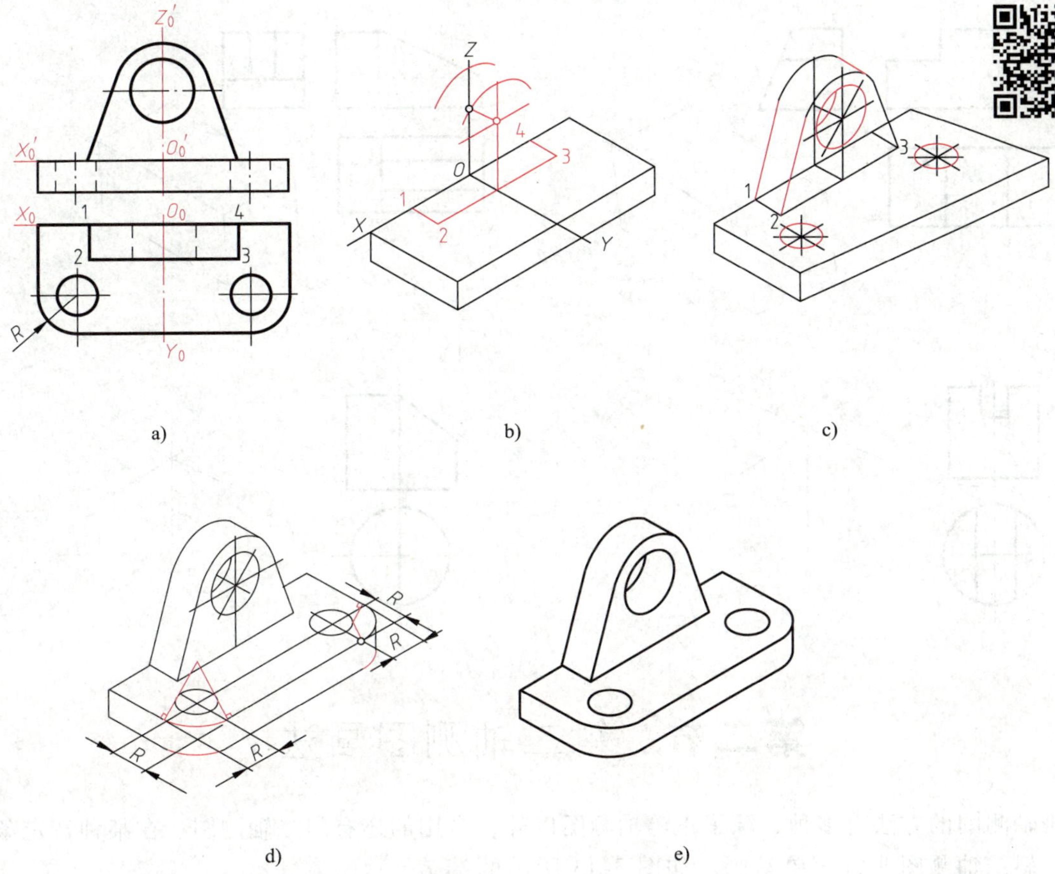

图 3-12　组合体的正等轴测图画法

分析

从图 3-12a 可见，该形体左右对称，立板与底板后面平齐，据此选定坐标轴：取底板上表面的后棱线中点 O_0 为原点，确定 X_0、Y_0、Z_0 轴的方向。先用叠加法画出底板和立板的轴测图，再画出三个通孔的轴测图。

作图

1）如图 3-12b 所示，根据选定的坐标轴画出轴测轴，完成底板的轴测图，并画出立板上部两条椭圆弧及立板下表面与底板上表面的交线 12、23、34。

2）如图 3-12c 所示，分别由 1、2、3 点向椭圆弧作切线，完成立板的轴测图，再画出三个圆孔的轴测图。

3）如图 3-12d 所示，画出底板上两圆角的轴测图。

4）擦去多余作图线，描深，完成作图（图 3-12e）。

课堂讨论

（1）由视图画正等轴测图。

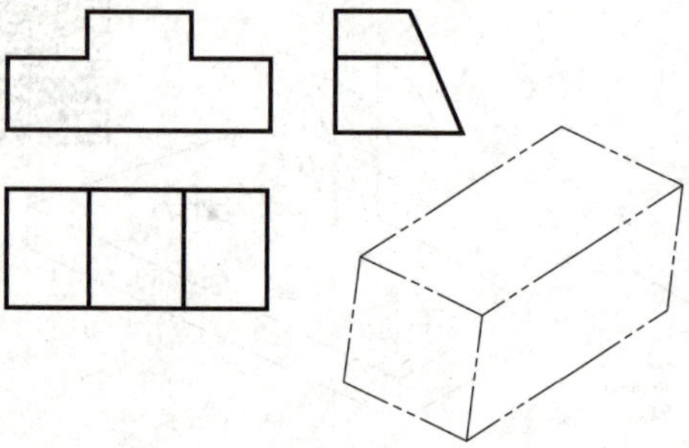

（2）

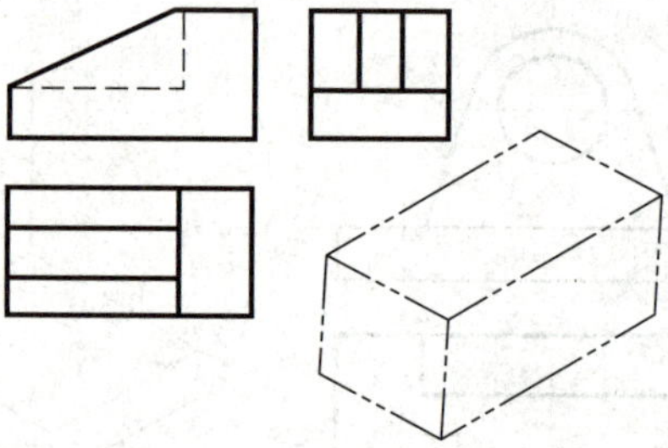

（3）

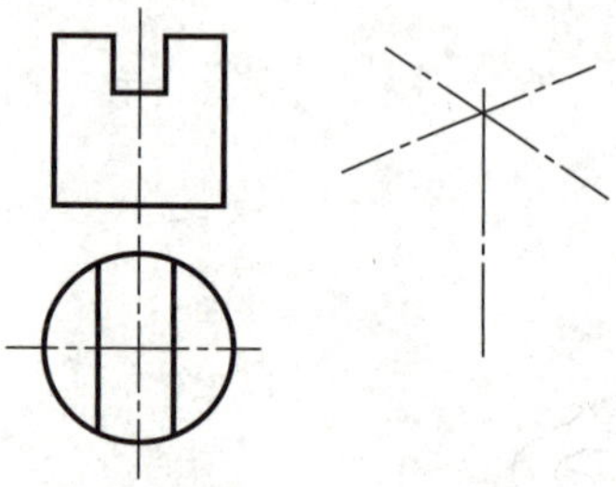

（4）

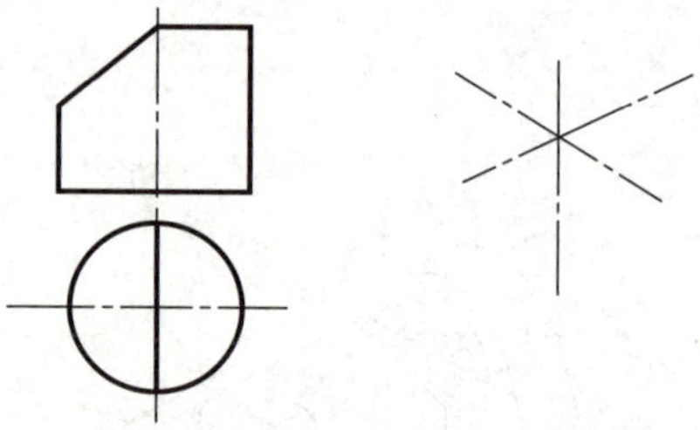

第二节 斜二轴测图画法

画轴测图的方法有多种，除了正等轴测图以外，常用的还有斜二轴测图。在某种特定条件下，斜二轴测图非常简单易画。如图 3-13 所示的端盖，如果画正等轴测图，必须至少画出九个椭圆（图3-13a），而画斜二轴测图只要画前后若干个圆（图 3-13b）。

a) 正等轴测图　　b) 斜二轴测图

图 3-13　端盖

一、斜二轴测图的形成及其投影特性

1. 斜二轴测图的形成

如图 3-14 所示，将立方体放在轴测投影面 P 的前方，并使 $X_0O_0Z_0$ 坐标面与 P 面平行，使 O_0Z_0 轴成铅垂线（即物体正放）。用一束倾斜于 P 面的平行光线（即光线斜射），这种用斜投影法在轴测投影面上所得的轴测投影称为斜二轴测图，简称斜二测。

2. 轴间角和轴向伸缩系数

由于 $X_0O_0Z_0$ 坐标面平行于轴测投影面，所以轴测轴 OX、OZ 仍分别为水平方向和铅垂方向，轴测轴 OY 通常取与水平线成 45°角方向。如图 3-14b 所示，斜二轴测图的轴间角

$\angle XOZ=90°$，$\angle XOY=\angle YOZ=135°$，轴向伸缩系数 $p_1=r_1=1$，$q_1=0.5$。

与正等轴测图比较，斜二轴测图最大的优点是：凡平行于 $X_0O_0Z_0$ 坐标面的平面图形，在斜二轴测图中其轴测投影都反映实形。因此，当物体的正面形状具有较多的圆或圆弧，其他方向图形较简单时，采用斜二轴测图作图十分简便。

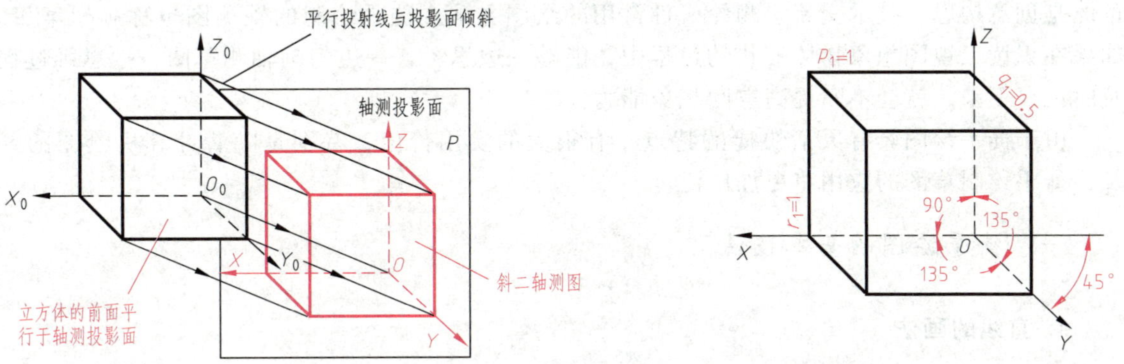

图 3-14　斜二轴测图的形成

二、斜二轴测图画法

图 3-15a 所示为一个具有同轴圆柱孔的圆台，圆台的前、后端面及孔口都是圆。因此，将前、后端面平行于正面放置，作图很方便。

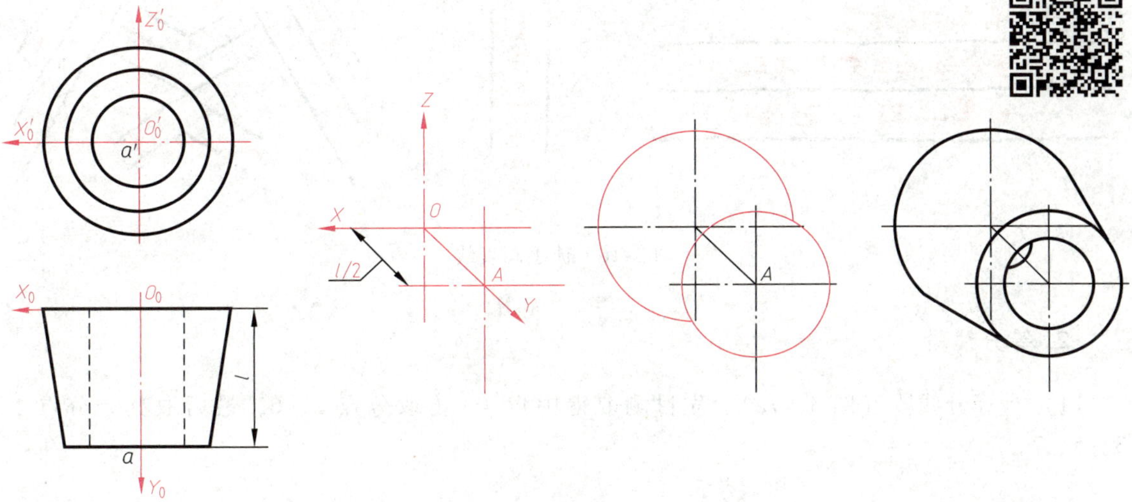

图 3-15　圆台的斜二测画法

作图

1）作轴测轴，在 Y_0 轴上量取 $l/2$，定出前端面的圆心 A（图 3-15b）。

2）画出前、后端面圆的轴测图（图 3-15c）。

3）作两端面圆的公切线及前孔口和后孔口的可见部分，描深（图 3-15d）。

第三节　轴测草图画法

不用绘图仪器和工具，通过目测形体各部分的尺寸和比例，徒手画出的图样称为草图。草图是创意构思、技术交流、测绘机件常用的绘图方法。徒手绘制的轴测图也称轴测草图。如果在识读三视图想象物体形状的过程中，能够一边思考，一边勾画轴测草图，把思维过程及时记录下来，就会不断提高空间想象能力。

由于徒手绘图具有灵活快捷的特点，有很大的实用价值，特别是随着计算机绘图的普及，徒手绘制草图的应用将更加广泛。

一、徒手绘图的基本技法

1. 直线的画法

画轴测草图时，一般先画水平线和垂直线，以确定轴测图的位置和图形的主要基准线。在画直线的运笔过程中，小手指轻抵纸面，视线略超前一些，不宜盯着笔尖，而要目视运笔的前方和笔尖运行的终点。如图3-16所示，画水平线时宜自左向右、画垂直线时宜自上而下运笔。画斜线的运笔方向以顺手为原则，若与水平线相近，自左向右，若与垂直线相近，则自上向下运笔。如果将图纸沿运笔方向略为倾斜，则画线更加顺手。若所画线段比较长，不便于一笔画成，可分几段画出，但切忌一小段一小段画出。

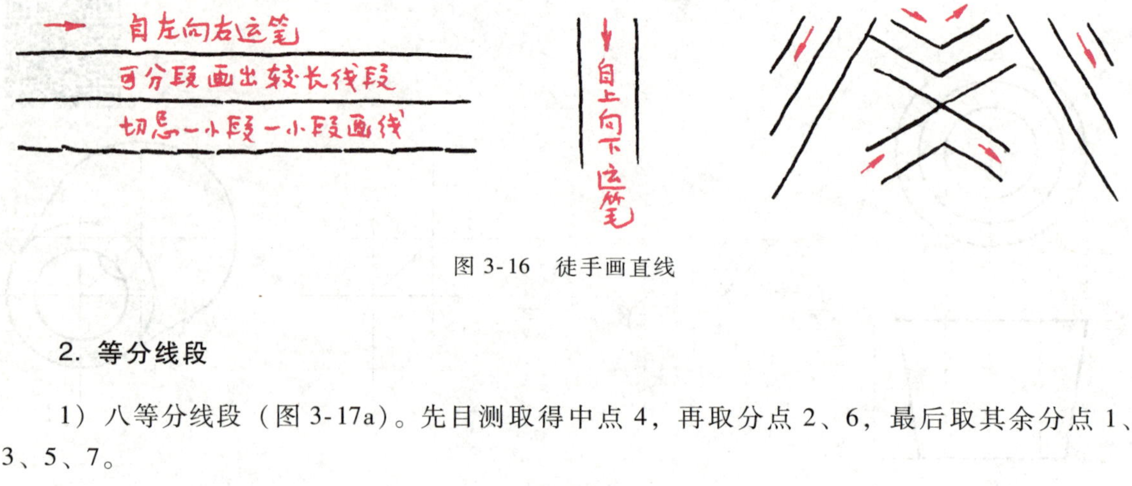

图3-16　徒手画直线

2. 等分线段

1）八等分线段（图3-17a）。先目测取得中点4，再取分点2、6，最后取其余分点1、3、5、7。

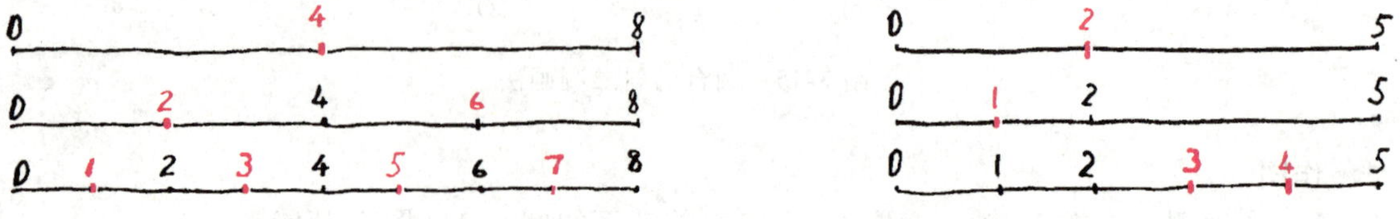

a)　b)

图3-17　等分线段

2）五等分线段（图 3-17b）。先目测以 2∶3 的比例将线段分成不相等的两段，然后将小段平分，较长段三等分。

3. 常用角度画法

画轴测草图时，首先要徒手画出轴测轴。如图 3-18a 所示，正等测的轴测轴 OX、OY 与水平线成 30°角，可利用直角三角形两条直角边的长度比定出两端点，连成直线。图3-18b 所示为斜二测的轴测轴画法。也可以如图 3-18c 所示将 1/4 圆弧二等分或三等分画出 45°和 30°斜线。

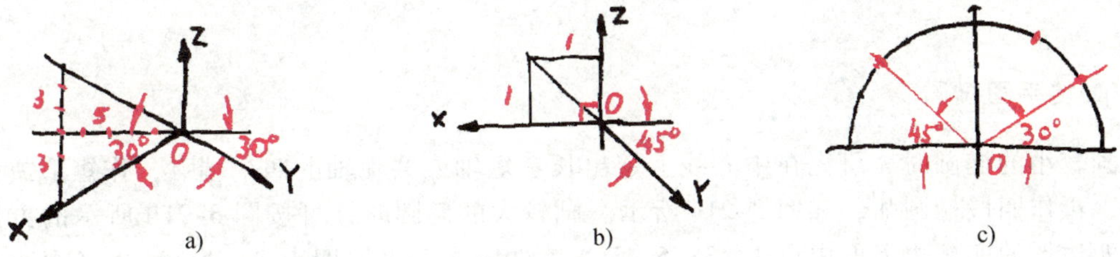

图 3-18　画常用角度

4. 徒手画圆、圆角和圆弧

画较小的圆时，可如图 3-19a 所示，在已绘中心线上按半径目测定出四点，徒手画成圆。也可以过四点先作正方形，再作内切的四段圆弧。画直径较大的圆时，只取中心线上的四点不易准确作圆，可如图 3-19b 所示，过圆心再画两条 45°斜线，并在斜线上也目测定出四点，过八点画圆。

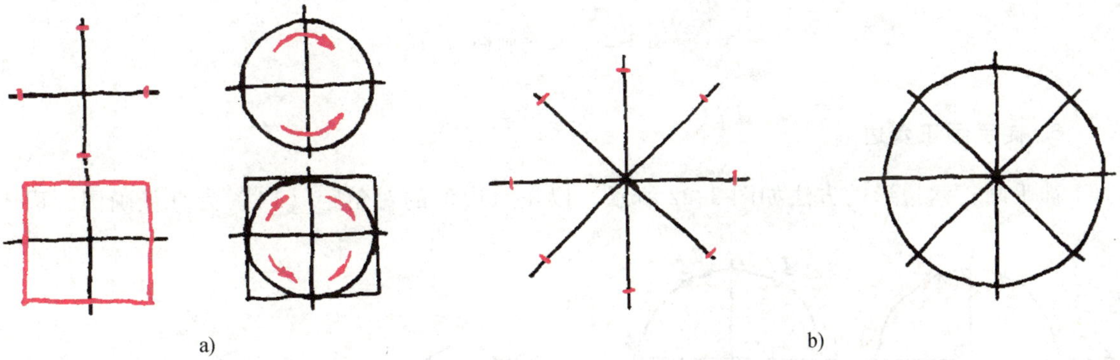

图 3-19　徒手画圆

画圆角时，先将直线徒手画成相交，作分角线，再在分角线上定出圆心位置，使它与角两边的距离等于圆角半径的大小，如图 3-20a 所示。过圆心向两边引垂线定出圆弧的起点和终点，在分角线上也定出圆周上的一点，然后徒手把三点连成圆弧，如图 3-20b 所示。用类似的方法还可画圆弧连接，如图3-20c所示。

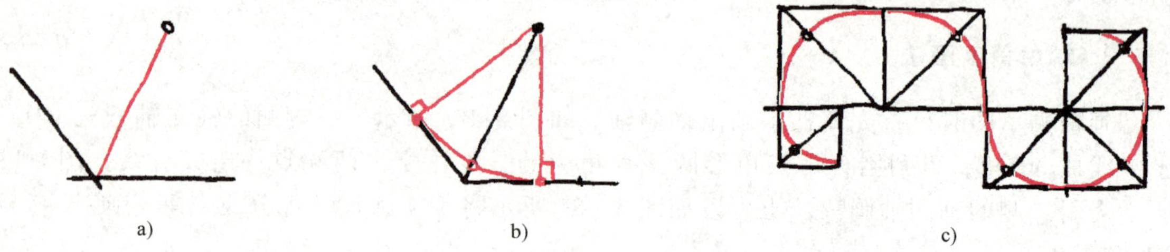

图3-20 徒手画圆角和圆弧

5. 徒手画椭圆

画较小的椭圆时，可先在中心线上定出长、短轴或共轭轴的四个端点，作矩形或平行四边形，再作四段椭圆弧，如图3-21a所示。画较大的椭圆时，可按图3-21b所示的方法，在平行四边形的四条边上取中点1、3、5、7，在对角线上再取四点2、4、6、8（由*B*7和*A*3的中点*M*、*N*，与*AB*的中点1相连接，连线1*M*和1*N*分别与对角线*BD*、*AC*交于点8和2，再作出它们的对称点6和4。使椭圆分为八段，然后顺次连接画出，如图3-21c所示。

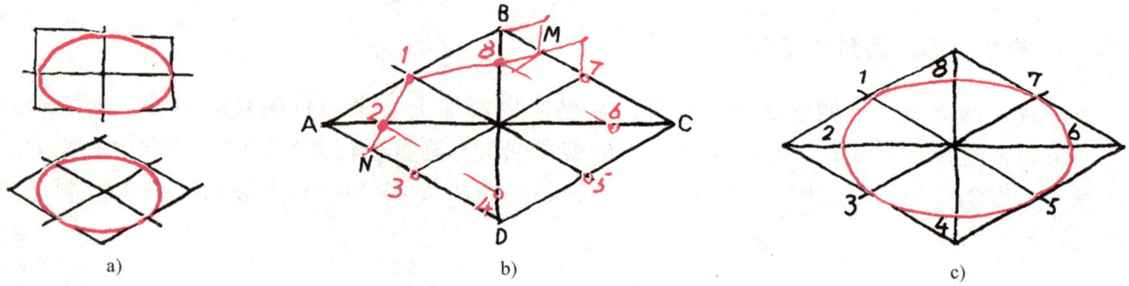

图3-21 徒手画椭圆

6. 徒手画正六边形

徒手画正六边形的方法如图3-22所示，以正六边形的对角距（14）为直径画圆，取半

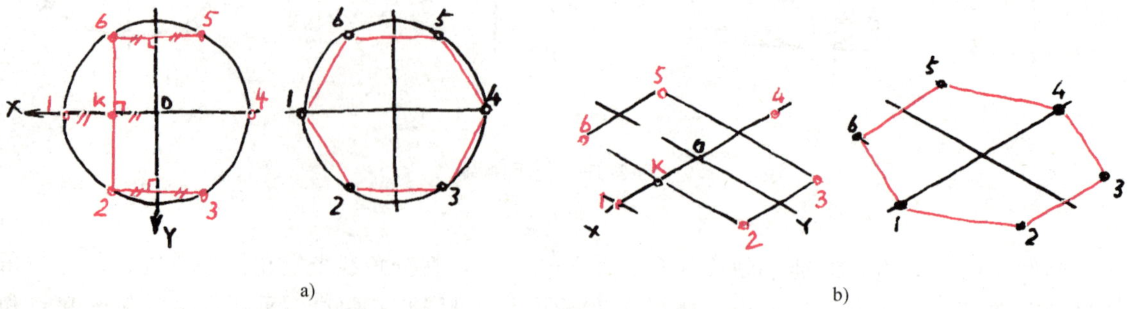

图3-22 徒手画正六边形

径（01）中点 K 作垂线与圆周交于点 2、6，再作出对称点 3、5，连接各点即为正六边形（图 3-22a）。类似的方法作出正六边形的正等轴测图（图 3-22b）。

二、轴测草图画法示例

图 3-23 所示为根据简单形体的两视图徒手画出轴测草图，作图步骤如下（正等测）：

1）圆的轴测投影是椭圆，为了作椭圆方便，通常先画圆的包络正方形（图 3-23a）。

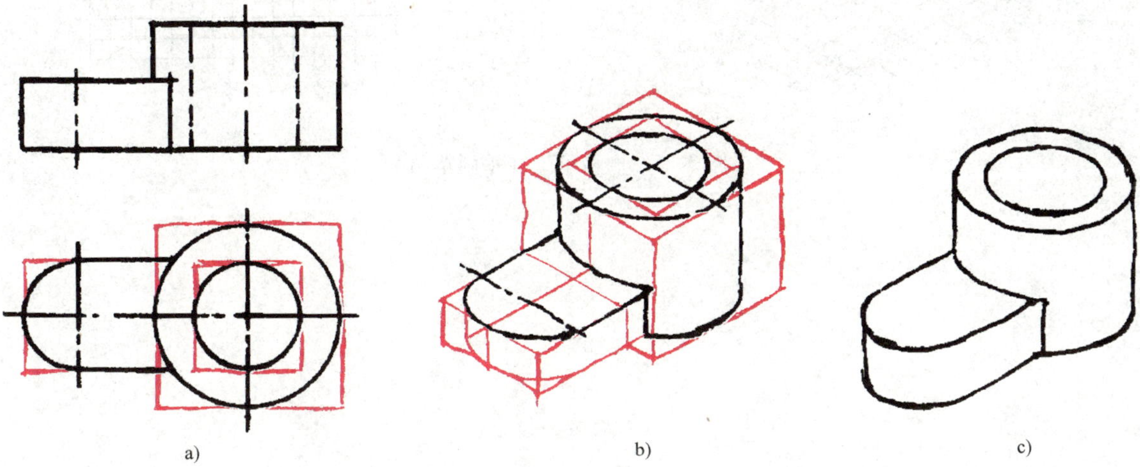

图 3-23　徒手画轴测草图

2）画圆柱和半圆柱的外切棱柱体的正等轴测图，借助菱形画轴测图上的椭圆（图 3-23b）。

3）检查、描深，完成正等轴测草图（图 3-23c）。

图 3-24 所示为圆柱和圆孔倒角的轴测草图画法。圆柱端部倒角实际上是一个圆台，在轴测图上两椭圆的中心沿轴线的距离为倒角的高度 h，椭圆的大小分别按 ϕ、ϕ_1 画出。

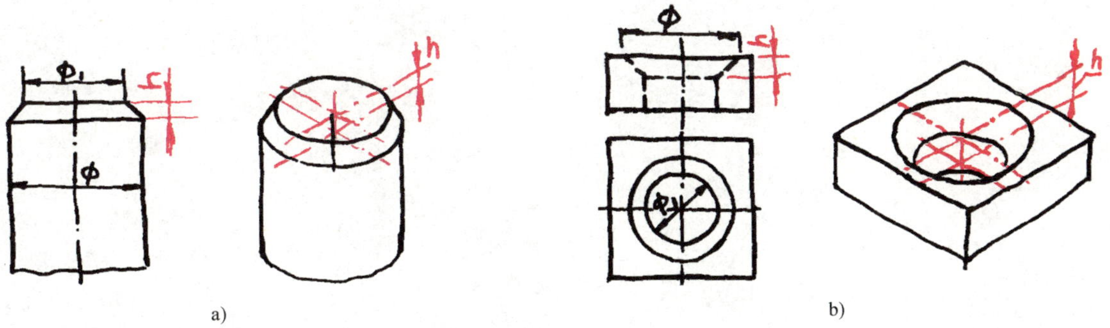

图 3-24　倒角轴测草图画法

草图图形的大小是根据目测估计画出的，目测尺寸比例要准确。初学徒手画草图，可在网格纸上进行（图 3-25）。

图 3-25　网格纸上徒手画草图

第四单元 组合体

任何机器零件或日常生活用品（见右图水龙头），从形体的角度来分析，都可以看成是由一些简单的基本体经过叠加、切割或穿孔等方式组合而成的。

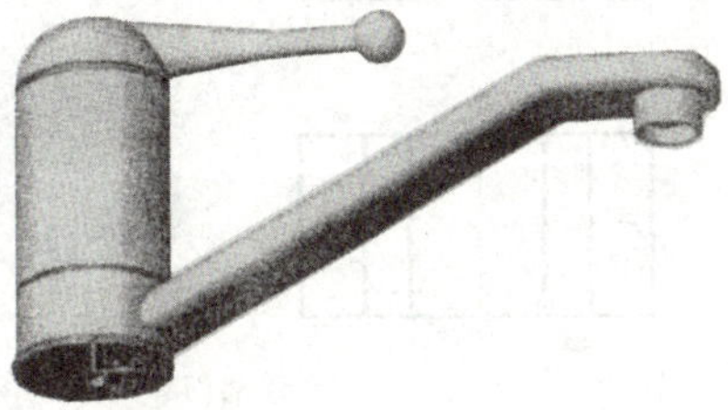

由两个或两个以上的基本体组合构成的整体称为组合体。组合体大多是由机件抽象而成的几何模型。掌握组合体的画图和读图方法十分重要，将为进一步学习零件图的绘制与识读打下基础。

第一节 绘制组合体三视图

画组合体的三视图时，通常运用形体分析法和面形分析法，分析它们之间的组合形式和相对位置，判断形体之间相邻表面的连接关系，逐步画出组合体的三视图。

一、组合体的构成方式

组合体按其构成的方式，通常分为叠加型和切割型两种。叠加型组合体是由若干基本体叠加而成，如图 4-1a 所示的螺栓（毛坯）是由六棱柱、圆柱和圆台叠加而成。切割型组合体则可看成由基本体经过切割或穿孔后形成的，如图 4-1b 所示的压块（模型）是由四棱柱经过若干次切割再穿孔以后形成的。多数组合体则是既有叠加又有切割的综合型，如图4-1c所示的支座。

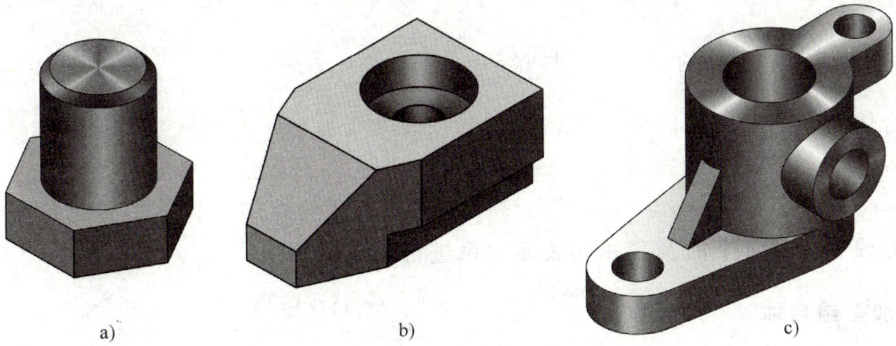

a)　　b)　　c)

图 4-1　组合体的构成方式

二、组合体上相邻表面之间的连接关系

组合体中的基本形体经过叠加、切割或穿孔后，形体的相邻表面之间可能形成平齐、不平

齐、相切或相交四种连接形式，连接形式不同，连接处投影的画法也不同，如图4-2所示。

（1）表面平齐　相邻两形体的表面平齐（共面）叠加时，不应有线隔开（图4-2a）。

（2）表面不平齐　相邻两形体的表面相错（不共面）叠加时，应有线隔开（图4-2b）。

（3）表面相切　相邻两形体的表面相切时，由于相切处两表面是光滑过渡，所以相切处不应画线（图4-2c）。

（4）表面相交　相邻两形体的表面相交时，在相交处应画出交线（图4-2d）。

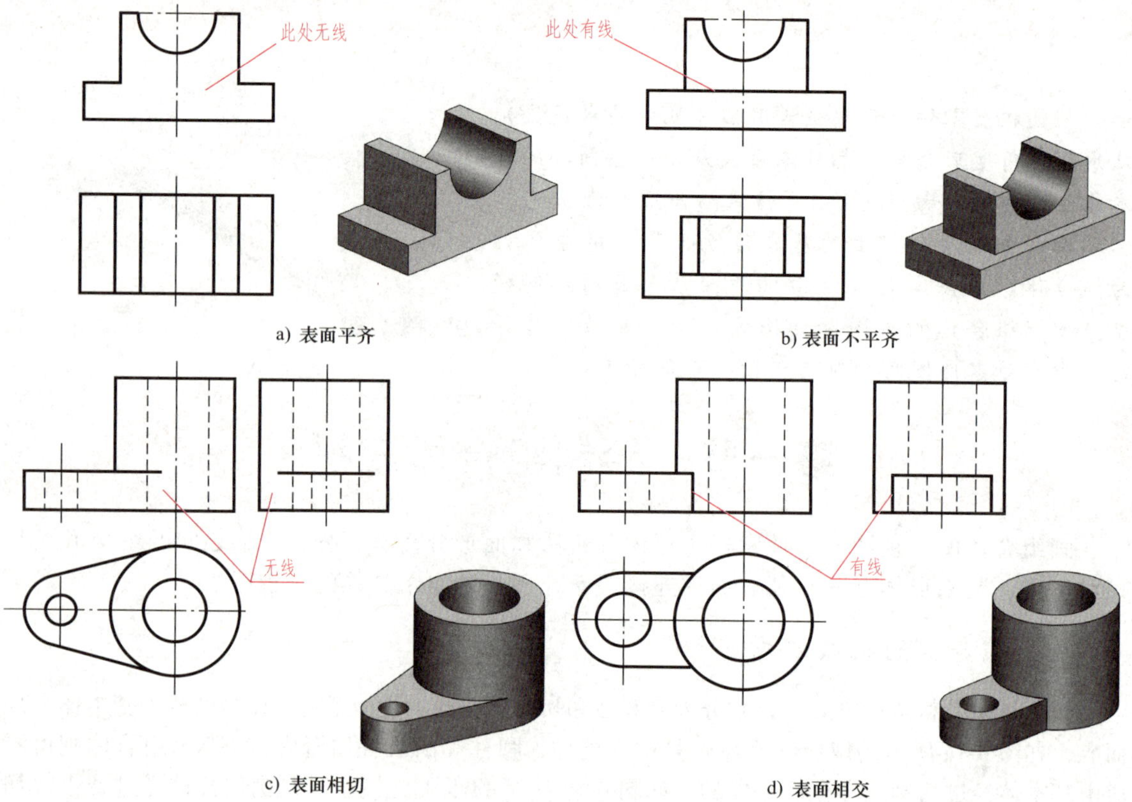

图4-2　相邻表面之间的连接关系

三、画组合体视图的方法与步骤

画组合体的视图时，可假想将组合体分解为若干基本形体，判断它们的组合形式和相对位置，分析形体间相邻表面是否处于共面、相切或相交的状态，从而弄清组合体的结构形状。这种分析问题的方法称为“形体分析法”。必要时还要对组合体中的投影面平行面、投影面垂直面或一般位置平面及其相邻表面关系进行面形分析。

1. 叠加型组合体

以图4-3所示轴承座为例说明叠加型组合体视图的画法。

（1）形体分析　轴承座由三个基本形体组成，即底板、轴套和支承板。支承板底面与底板叠合，左右的两侧面与轴套圆柱面相切，三个基本形体的后端面平齐。

（2）视图选择　首先选择主视图。组合体主视图的选择一般应考虑两个方面，即形体的安放位置和主视图的投射方向。为了便于作图并且有较好的度量性，应将组合体的主要表面放置成投影面的平行面，主要轴线放置成投影面的垂直线；选择主视图的投射方向时，应能较全面地反映组合体各部分的形状特征以及它们之间的相对位置。对图 4-3 箭头所示 *A*、*B*、*C*、*D* 四个投射方向进行比较，若以 *B* 向作为主视图，虚线较多，显然没有 *A* 向清楚；*C* 向和 *D* 向虽然虚、实线情况相同，但若以 *D* 向作为主视图，则左视图上会出现较多虚线，没有 *C* 向好；再比较 *C* 向与 *A* 向，*A* 向反映轴承座各部分的轮廓特征比较明显，所以确定以 *A* 向作为主视图的投射方向。主视图确定以后，俯视图和左视图的投射方向也就确定了。

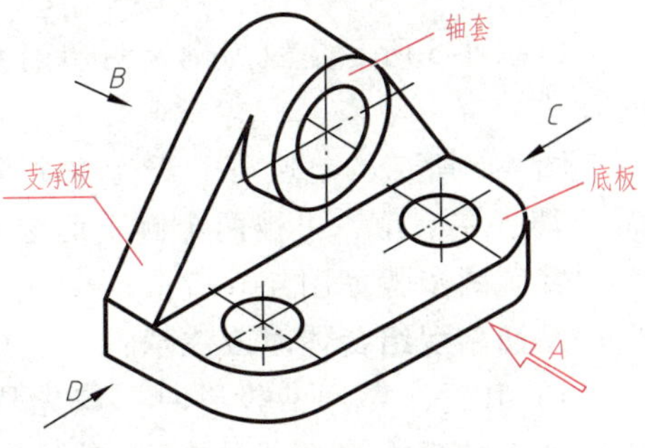

图 4-3　形体分析与视图选择

(3) 布置视图　根据组合体的大小，定比例、选图幅、确定各视图的位置，画出各视图的基线，如组合体的底面、端面、对称中心线等。布置视图时应注意三个视图之间应保持一定间距，以便标注尺寸。

(4) 画图步骤　如图 4-4 所示，按形体分析法分解各基本形体以及确定它们之间的相对位置，逐个画出各基本形体的视图。画基本形体时，先从反映特征轮廓的视图入手，如底板上有圆角和圆孔则先画其俯视图，轴套应先画其主视图，并且要先画出两条垂直相交的中心线，确定圆心位置，然后画圆或圆弧。

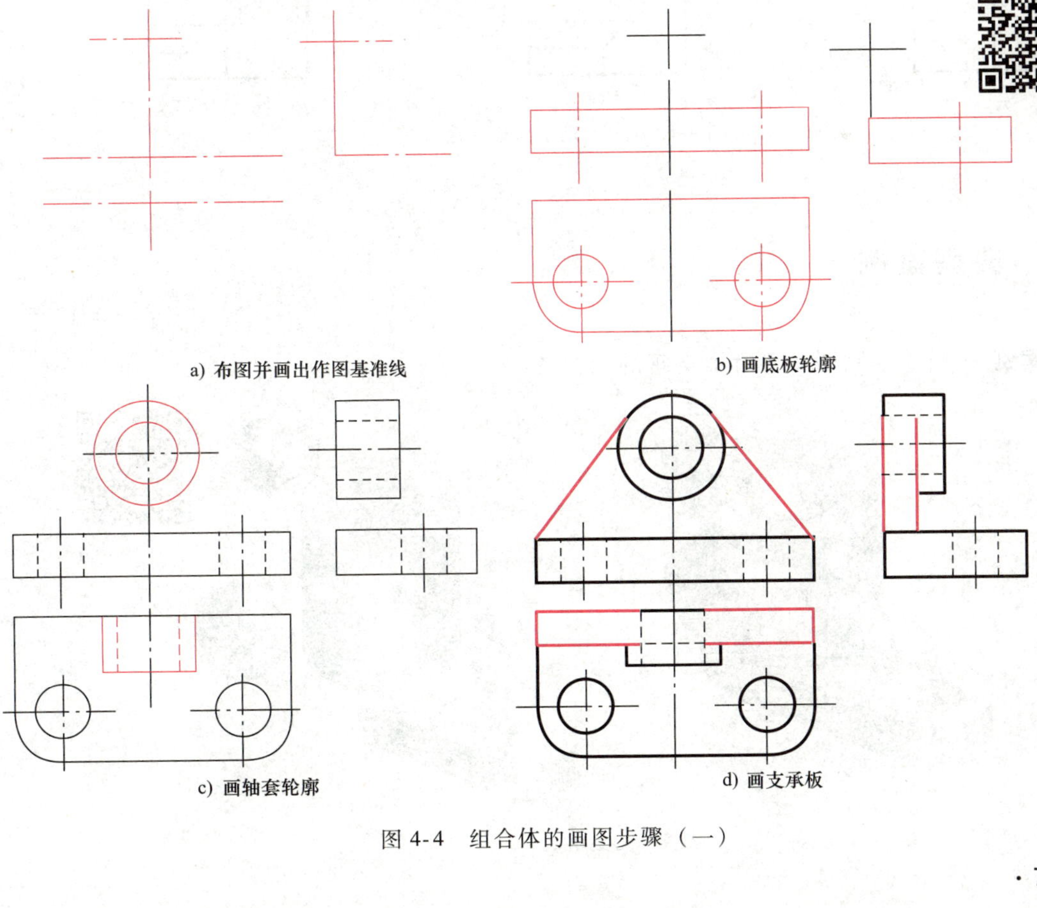

图 4-4　组合体的画图步骤（一）

2. 切割型组合体

以图 4-5 所示垫块为例说明切割型组合体视图的画法。

图 4-5 所示的垫块可分析为一个长方体被正垂面 *P* 切去左上角，再被两个侧垂面 *Q* 切出 V 形槽。

其画图步骤如图 4-6 所示。

画切割型组合体时应注意：

1）作每个截面的投影时，应先从反映形体特征轮廓、具有积聚性投影的视图开始。如画由正垂面 *P* 截出的图形时，先画出其正面投影；画由侧垂面 *Q* 形成的切口时，先画切口的侧面投影。

2）注意截面投影的类似性，如图 4-6c 所示俯视图和左视图中的 V 形表面为类似形。

图 4-5　形体分析

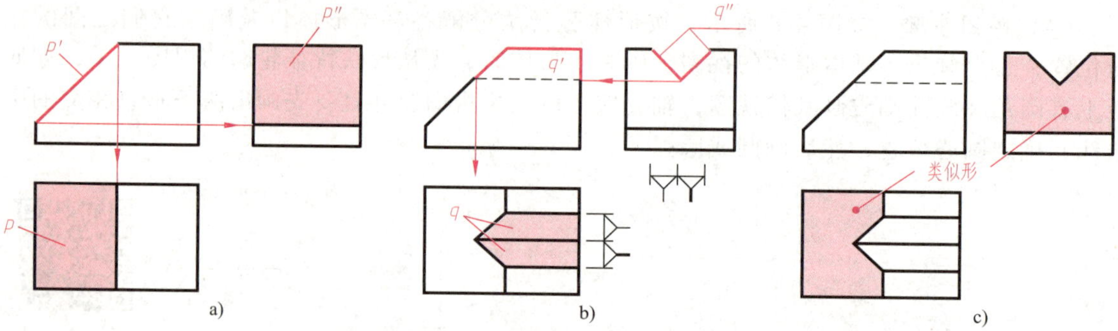

图 4-6　组合体的画图步骤（二）

典型案例

【案例 4-1】　绘制图 4-7 所示支座的三视图。

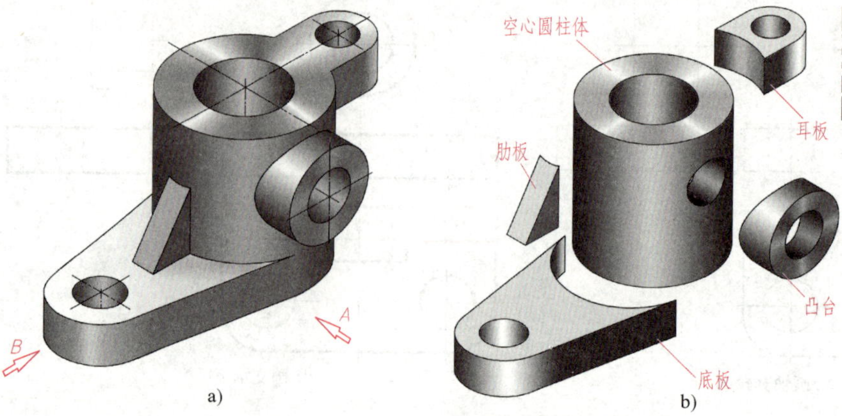

图 4-7　支座及其形体分析

形体分析

如图 4-7a 所示支座，根据形体特点，可将其分解为五个部分（图 4-7b）。

从图 4-7 可看出，肋板的底面与底板的顶面叠合，底板的两侧面与圆柱体相切，肋板与耳板的侧面均与圆柱体相交，凸台与圆柱体轴线垂直相交，两圆柱的通孔连通。

选择视图

如图 4-7a 所示，将支座按自然位置安放后，比较箭头所示两个投射方向，选择 *A* 向作为主视图的投射方向显然比 *B* 向好，因为组成支座的基本形体及它们之间的相对位置关系在此方向表达最清晰，能反映支座的整体结构形状特征。

画图步骤

选好适当比例和图纸幅面，然后确定视图位置，画出各视图主要中心线和基线。按形体分析法，从主要的形体（如圆柱体）着手，并按各基本形体的相对位置以及表面连接关系，逐个画出它们的三视图，具体作图步骤如图 4-8 所示。

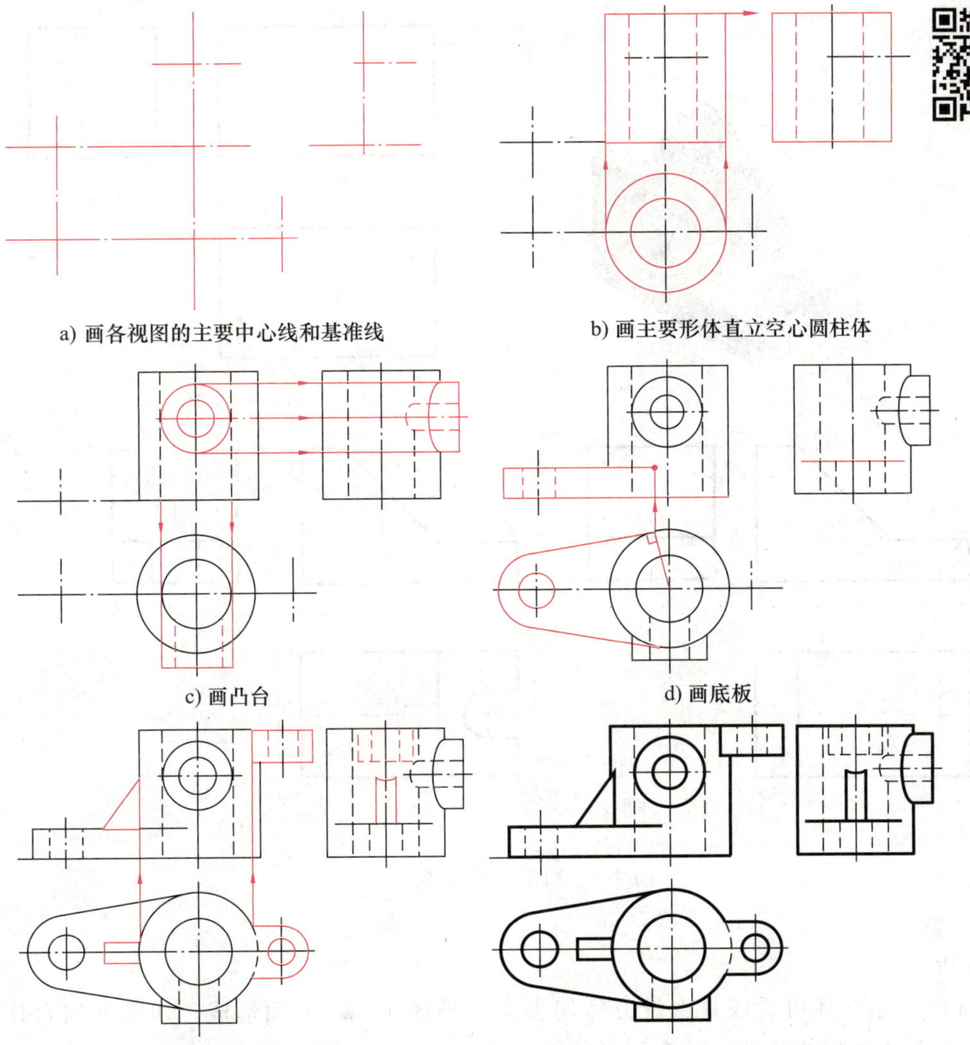

a) 画各视图的主要中心线和基准线　b) 画主要形体直立空心圆柱体

c) 画凸台　d) 画底板

e) 画肋板和耳板　f) 检查并擦去多余作图线，描深

图 4-8　支座的画图步骤

画组合体的三视图应注意以下几点：

1）运用形体分析法，逐个画出各部分基本形体，同一形体的三视图应按投影关系同时画出，而不是先画完组合体的一个视图后，再画另一个视图。这样可以减少投影作图错误，也能提高绘图速度。

2）画每一部分基本形体时，应先画反映该部分形状特征的视图。例如，圆筒、底板以及耳板等都是在俯视图上反映它们的形状特征，所以应先画俯视图，再画主、左视图。

3）完成各基本形体的三视图后，应检查形体间表面连接处的投影是否正确。例如，底板前后侧面与圆柱表面相切，底板的顶面轮廓线在主视图上应画到切点处；凸台与圆筒相交，在左视图上要画出内、外相贯线；耳板前、后侧面与圆筒表面相交，要画出交线，并且耳板顶面与圆筒顶面是共面，不画分界线，但应画出耳板底面与圆柱面的交线（虚线）。

【案例 4-2】 绘制图 4-9 所示组合体的三视图。

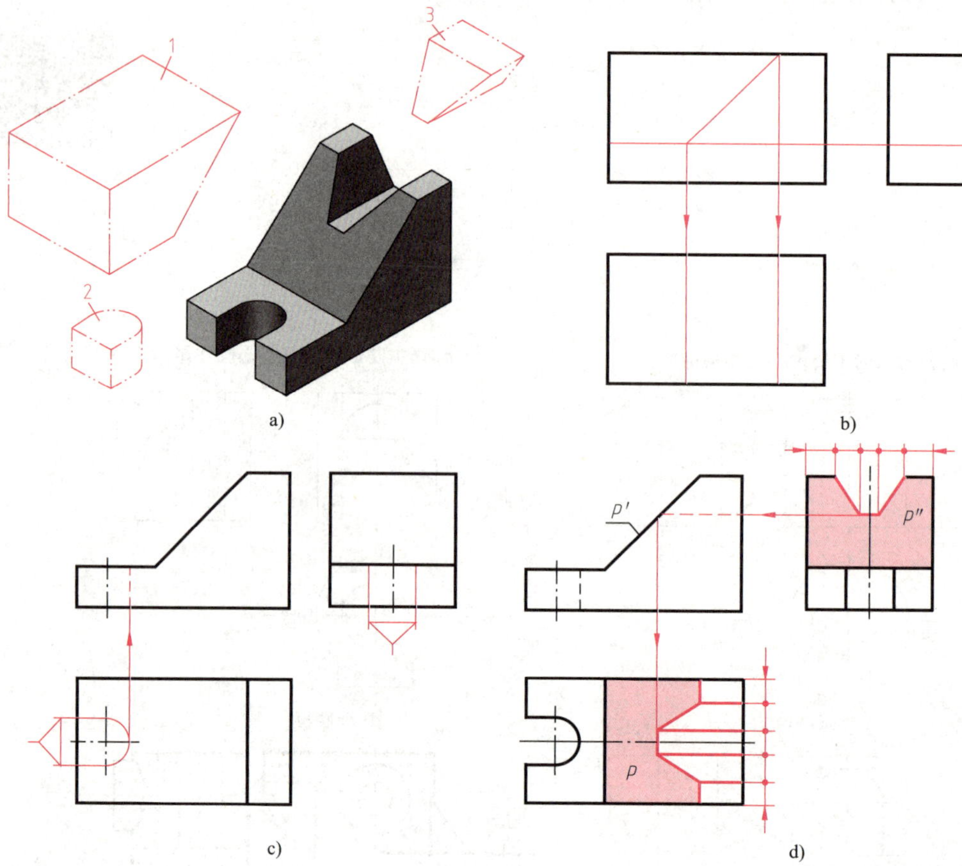

图 4-9　切割型组合体

形体分析

图 4-9a 所示组合体可看成是由长方体切去基本形体 1、2、3 而形成。切割型组合体视图的画法可在形体分析的基础上结合面形分析法作图。

所谓面形分析法，是根据表面的投影特性来分析组合体表面的性质、形状和相对位置进行画图和读图的方法。

画图步骤

画切割型组合体的作图过程如图 4-9 所示。

画切割体三视图时应注意：

1）作每个切口投影时，应先从反映形体特征轮廓且具有积聚性投影的视图开始，再按投影关系画出其他视图。例如，第一次切割时（图 4-9b），先画切口的主视图，再画出俯、左视图中的图线；第二次切割时（图 4-9c），先画圆槽的俯视图，再画出主、左视图中的图线；第三次切割时（图 4-9d），先画梯形槽的左视图，再画出主、俯视图中的图线。

2）注意切口截面投影的类似性。如图 4-9d 中的梯形槽与斜面 P 相交而形成的截面，其水平投影 p 与侧面投影 p''应为类似形。

课堂讨论

1. 两形体相交时，其相邻表面形成交线，在相交处应画出交线的投影，如图 4-10a 所示主视图中的 $a'b'$。那么，当空心圆柱体与耳板叠加后，圆柱与耳板叠合处的一段轮廓线是否还要画出？如图 4-10b 所示，当半圆柱与四棱柱相贯或半圆柱上挖去一个矩形孔，试问，半圆柱最高素线上的一段轮廓线还存在吗？为什么？

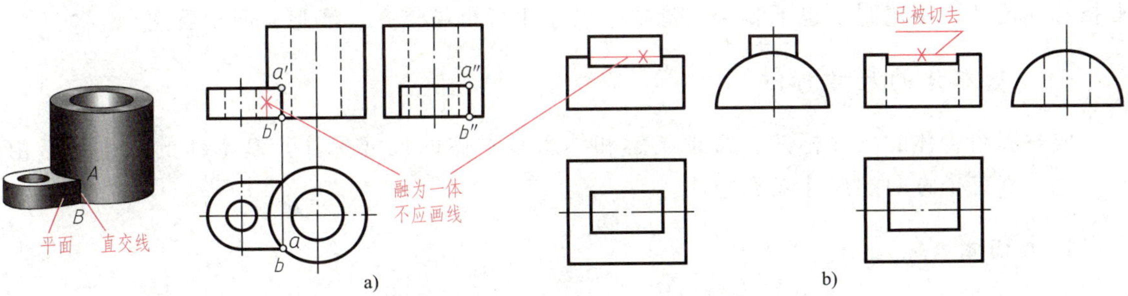

图 4-10　不存在的轮廓线

2. 如图 4-11a 所示，检查和改正组合体三视图中的错漏。

分析

从图 4-11a 给出的三视图初步看出该组合体由长方形底板、圆筒、支承板和肋板四部分组成。经过对三视图的仔细对照分析，发现共有六处错误：

1）肋板与底板的前端面画平齐，主视图中肋板与底板叠合处多线，俯视图中表示肋板的虚线应画到底板的前端面为止。

2）组合体是一个整体，肋板与支承板叠合处不应画线，俯视图中多一段虚线。

3）肋板两侧面与圆柱面相交，按投影关系改正左视图中的交接处。

4）支承板左、右两侧面与圆柱面相切，左视图和俯视图中的图线只能画到切点处。

5）圆筒的水平孔与竖直孔内壁的相贯线在左视图中未画出，水平圆柱孔的最高素线（转向轮廓线）在被竖直孔穿通处不应画线。

6）支承板的侧面与底板的侧面不共面，左视图中漏线。

改正后的三视图如图 4-11b 所示。

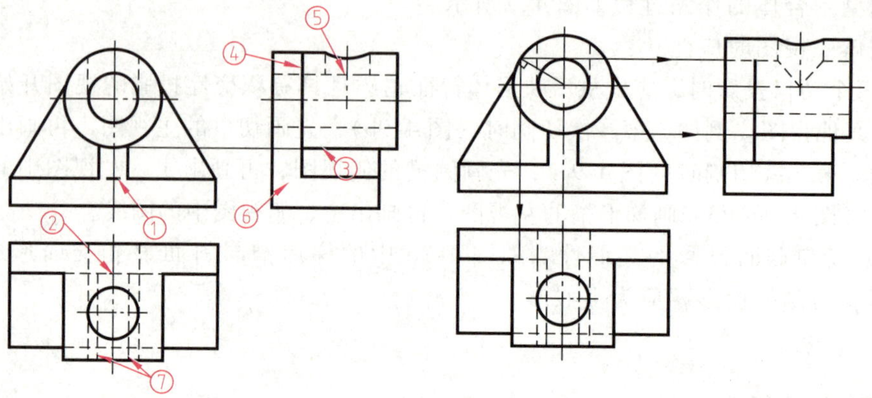

a)　　b)

图 4-11　检查视图中的错漏示例

第二节　标注组合体的尺寸

组合体尺寸标注的基本要求是“正确、齐全和清晰”。正确指符合国家标准的规定；齐全指标注尺寸既不遗漏，也不多余；清晰指尺寸注写布局整齐、清楚，便于看图。

一、基本体的尺寸标注

要掌握组合体的尺寸标注，必须了解和熟悉基本体的尺寸标注。基本体的大小通常由长、宽、高三个方向的尺寸来确定。

1. 平面体

平面体的尺寸应根据其具体形状进行标注。如图 4-12a 所示，应注出三棱柱的底面尺寸

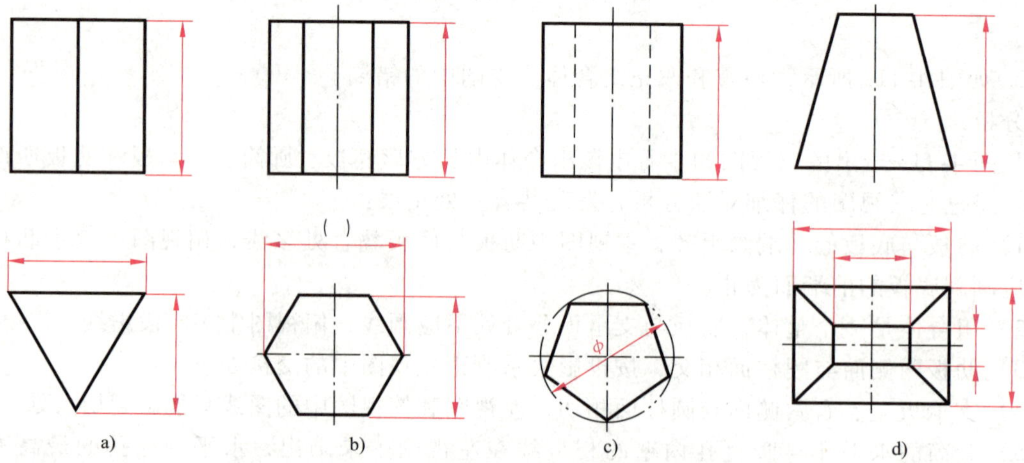

a)　　b)　　c)　　d)

图 4-12　平面体的尺寸标注示例

和高度尺寸。对于图 4-12b 所示的正六棱柱，在标注了高度尺寸之后，底面尺寸有两种注法，一种是注出正六边形的对角线尺寸（外接圆直径），另一种是注出正六边形的对边尺寸（内切圆直径，通常也称为扳手尺寸），常用的是后一种注法，而将对角线尺寸作为参考尺寸，所以加上括号。图 4-12c 所示正五棱柱的底面为正五边形，在标注了高度尺寸之后，底面尺寸只需标注其外接圆直径便可以作出五边形。图 4-12d 所示四棱台必须注出上、下底的长、宽尺寸和高度尺寸。

2. 曲面体

如图 4-13a 和图 4-13b 所示，圆柱或圆锥应注出底圆直径和高度尺寸，圆台（图4-13c）还要注出顶圆直径。在标注直径尺寸时应在数字前加注“ϕ”。值得注意的是，当完整标注了圆柱或圆锥的尺寸之后，只要用一个视图就能确定其形状和大小，其他视图可省略不画。图 4-13d 所示的圆球只用一个视图加注尺寸即可，圆球在直径数字前应加注“$S\phi$”。

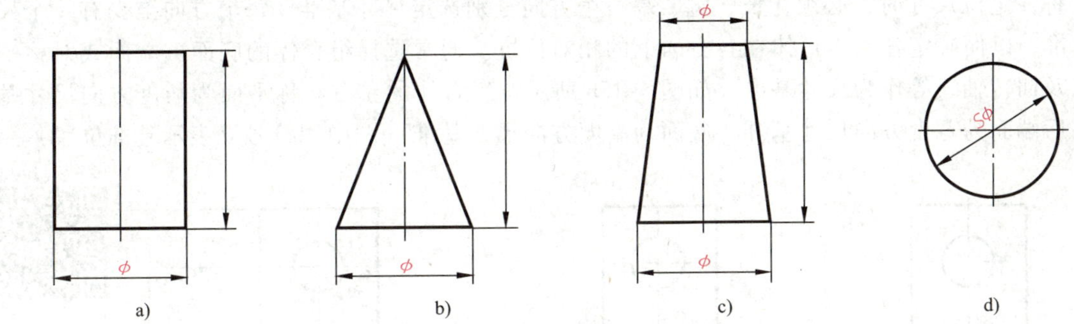

图 4-13　曲面体的尺寸标注

3. 带切口形体的尺寸标注

对于带切口的形体，除了标注基本形体的尺寸外，还要注出确定截平面位置的尺寸。必须注意，由于形体与截平面的相对位置确定后，切口的交线已完全确定，因此不应在交线上标注尺寸。图 4-14 中打“×”的为多余的尺寸。

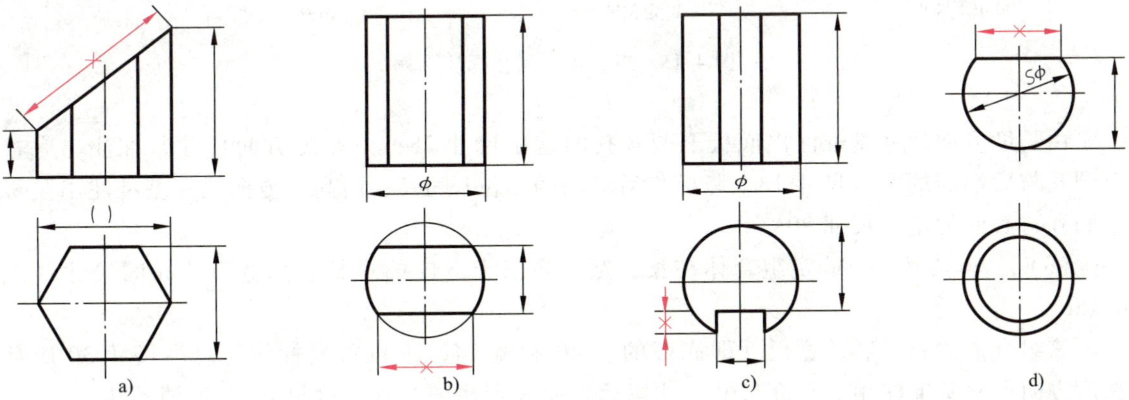

图 4-14　带切口形体的尺寸标注

二、组合体的尺寸标注

以图 4-15 所示组合体为例，说明组合体尺寸标注的基本方法。

1. 尺寸齐全

要使尺寸标注齐全，既不遗漏，也不重复，应先按形体分析的方法注出各基本形体的大小尺寸，再确定它们之间相对位置的定位尺寸，最后根据组合体的结构特点注出总体尺寸。

（1）定形尺寸——确定组合体中各基本形体大小的尺寸（图 4-15a）。

底板长、宽、高尺寸（40、24、8），底板上圆孔和圆角尺寸（$2\times\phi6$、$R6$）。必须注意，相同的圆孔 $\phi6$ 要注写数量，如 $2\times\phi6$，但相同的圆角 $R6$ 不注数量，两者都不必重复标注。

竖板长、宽、高尺寸（20、7、22）和圆孔直径尺寸（$\phi9$）。

（2）定位尺寸——确定组合体中各基本形体之间相对位置的尺寸（图 4-15b）。

标注定位尺寸时，必须在长、宽、高三个方向分别选定尺寸基准，每个方向至少有一个尺寸基准，以便确定各基本形体在各方向上的相对位置。通常选择组合体的底面、端面或对称平面以及回转轴线等作为尺寸基准。如图 4-15b 所示，组合体的左右对称平面为长度方向尺寸基准；后端面为宽度方向尺寸基准；底面为高度方向尺寸基准（图中用符号▽表示基准位置）。

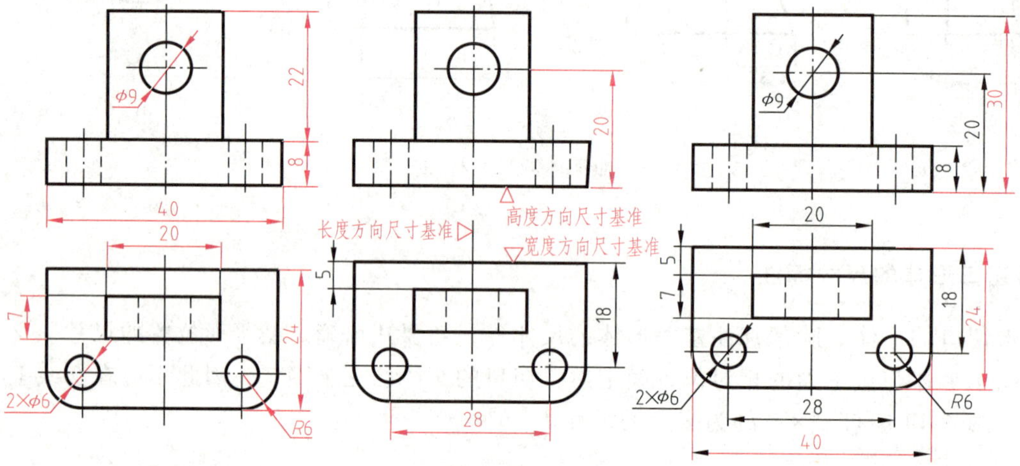

a) 定形尺寸　　b) 定位尺寸　　c) 总体尺寸

图 4-15　组合体的尺寸标注示例

由长度方向尺寸基准注出底板上两圆孔的定位尺寸 28；由宽度方向尺寸基准注出底板上圆孔与后端面的定位尺寸 18，竖板与后端面的定位尺寸 5；由高度方向尺寸基准注出竖板上圆孔与底面的定位尺寸 20。

（3）总体尺寸——确定组合体在长、宽、高三个方向的总长、总宽和总高的尺寸（图 4-15c）。

该组合体的总长和总宽尺寸即底板的长 40 和宽 24，不再重复标注。总高尺寸 30 应从高度方向尺寸基准注出。总高尺寸标注以后，原来标注的竖板高度尺寸 22 取消不注。

必须指出，当组合的一端（或两端）为回转体时，通常不以轮廓线为界标注其总体尺寸。如图 4-16 所示的组合体，其总高尺寸是由 20 和 $R10$ 间接确定的。但是，为了满足加工要求，既注总体尺寸，又注定形尺寸，如图 4-15 中底板两个角的 1/4 圆柱，都要注出两孔轴线间的定位尺寸和 1/4 圆柱面的定形尺寸 R，还要标注总长和总宽尺寸（40、24）。

2. 尺寸清晰

为了便于看图，标注尺寸应排列适当、整齐、清晰。为此，标注尺寸时要注意以下几点：

（1）突出特征　将定形尺寸标注在形体特征明显的视图上（图 4-15c），如底板圆角的半径 $R6$ 应注在反映圆弧的俯视图上；竖板上圆孔直径 $\phi9$ 可注在反映圆的视图上，也可标注在非圆的视图上，为使尺寸清楚，一般标注在非圆的视图上，但不宜注在虚线上。

（2）相对集中　同一基本形体上的几个大小尺寸和有联系的定位尺寸，应尽可能都标注在一个视图上，如底板的长、宽尺寸和圆孔的定位尺寸集中标注在俯视图上。

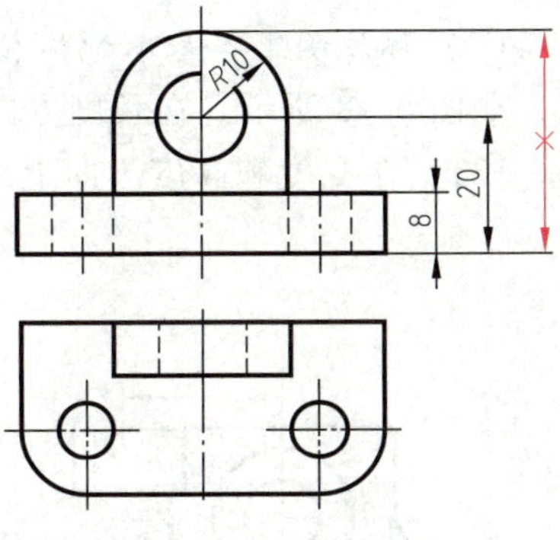

图 4-16　不注总高尺寸示例

（3）排列整齐　尺寸一般注在视图的外面，在不影响清晰的情况下，也可注在视图内。标注同一方向的尺寸时，小尺寸在内，大尺寸在外，尽量避免尺寸线和尺寸界线相交。两个视图之间同一方向的尺寸不要错开，如图 4-15c 俯视图中的尺寸 18、24 与主视图中的尺寸 8、20 应分别对齐。

典型案例

【案例 4-3】 标注支座的尺寸。

标注组合体尺寸的顺序为逐个注出基本形体的定形和定位尺寸，具体步骤如下：

（1）逐个注出各基本形体的定形尺寸　将支座分解为五个基本形体（参阅图 4-7b），分别注出其定形尺寸，如图 4-17 所示。这些尺寸标注在哪个视图上，要根据具体情况而定。

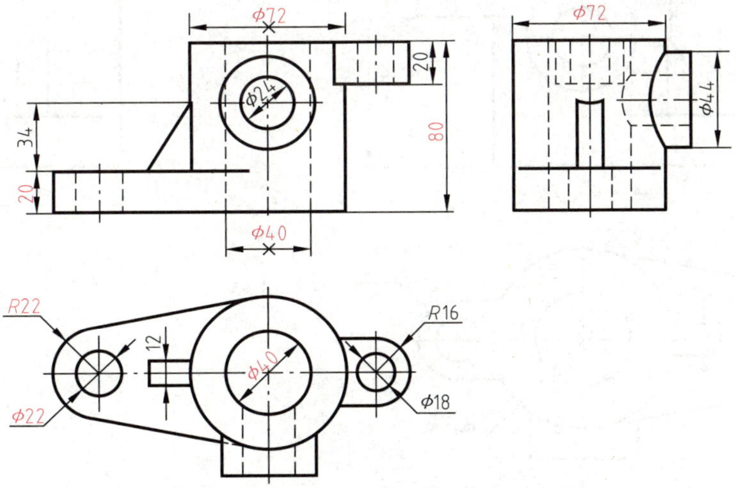

图 4-17　支座的定形尺寸分析

例如直立圆柱的尺寸 80 可注在主视图上，因为虚线上不宜标注尺寸；圆孔直径 $\phi40$ 可注在俯视图上，但圆柱直径 $\phi72$ 在主视图上标注不清楚，所以标注在左视图上；底板的尺寸 $\phi22$ 和 $R22$ 注在俯视图上最合适，而厚度尺寸 20 只能注在主视图上。其余各部分尺寸请读者自行分析。

（2）*标注确定各基本形体相对位置的尺寸*　先选定支座长、宽、高三个方向的尺寸基准，如图 4-18 所示。在长度方向上注出直立圆柱与底板、肋板、耳板的相对位置尺寸（80、56、52）；在宽度和高度方向上，注出凸台与直立圆柱的相对位置尺寸（48、28）。

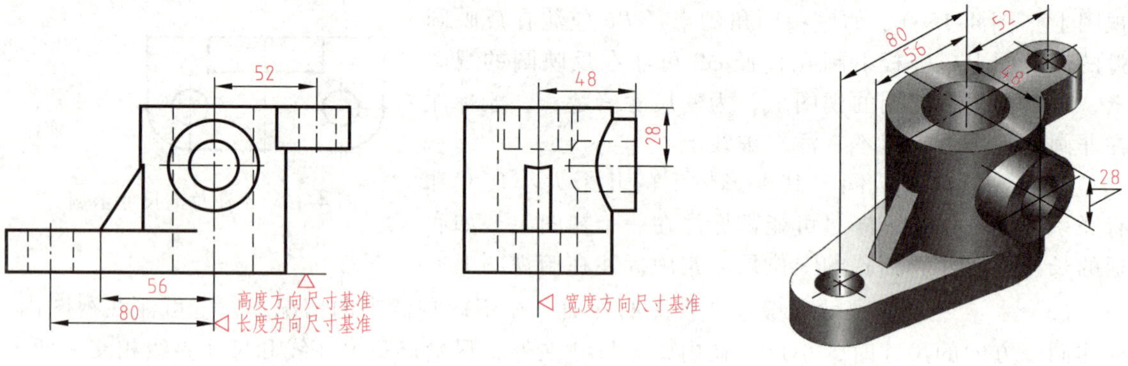

图 4-18　支座的定位尺寸分析

（3）*标注总体尺寸*　为了表示组合体外形的总长、总宽和总高，应标注相应的总体尺寸。支架的总高尺寸为 80，而总长和总宽尺寸则由于注出了定位尺寸，这时一般不再标注其总体尺寸。图 4-19 中在长度方向上标注了定位尺寸 80、52，以及圆弧半径 $R22$ 和 $R16$ 后，就不再标注总体尺寸（80+52+22+16=170）。左视图在宽度方向上注出了定位尺寸 48 后，不再标注总宽尺寸（48+72/2=84）。支座完整的尺寸标注如图 4-19 所示。

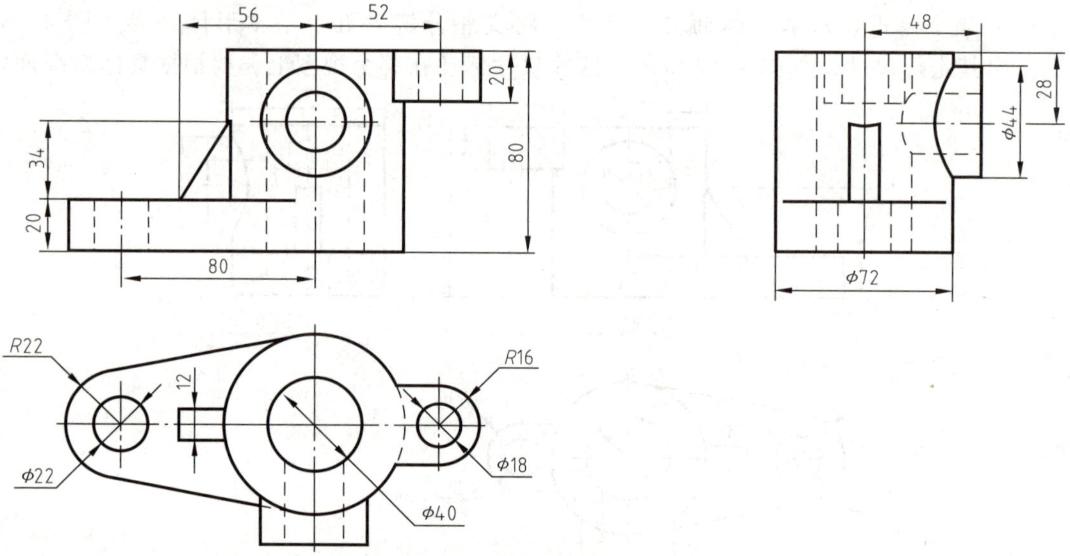

图 4-19　支座的尺寸标注

课堂讨论

标注图 4-20 所示支架的尺寸。

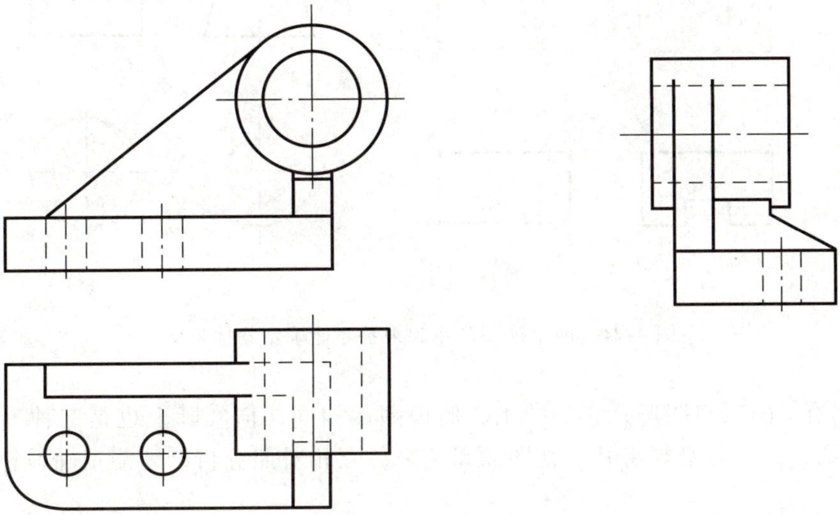

图 4-20　支架

师生互动完成支架的尺寸标注（画出尺寸界线和尺寸线，不注数值）。

1）选择长、宽、高三个方向的尺寸主要基准。

2）标注底板的定形尺寸和圆孔的定位尺寸。

3）标注圆筒的定形尺寸。

4）标注支承板和肋板的定形尺寸和定位尺寸。

5）标注各部分之间的定位尺寸。

6）是否需要标注总体尺寸？

第三节　识读组合体三视图

画图是将空间形体用正投影法表示在二维平面上，读图则是根据已经画出的视图，通过投影分析想象出物体的形状，是由二维图形建立三维形体的过程。画图和读图是相辅相成的，读图是画图的逆过程。为了正确而迅速地读懂组合体的视图，必须掌握读图的基本要领和基本方法。

一、读图的基本要领

1. 几个视图联系起来识读才能确定物体形状

在机械图样中，机件的形状一般是通过几个视图来表达的，每个视图只能反映机件一个方向的形状。因此，仅由一个或者两个视图往往不能唯一地确定机件形状。

如图 4-21a 所示物体的主视图都相同，图 4-21b 所示物体的俯视图都相同，但实际上六组视图分别表示了形状各异的六种形状的物体。

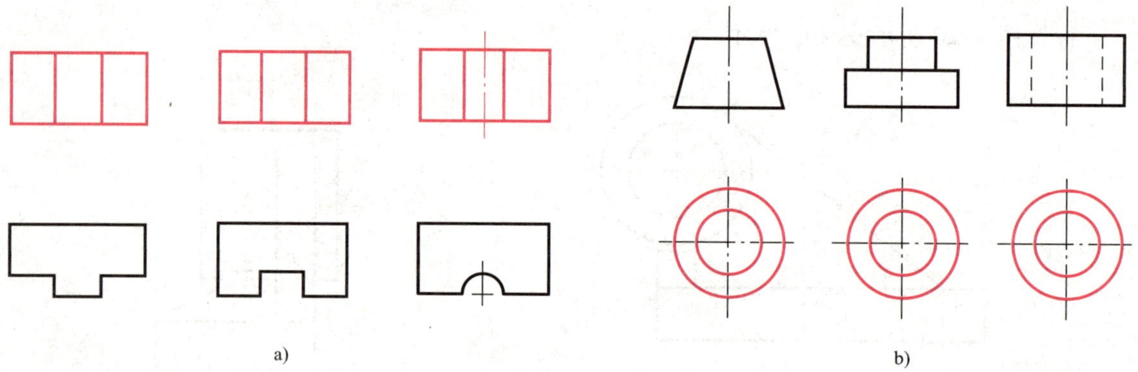

图 4-21　两个视图联系起来看才能确定物体形状

图 4-22 给出的三组图形，它们的主、俯视图都相同，但实际上也是三种不同形状的物体。由此可见，读图时必须将几个视图联系起来，互相对照分析，才能正确地想象出该物体的形状。

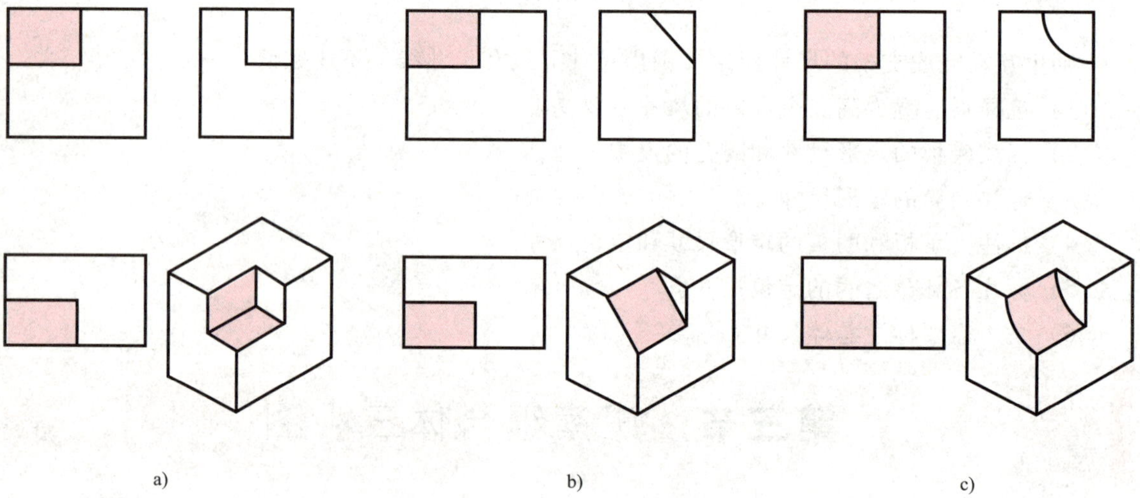

图 4-22　三个视图联系起来看才能确定物体形状

2. 理解视图中线框和图线的含义

视图中的每个封闭线框，通常都是物体上一个表面（平面或曲面）的投影。如图 4-23a 所示，主视图中有四个封闭线框，对照俯视图可知，线框 a'、b'、c' 分别是六棱柱前后（对称）六个棱面的重合投影；线框 d' 则是圆柱体前后（对称）半圆柱面的投影。

若两线框相邻或大线框中套有小线框，则表示物体上不同位置的两个表面。既然是两个表面，就会有上下、左右或前后之分，或者是两个表面相交。如图 4-23a 所示，俯视图中大线框六边形中的小线框圆，就是六棱柱顶面与圆柱顶面的投影。对照主视图分析，圆柱顶面在上，六棱柱顶面在下。主视图中的 a'线框与左面的 b'线框以及右面的 c'线框是相交的两个表面；a'线框与 d'线框是相错的两个表面，对照俯视图，六棱柱前面的棱面 A 在圆柱面 D 之前。

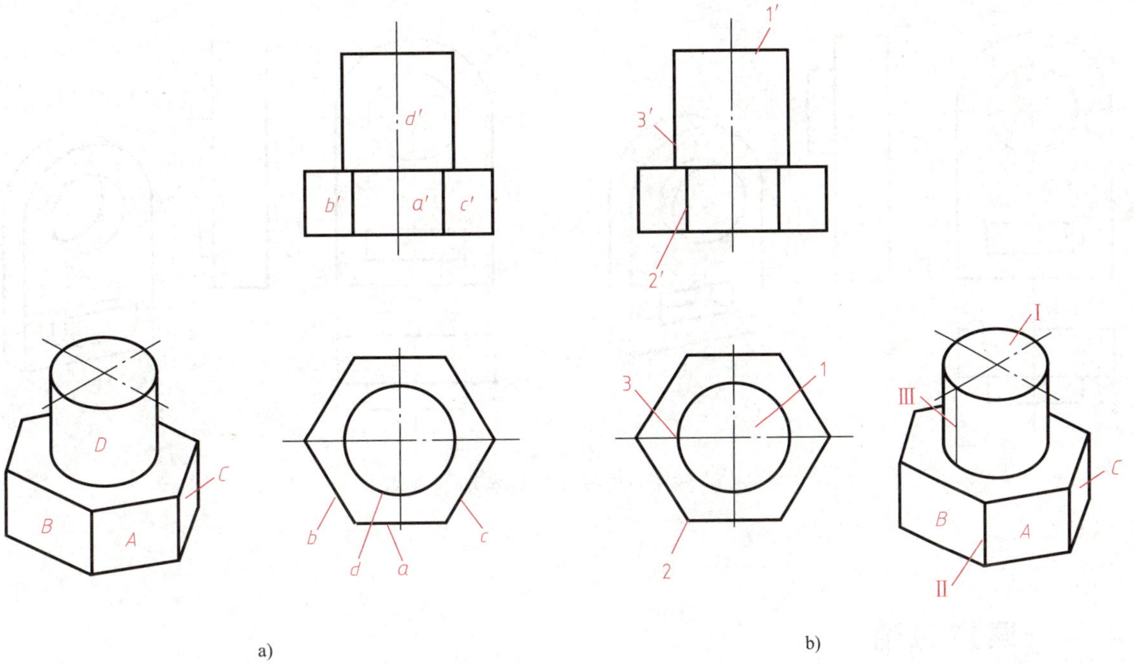

图 4-23　视图中线框和图线的含义

视图中的每条图线，可能是立体表面有积聚性的投影，或两平面交线的投影，也可能是曲面转向轮廓线的投影。如图 4-23b 所示，主视图中的 1′是圆柱顶面有积聚性的投影，2′是 A 面与 B 面交线的投影，3′是圆柱面转向轮廓线的投影。

3. 从反映形体特征的视图入手

形体特征是指：

1）能清楚表达物体形状特征的视图，称为形状特征视图。一般主视图能较多反映组合体的整体形状特征，所以读图时常从主视图入手。但组合体各部分的形体特征不一定都集中在主视图上，如图 4-24 所示支架，由三部分叠加而成，主视图反映竖板的形状和底板、肋板的相对位置，但底板和肋板的形状则在俯、左视图上反映。因此，读图时必须找出能反映各部分形体特征的视图，再配合其他视图，就能快速、准确地想象出该组合体的空间形状。

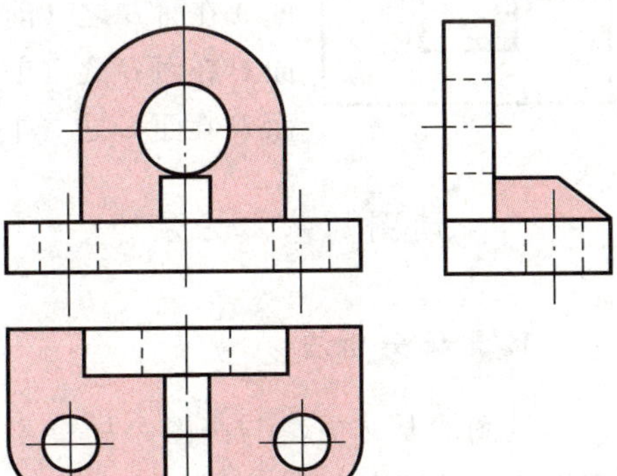

图 4-24　分析反映形体特征的视图

2）能清楚表达构成组合体的各基本形体之间的相互位置关系的视图，称为位置特征视图。如图4-25

所示的两个物体，主视图中的线框Ⅰ内有小线框Ⅱ、Ⅲ，它们的形状特征很明显，但相对位置不清楚。如前所述，若线框内有小线框，则表示物体上有不同位置的两个表面。对照俯视图可看出，圆形和矩形线框中一个是孔，另一个向前凸出，但并不能确定哪个形体是孔，哪个形体向前凸出，只有对照主、左视图识读才能确定。

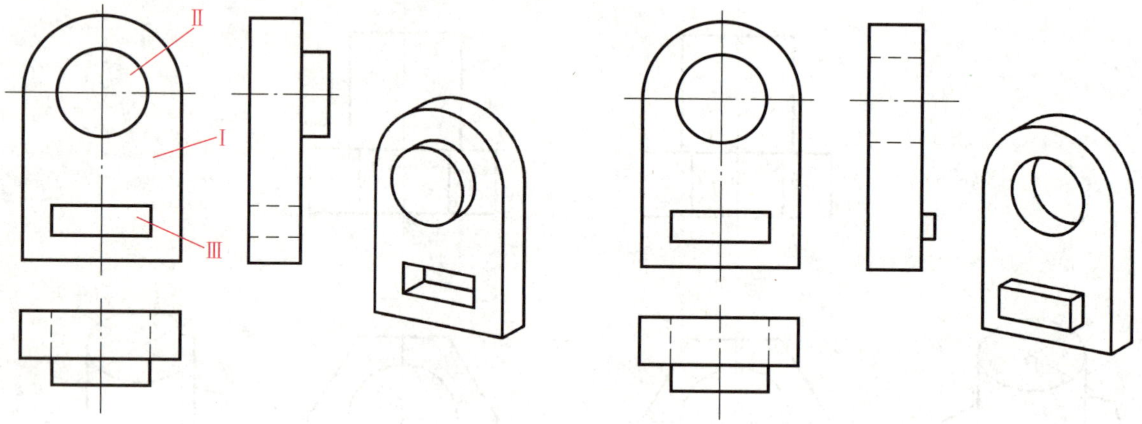

图 4-25　分析反映位置特征的视图

课堂讨论

根据组合体的两视图，想象其空间形状，补画第三视图，并填空或打√。

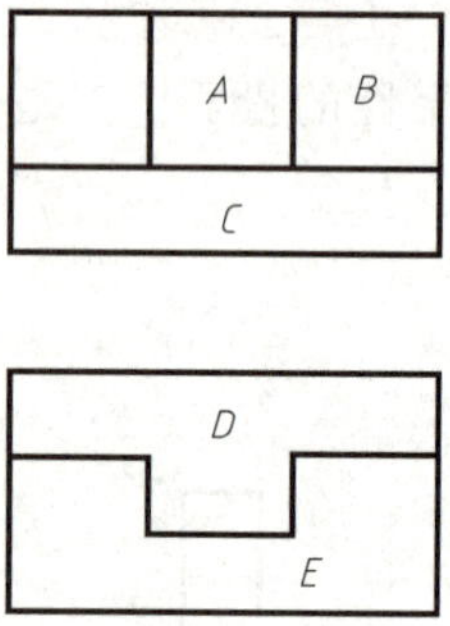

线框 *A* 表示______面
线框 *E* 表示______面
面 *A* 在面 *B* 之（前）（后）
面 *C* 在面 *B* 之（前）（后）
面 *D* 在面 *E* 之（上）（下）

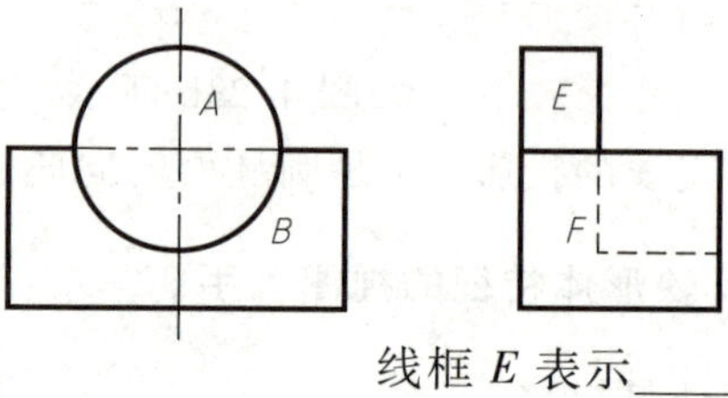

线框 *E* 表示______面
面 *A* 在面 *B* 之（前）（后）
面 *C* 在面 *D* 之（上）（下）
面 *E* 在面 *F* 之（左）（右）

二、读图的基本方法

1. 形体分析法

读图的基本方法与画图一样，主要也是运用形体分析法。在反映形状特征比较明显的主视图上按线框将组合体划分为几个部分，然后通过投影关系，找到各线框在其他视图中的投影，从而分析各部分的形状及它们之间的相互位置，最后综合起来，想象组合体的整体形状。现以图 4-26a 所示组合体的主、俯视图为例，说明运用形体分析法识读组合体视图的方法与步骤。

（1）划线框，分形体　从主视图入手，将该组合体按线框划分为四个部分（图 4-26a）。

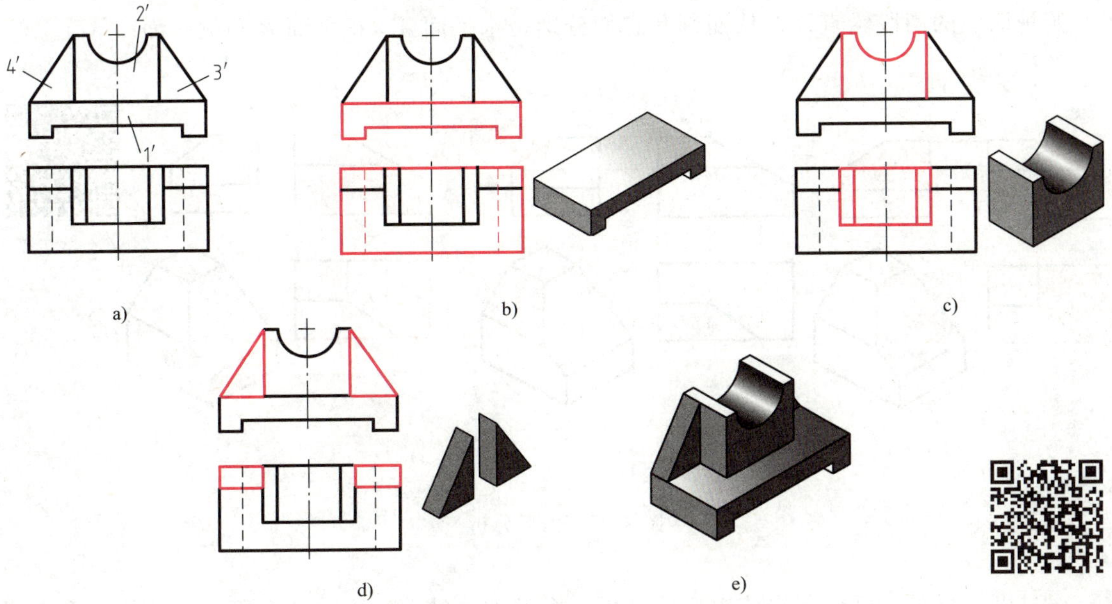

图 4-26　用形体分析法读图

（2）对投影，想形状　从主视图开始，分别把每个线框所对应的其他投影找出来，确定每组投影所表示的形体的形状（图 4-26b、c、d）。

（3）合起来，想整体　在读懂每部分形状的基础上，根据物体的三视图，进一步研究它们的相对位置和连接关系，综合想象而形成一个整体（图 4-26e）。

2. 面形分析法

读图时，对于比较复杂的组合体中一些不易读懂的部分，应在形体分析的基础上，再运用面形分析法来帮助想象和读懂某些局部的形状。下面对面形分析法在读图中的应用举例说明。

构成物体的各个表面，不论其形状如何，它们的投影如果不具有积聚性，一般都是一个封闭线框。运用面形分析法读图时，应将视图中的一个线框看作物体上的一个面（平面或曲面）的投影，利用投影关系，在其他视图上找到对应的图形，再分析这个面的投影特性（实形性、积聚性、类似性），确定这些面的形状，从而想象出物体的整体形状。

如图 4-27a 所示切割型组合体，对于俯视图上的五边形 p，由于在主视图上没有与它类似的线框，所以它的正面投影只可能对应斜线 p'，于是可判断 P 面为正垂面。同时，在左视图上可找到与之相对应的类似形 p''。

同样，在图 4-27b 中，主视图上的四边形 q'，在俯视图上也有对应的类似形 q，而在左视图上没有与它类似的线框，所以它的侧面投影只能是对应斜线 q''。于是可判断 Q 面为侧垂面。

再分析视图中的其他线框。如图 4-27c 所示，俯视图上的线框 a，对应主、左视图中两段水平线；主视图上的线框 b'对应俯、左视图中的水平线和铅直线；左视图上的线框 c''对应主、俯视图中的两段铅直线，从而判断它们分别是水平面 A、正平面 B 和侧平面 C。

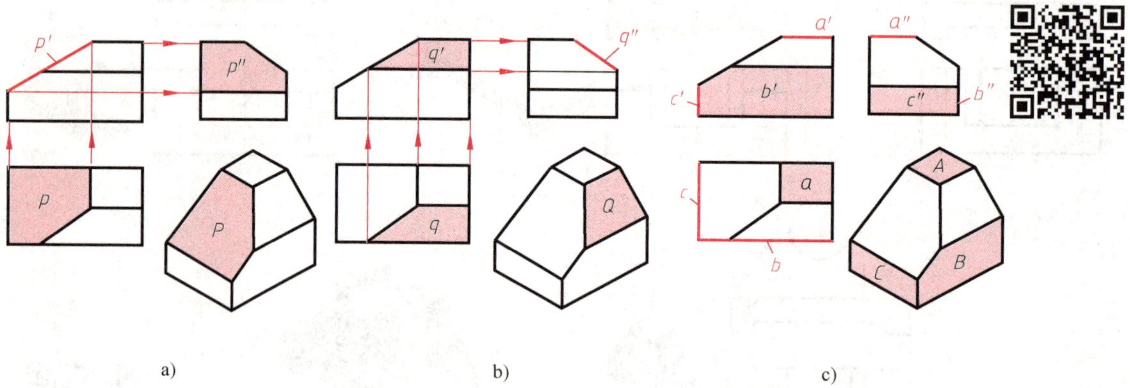

图 4-27　面形分析

通过以上分析，可想象出该组合体是由一个长方体被正垂面和侧垂面切去两块而形成。

典型案例

【案例 4-4】　读懂图 4-28 所示压板的三视图。

形体分析

由于压板三个视图的外形轮廓基本上都是长方形，所以可想象压板是由长方体被多个平面切割和挖圆柱孔、槽而成。主视图的长方形缺一个角，说明长方体的左上方切去一块；俯视图的长方形缺两个角，说明长方体左端前后各切去一块；左视图的长方形也缺两个角，说明长方体的下部前后各切去一块。此外，从主、俯视图可看出压板中间偏右挖了一个圆柱形阶梯孔。通过以上分析，对压板的整体形状有了初步了解。但是，压板被哪些平面切割，切割后成为什么形状？还要进一步作面形分析才能真正读懂压板的三视图。

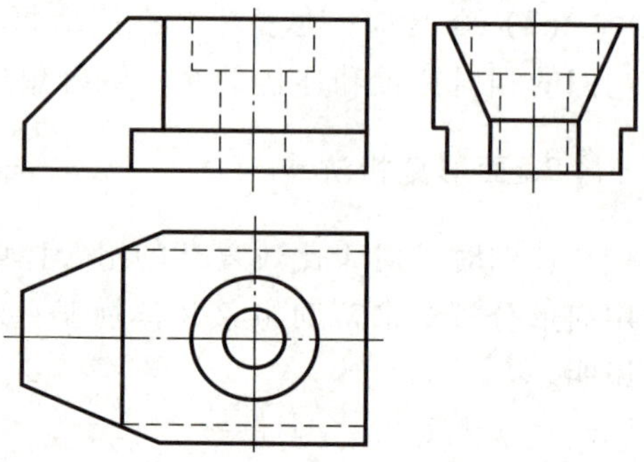

图 4-28　压板的三视图

面形分析

利用视图上面形的投影特性，对压板的表面进行面形分析。视图上的一个线框表示物体上一个表面的投影，它在其他视图上对应的投影不是积聚成直线就是类似形。按此投影特性划分出每个表面的三个投影，看懂它们的形状。

如图 4-29a 所示，俯视图上的线框 p 在主视图中对应的投影只能是斜线 p'，因此，P 为正垂面，它的水平投影与侧面投影是类似的梯形，即长方体的左上方是被正垂面切割而成。

如图 4-29b 所示，主视图上的线框 q'在俯视图上对应的投影只能是斜线 $q(q_1)$，因此，Q 面为铅垂面，它的正面投影与侧面投影为类似的七边形，即长方形的左端被前后对称的两个铅垂面切割而成。

同样方法，从图 4-29c 可看出平面 M 与平面 N 均为正平面，正面投影反映它们的实形，压板上的这两个表面为矩形，平面 M 在平面 N 之前。

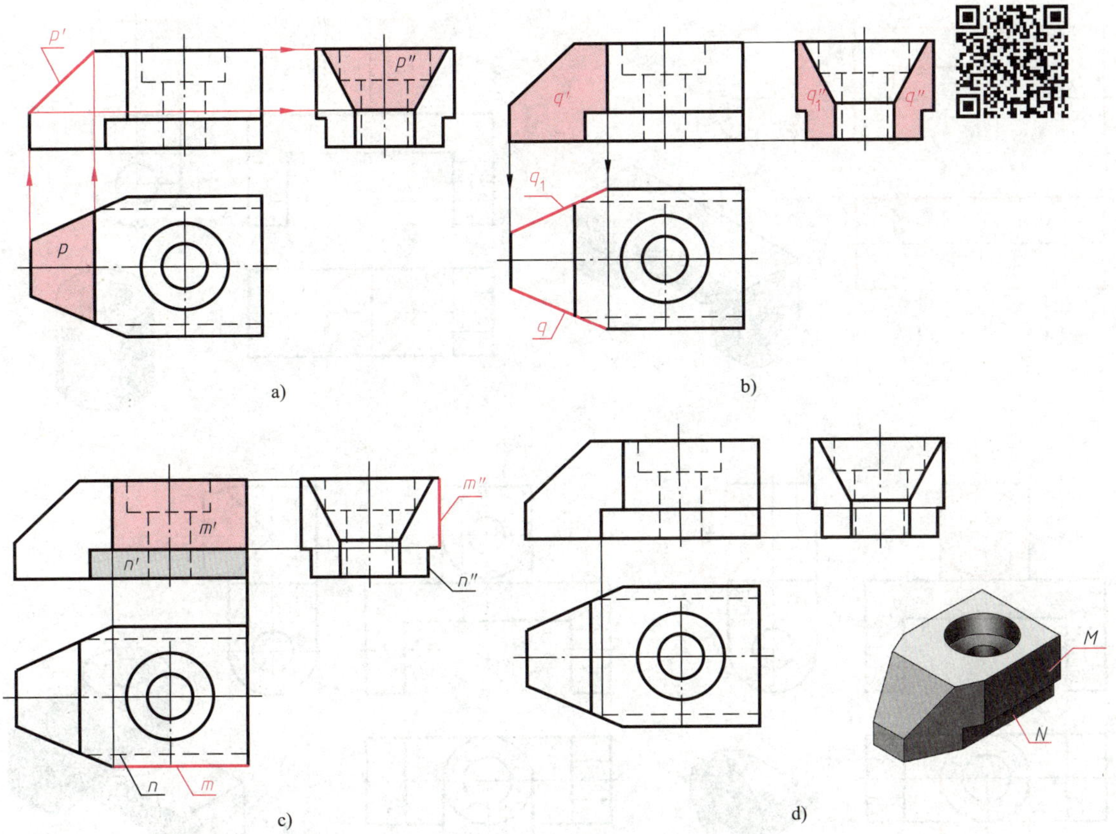

图 4-29　读图过程的线、面分析

经以上分析，可想象出压板是长方体被前后对称地切去两角后形成的六棱柱（俯视图外形轮廓是六边形），在其左上被正垂面切去一角，在其前后面的下部分别被正平面和水平面切去一角，压板的中间挖了一个圆柱形的台阶孔。综合想象出压板的形状，如图 4-29d 所示。

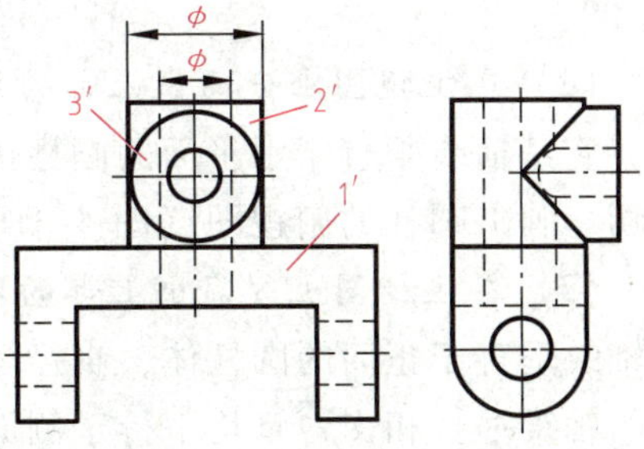

图 4-30　支承的主、左视图

【案例 4-5】 读懂图 4-30 所示的主、左视图，想象组合体的形状，补画俯视图。

形体分析

对照左视图，把主视图中的图形划分为三个封闭线框作为组成支承的三个部分：1′是下部倒凹字形线框；2′是上部矩形线框；3′是圆形线框。可以想象出，该支承是由两侧带耳板的底板Ⅰ及两个轴线正交的圆柱体Ⅱ和Ⅲ叠加而成，这三个部分均有圆柱孔。再分析它们的相对位置，就可对支承的整体形状有初步认识。

画图步骤

（1）在主视图上分离出底板的线框　由主、左视图可看出它是一块长方形平板，左右两侧是半圆柱体的耳板，耳板上各有一个圆柱形通孔。画出底板的俯视图（图 4-31a）。

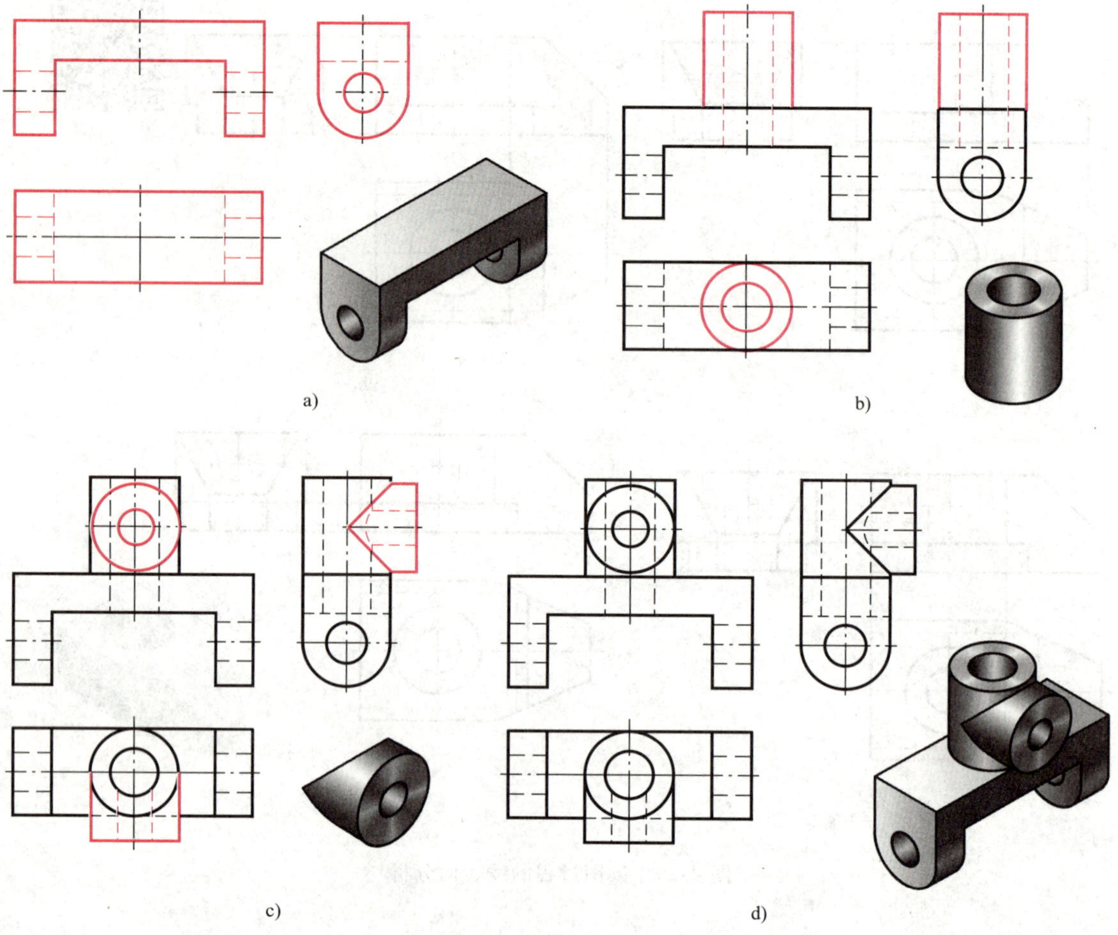

a)　b)　c)　d)

图 4-31　补画支承的俯视图

（2）在主视图上分离出上部的矩形线框　因为在图 4-30 中注有直径 ϕ，对照左视图可知，它是轴线垂直于水平面的圆柱体，中间有穿通底板的圆柱孔，圆柱与底板的前、后端面相切。画出圆柱的俯视图（图 4-31b）。

（3）在主视图上分离出上部的圆形线框　对照左视图可知，它也是一个中间有圆柱孔的轴线垂直于正面的圆柱体，直径与圆柱体Ⅱ相等，而孔的直径比圆柱体Ⅱ的孔小。两圆柱体的轴线垂直相交，且均平行于侧面。画出圆柱体Ⅲ的俯视图（图 4-31c）。

（4）想象支承整体形状　根据底板和两个圆柱体的形状，以及它们之间的相互位置，想象出整体形状，如图 4-31d 所示轴测图，并按轴测图校核补画的俯视图是否正确。

课堂讨论

根据图 4-32 所示架体的主、俯视图，想象出架体的结构形状，并补画左视图。

问题 1：视图上每个封闭线框代表物体上某个表面的投影，图4-32所示架体的主视图中有三个封闭线框 a'、b'、c'，表示架体上不在同一平面上的三个表面。既然不在同一平面上，则它们必定处于前后不同的相对位置，如何判断哪个表面在前，哪个表面在后？（提示：可采用先假设，后验证的方法。）

问题 2：线框 c'中还有小圆线框，它可能向外凸出或向内凹进，也可能是穿通的圆孔，怎样判断确定？

以上问题思考清楚了，架体的形状也逐步形成了，补画出左视图。在补图过程中，可以边思考边徒手画出轴测草图，及时记录思考过程。

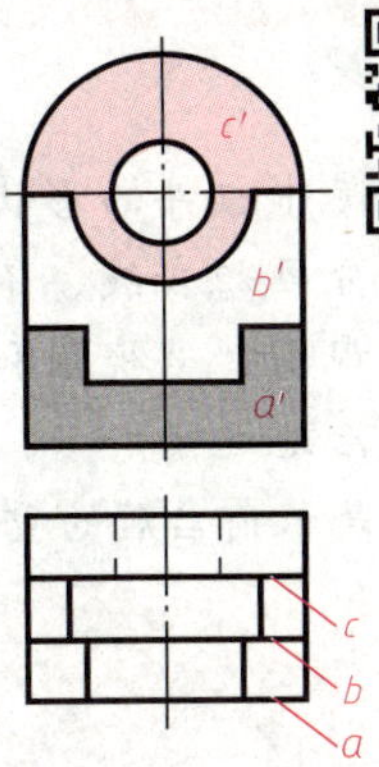

图 4-32　架体的主、俯视图

在两个视图已经确定物体形状的条件下，可根据给出的两视图想象出物体的形状，补画出第三视图。例如，图 4-30 已知主、左视图，补画俯视图；图 4-32 已知主、俯视图，补画左视图。由两视图补画第三视图既是读图与画图的综合练习，也是检验是否读懂视图的有效方法。

第五单元 图样画法

工程实际中机件的形状是多种多样的，有些机件的内、外形状都比较复杂，如果只用三视图可见部分画粗实线、不可见部分画细虚线的方法往往不能表达清楚和完整。为此，国家标准规定了视图、剖视图和断面图等基本表示法。学习本单元要掌握各种表示法的特点和画法，以便灵活地运用。

本单元是承前启后的重要环节，上承投影理论基础，下启零件图和装配图的识读和绘制。

第一节 视 图

视图是根据有关标准和规定，用正投影法绘制出机件的图形。视图主要用来表示机件的外部形状。简单的形体用前面所学的三个视图就可表达清楚，但是对于形状复杂的机件，仅用三视图就显得不够了。那么，究竟需要用几个视图才能将机件表示清楚，这就是本节要讨论的问题。

视图分为基本视图、向视图、局部视图和斜视图四种。

一、基本视图

将机件向基本投影面投射所得的视图称为基本视图。

如图 5-1a 所示，基本视图是物体向六个基本投影面投射所得的视图。空间的六个基本

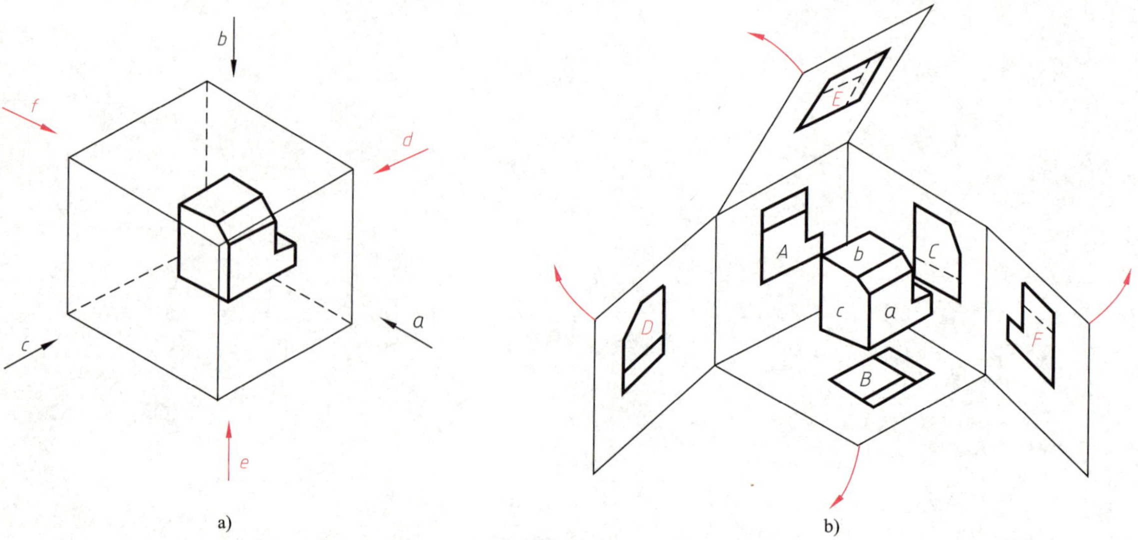

图 5-1　六个基本视图的形成

投影面可设想围成一个正六面体，为使其上的六个基本视图位于同一平面内，可将六个基本投影面按图 5-1b 所示方法展开。

六个基本投射方向及视图名称见表 5-1。

表 5-1　六个基本投射方向及视图名称

方向代号	a	b	c	d	e	f
投射方向	自前方投射	自上方投射	自左方投射	自右方投射	自下方投射	自后方投射
视图名称	主视图	俯视图	左视图	右视图	仰视图	后视图

在机械图样中，六个基本视图的名称和配置关系如图 5-2 所示。符合图 5-2 的配置规定时，图样中一律不标注视图名称。

六个基本视图仍保持“长对正、高平齐、宽相等”的三等关系，即仰视图与俯视图同样反映物体长、宽方向的尺寸；右视图与左视图同样反映物体高、宽方向的尺寸；后视图与主视图同样反映物体长、高方向的尺寸。

六个基本视图的方位对应关系如图 5-2 所示，除后视图外，在围绕主视图的俯、仰、左、右四个视图中，远离主视图的一侧表示机件的前方，靠近主视图的一侧表示机件的后方。

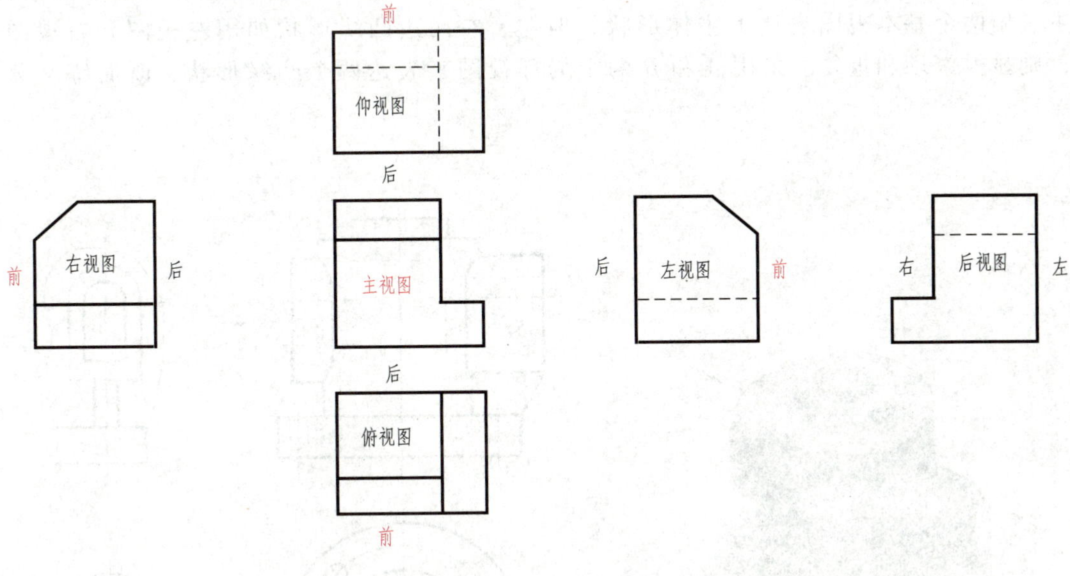

图 5-2　六个基本视图的配置和方位对应关系

实际画图时，无须将六个基本视图全部画出，应根据机件的复杂程度和表达需要，选用其中必要的几个基本视图，若无特殊情况，优先选用主、俯、左视图。

二、向视图

向视图是移位配置的基本视图。当某视图不能按投影关系配置时，可按向视图绘制，如

图5-3中的向视图D、向视图E、向视图F。

向视图必须在图形上方中间位置处注出视图名称“×”（“×”处为大写拉丁字母，下同），并在相应的视图附近用箭头指明投射方向，注写相同的字母。

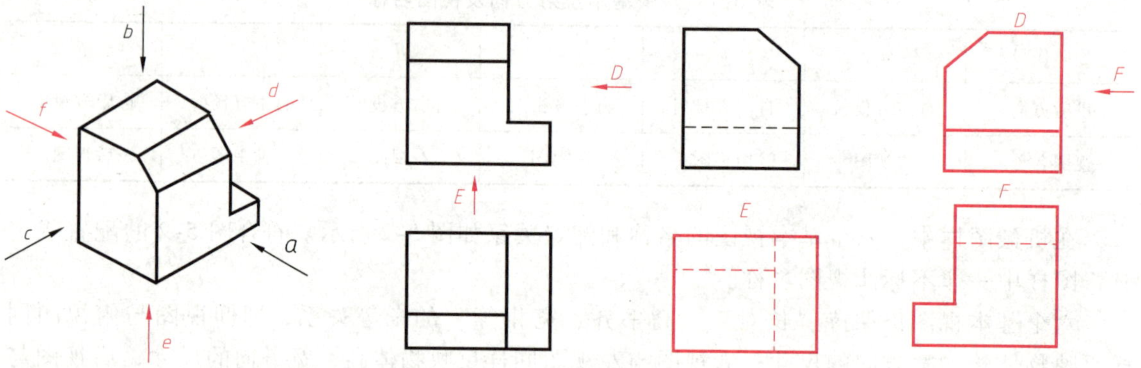

图5-3 向视图及其标注

三、局部视图

局部视图是将机件的某一部分向基本投影面投射所得的视图。如图5-4所示的机件，用主、俯两个基本视图表达了主体形状，但左、右两边凸缘形状如用左视图和右视图表达，则显得繁琐和重复。采用A和B两个局部视图来表达两个凸缘形状，既简练又突出重点。

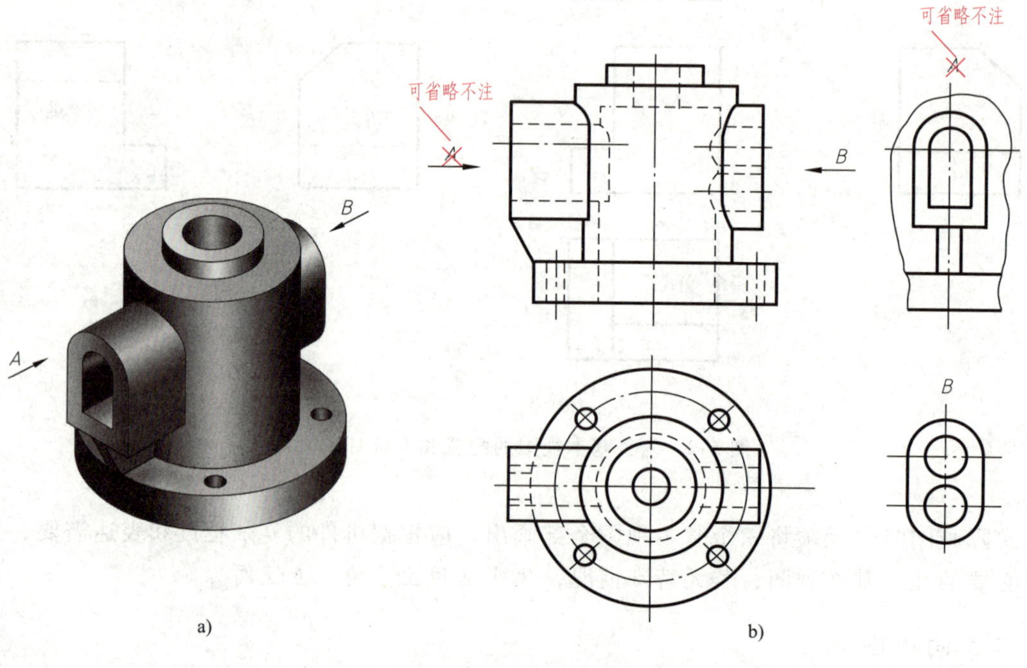

a)　　b)

图5-4 局部视图（一）

局部视图的配置、标注及画法：

1）局部视图可按基本视图配置的形式配置，中间若没有其他图形隔开时，则不必标注，如图5-4中的局部视图 *A*。

2）局部视图也可按向视图的配置形式配置在适当位置，如图 5-4 中的局部视图 *B*。

3）局部视图的断裂边界用波浪线（或双折线）表示，如图 5-4 中的局部视图 *A*。但当所表示的局部结构是完整的，其图形的外轮廓线呈封闭时，波浪线可省略不画，如图 5-4 中的局部视图 *B*。

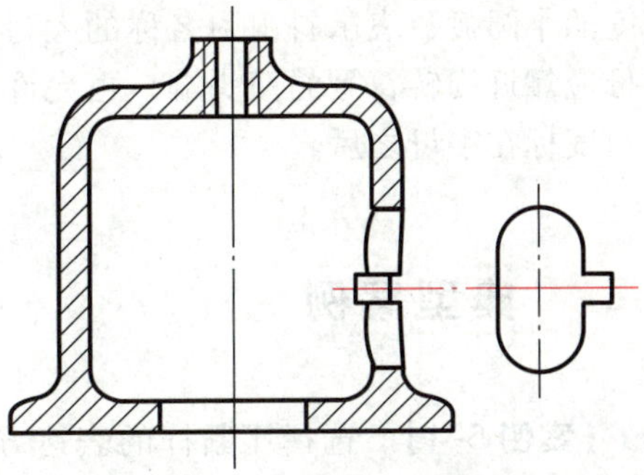

图 5-5　局部视图（二）

4）按第三角画法（详见本单元第五节）配置在视图上需要表示的局部结构附近，并用细点画线连接两图形，此时不需要另行标注（图5-5）。

5）对称机件的视图可只画一半或四分之一，并在对称中心线的两端画两条与其垂直的平行细实线（图 5-6）。这种简化画法用细点画线代替波浪线作为断裂边界线，是局部视图的一种特殊画法。

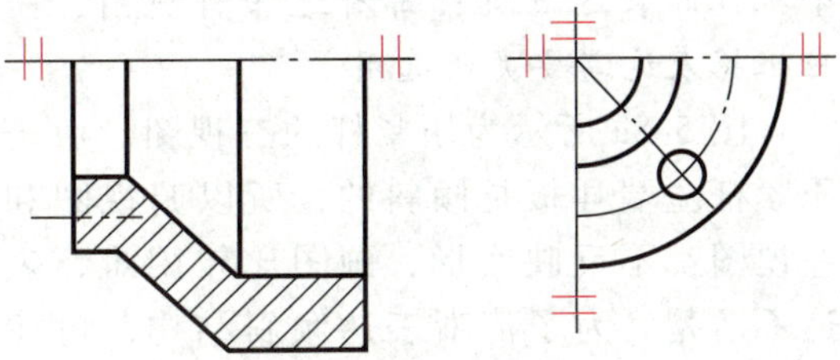

图 5-6　局部视图（三）

四、斜视图

斜视图是物体向不平行于基本投影面的平面投射所得的视图。

如图 5-7a 所示，当机件上某局部结构不平行于任何基本投影面，在基本投影面上不能反映该部分的实形时，可增加一个新的辅助投影面，使它与机件上倾斜结构的主要平面平行，并垂直于一个基本投影面。然后将倾斜结构向辅助投影面投射，就得到反映倾斜结构实形的视图，即斜视图。

画斜视图时应注意：

1）斜视图常用于表达机件上的倾斜结构。画出倾斜结构的实形后，机件的其余部分不必画出，此时可在适当位置用波浪线或双折线断开（图 5-7b）。

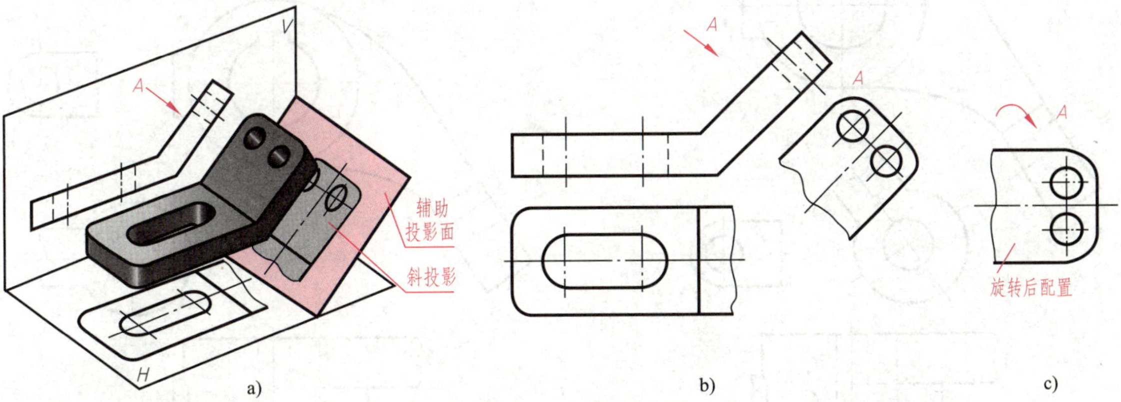

图 5-7　倾斜结构斜视图的形成

2）斜视图的配置和标注一般按向视图相应的规定，必要时，允许将斜视图旋转后配置到适当的位置。此时，应按向视图标注，且加注旋转符号（图 5-7c）。旋转符号为半径等于字体高度的半圆弧，表示斜视图名称的大写拉丁字母应靠近旋转符号的箭头端，也允许将旋转角度标在字母之后。

典型案例

【案例 5-1】 选择压紧杆的表达方案。

分析

以上介绍了基本视图、向视图、局部视图和斜视图，在实际画图时，并不是每个机件的表达方案中都有这四种视图，而应根据表达需要灵活选用。

图 5-8a 所示为压紧杆的三视图。由于压紧杆左端耳板是倾斜的，所以俯视图和左视图都不反映实形，画图比较困难，表达不清楚。为了清晰表达倾斜结构，可按图 5-8b 所示在平行于耳板的正垂面上作出耳板的斜视图，以反映耳板的实形。因为斜视图只是表达压紧杆倾斜结构的局部形状，所以画出耳板的实形后，用波浪线断开，其余部分的轮廓线不必画出。

图 5-9 所示为压紧杆的两种表达方案：

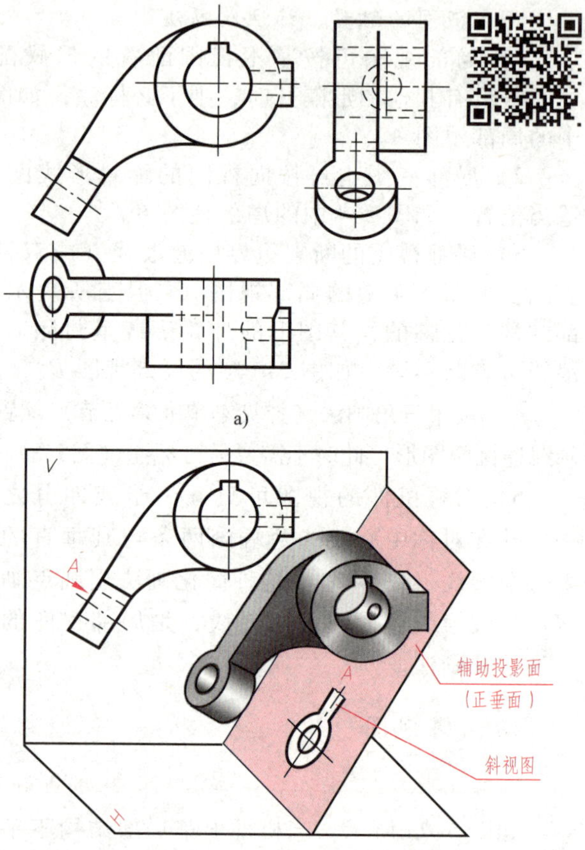

图 5-8 压紧杆的三视图及斜视图的形成

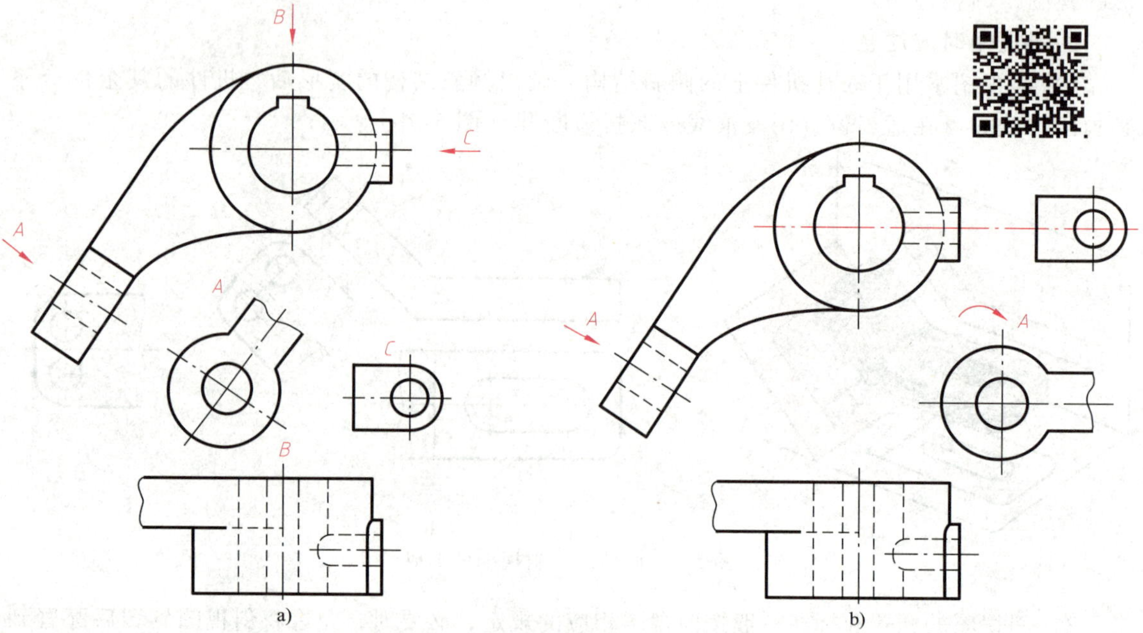

图 5-9 压紧杆的两种表达方案

方案一（图 5-9a）：采用一个基本视图（主视图），一个斜视图（*A*）和两个局部视图（*B* 和 *C*）。

方案二（图 5-9b）：采用一个基本视图（主视图）、一个配置在俯视图位置上的局部视图（不必标注）、一个旋转配置的斜视图 *A*，以及画在右端凸台附近的，按第三角画法配置的局部视图（用细点画线连接，不必标注）。

比较压紧杆的两种表达方案，显然，方案二的视图布置更加简明紧凑。

课堂讨论

（1）在正确的局部视图括号内画“√”。

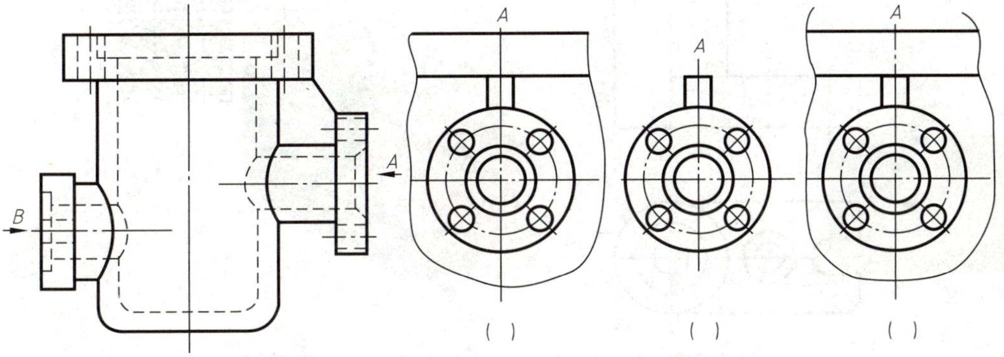

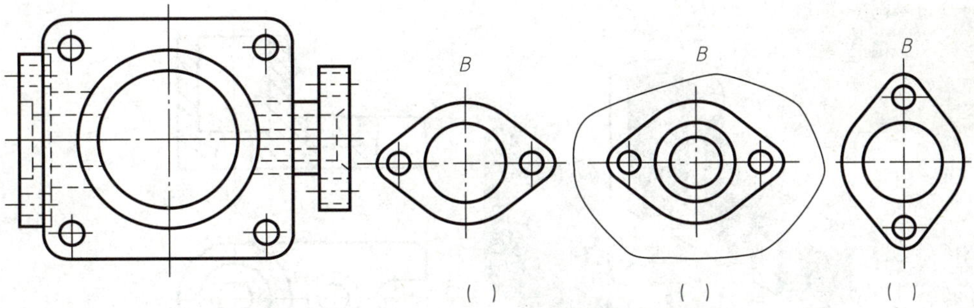

（2）基本视图与向视图的区别　基本视图是机件向基本投影面投射所得的视图，向视图是可以移位配置的基本视图。当某个视图不能按投影关系配置时，可按向视图绘制。

（3）局部视图与斜视图的区别　局部视图是将机件的某一部分向基本投影面投射所得的图形，斜视图是将机件的倾斜部分向不平行于基本投影面的平面投射所得的图形。

第二节　剖　视　图

视图主要用来表达机件的外部形状，当机件的内部结构比较复杂时，视图上会出现较多虚线而使图形不清晰，不便于看图和标注尺寸。怎么解决这个矛盾呢？为了清晰表示机件内部的结构形状，国家标准规定了剖视图画法。

由于国家标准中关于剖视图的种类多、画剖视图的方法多、标注的规定多、初学者容易混淆，所以在学习过程中要善于归纳整理。首先要建立剖视概念，其次要理清剖视图和剖切面的分类，最后应掌握剖视图的画法和标注。

一、剖视图的形成和画法

1. 剖视图的形成

假想用剖切面剖开机件，将处在观察者与剖切面之间的部分移去，将其余部分向投影面投射所得的图形称为剖视图，简称剖视。

图 5-10a 所示主视图中虚线较多，剖视图的形成过程如图 5-10b、c 所示，图 5-10d 中的主视图即为机件的剖视图。

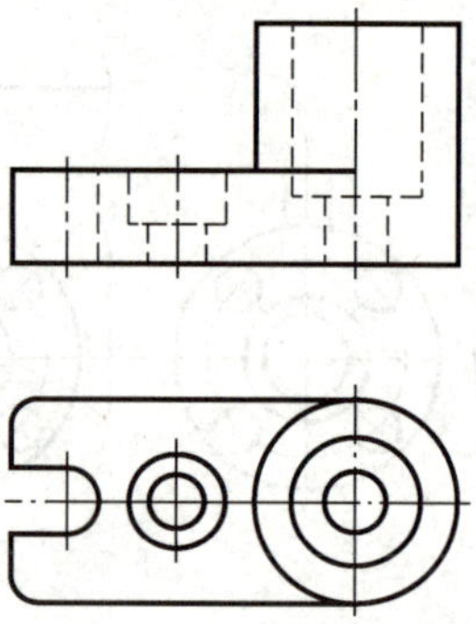

a) 主视图中虚线较多

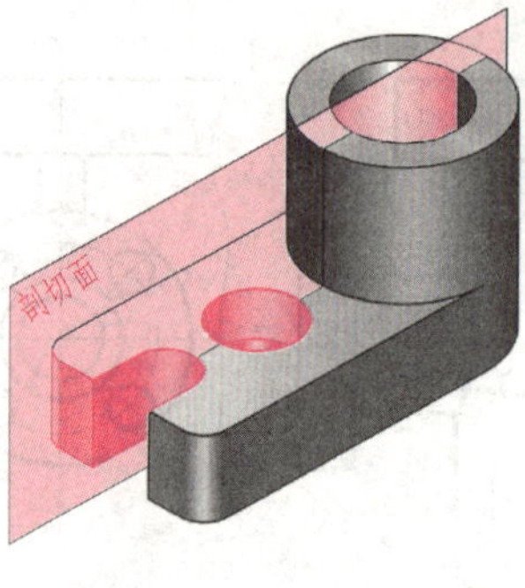

b) 剖切面剖开支座

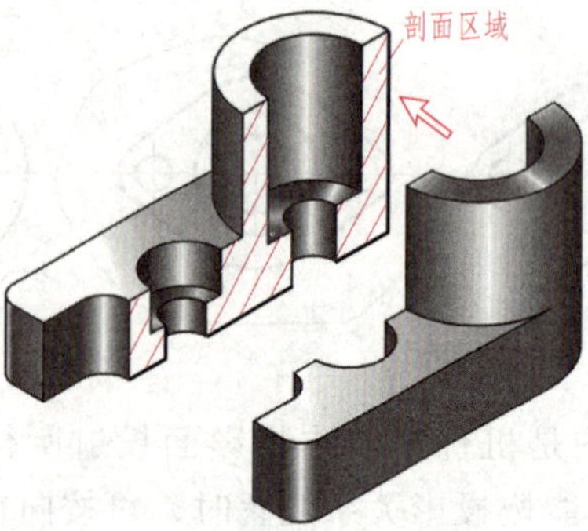

c) 将支座后半部分进行投射

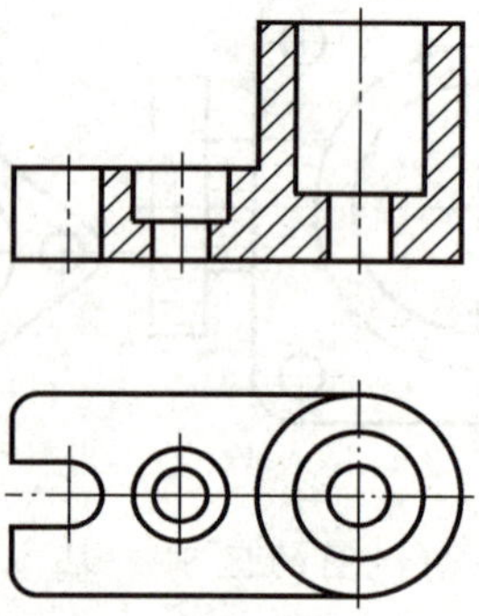

d) 主视图为剖视图

图 5-10　剖视图的形成

2. 剖面符号

机件被假想剖切后，在剖视图中，剖切面与机件接触部分称为剖面区域。为使具有材料实体的切断面（即剖面区域）与其余部分（含剖切面后面的可见轮廓线及原中空部分）明显地区别开来，应在剖面区域内画出剖面符号，如图 5-10d 主视图所示。国家标准规定了各种材料类别的剖面符号，见表 5-2。

表 5-2　剖面符号（摘自 GB/T 4457.5—2013）

材料名称	剖面符号	材料名称	剖面符号
金属材料（已有规定剖面符号者除外）		线圈绕组元件	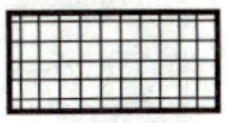
非金属材料（已有规定剖面符号者除外）		转子、变压器等的叠钢片	
型砂、粉末冶金、陶瓷、硬质合金等		玻璃及其他透明材料	
木质胶合板（不分层数）		格网（筛网、过滤网等）	
木材　纵剖面		液体	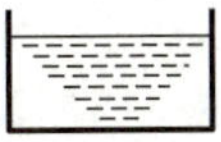
木材　横剖面			

注：1. 剖面符号仅表示材料的类别，材料的名称和代号必须另行注明。
2. 叠钢片的剖面线方向应与束装中叠钢片的方向一致。
3. 液面用细实线绘制。

在机械设计中，金属材料使用最多，为此，国标规定用简明易画的平行细实线作为剖面符号，且特称为剖面线。绘制剖面线时，同一机械图样中的同一零件的剖面线应方向相同、间隔相等。剖面线的间隔应按剖面区域的大小确定。剖面线的方向一般与主要轮廓或剖面区域的对称线成 45°角，如图 5-11 所示。

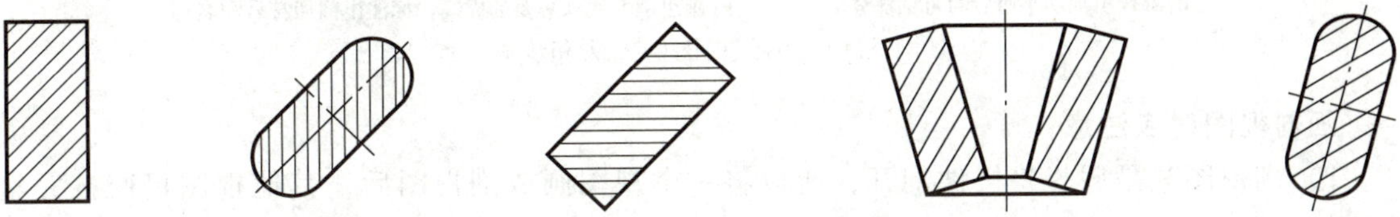

图 5-11　剖面线的方向

3. 画剖视图的方法与步骤

以图 5-12a 所示机件为例，说明画剖视图的方法与步骤：

1）确定剖切面的位置　如图 5-12b 所示，剖切平面位置选择通过机件上孔和槽的前后对称面。

2）画剖视图　先画出剖切平面与机件实体接触部分的投影，即剖面区域的轮廓线，如图 5-12c 中的红色区域；再画出剖切平面之后的机件可见部分的投影，如图 5-12d 中台阶面的投影和键槽的轮廓线（也可以图 5-12c 和图 5-12d 两步同时绘制）。

3）在剖面区域内画剖面线，描深图线，标注符号和视图名称，校核，完成作图（图 5-12e）。

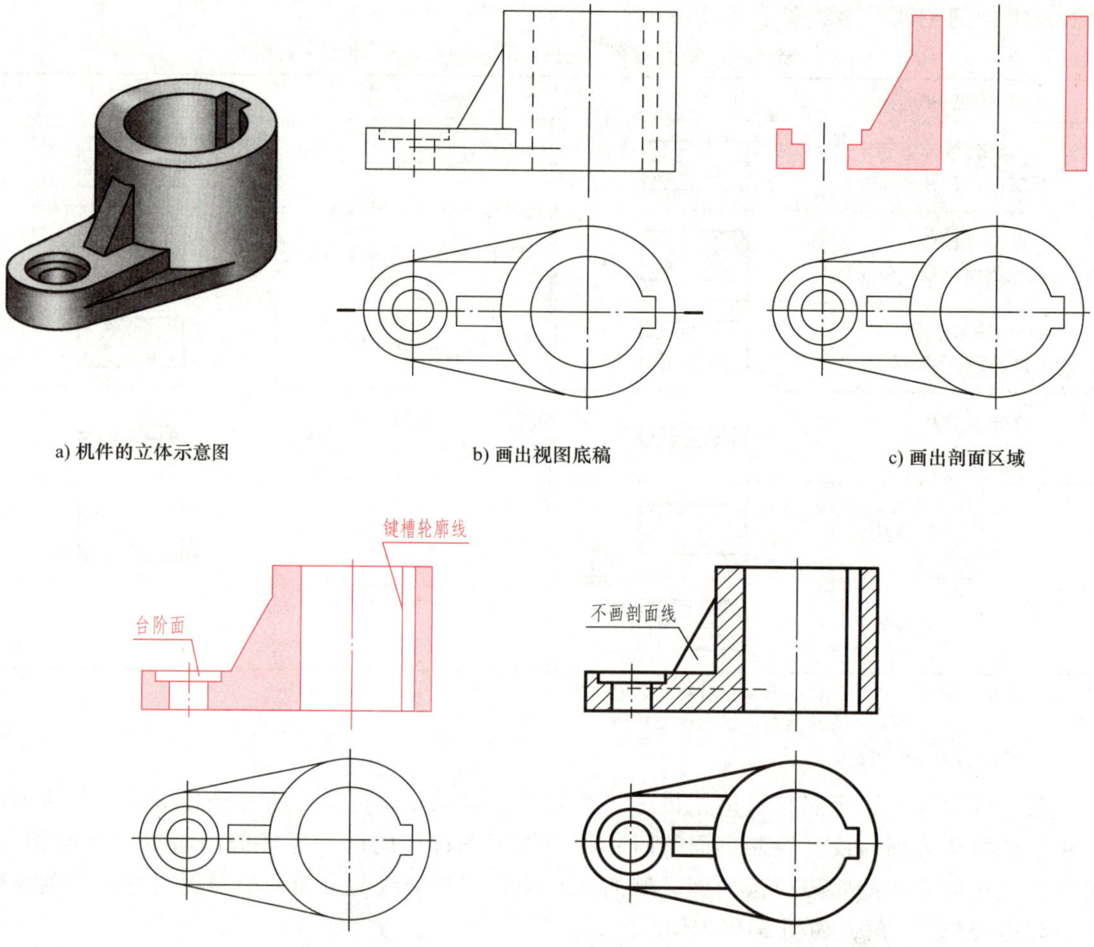

a) 机件的立体示意图　b) 画出视图底稿　c) 画出剖面区域

d) 补画出剖切平面后的可见部分　e) 画出剖面线和必要的虚线，标注出剖切符号和名称

图 5-12　画剖视图的方法和步骤

画剖视图时应注意：

1）剖视图只是假想将机件剖开，所以将一个视图画成剖视图后，其他视图仍应按完整的机件画出。

2）画剖视图的目的是表达机件的内部结构形状，所以应使剖切平面平行于剖视图所在的投影面，且尽量通过内部结构（孔、槽等）的对称平面或轴线。

3）画剖视图时，在剖切面后面的可见部分一定要全部画出，在剖切面后面的不可见轮廓线一般不画，只有当尚未表达清楚结构时，才用细虚线画出，如图 5-12e 主视图上的一段细虚线表示底板上部结构的高度。

4）对于机件上的肋板（或轮幅、薄壁）等结构，若剖切平面通过其对称平面沿纵向剖切，则这些结构不画剖面符号，并且用粗实线将其与相邻部分分开，如图 5-12e 主视图中肋板的画法。

4. 剖视图的标注

为便于读图，剖视图应进行标注，以标明剖切位置和指示视图间的投影关系。剖视图的标注有三个要素：

（1）剖切线　指示剖切面位置的线，用细点画线表示，剖视图中通常省略不画此线。

（2）剖切符号　指示剖切面起讫和转折位置（用粗实线的短画表示）及投射方向（用箭头表示）的符号。

（3）字母　表示剖视图的名称，用大字拉丁字母注写在剖视图的上方。

剖视图的标注方法可分为三种情况，即全标、不标和省标。

全标　指上述三要素全部标出，这是基本规定，如图 5-13 中的 *A—A*。

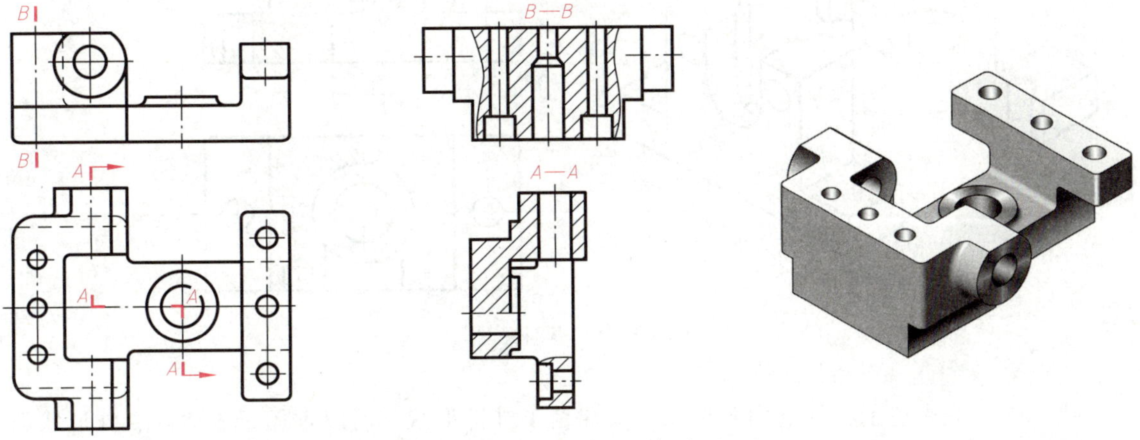

图 5-13　剖视图的配置和标注（一）

不标　指上述三要素均不必标注。但是，必须同时满足三个条件方可不标，即单一剖切平面通过机件的对称平面或基本对称平面剖切；剖视图按投影关系配置；剖视图与相应视图间没有其他图形隔开。图 5-10d、图 5-12e 同时满足了三个不标条件，故未加任何标注。

省标　指仅满足不标条件中的后两个条件，则可省略表示投射方向的箭头，如图 5-13 中的 *B—B*。

5. 剖视图的配置

剖视图应首先考虑配置在基本视图的方位，如图 5-13 中的 *B—B* 所示；当难以按基本视图的方位配置时，也可按投影关系配置在相应位置上，如图 5-13 中的 *A—A* 所示；必要时才考虑配置在其他适当位置。

二、剖视图的种类

根据剖切范围的大小，剖视图可分为全剖视图、半剖视图和局部剖视图。

1. 全剖视图

用剖切面完全地剖开机件所得的剖视图称为全剖视图。全剖视图一般适用于外形比较简单、内部结构较为复杂的机件，如图 5-12 所示，就是全剖视图的实例。

有些机件外形很简单，但内部结构相当复杂，如图 5-13 所示，用一个剖视图仍无法表达清楚时，国家标准规定，同一机件可以假想进行多次剖切，画出多个剖视图。

2. 半剖视图

当机件具有对称平面时，以对称平面为界，用剖切面剖开机件的一半所得的剖视图称为半剖视图。图 5-14 所示机件左右对称，所以主视图采用剖切右半部分表达，俯视图采用剖切上半部分表达。

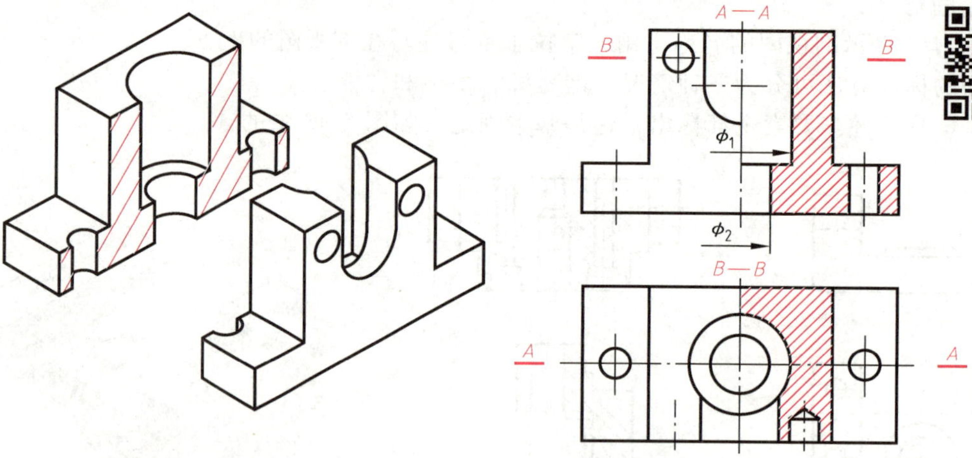

图 5-14　半剖视图

半剖视图既表达了机件的内部形状，又保留了外部形状，所以常用于表达内、外形状都比较复杂的对称机件。

画半剖视图时应注意：

1）半个视图与半个剖视图的分界线用细点画线表示，不能画成粗实线。

2）机件的内部形状已在半剖视图中表达清楚，在另一半表达外形的视图中一般不再画出细虚线。

3. 局部剖视图

局部剖视图是用剖切面局部地剖切机件所得的剖视图。

如图 5-15 所示的箱体，其顶部有一矩形孔，底板上有四个安装孔，左下方有凸台和圆孔。箱体的左右、上下、前后都不对称。为了兼顾内外结构形状的表达，将主视图画成两个

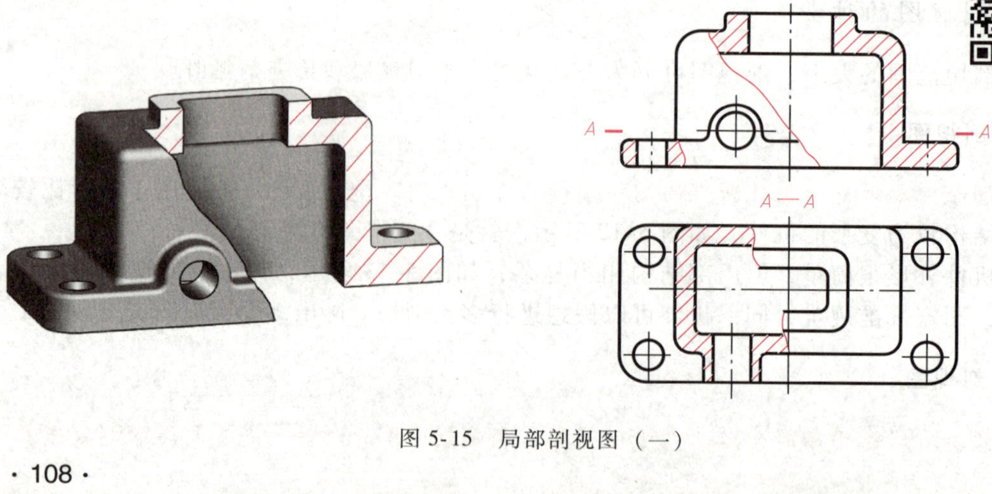

图 5-15　局部剖视图（一）

不同剖切位置的局部剖视图。在俯视图上，为了保留顶部的外形，采用 A—A 剖切位置的局部剖视图。

局部剖视图的剖切位置和剖切范围根据需要而定，是一种比较灵活的表达方法，运用得当，可使图形表达得简洁而清晰。局部剖视图通常用于下列情况：

1）当不对称机件的内、外形状均需要表达，或者只有局部结构的内形需剖切表示，而又不宜采用全剖视图时（图 5-15）。

2）当对称机件的轮廓线与中心线重合，不宜采用半剖视图时（图 5-16）。

3）当实心机件（如轴、杆等）上面的孔或槽等局部结构需剖开表达时（图 5-17）。

画局部剖视图时应注意：

1）当被剖的局部结构为回转体时，允许将该结构的中心线作为局部剖视图与视图的分界线（图 5-18）。而图 5-16 所示的方孔部分，只能用波浪线（断裂边界线）作为分界线。

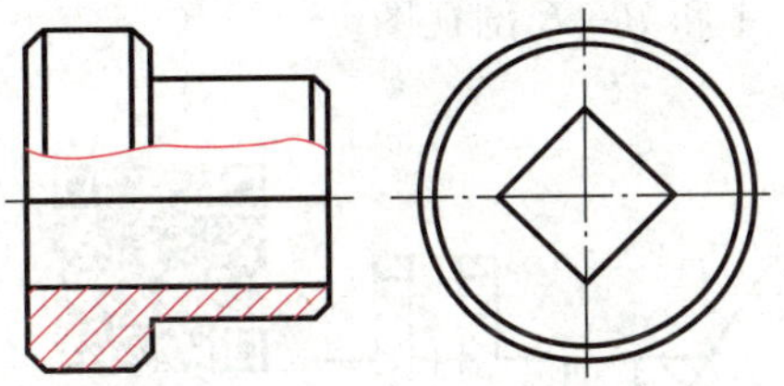

图 5-16　局部剖视图（二）

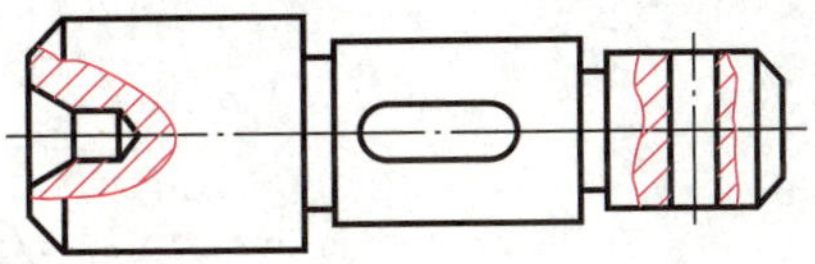

图 5-17　局部剖视图（三）

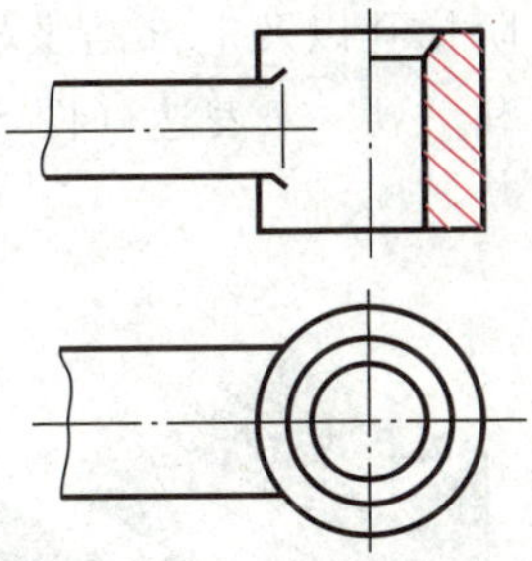

图 5-18　局部剖视图（四）

2）剖切位置与范围根据需要而定，剖开部分和原视图之间用波浪线分界。波浪线应画在机件的实体部分，不能超出视图的轮廓线或与图样上其他图线重合（图 5-19）。

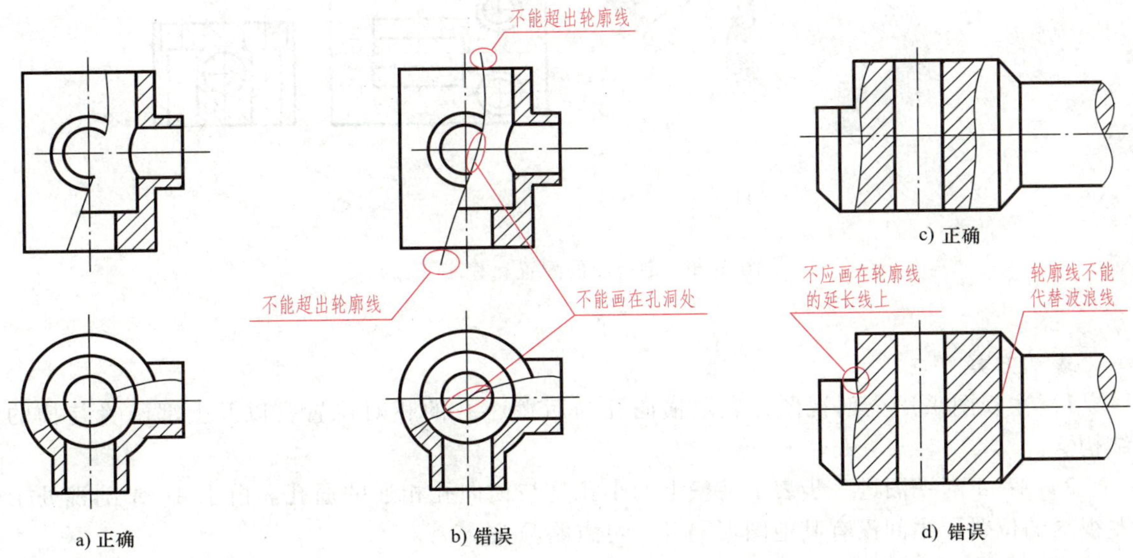

图 5-19　局部剖视图中波浪线画法

3）局部剖视图是一种比较灵活的表达方法，哪里需要哪里剖。但在同一个视图中，使用局部剖这种表示法的次数不宜过多，否则会显得零乱而影响图形清晰。

4）局部剖视图的标注方法与全剖视图相同。当单一剖切平面的剖切位置明显时，局部剖视图的标注可省略。

典型案例

【案例 5-2】 绘制图 5-20 所示定位块的剖视图。

形体分析

定位块外形简单而内部结构很复杂。可根据需要在某一视图上采用剖视，也可以同时在其他视图上采用剖视。如图 5-20a 所示，在主视图上采用全剖视，以表示定位块中间的横向阶梯孔以及上部凸缘与槽的结构；定位块内部的其他结构还需采用另外两个剖切平面“*A*”和“*B*”来表达（图 5-20b）。在图 5-20c 中画出相应的 *A*—*A* 和 *B*—*B* 剖视图。

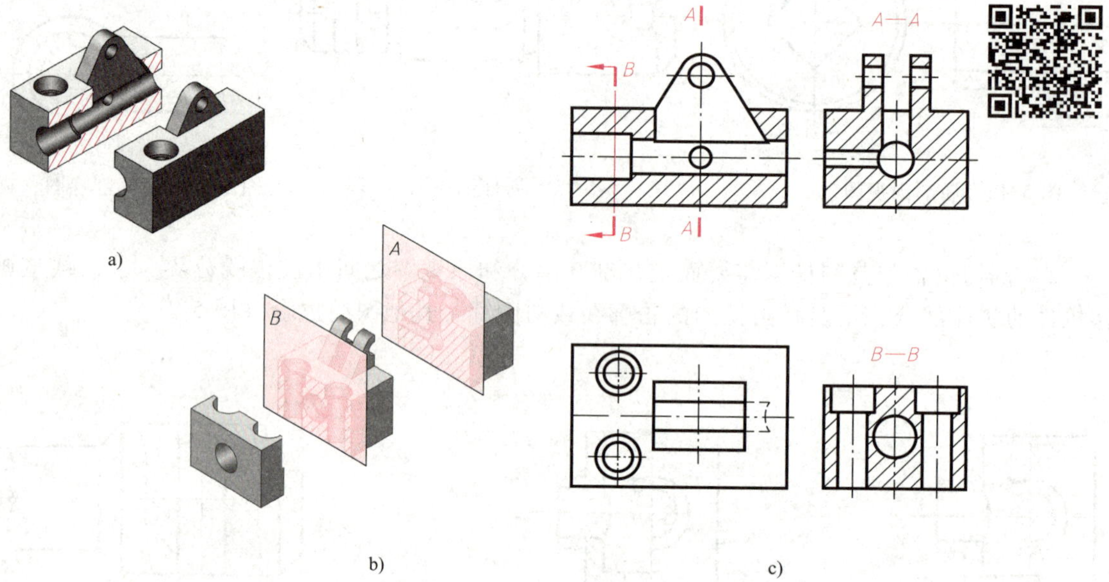

图 5-20　剖视图的配置和标注（二）

表达方案

1）主视图采用全剖视图，表示横向孔与后壁小孔的相对位置，以及上部凸缘与槽的结构。

2）*A*—*A* 剖视图进一步表示后壁上的小孔是与横向孔相通的通孔。由于 *A*—*A* 剖视处于左视图的位置，中间没有其他图形隔开，可省略箭头。

3）*B*—*B* 剖视图表示定位块左端两个阶梯通孔，按投射方向看，*B*—*B* 剖视图应该画在右视图的位置，但为了合理利用图纸，可将它布置在右下角，这时，主视图上应标注剖切符号、箭头和字母。

【案例 5-3】 绘制图 5-21 所示支座的剖视图。

形体分析

支座的外部形状和内部结构都比较复杂，但它的前后、左右都对称，采用半剖视图表达支座的内外形状最合适。

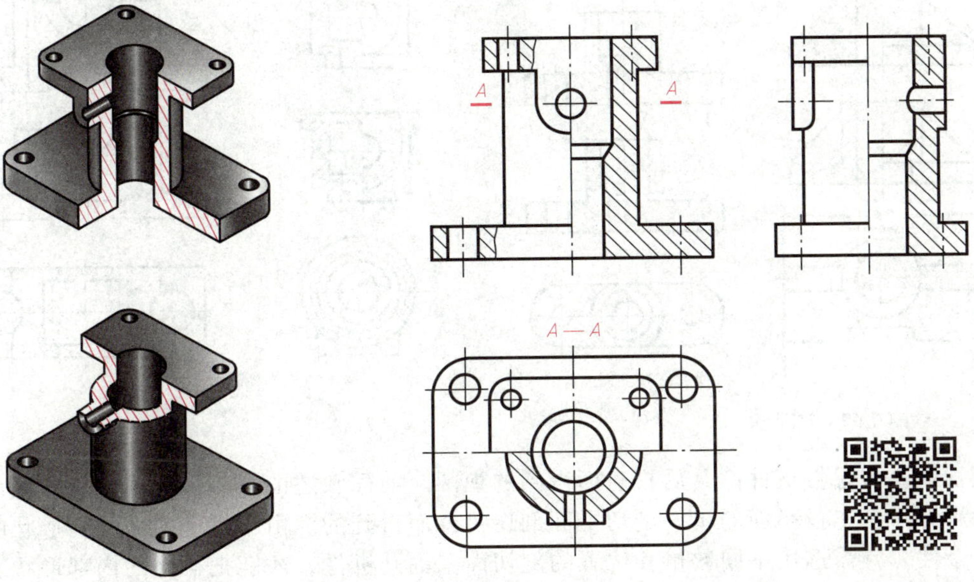

b)　　c)

图 5-21　半剖视图

表达方案

1）主视图采用半剖视以后，由于支座上、下底板上的四个小孔未剖切到，致使其无法表示，因此，在外形的一半采用局部剖视。而表示内形的一半的视图上只需用细点画线表示孔的位置。

2）支座的前后对称，俯视图也采用半剖视，但必须在主视图上标注剖切位置 $A—A$，并在俯视图上注写相应的字母。

3）左视图也采用半剖视，并用细点画线表示底板上小孔的位置。实际上，主、俯视图已经清楚表达了支座的内外形状，所以左视图可省略不画。

课堂讨论

选择正确的主视图，在括号内画“√”。

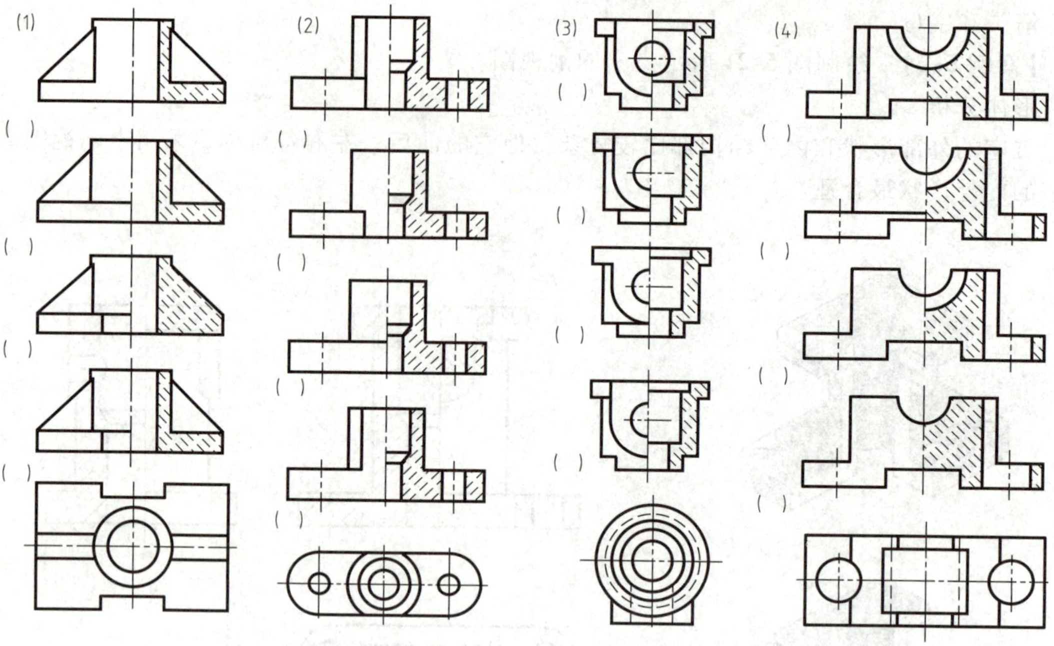

三、剖切面的种类

剖视图是假想将机件剖开后投射而得到的视图。前面叙述的全剖视、半剖视和局部剖视都是用平行于基本投影面的单一剖切平面剖切机件而得到的。由于机件内部结构形状的多样性和复杂性，常需选用不同数量和位置的剖切面来剖开机件，才能把机件的内部形状表达清楚。国家标准规定，根据机件的结构特点，可选择以下剖切面：单一剖切面、几个平行的剖切平面、几个相交的剖切面（交线垂直于某一投影面）。

1. 单一剖切面

单一剖切面可以是平行于基本投影面的剖切平面，如前所述的全剖视、半剖视和局部剖视所举图例大多数是用这种剖切面剖开机件而得到的剖视图。单一剖切面也可以是不平行于基本投影面的斜剖切平面，如图5-22所示的*B—B*剖视。这种剖视图一般应与倾斜部分保

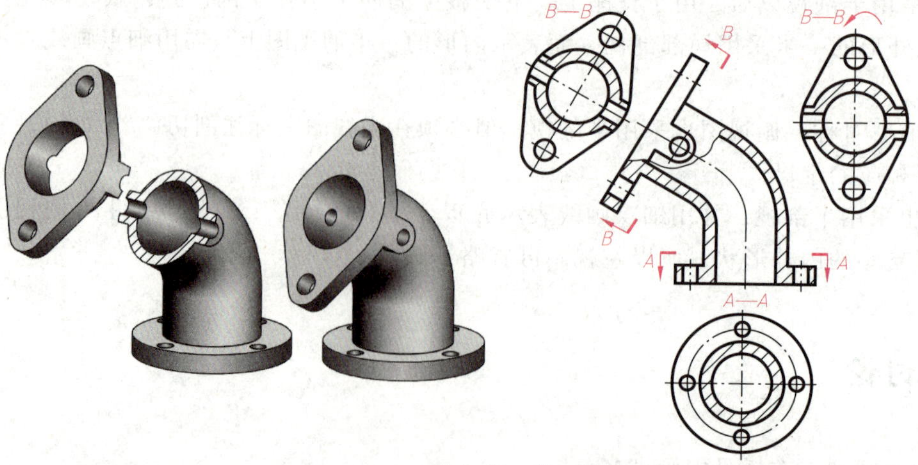

图5-22　单一剖切面

持投影关系，但也可配置在其他位置。为了画图和读图方便，可把视图转正，但必须按规定标注，如图 5-22 所示。

2. 几个平行的剖切平面

用几个平行的剖切平面剖开机件获得的剖视图。如图 5-23a 所示轴承挂架，其左右对称，如果用单一剖切面在机件的对称平面处剖开，则上部两个小圆孔不能剖到，若采用两个平行的剖切平面将机件剖开，可同时将机件上、下部分的内部结构表达清楚，如图 5-23b 中的 *A—A* 剖视。

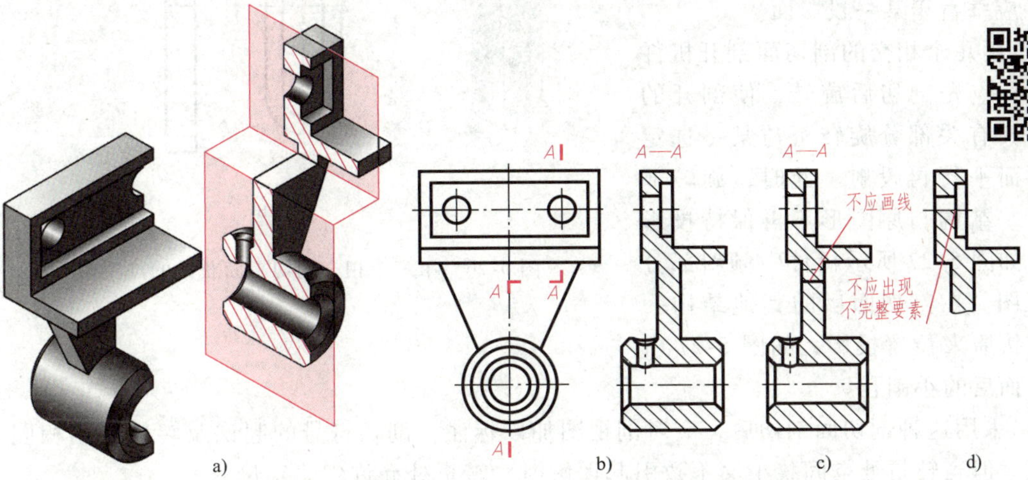

图 5-23　用两个平行剖切平面剖切时剖视图的画法

用这类剖切面画剖视图时应注意：

1）因为剖切平面是假想的，所以不应画出剖切平面转折处的投影（图 5-23c）。

2）剖视图中不应出现不完整结构要素（图 5-23d）。但当两个要素在图形上具有公共对称中心线或轴线时，可各画一半，此时应以对称中心线或轴线为界（图 5-24）。

3. 几个相交的剖切面

用几个相交的剖切面剖开机件获得的剖视图。图 5-25 所示为一圆盘状机件，若采用单

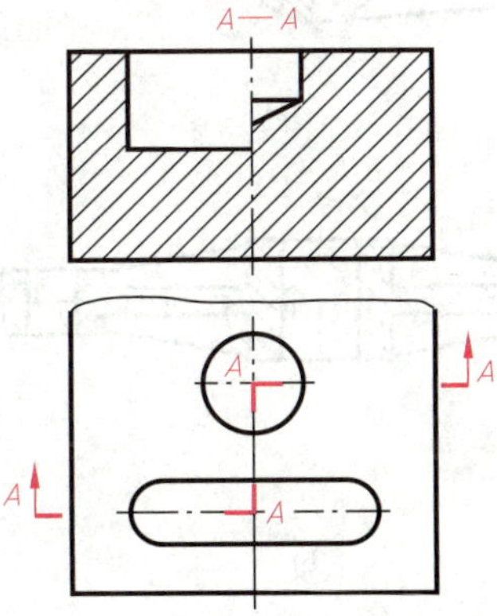

图 5-24　具有公共对称中心线要素的剖视图

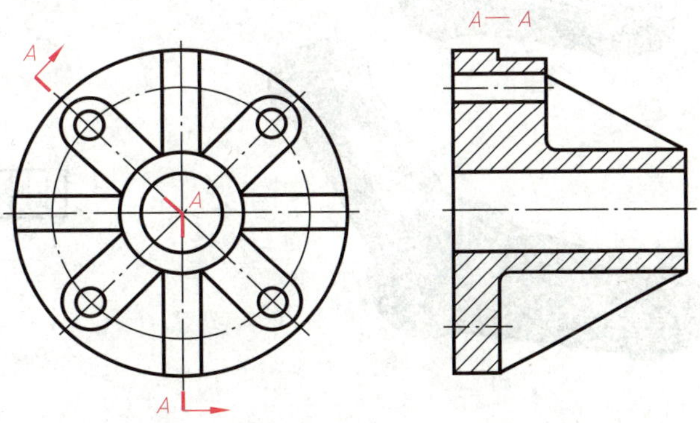

图 5-25　用两个相交剖切面剖切时的剖视图

一剖切面只能表达肋板的形状，不能反映 45°方向小孔的形状。为了在主视图上同时表达机件的这些结构，只有用两个相交的剖切面剖开机件。图 5-26 所示机件是用三个相交的剖切面剖开机件来表达内部结构的实例。

采用这种剖切面画剖视图应注意：

1）相邻两剖切面的交线（一般为轴线）应垂直于某一投影面。

2）用几个相交的剖切面剖开机件绘图时，应先剖切后旋转，使剖开的结构及其有关部分旋转至与某一选定的投影面平行再投射。此时，旋转部分的某些结构与原图形不再保持投影关系，如图 5-27 所示机件中倾斜部分的剖视图。在剖切面后的其他结构一般仍应按原来位置投影，如图 5-27 中剖切平面后的小圆孔。

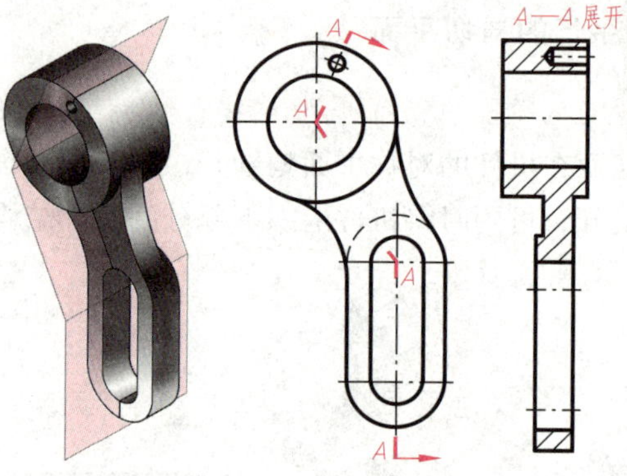

a)　　b)

图 5-26　用三个相交剖切平面获得的剖视图

3）采用这种剖切面剖切后，应对剖视图加以标注。剖切符号的起讫及转折处用相同字母标出。但当转折处空间狭小又不致引起误解时，转折处允许省略字母。

应该指出，上述三种剖切面可以根据机件内形特征的表达需要供三种剖视图任意选用。

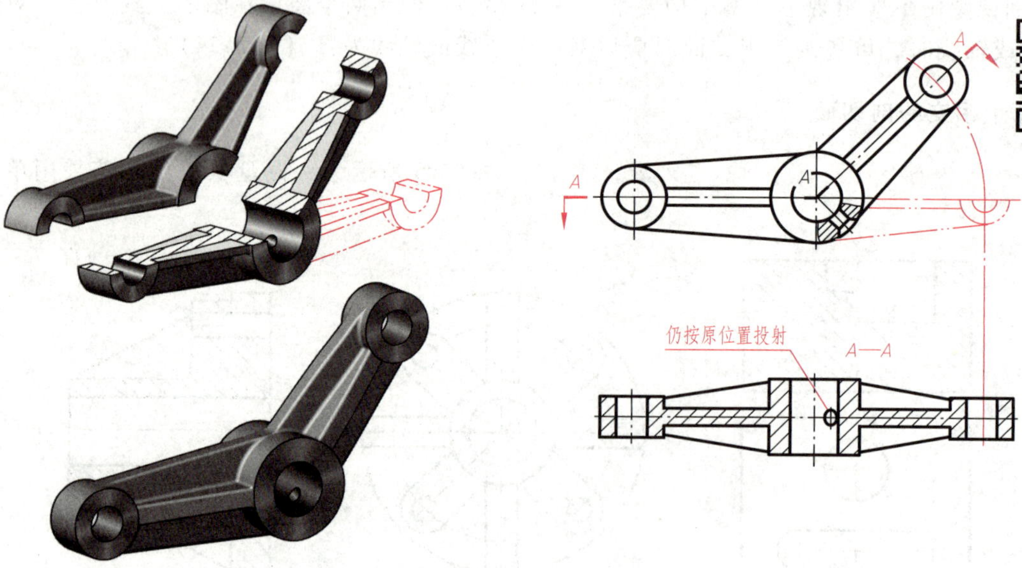

a)　　b)

图 5-27　用相交剖切面剖切时未剖到部分仍按原位置投射

小口诀

剖视的概念，好比买了西瓜，是生是熟，白瓤红瓤，切开就知道了。

几个平行的剖切平面（习惯上称为阶梯剖）和几个相交的剖切面（习惯上称为旋转剖）剖开机件能得到全剖、半剖或局部剖视图。

本节叙述的内容多、种类多、画法多、规定多，为了帮助记忆可运用以下口诀：

外形简单宜全剖，形状对称用半剖。
一个剖面切不到，采用阶梯旋转剖。
局部剖视最灵活，哪里需要哪里剖。

小归纳

剖视图分类——根据剖切范围分为全剖视图、半剖视图和局部剖视图三种。

剖切面分类——根据相对投影面的位置及剖切的组合形式和数量分为单一剖切面、几个平行的剖切平面、几个相交的剖切面三种。

值得注意的是，上述三类剖切面中，凡是未明确为“剖切平面”的剖切面均包含剖切平面和剖切柱面，由于剖切柱面在工程上应用甚少，本书未叙述此内容。

课堂讨论

作 $C—C$ 剖视图。

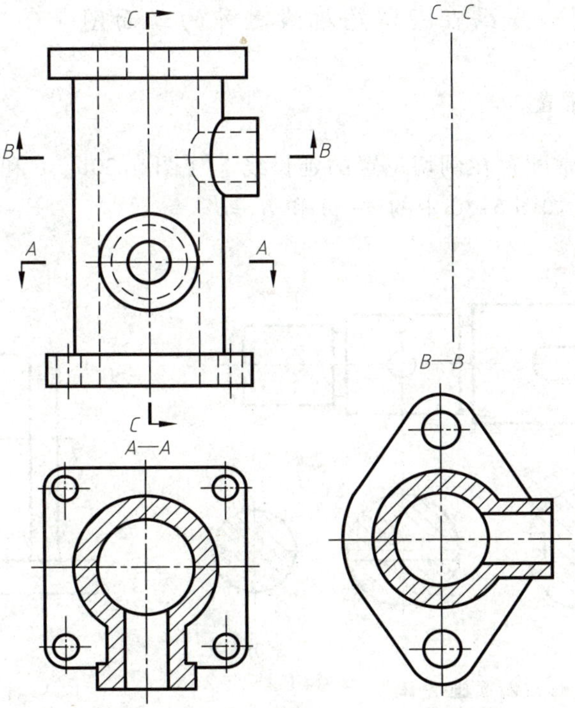

第三节　断　面　图

如图 5-28 所示，轴的左端有一槽，如果画出轴的主视图，则主视图上可以表示槽的形状和位置，但无法表达槽的深度。这时，若假想用垂直于轴线的剖切平面将轴切断，然后将断面图形旋转 90°，画出其图形，那么在断面图形上就清楚地表达了槽的深度。这种假想用剖切平面将零件的某处切断，仅画出断面的图形，称为断面图，简称断面。

断面图常用于表达机件上某些局部的断面形状，如键槽、肋板、轮辐等。如图 5-29 所示，断面图分为移出断面和重合断面两种。

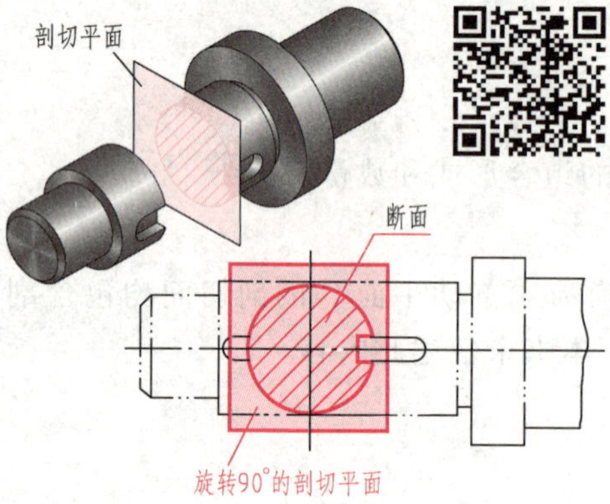

图 5-28　轴

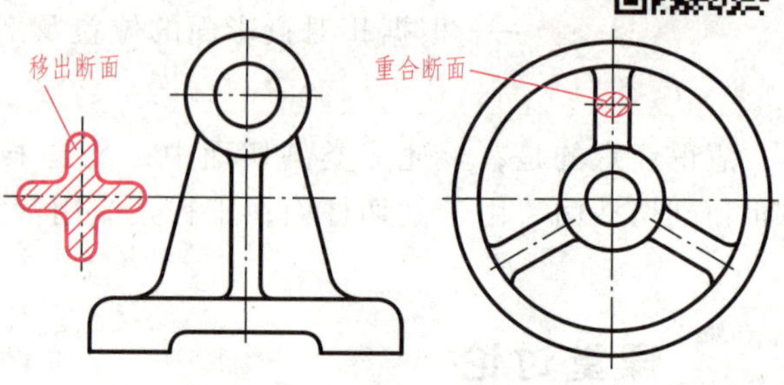

图 5-29　移出断面和重合断面

一、移出断面图——画在视图轮廓线之外的断面图

1. 移出断面图的配置

1）移出断面图通常配置在剖切位置的延长线上（图 5-30b、c 和图 5-31）。必要时也可配置在其他适当位置，如图 5-30 中的 A—A 和 B—B。

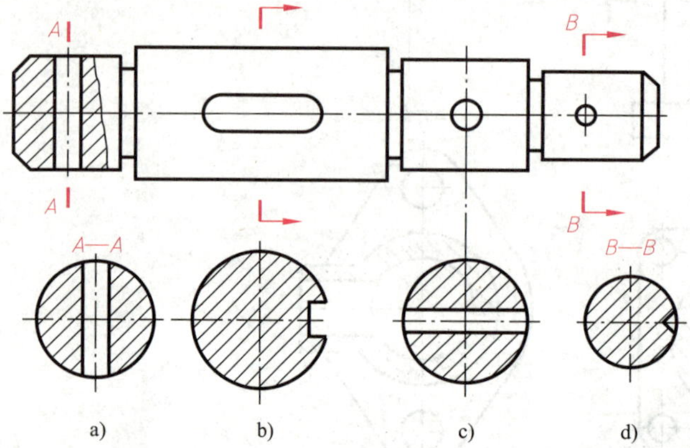

图 5-30　移出断面画法（一）

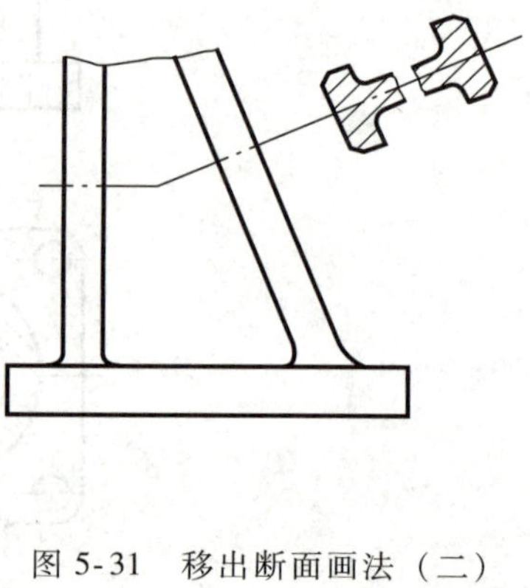

图 5-31　移出断面画法（二）

2）当断面图形对称时，移出断面图可配置在视图的中断处（图 5-32）。

3）在不致引起误解时，允许将图形旋转，如图 5-33 中的 *A*—*A* 剖视。

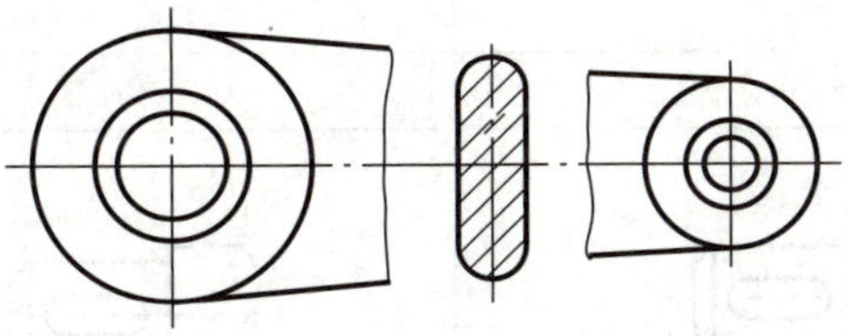

图 5-32 移出断面画法（三）

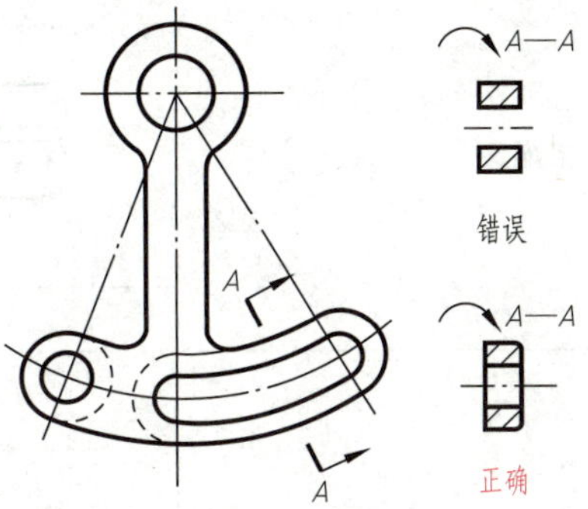

图 5-33 移出断面画法（四）

2. 移出断面图的画法

1）移出断面图的轮廓线用粗实线绘制。当剖切平面通过由回转面形成的孔或凹坑的轴线时，这些结构应按剖视绘制（图 5-30a、c、d 和图 5-34）。

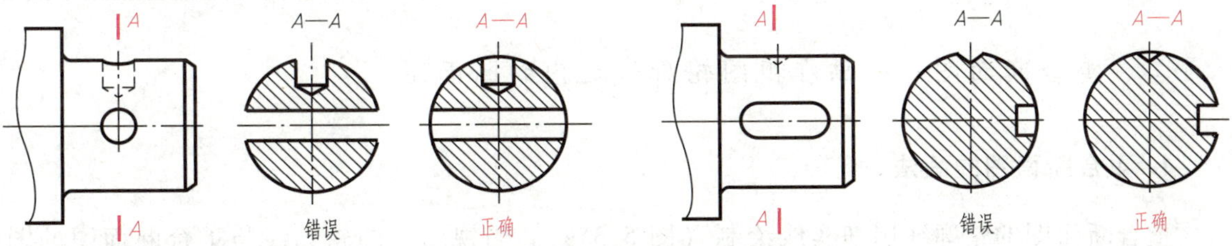

图 5-34 移出断面图画法正误对比

2）当剖切平面通过非圆孔，会导致完全分离的两个断面时，这些结构也应按剖视图绘制（图 5-33）。

3）剖切平面应与被剖切部分的主要轮廓线垂直。由两个或多个相交的剖切平面剖切所得到的移出断面图，中间应断开（图 5-31）。

3. 移出断面图的标注

画出移出断面图后，应按国标规定进行标注。剖视图标注的三要素同样适用于移出断面图。移出断面图的配置及标注方法见表 5-3。

表 5-3 移出断面图的配置与标注方法

配 置	对称的移出断面	不对称的移出断面
配置在剖切线或剖切符号延长线上	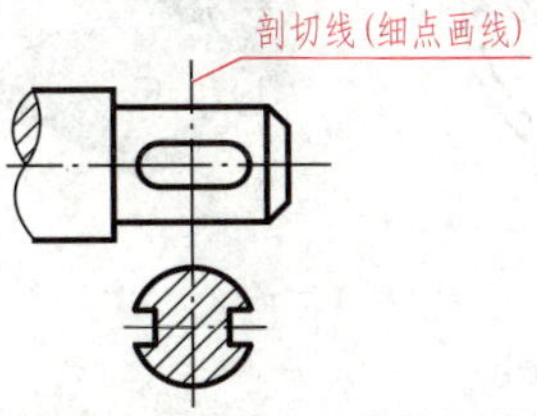	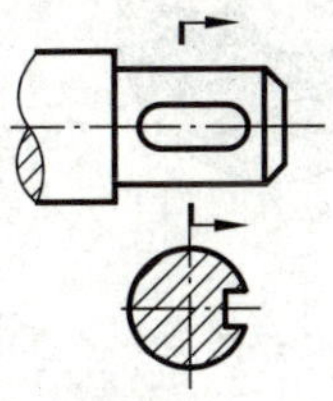
	不必标出字母和剖切符号	不必标注字母

（续）

配　　置	对称的移出断面	不对称的移出断面
按投影关系配置	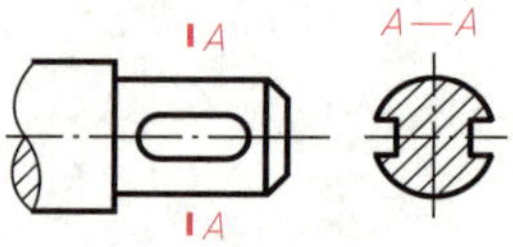 不必标注箭头	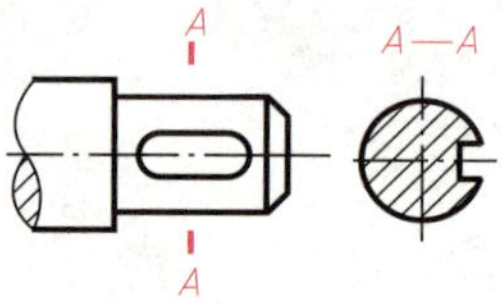 不必标注箭头
配置在其他位置	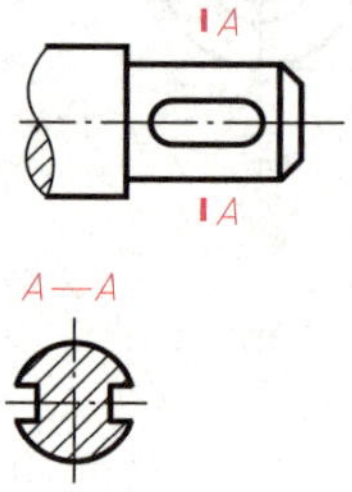 不必标注箭头	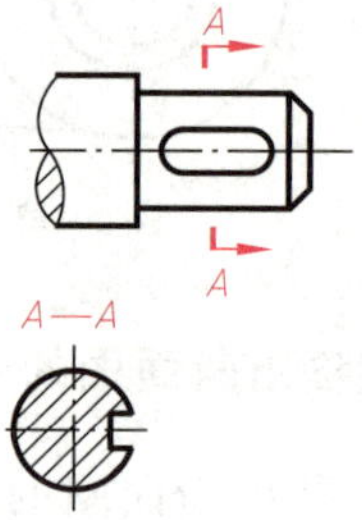 应标注剖切符号（含箭头）和字母

二、重合断面图——画在视图轮廓线之内的断面图

1. 重合断面图的画法

重合断面图的轮廓线用细实线绘制（图 5-35a）。当视图中的轮廓线与重合断面图的图形重合时，视图中的轮廓线仍应连续画出，不可间断（图 5-35b）。

2. 重合断面图的标注

对称的重合断面不必标注（图 5-35a）；不对称的重合断面，在不致引起误解时可省略标注（图 5-35b）。

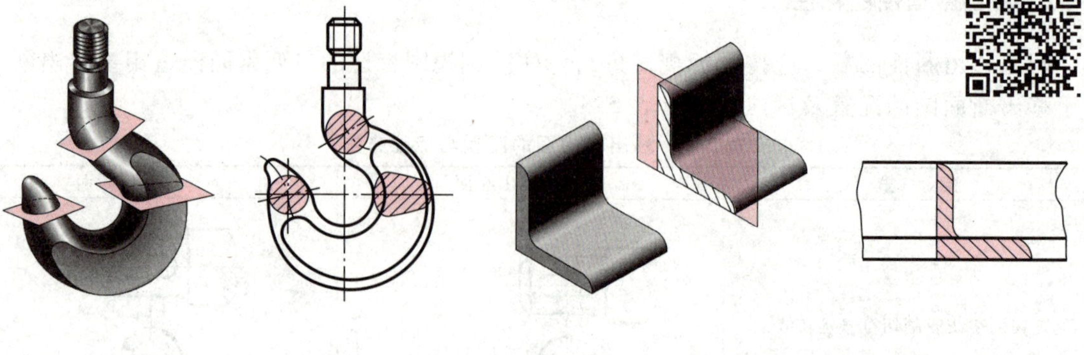

a)　　　　b)

图 5-35　重合断面图画法

三、表达方法应用实例

绘制机械图样时，既要表达清楚，又要作图简单，读图方便。因此，选择适当的表示方法非常重要。同一机件可以有多种表示方法，各种表示方法又各有优缺点，所以在选择表示方法时，应在保证图样完整、清晰的前提下，灵活运用各种表示法，力求作图简便。为了进一步掌握和应用视图、剖视图、断面图等表示方法，下面以支架和四通管为例分析表达方法的选择和识读剖视图的方法和步骤。

典型案例

【案例 5-4】 选择图 5-36 所示支架的表达方法。

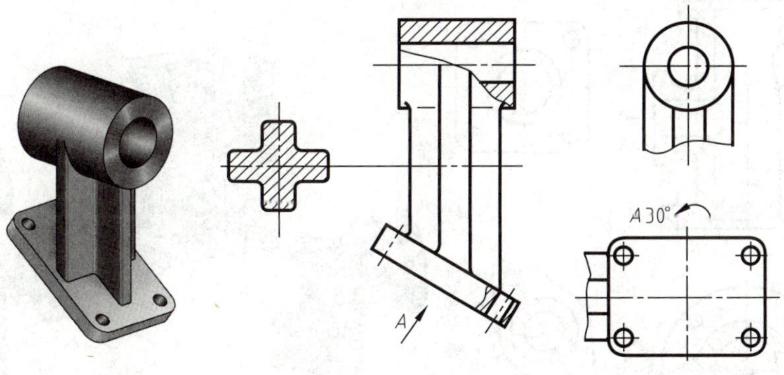

图 5-36　支架

形体分析

如图 5-36a 所示，该支架由三部分构成：上部是圆筒，下部是矩形底板，中间部分通过十字肋板连接圆筒与底板。

表达方法选择

如图 5-36b 所示，为了表达支架的内外形状，主视图采用局部剖视，这样既表示了水平圆柱、十字肋板和倾斜底板的外部形状与相对位置，又表示了水平圆柱上的通孔和底板上小孔的内部形状；为了表示水平圆柱和十字肋板的连接关系，采用了一个局部视图（配置在左视图的位置上）；为了表示倾斜底板的实形和四个小孔的分布情况，采用了 *A* 向斜视图；为了表示十字肋板的断面形状，采用移出断面。这样，支架用了四个图形，就完整、清晰地表达了结构形状。

【案例 5-5】 读懂图 5-37a 所示四通管剖视图。

分析

识读图 5-37a 所示四通管剖视图，要分析给出的视图、剖视图和断面图之间的对应关系以及表达意图，从而想象出四通管的内外结构形状。读懂剖视图是进一步运用读组合体视图的思维方法，并熟练应用图样画法的基本知识。

读图

1. 分析视图

图 5-37a 所示的四通管有 5 个图形。

1）主视图是采用两个相交的剖切面剖切而得的 *B—B* 全剖视图，主要表示四通管四个方向的连通情况。

2）俯视图是由两个平行的剖切平面剖切而得的 *A—A* 全剖视图，主要表示右边斜管的位置（右边斜孔与左边侧垂孔轴线是两条平行于水平投影面的交叉线，它们之间的夹角为 α）以及底板的形状。

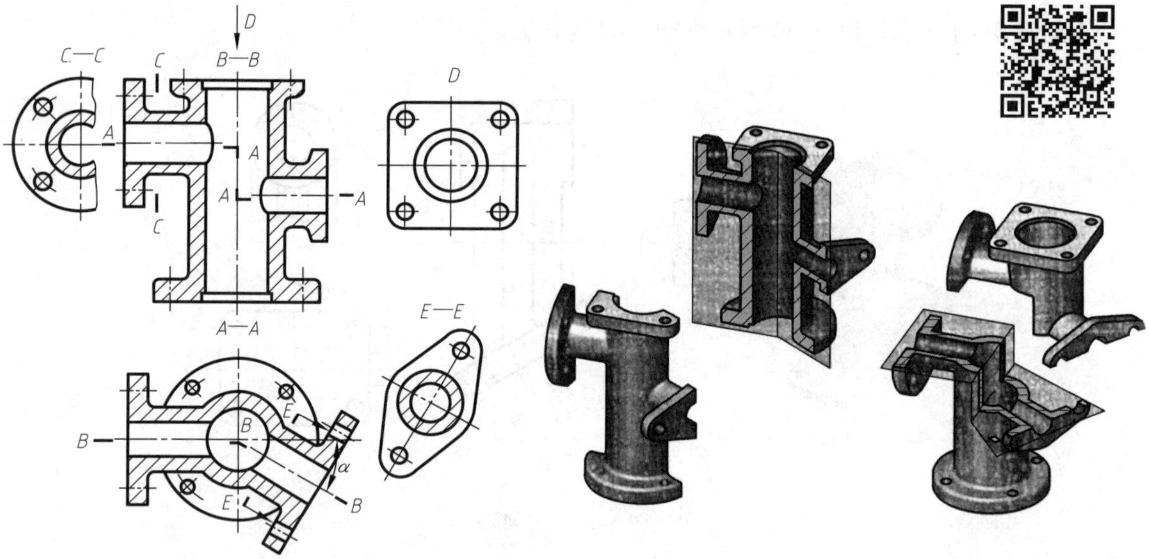

a)　　b)

图 5-37　读四通管视图

3）*C—C* 剖视图表示左边管的形状是圆筒及其圆盘形凸缘上四个小孔的分布位置。

4）*E—E* 斜剖视表示斜管的形状及其卵圆形凸缘上两个小孔的位置。

5）*D* 向局部视图表示上端面的形状以及四个小孔的布置位置。

2. 想象各部分的形状

（1）区分各部分结构“空”与“实”的方法　在剖视图中带有剖面线的封闭线框表示剖切面与机件相交的断面（实体部分），而不带剖面线的空白封闭线框表示机件空腔的结构形状。例如，主视图中三个空白线框（上、下两个小矩形框表示沉孔），表示四通管四个通孔的结构。

（2）确定空腔形状和空间位置　剖视图中的空白线框不一定能直接确定其形状和位置，必须在其他视图上找到对应的剖切位置，才能确定其内形的真实形状和相对位置。

例如，主视图中的空腔形状，在俯视图上找到 *B—B* 剖切位置，说明中间垂直圆孔与左边水平孔正交，与右边水平斜孔也是正交；再从 *C—C* 和 *E—E* 剖视确定侧垂孔与水平斜孔分别是圆孔、带小圆孔的圆盘形和卵圆形凸缘。从 *D* 向视图确定顶面是带小圆孔的方形凸缘。

3. 综合想象完整形状

通过 5 个图形完整、清晰地表达了四通管的结构形状，以主、俯视图为主，想象四通管的主体为圆筒形状，再配合其他视图表示各部分的局部形状，每个视图都有表达重点，起到了相互配合和补充的作用。把各部分综合起来想象出四通管的整体形状（图 5-37b）所示。

第四节　局部放大图和简化画法

当机件上的细小结构在视图中表达不清楚，或不便于标注尺寸和技术要求时，可采用局部放大图。

为了制图简便，可在保证不引起误解的前提下，使用国家标准规定的简化画法。

一、局部放大图（GB/T 4458.1—2002）

将机件的部分结构，用大于原图形所采用的比例画出的图形，称为局部放大图。当同一机件上有几处需要放大时，可用细实线圈出被放大的部位，用罗马数字依次标明放大的部位，并在局部放大图的上方标注出相应的罗马数字和所采用的比例（图 5-38）。对于同一机件上不同部位，但图形相同或对称时，只需画出一个局部放大图（图 5-39）。

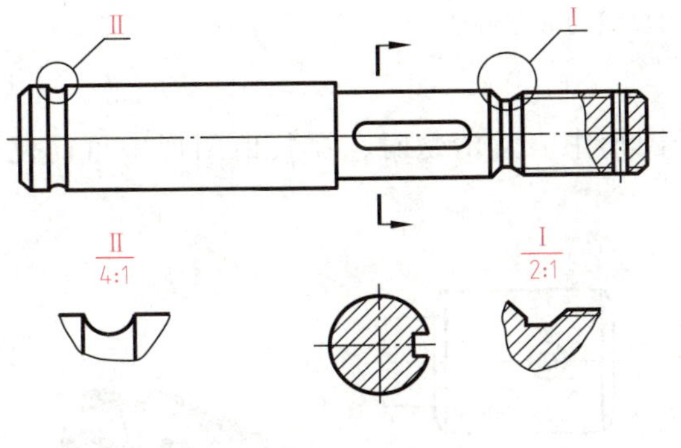

图 5-38　局部放大图（一）

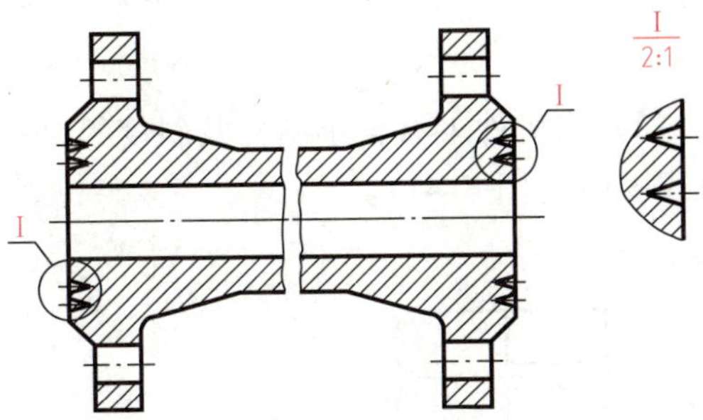

图 5-39　局部放大图（二）

二、简化画法（GB/T 16675.1—2012）

1）在不致引起误解时，图形中可用细实线绘制过渡线（图 5-40a），用粗实线绘制相贯线（图 5-40b），还可以用圆弧代替非圆曲线（图 5-40c），当两回转体的直径相差较大时，相贯线可以用直线代替曲线（图 5-40c），也允许用模糊画法表示相贯线（图 5-40d）。

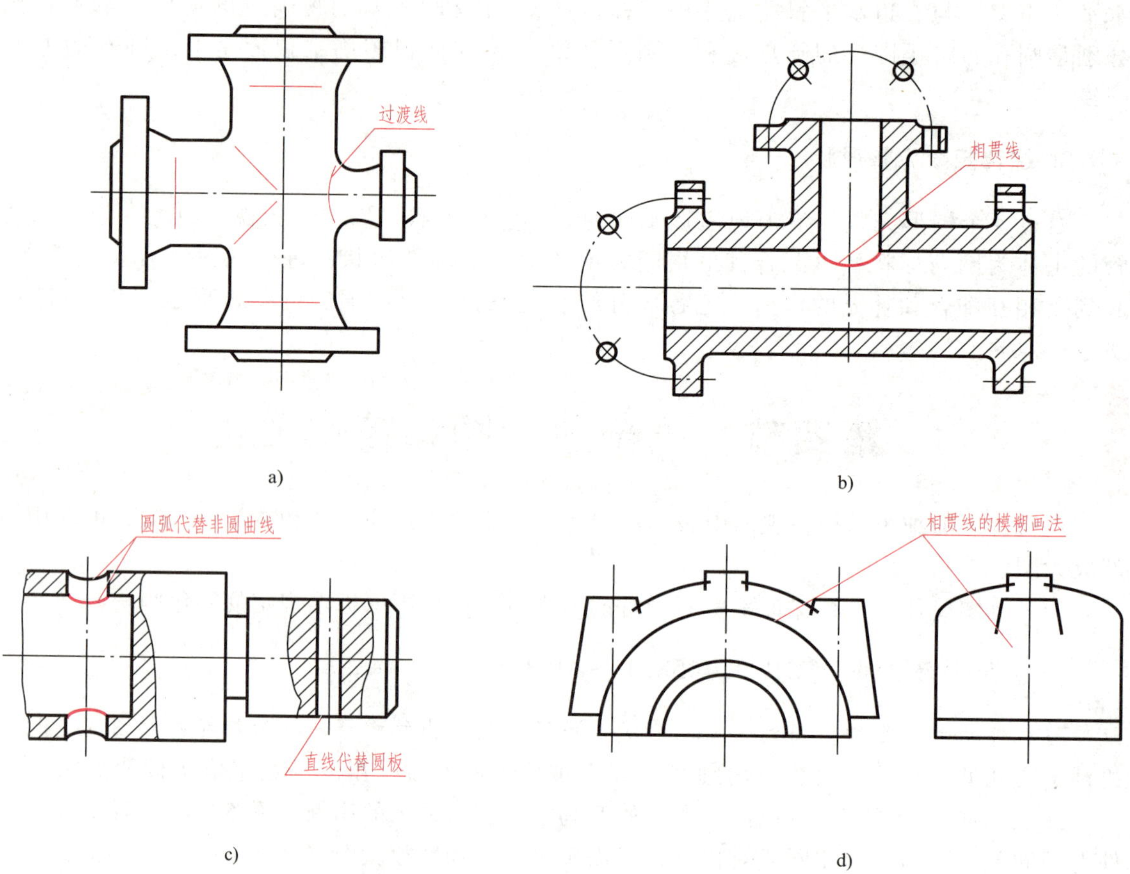

图 5-40　过渡线和相贯线的简化画法

2）当机件上有较小结构及斜度等已在一个图形中表达清楚时，在其他图形中可简化表示或省略（图 5-41）。

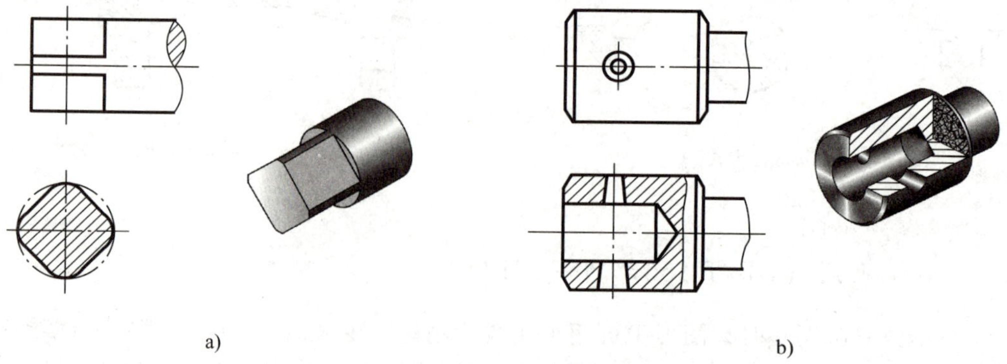

图 5-41　机件上较小结构的简化表示

3）机件中与投影面倾斜角≤30°的圆或圆弧的投影可用圆或圆弧代替（图 5-42）。

4）当不能充分表达回转体零件表面上的平面时，可用平面符号（相交的两条细实线）表示（图 5-43）。

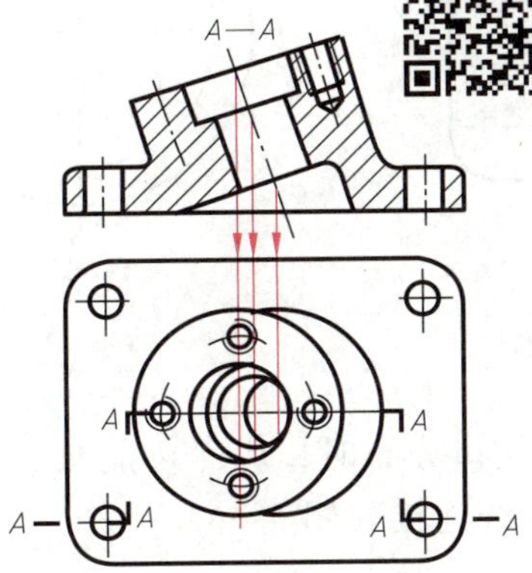

图 5-42　与投影面倾斜角≤30°的圆或圆弧画法

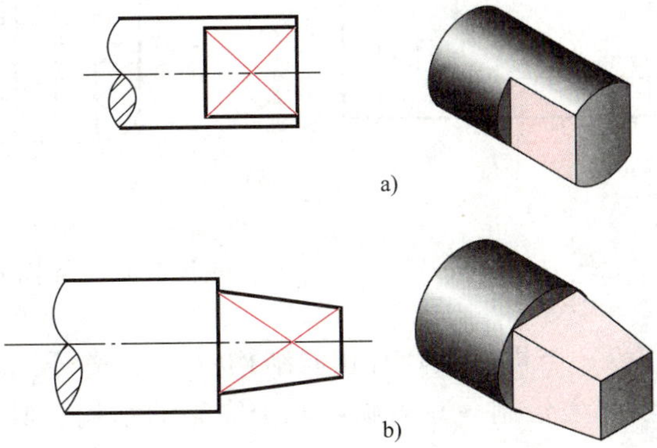

图 5-43　平面符号

5）对于机件的肋、轮辐及薄壁等，如按纵向剖切，这些结构都不画剖面符号，而用粗实线将它们与其邻接部分分开（图 5-44a）。当零件回转体上均匀分布的肋、轮辐、孔等结构不处于剖切平面上时，可将这些结构旋转到剖切平面上画出（图 5-44b）。

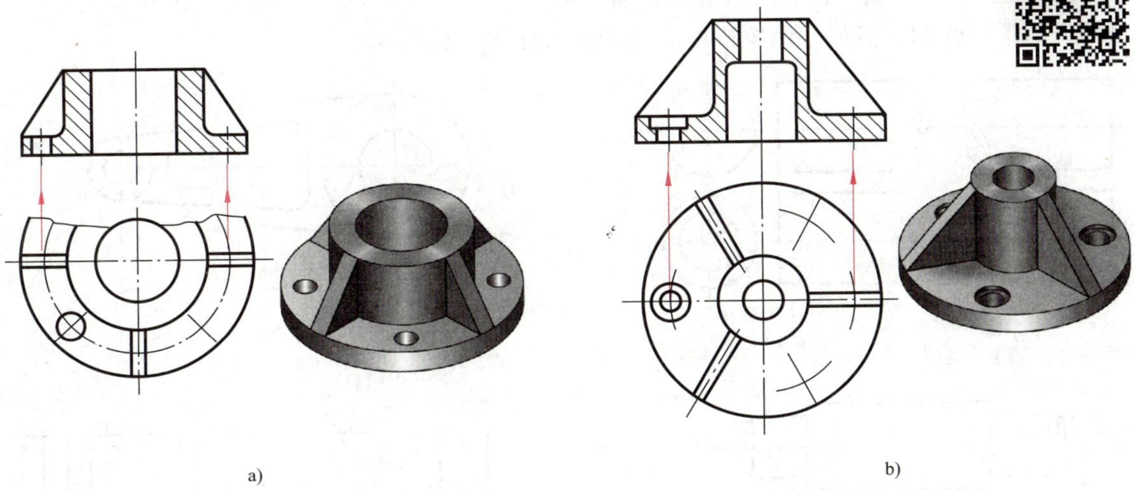

图 5-44　机件上的肋、孔等结构的简化画法

6）当机件具有若干直径相同且成规律分布的孔（圆孔、螺孔、沉孔等），可以仅画出

一个或几个，其余只需表示其中心位置（图 5-45）。图 5-45c 中的 EQS 表示“呈放射状均布”。

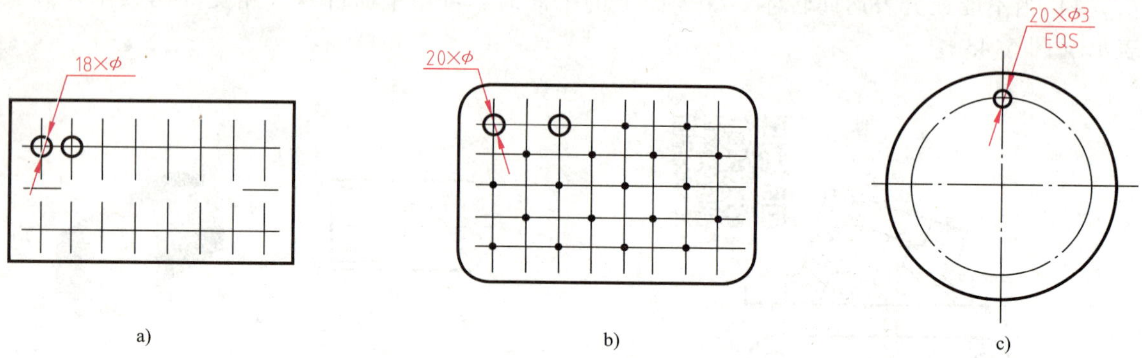

图 5-45　相同要素的简化画法

7）当机件上具有相同结构（齿、槽等），并按一定规律分布时，应尽可能减少相同结构的重复绘制，只需画出几个完整的结构，其余可用细实线连接（图 5-46）。

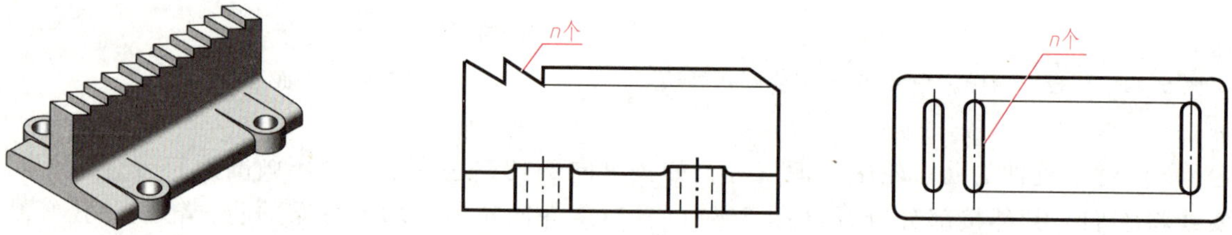

图 5-46　相同结构的简化画法

8）较长机件（轴、杆、型材、连杆等）沿长度方向的形状一致或按一定规律变化时，可断开后缩短绘制，但尺寸仍按机件的设计要求标注（图 5-47）。

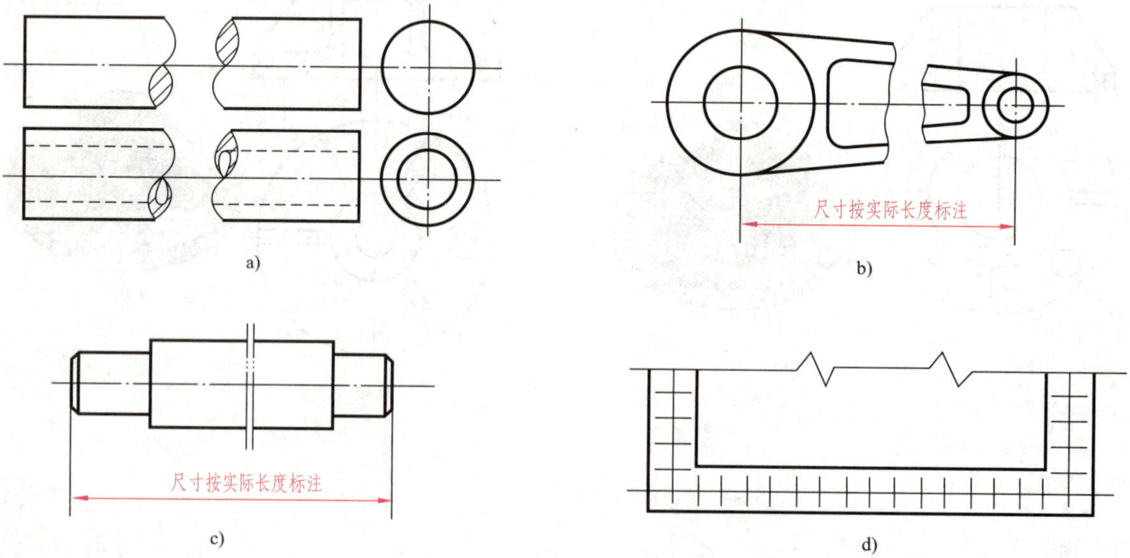

图 5-47　较长机件的简化画法

第五节　第三角画法简介

《技术制图　投影法》（GB/T 14692—2008）规定："技术图样应采用正投影法绘制，并优先采用第一角画法"。国际上多数国家（如中国、英国、法国、德国，俄罗斯等）都是采用第一角画法，但是，美国、日本、加拿大、澳大利亚等则采用第三角画法。为了便于日益增多的国际间的技术交流和协作，我国在1993年就曾规定："必要时（如按合同规定等）允许使用第三角画法"。所以，我们应该对第三角画法有所了解。

一、第三角画法与第一角画法的区别

1. 第一、三分角的形成

图5-48所示为三个互相垂直相交的投影面，将空间分为八个部分，每部分为一个分角，依次为Ⅰ~Ⅷ分角。

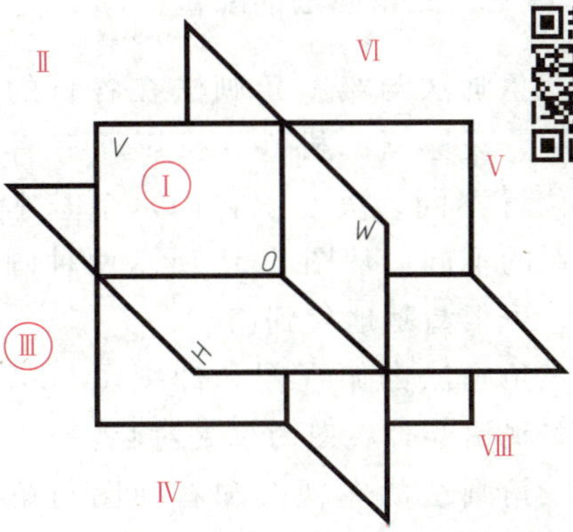

图5-48　八个分角

将机件放在第一分角内（*H*面之上、*V*面之前、*W*面之左）而得到的多面正投影为第一角画法（图5-49a）将机件放在第三分角内*H*面之下，*V*面之后、*W*面之左）而得到的多面正投影为第三角画法（图5-49b）。第一角画法是将机件置于观察者与投影面之间进行投射；第三角画法是将投影面置于观察者与机件之间进行投射（把投影面看作透明的）。

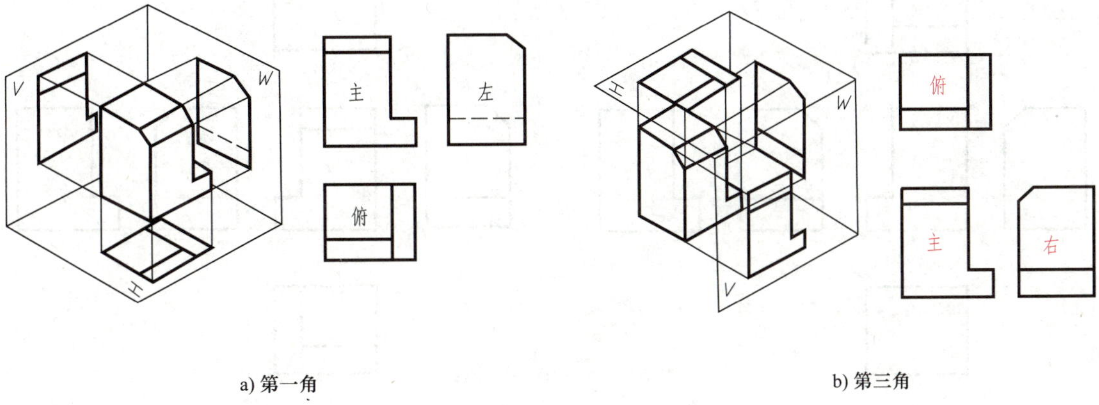

图5-49　第一角画法与第三角画法的位置关系对比

第三角画法中，在*V*面上形成自前方投射所得的主视图，在*H*面上形成自上方投射所得的俯视图，在*W*面上形成自右方投射所得的右视图（图5-49b）。令*V*面保持正立位置不动，将*H*面、*W*面分别绕它们与*V*面的交线向上、向右旋转90°，与*V*面展成同一个平面，得到机件的三视图。与第一角画法类似，采用第三角画法的三视图也有下述特性，即多面正投影的投影规律：主、俯视图长对正；主、右视图高平齐；俯、右视图宽相等，前后对应。

与第一角画法一样，第三角画法也有六个基本视图。将机件向正六面体的六个平面（基本投影面）进行投射，然后按图 5-50 所示的方法展开，即得六个基本视图，它们相应的配置如图 5-51a 所示。

2. 第一、三角画法的配置

第三角画法与第一角画法在各自的投影面体系中，观察者、机件、投影面三者之间的相对位置不同，决定了它们六个基本视图配置关系的不同。从图 5-51 所示两种画法的对比中，可很清楚地看到：

第三角画法的俯视图和仰视图与第一角画法的俯视图和仰视图的位置对换；

第三角画法的左视图和右视图与第一角画法的左视图和右视图的位置对换；

第三角画法的主、后视图与第一角画法的主、后视图一致。

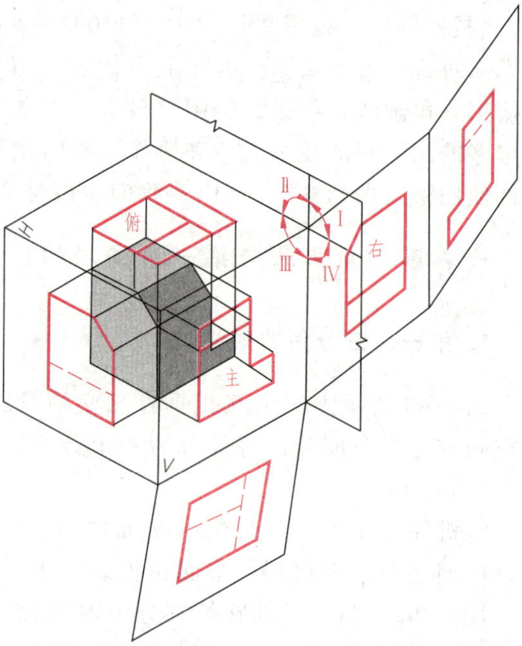

图 5-50　第三角画法的六个基本视图及其展开

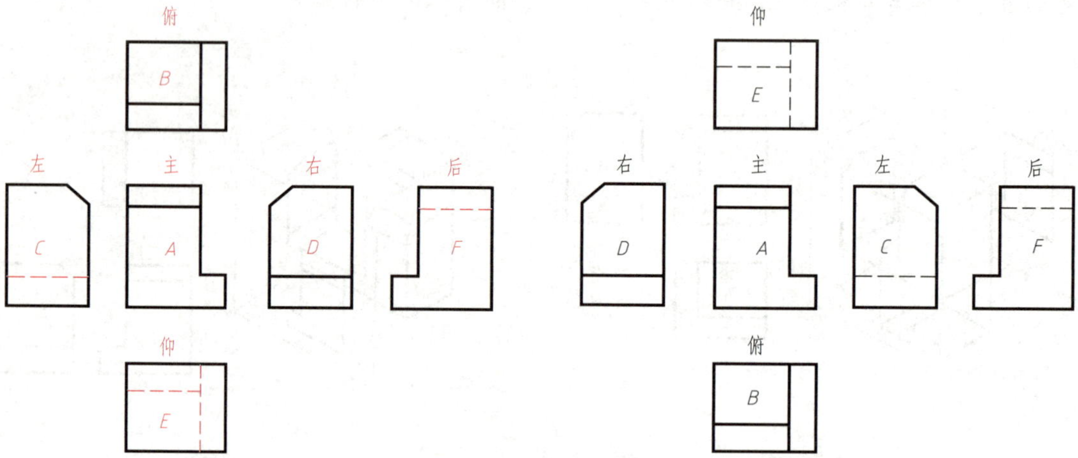

a) 第三角画法　　b) 第一角画法

图 5-51　第三角画法与第一角画法的六面视图对比

如图 5-52a 所示，将已知机件第三角画法的主、俯、右三视图转画成第一角画法的主、俯、左三视图，只要将俯视图移到主视图下方，然后按投影规律画出左视图（相当于第三角画法中的左视图)，如图 5-52b 所示。

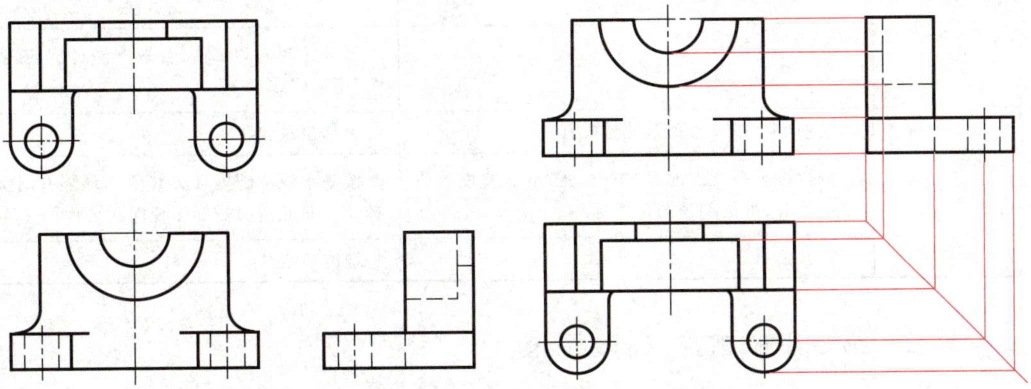

a) 第三角画法　　b) 第一角画法

图 5-52　第三角与第一角三视图转换

二、第三角画法中的辅助视图与局部视图

对于机件上的倾斜结构，第一角画法是用斜视图和局部视图表达，在第三角画法中称为“辅助视图”和“局部视图”。

如图 5-53a 所示，第三角画法将倾斜或局部结构就近配置，不必标注。局部结构的断裂处画粗波浪线。

图 5-53b 所示为第一角画法。显然，第三角画法比较精练，便于绘图和读图。

对照图 5-53 所示的第三角和第一角两种画法，它们的差异见表 5-4。

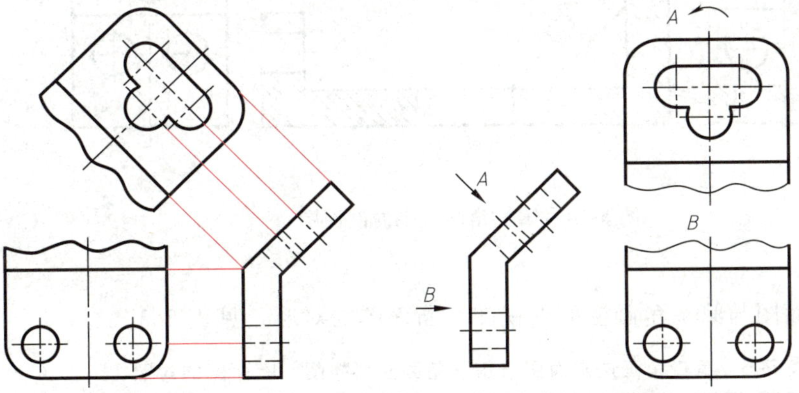

a) 第三角画法　　b) 第一角画法

图 5-53　第三角与第一角斜视图和局部视图画法对照

表 5-4　斜视图、局部视图第三角与第一角画法差异

		第三角画法	第一角画法
斜视图	视图名称	辅助视图	斜视图
	视图配置	视向右侧按投影关系就近配置，主要轮廓平行于斜面	可移位或旋转放置

（续）

		第三角画法	第一角画法
斜视图	标注	不标注	需标注视向和名称，若视图经过旋转，需注明“↷×”或“×↶”
局部视图	视图配置	视向后侧按投影关系就近配置	可移位放置
	标注	按投影关系就近配置时不标注，不能按投影关系配置时，可按剖视图形式标注	按基本视图配置且无其他图形隔开时无需标注。非此情况需标注视向和名称
	断裂线	粗波浪线	细波浪线

三、第三角画法中的剖视图和断面图

在第三角画法中，剖视图和断面图统称为“剖面图”，并分为全剖面图、半剖面图、破裂剖面图、旋转剖面图和移出剖面图等。如图5-54所示，主视图采用（阶梯状）全剖面，左视图取半剖画。在主视图中，左面的肋板与第一角画法一样也不画剖面线，肋板移出断面在断裂处画粗波浪线。剖面的标注与第一角画法也不同，剖切线用粗双点画线表示，并以箭头指明投射方向。剖面的名称 *A*—*A* 写在剖面图的下方。

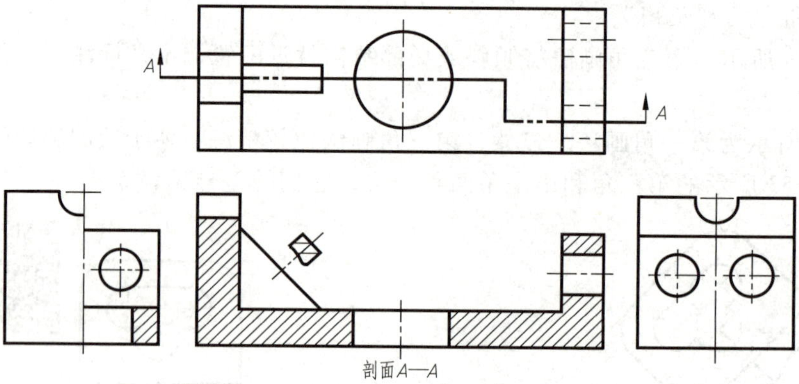

图5-54　第三角画法中的剖面图

第三角画法剖面图与第一角画法的剖视图、断面图的对照，见表5-5。

表5-5　第三角画法剖面图与第一角画法剖视图、断面图的对照

	第三角画法	第一角画注
视图名称	全剖面图	全剖视图
	半剖面图	半剖视图
	破裂剖面图	局部剖视图
	移出剖面图	移出断面图
	旋转剖面图	重合断面图
	虚拟剖面图	

（续）

<table>
<tr><th></th><th>第三角画法</th><th>第一角画注</th></tr>
<tr><td>视图配置</td><td>全剖面图按投影关系配置在视向后侧，当不能就近配置时，画在适当位置</td><td>全剖视图配置在视向前方，也可画在适当位置</td></tr>
<tr><td>视图标注</td><td>半剖面和单一平面剖切在对称面上时不标注。非对称面剖切，平行或相交平面剖切时，按如下形式标注
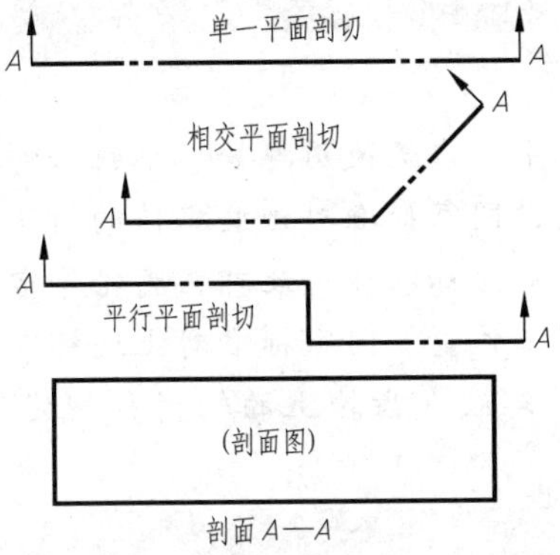
</td><td>半剖视和单一平面剖切在对称面上时不标注。非对称面剖切，平行或相交平面剖切时，按如下形式标注
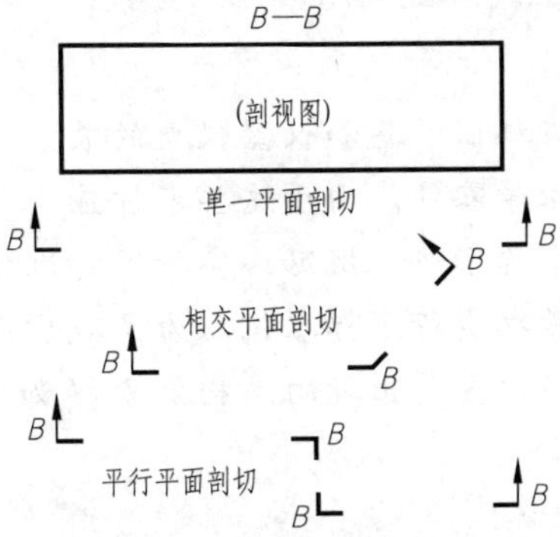
</td></tr>
<tr><td>视图画法</td><td>旋转剖面图（相当于第一角的重合断面）轮廓线用粗实线绘制，主体轮廓线不画入剖面图，如
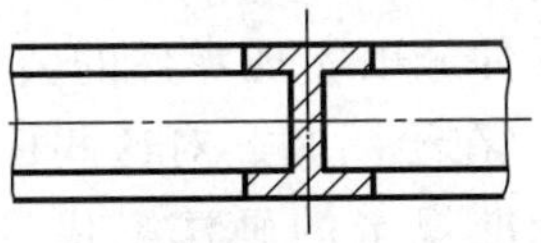
破裂剖面的破裂边界用粗实线画出，如
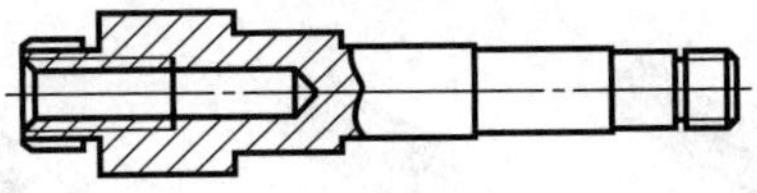</td><td>重合断面轮廓线用细实线绘制，主体轮廓线画入剖面图，如
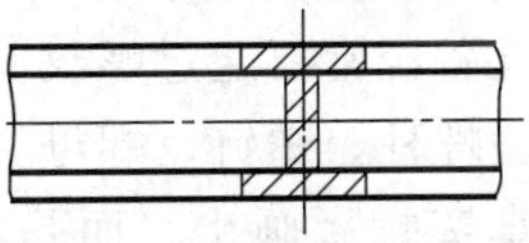
局部剖面的破裂边界用细实线画出，如
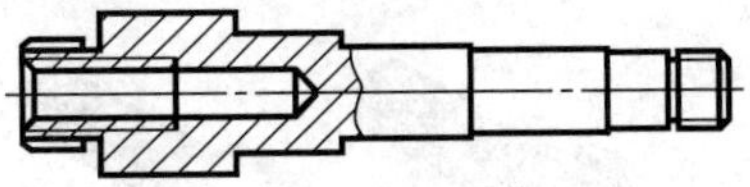</td></tr>
</table>

四、第三角画法与第一角画法的识别符号

为了识别第三角画法与第一角画法，规定了相应的识别符号，如图 5-55 所示。该符号一般标在所画图纸标题栏的上方或左方。

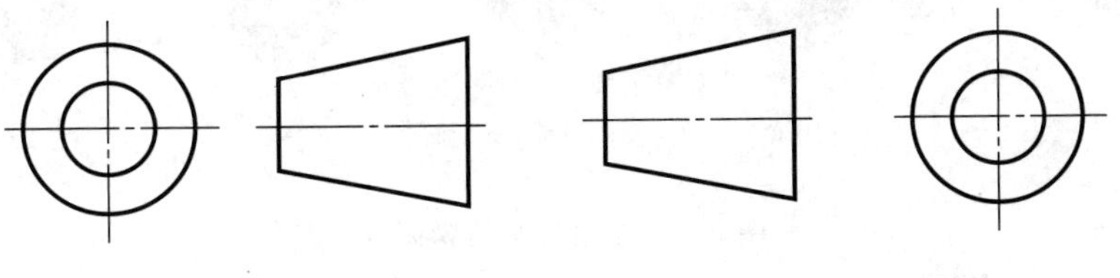

a) 第三角画法符号　　b) 第一角画法符号

图 5-55　第三角和第一角画法符号

采用第三角画法时，必须在图样中画出第三角投影的识别符号；采用第一角画法时，在图样中一般不必画出第一角画法的识别符号，但在必要时也需画出。

第六单元 标准件和常用件

在机械设备和仪器仪表的装配及安装过程中，广泛使用螺栓、螺钉、螺母、键、销、滚动轴承等零件。由于这些零件应用广、用量大，国家标准对这些零件的结构、规格尺寸和技术要求作了统一规定，实行了标准化，所以统称为标准件。此外，齿轮等常用机件的部分结构要素也实行了标准化。为了减少设计和绘图工作量，国家标准对上述标准件和常用机件上某些多次重复出现的结构要素（如紧固件上的螺纹或齿轮上的轮齿）规定了简化的特殊表示法。

第一节 螺纹紧固件

机器设备经常要通过螺纹紧固件来连接相关零件，以实现零件的装配安装。螺纹紧固件包括螺栓、螺柱、螺钉、螺母、垫圈等（图 6-1）。在绘图时，对这些标准件的结构和形状，不必按其真实投影画出，而是根据相应的国家标准规定的画法、代号和标记进行绘图和标注。

图 6-1 常用的螺纹紧固件

一、螺纹的加工

螺纹是在圆柱或圆锥表面上，经过机械加工而形成的具有规定牙型的螺旋线沟槽。在圆柱或圆锥外表面上形成的螺纹称为外螺纹（图 6-2a），在内表面上形成的螺纹称为内螺纹（图 6-2b）。

形成螺纹的加工方法很多，图 6-2a 所示为在车床上车削外螺纹。内螺纹也可以在车床上加工（图 6-2b）。若加工直径较小的螺孔，可如图 6-2c 所示，先用钻头钻孔（由于钻头顶角为 118°，所以钻孔的底部按 120°简化画出），再用丝锥加工内螺纹。

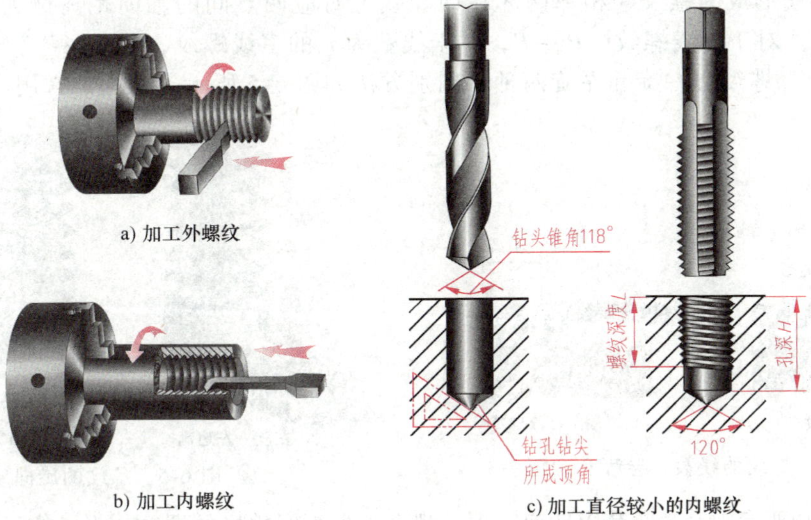

图 6-2　螺纹的加工方法

二、螺纹的要素

内、外螺纹总是成对使用的，只有当内、外螺纹的牙型、公称直径、螺距、线数和旋向五个要素完全一致时，才能正常地旋合。

（1）牙型　通过螺纹轴线断面上的螺纹轮廓形状称为螺纹牙型。常见的螺纹牙型有三角形、梯形、锯齿形和矩形。其中，矩形螺纹尚未标准化，其余牙型的螺纹均为标准螺纹。

（2）公称直径　螺纹的直径有大径（d、D）、小径（d_1、D_1）和中径（d_2、D_2）（图 6-3）。

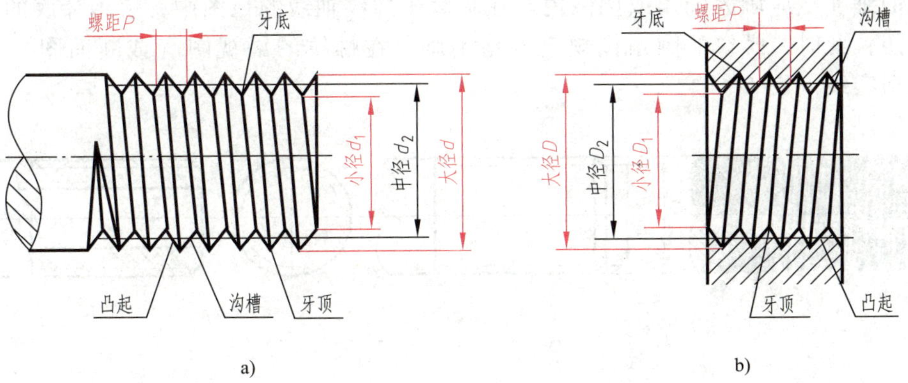

图 6-3　螺纹的直径

公称直径[㊀]是代表螺纹尺寸的直径，普通螺纹的公称直径就是指螺纹的大径。

㊀ 代表螺纹尺寸的直径称为螺纹的公称直径。普通螺纹的公称直径是指螺纹的大径。对于管螺纹，则称为尺寸代号。

（3）线数　螺纹有单线和多线之分。沿一条螺旋线形成的螺纹为单线螺纹；沿两条或两条以上螺旋线形成的螺纹为双线或多线螺纹（图 6-4）。

（4）螺距和导程　螺纹上相邻两牙在中径线上对应两点间的轴向距离称为螺距（P）；沿同一条螺旋线形成的螺纹，相邻两牙在中径线上对应两点间的轴向距离称为导程（P_h），如图 6-4 所示。对于单线螺纹，$P_h=P$；对于线数为 n 的多线螺纹，$P_h=n\times P$。

（5）旋向　螺纹有右旋和左旋两种，判别方法如图 6-5 所示。工程上常用右旋螺纹。

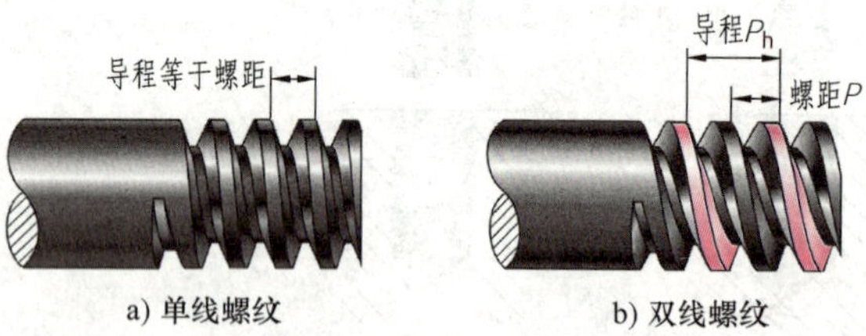

图 6-4　螺纹的线数、导程和螺距

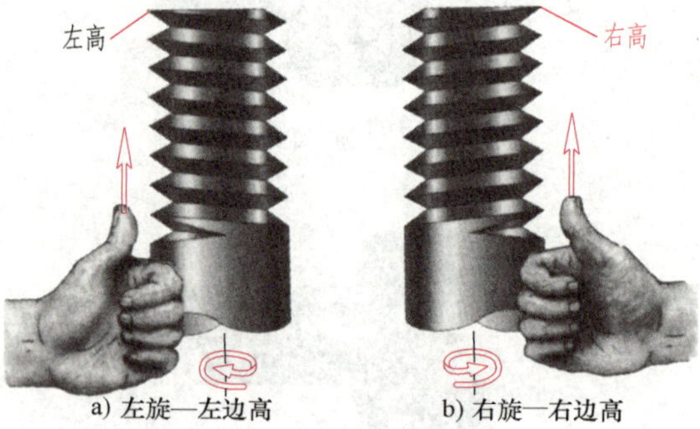

图 6-5　螺纹的旋向

在上述各项要素中，改变其中任何一项，都会得到不同规格的螺纹。为了便于设计和加工，国家标准规定了一些标准的牙型、大径和螺距，凡是这三项要素符合国家标准的螺纹称为标准螺纹；牙型不符合国家标准的螺纹称为非标准螺纹。实际生产中使用的绝大多数是标准螺纹。

三、螺纹的规定画法

1. 外螺纹画法

如图 6-6a 所示，螺纹的牙顶（大径）和螺纹终止线用粗实线表示；牙底（小径）用细实线表示。通常，小径按大径的 0.85 倍画出，即 $d_1\approx0.85d$。在平行于螺纹轴线的视图中，表示牙底的细实线应画入倒角或倒圆内。在垂直于螺纹轴线的视图中，表示牙底的细实线只画约 3/4 圈，此时，螺纹的倒角按规定省略不画。在螺纹的剖视图（或断面图）中，剖面线应画到粗实线（图 6-6b）。

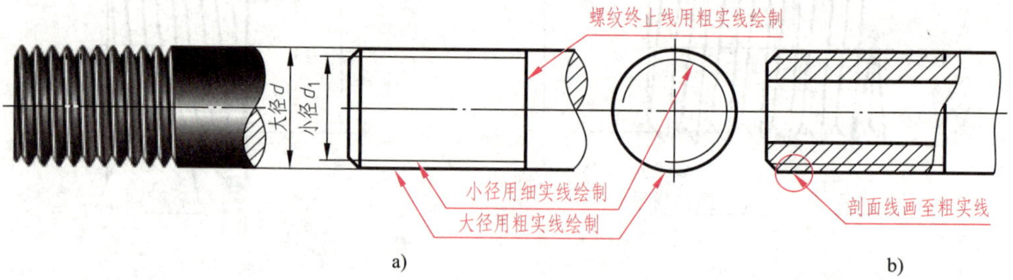

图 6-6　外螺纹的画法

2. 内螺纹画法

如图 6-7a 所示，螺纹的牙顶（小径）及螺纹终止线用粗实线表示；牙底（大径）用细实线表示，剖面线画到粗实线处。在投影为圆的视图中，表示牙底的细实线圆只画约 3/4 圈，倒角圆省略不画。

对于不穿通的螺孔（俗称盲孔），应分别画出钻孔深度 H 和螺纹深度 L（图 6-7b），钻孔深度比螺纹深度深 $0.5D$（D 为螺孔大径）。

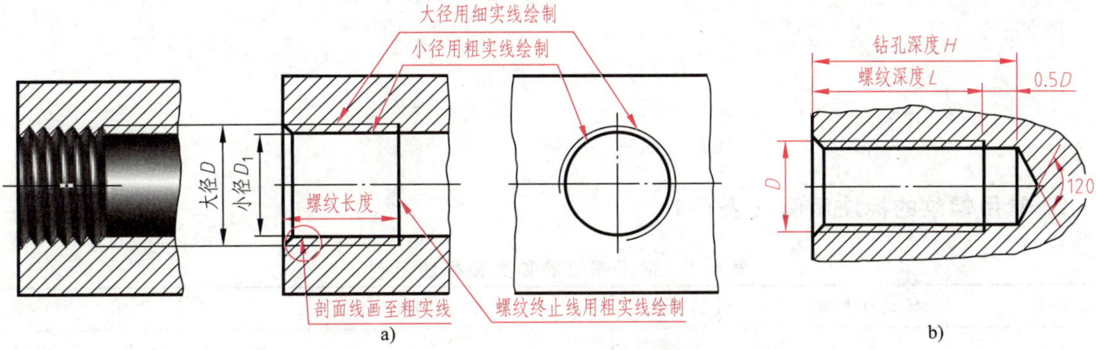

图 6-7　内螺纹的画法

3. 螺纹连接画法

如图 6-8 所示，内、外螺纹旋合（连接）后，旋合部分按外螺纹画，其余部分仍按各自的画法表示。必须注意，表示大、小径的粗实线和细实线应分别对齐。

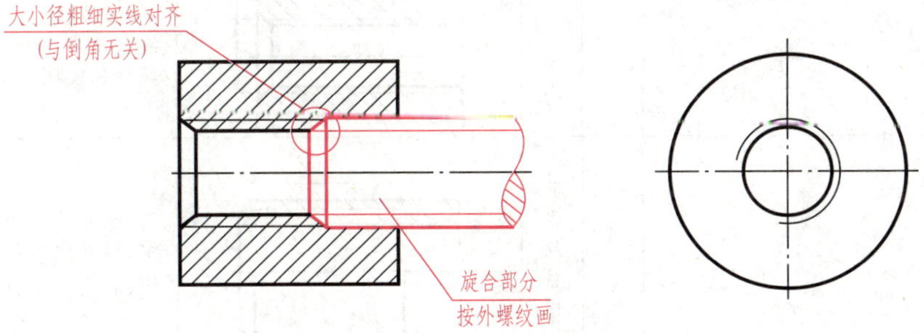

图 6-8　螺纹连接的画法

四、螺纹的图样标注

螺纹按画法规定简化画出后，在图上不能反映它的牙型、螺距、线数和旋向等结构要素，因此，必须按规定的标记在图样中进行标注。

1. 螺纹的标记规定

1）普通螺纹、梯形螺纹和锯齿形螺纹的螺纹标记的构成：

特征代号 公称直径 × 导程（P 螺距）— 公差带代号[㊀] — 旋合长度代号 — 旋向

例如：

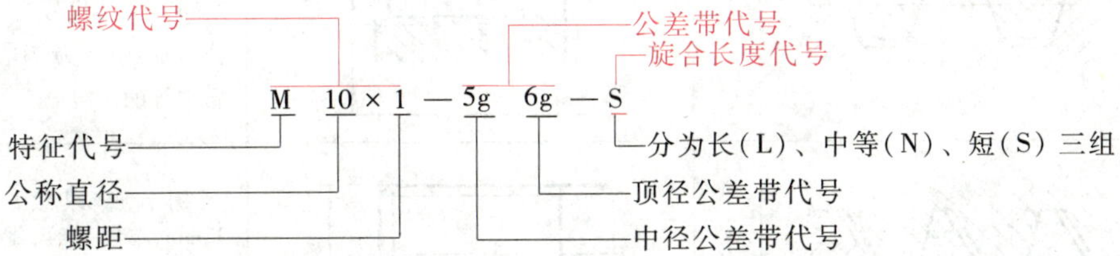

㊀ 关于公差带的概念在第七单元中叙述。

2）管螺纹的螺纹代号内容及标注格式：

特征代号 尺寸代号 公差等级代号 旋向

例如：

G 1½ A

特征代号——G；尺寸代号（无单位）——1½；公差等级代号——A

2. 常用螺纹的标注示例（表6-1）

表6-1 常用螺纹的种类和标注示例

螺纹种类		牙型放大图	特征代号		标记示例	说明
连接螺纹	普通螺纹	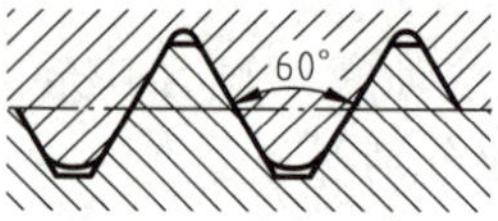	M	粗牙	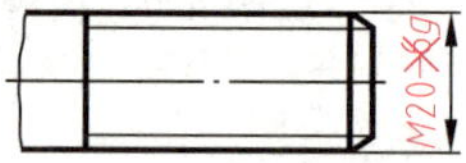	粗牙普通螺纹，公称直径20mm，右旋。螺纹公差带：中径、大径均为6g。旋合长度属中等（不标注N）的一组（按规定6g不注）
				细牙	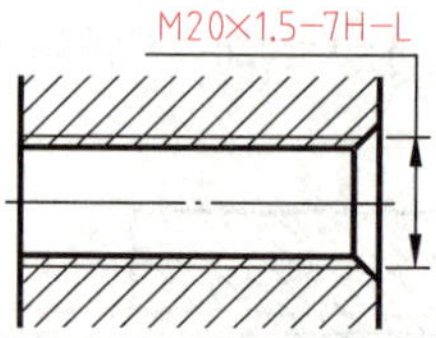	细牙普通螺纹，公称直径20mm，螺距为1.5mm，右旋。螺纹公差带：中径、小径均为7H。旋合长度属长的一组
	管螺纹		G	55°非密封管螺纹	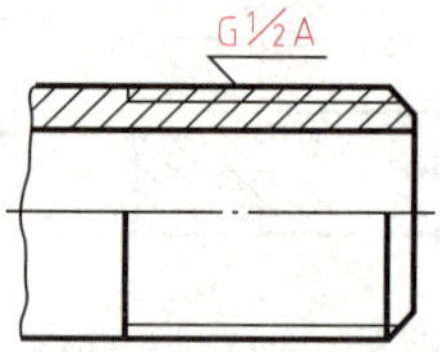	55°非密封圆柱管螺纹，外螺纹，尺寸代号½，公差等级为A级，右旋。用引出标注
			Rp R_1 Rc R_2	55°密封管螺纹	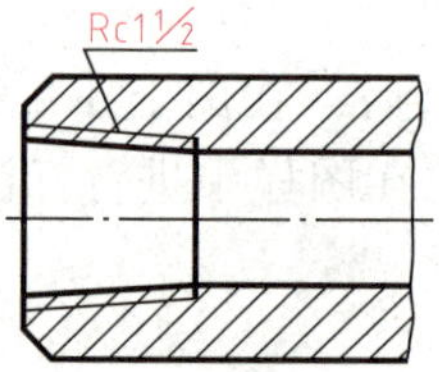	55°密封的与圆锥外螺纹旋合的圆锥内螺纹，尺寸代号1½，右旋。用引出标注 圆锥内螺纹与圆锥外螺纹旋合时，前者和后者的特征代号分别为Rc和R_2 圆柱内螺纹、圆锥外螺纹旋合时，前者和后者的特征代号分别为Rp和R_1
传动螺纹	梯形螺纹	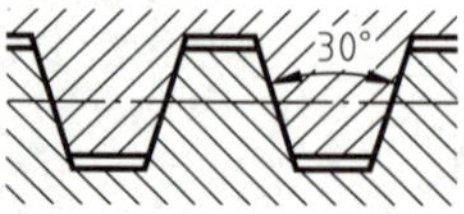	Tr		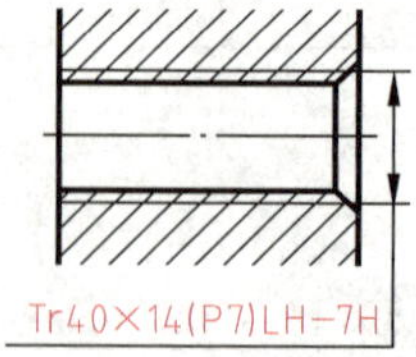	梯形螺纹，公称直径40mm，双线螺纹，导程14mm，螺距7mm，左旋（代号为LH）。螺纹公差带：中径为7H。旋合长度属中等的一组
	锯齿形螺纹	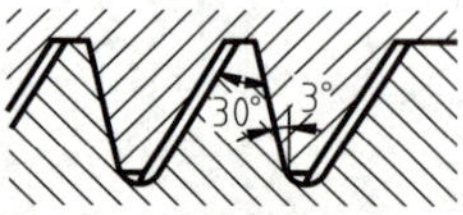	B		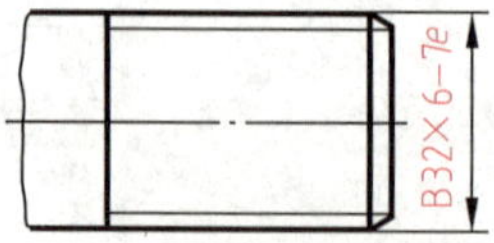	锯齿形螺纹，公称直径32mm，单线螺纹，螺距6mm，右旋。螺纹公差带：中径为7e。旋合长度属中等的一组

3. 螺纹标注时的注意点

1）普通螺纹的螺距有粗牙和细牙两种，粗牙螺距不标注，细牙必须注出螺距。

2）左旋螺纹要注写 LH，右旋螺纹不注。

3）螺纹公差带代号包括中径和顶径公差带代号，如 5g6g，前者表示中径公差带代号，后者表示顶径公差带代号。如果中径与顶径公差带代号相同，则只标注一个代号。

4）普通螺纹的旋合长度规定为短（S）、中（N）、长（L）三组，中等旋合长度（N）不必标注。

5）最常用的中等公差精度的普通螺纹（公称直径≤1.4 的 5H、6h 和公称直径≥1.6 的 6H、6g），可不标注公差带代号。

6）55°非密封内管螺纹和 55°密封管螺纹仅一种公差等级，公差带代号省略不注，如 Rc1。55°非密封的外管螺纹有 A、B 两种公差等级，螺纹公差等级代号标注在尺寸代号之后，如 G1½A-LH。

五、螺纹紧固件

1. 常用螺纹紧固件的种类和标记

常用的紧固件有螺栓、螺柱、螺母、垫圈和螺钉等（图 6-1）。它们的结构、尺寸都已标准化，使用时可从相应的标准中查出所需的结构尺寸。常用螺纹紧固件的标记示例见表 6-2。

表 6-2　常用螺纹紧固件的标记示例

名称及标准号	图例及规格尺寸	标记示例
六角头螺栓——A 级和 B 级 GB/T 5782—2016	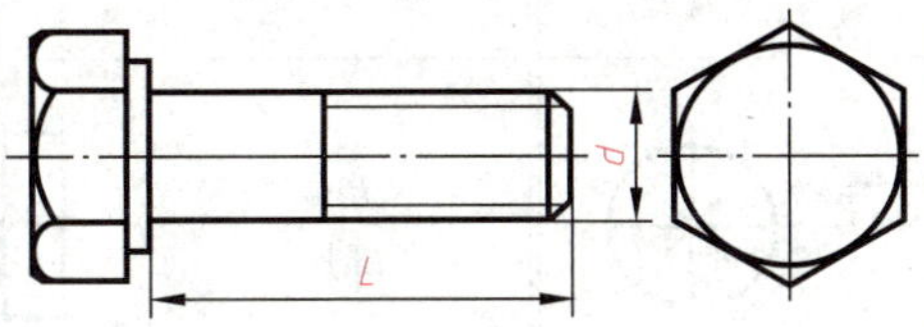	螺栓 GB/T 5782 M8×40 螺纹规格 d = M8、公称长度 L = 40mm、性能等级为 8.8 级、表面氧化 A 级的六角头螺栓
双头螺柱——A 级和 B 级 GB/T 897—1988 GB/T 898—1988 GB/T 899—1988 GB/T 900—1988	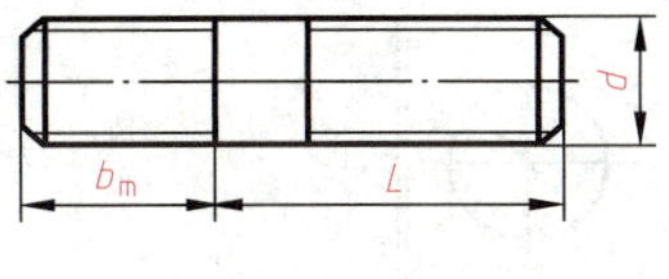	螺柱 GB/T 898 M8×50 两端均为粗牙普通螺纹、d = M8、L = 50mm、性能等级为 4.8 级，不经表面处理 B 型 b_m = 1.25d 的双头螺柱
Ⅰ 型六角螺母——A 级和 B 级 GB/T 6170—2015	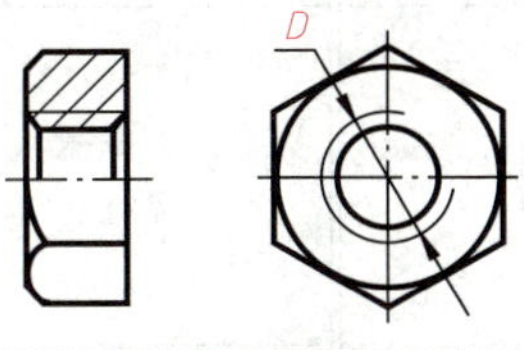	螺母 GB/T 6170 M8 螺纹规格 D = M8、性能等级为 10 级、不经表面处理、A 级的 Ⅰ 型六角螺母
平垫圈——A 级 GB/T 97.1—2002	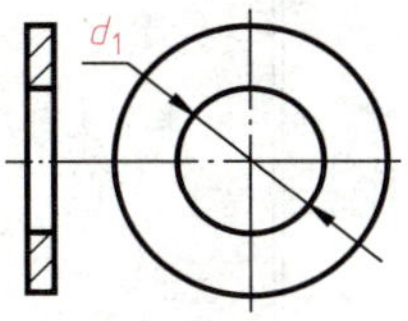	垫圈 GB/T 97.1 8 140 HV 标准系列、公称尺寸 d_1 = 8mm、硬度等级为 140HV 级、不经表面处理的平垫圈

（续）

名称及标准号	图例及规格尺寸	标记示例
标准弹簧垫圈 GB/T 93—1987		垫圈 GB/T 93 8 规格 8mm、材料 65Mn、表面氧化的标准型弹簧垫圈
开槽沉头螺钉 GB/T 68—2015	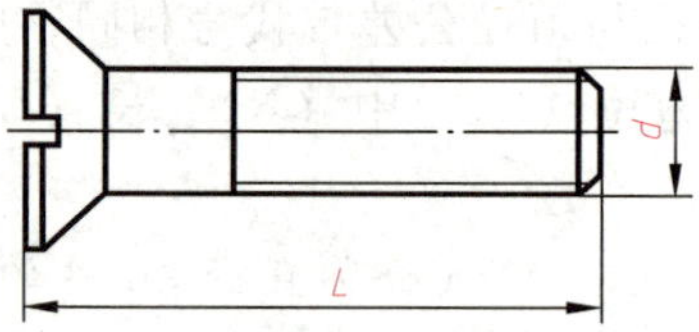	螺钉 GB/T 68 M8×30 螺纹规格 d = M8、公称尺寸 L = 30mm、性能等级为 4.8 级、不经表面处理的开槽沉头螺钉

2. 螺纹紧固件的连接画法

画螺纹紧固件的连接时作如下规定：当剖切平面通过螺杆的轴线时，螺栓、螺柱、螺钉以及螺母、垫圈等均按未剖切绘制；在剖视图上，两零件接触表面画一条线，不接触表面画两条线；相接触两零件的剖面线方向相反。

在装配图中，常用的螺纹紧固件可按表 6-3 中简化画法绘制。

表 6-3　装配图中常用螺纹紧固件的简化画法

形式	简化画法	形式	简化画法
六角头螺栓	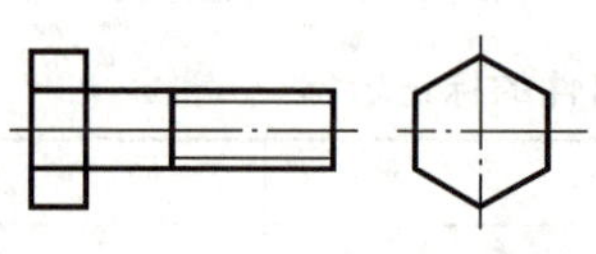	半沉头十字槽螺钉	
内六角圆柱头螺钉	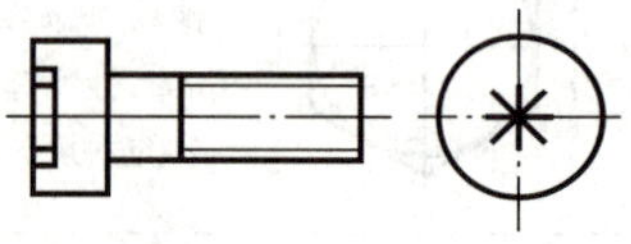	方头螺栓	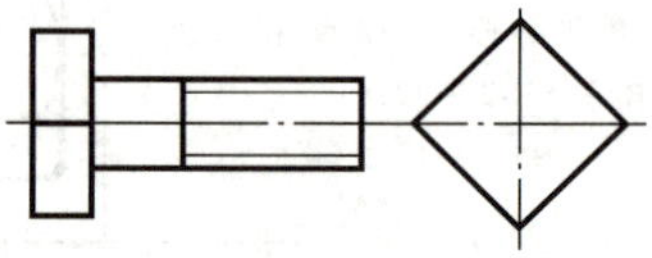
盘头开槽螺钉	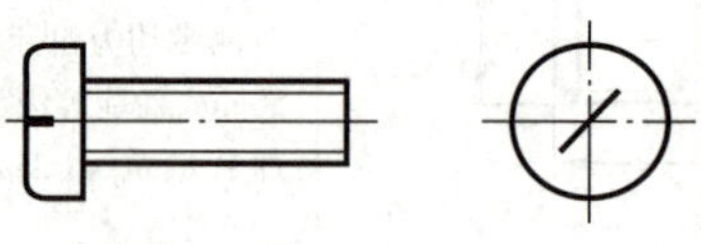	无头内六角螺钉	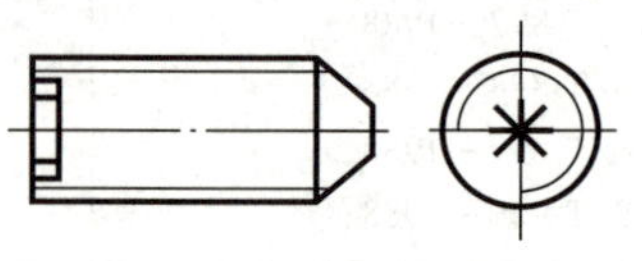
六角螺母	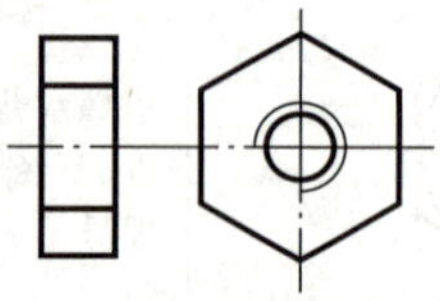	无头开槽螺钉	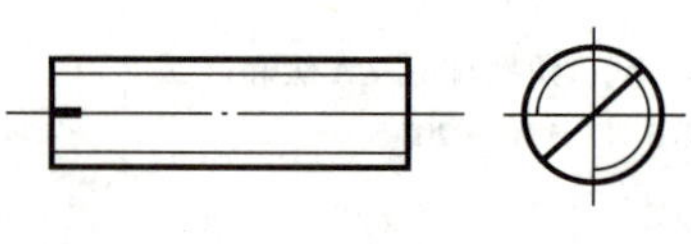
六角开槽螺母	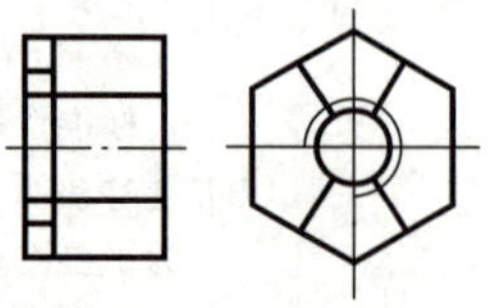	半沉头开槽螺钉	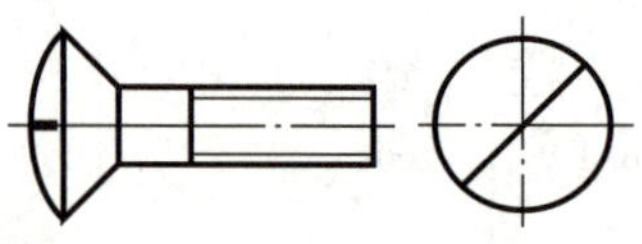

（续）

形式	简化画法	形式	简化画法
蝶形螺母	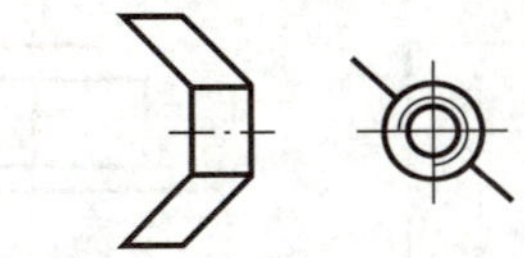	沉头开槽螺钉	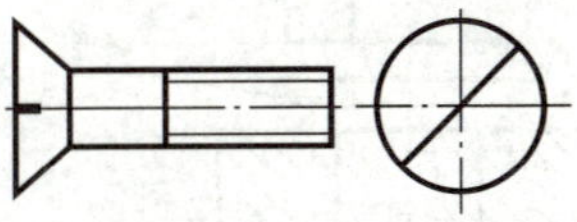
圆柱头开槽螺钉	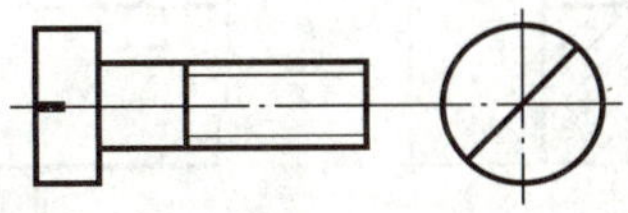	六角法兰面螺母	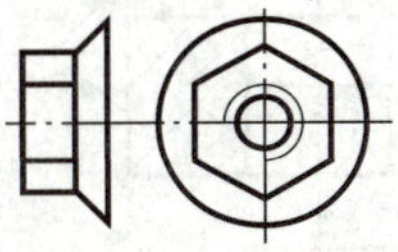
沉头开槽自攻螺钉	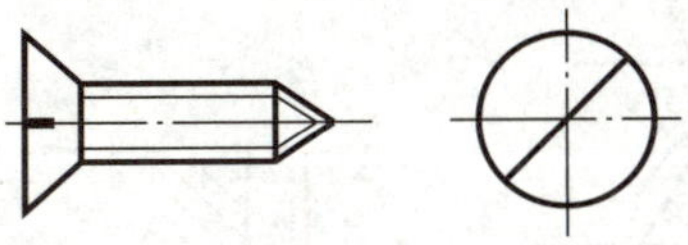	沉头十字槽螺钉	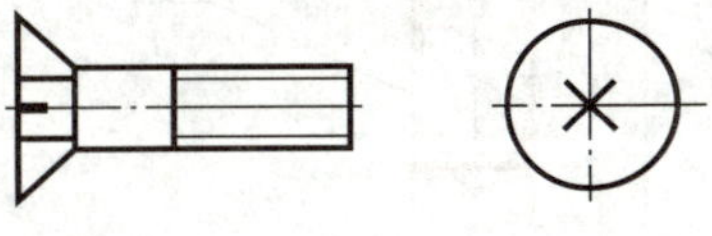
方头螺母	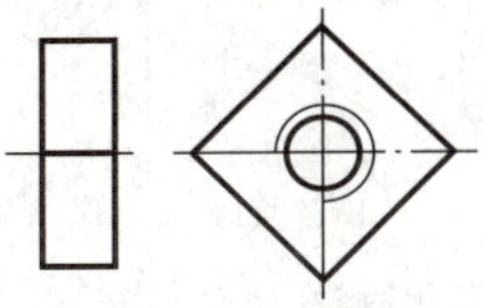		

在装配体中，常用螺纹紧固件进行零件或部件间的连接，最常用的连接形式有螺栓连接（图 6-9a）、螺柱连接（图 6-9b）和螺钉连接（图 6-9c）。在装配图中的螺纹紧固件可简便地按比例画法绘制。

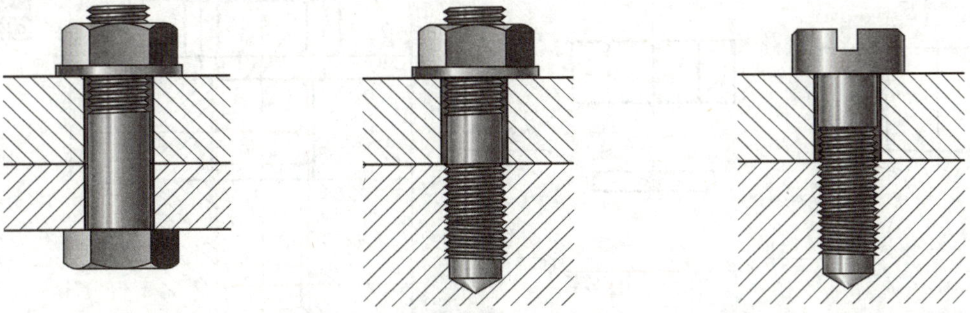

a) 螺栓连接　　b) 螺柱连接　　c) 螺钉连接

图 6-9　螺栓、螺柱、螺钉连接

实例展示

【实例 1】 螺栓连接（图 6-10）。

螺栓适用于连接两个不太厚的并能钻成通孔的零件。连接时，将螺栓穿过被连接两零件的光孔（孔径比螺栓大径略大，一般可按 1.1d 画出），套上垫圈，然后拧紧螺母。

螺栓的公称长度 $l \geq \delta_1+\delta_2+h+m+a$（查表计算后取接近的标准长度）。

根据螺纹公称直径 d 按下列比例作图：

$b=2d$，$h=0.15d$，$m=0.8d$，$a=0.3d$，$k=0.7d$，$e=2d$，$d_2=2.2d$。

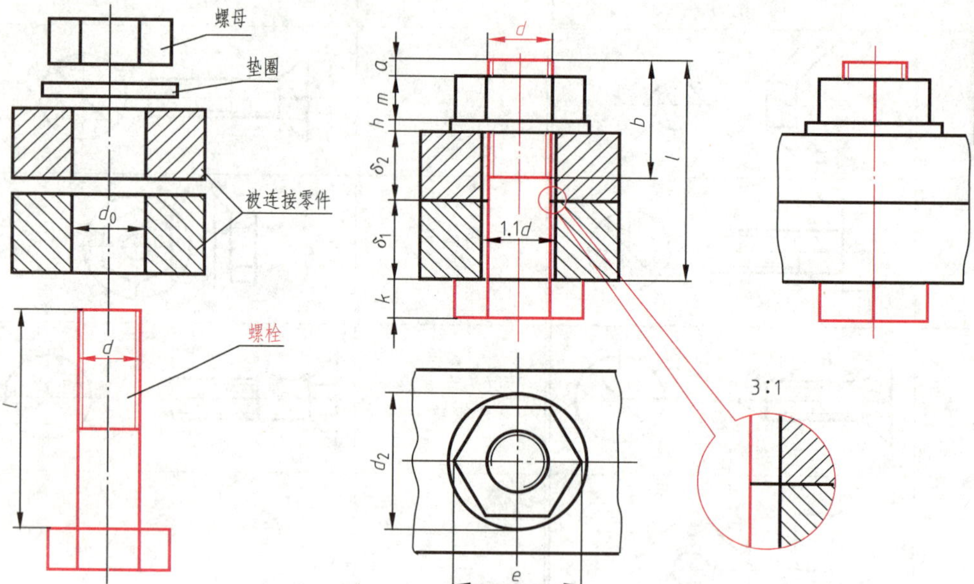

a) 连接前　　b) 连接后

图 6-10　螺栓连接的简化画法

【实例 2】　螺柱连接（图 6-11）。

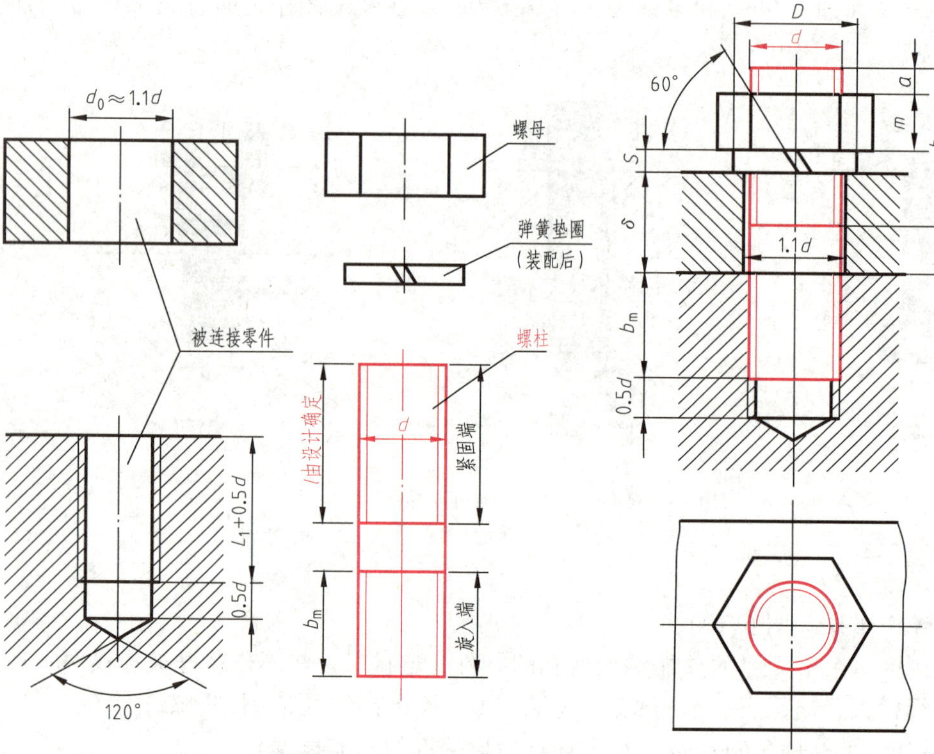

a) 连接前　　b) 连接后

图 6-11　螺柱连接的简化画法

当被连接零件之一较厚，不允许或不可能钻成通孔时，可采用螺柱连接。螺柱的两端均制有螺纹。连接前，先在较厚的零件上制出螺孔，在另一零件上加工出通孔，如图 6-11a 所示；将螺柱的一端（旋入端）全部旋入螺孔内，在另一端（紧固端）套上制出通孔的零件，再套上弹簧垫圈，拧紧螺母，即完成了螺柱连接，其连接图如图 6-11b 所示。

为保证连接强度，螺柱旋入端的长度 b_m 随被旋入零件（机体）材料的不同而有三种规格：

钢 $b_m=d$；铸铁或铜 $b_m=1.25\sim1.5d$；铝 $b_m=2d$。

旋入端的螺纹终止线应与结合面平齐，表示旋入端已拧紧。

螺柱的公称长度 $l=\delta+s+m+a$（查表计算后取接近的标准长度）。

弹簧垫圈用作防松，其开槽的方向为阻止螺母松动的方向，画成与轴线成 60°左上斜的两条平行粗斜线。按比例作图时，取 $s=0.2d$，$D=1.5d$。

【实例 3】 螺钉连接（图 6-12、图 6-13）。

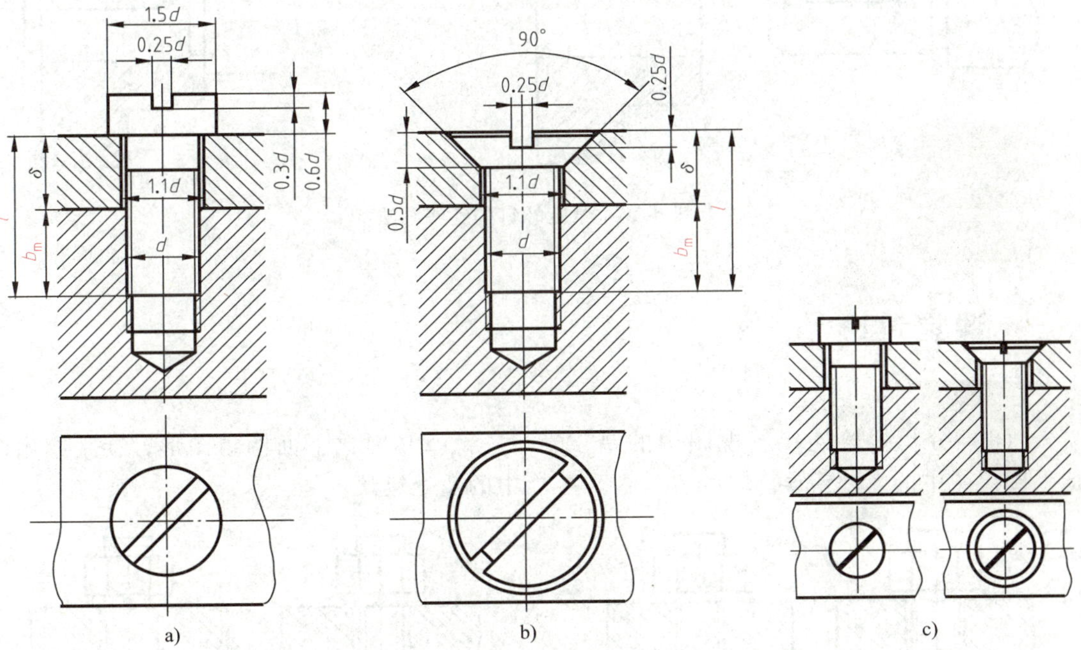

图 6-12　螺钉连接装配画法

螺钉按用途可分为连接螺钉和紧定螺钉两种，前者用于连接零件，后者用于固定零件。

（1）连接螺钉　连接螺钉用于受力不大和经常拆卸的场合。如图 6-12 所示，装配时，将螺钉直接穿过被连接零件上的通孔，再拧入另一被连接零件上的螺孔中，靠螺钉头部压紧被连接零件。

螺钉连接的装配图画法可采用图 6-12a 和图 6-12b 所示的比例画法。

螺钉的公称长度 l=螺纹旋入深度 b_m+通孔零件厚度 δ，式中 b_m 与螺柱连接相同，按公称直径的计算值 l 查表确定标准长度。

画螺钉连接装配图时应注意：在螺钉连接中，螺纹终止线应高于两个被连接零件的结合面（图 6-12a），表示螺钉有拧紧的余地，保证连接紧固，或者在螺杆的全长上都有螺纹（图 6-12b）。螺钉头部的一字槽（或十字槽）的投影可以涂黑表示，在投影为圆的视图上，一字槽应画成45°倾斜位置，线宽为粗实线线宽的两倍（图6-12c）。

（2）紧定螺钉　紧定螺钉用来固定两个零件的相对位置，使它们不产生相对运动。如图6-13中的轴和齿轮（图中齿轮仅画出轮毂部分），用一个开槽锥端紧定螺钉旋入轮毂的螺孔，使螺钉端部的90°锥顶与轴上的90°锥坑压紧，从而固定了轴和齿轮的相对位置。

螺纹紧固件各部分的尺寸可由附表4~附表9中查得。

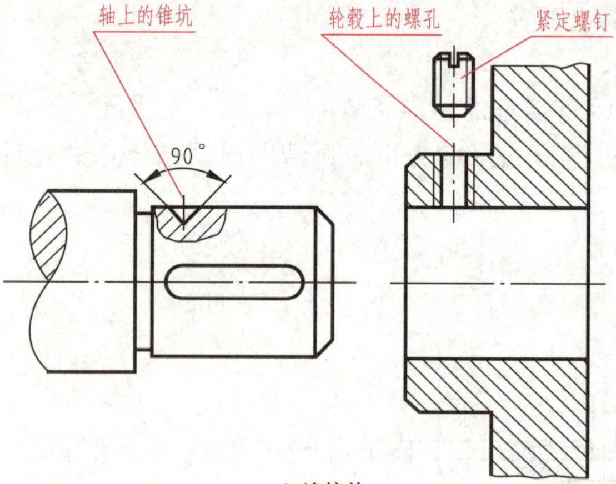

a) 连接前

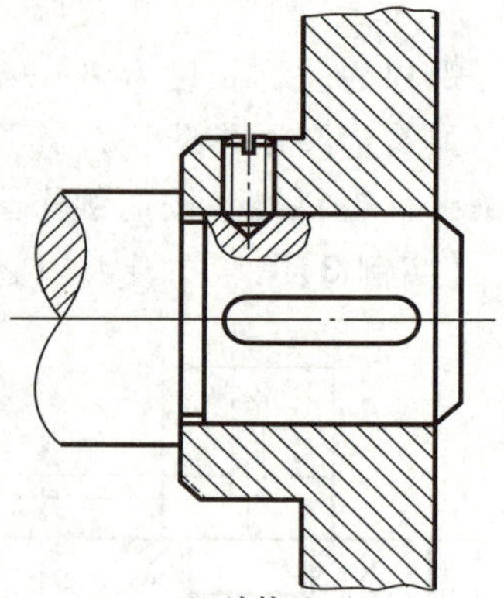
b) 连接后

图6-13　紧定螺钉的连接画法

课堂讨论

（1）分析螺栓连接三视图中的错误，徒手圈出图中的5处错误。

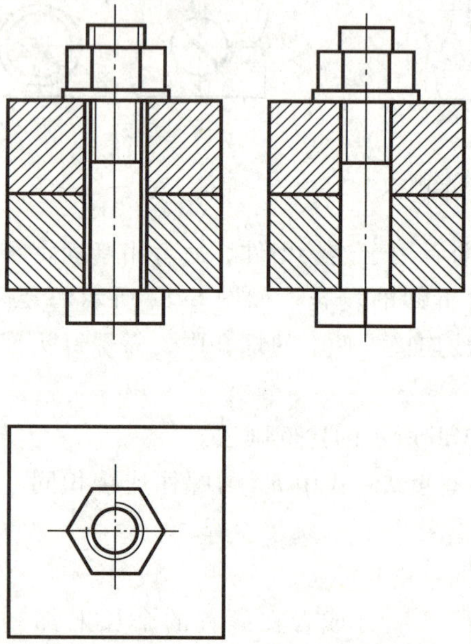

（2）对比下面两组图形，徒手圈出图中的4处错误。

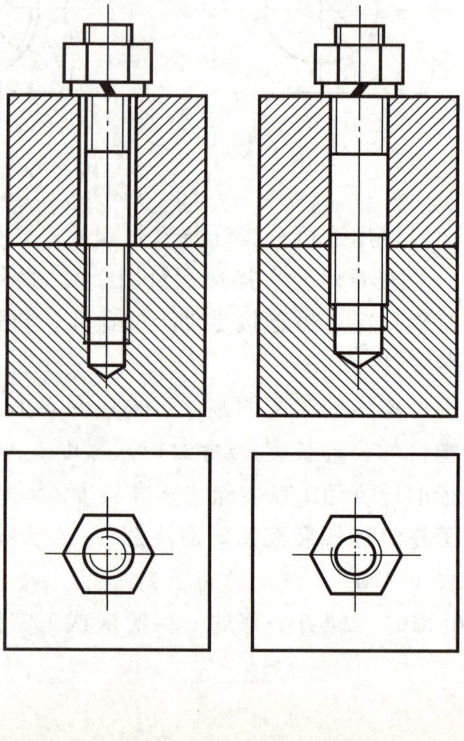

小常识

关于管螺纹的标注：

（1）Rp$\frac{3}{4}$LH　表示尺寸代号为$\frac{3}{4}$的单线左旋圆柱内螺纹。

（2）Rc$\frac{3}{4}$　表示尺寸代号为$\frac{3}{4}$的单线右旋圆锥内螺纹。

（3）R_1　表示与圆柱内螺纹相配合的圆锥外螺纹的特征代号。

（4）R_2　表示与圆锥内螺纹相配合的圆锥外螺纹的特征代号。

必须注意：上述标记中的$\frac{3}{4}$应看成是一种无单位的代号，称为“尺寸代号”，不再称作公称直径，它不是螺纹的大径尺寸。

第二节　键　和　销

键和销都是标准件，键连接和销连接都属于可拆连接。

键通常用来连接轴和轴上的传动件（如齿轮、带轮），使轴和传动件一起转动，以传递转矩的旋转运动。键的种类很多，有普通平键、半圆键、钩头楔键等，其中普通平键应用最广。本节仅介绍普通平键。

销的作用主要是定位，也可用于连接或锁紧。常用的销有圆柱销、圆锥销和开口销。

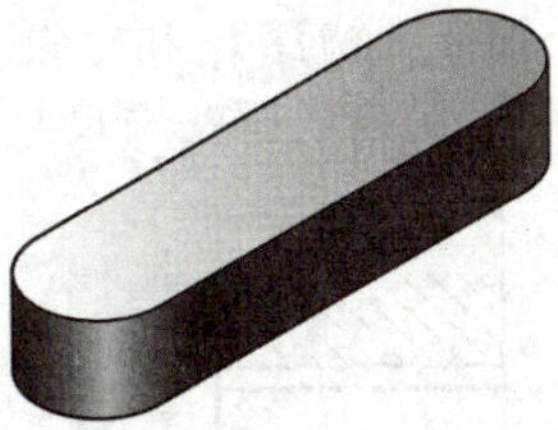

键

圆锥销

一、键连接

普通平键有三种结构类型：A 型（圆头）、B 型（平头）、C 型（单圆头），常用 A 型。图 6-14 所示为普通平键连接的情况。在轴和轮毂上分别加工出键槽，装配时先将键嵌入轴

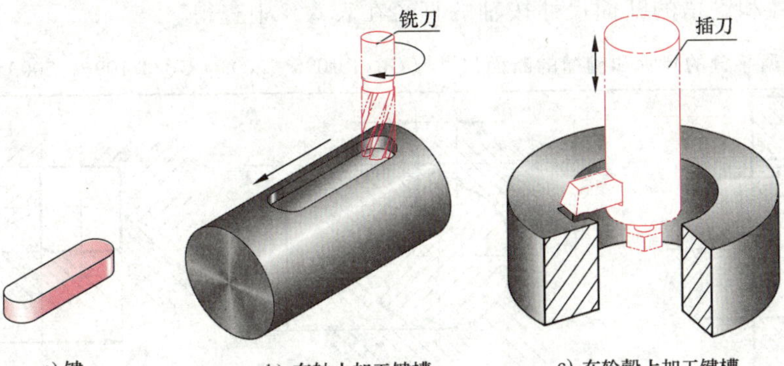

a) 键　　b) 在轴上加工键槽　　c) 在轮毂上加工键槽

图 6-14　普通平键连接

d) 将键嵌入轴槽内　　e) 键与轴同时装入轴孔

图 6-14　普通平键连接（续）

的键槽内，再将轮毂上的键槽对准轴上的键，把轮子装在轴上。传动时，轴和轮子便一起转动。

1. 普通平键的标记（表 6-4）

例如，GB/T 1096 键　18×11×100。

表示 $b=18$、$h=11$、$L=100$ 的普通 A 型平键（普通 A 型平键的型号“A”可省略不注，B 型和 C 型要标注“B”或“C”）。

2. 键槽的画法及尺寸标注

因为键是标准件，所以一般不必画出零件图，但要画出零件上与键相配合的键槽（图 6-15）。键槽的宽度 b 可根据轴的直径 d 查表确定，轴上的槽深 t_1 和轮毂上的槽深 t_2 可从键的标准中查得，键的长度 L 应小于或等于轮毂的长度。键槽的画法与尺寸标注如图 6-15。

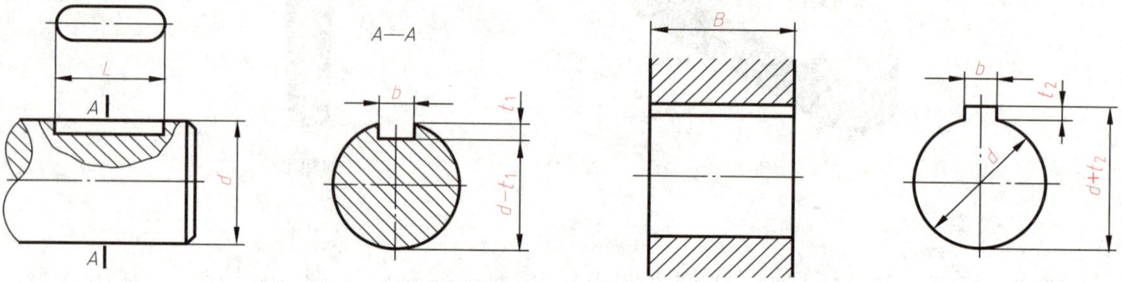

图 6-15　键槽的画法与尺寸标注

普通平键的尺寸和键槽的断面尺寸按轴的直径在表 6-4 中查得。

表 6-4　普通平键的尺寸和键槽的断面尺寸（GB/T 1095—2003、GB/T 1096—2003）

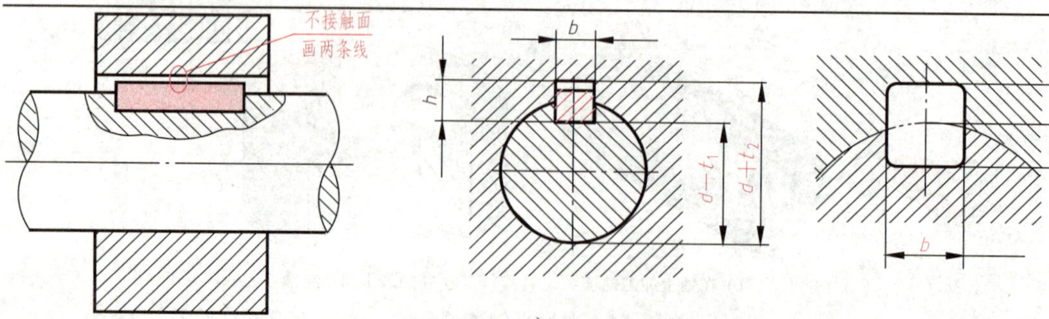

a)

（续）

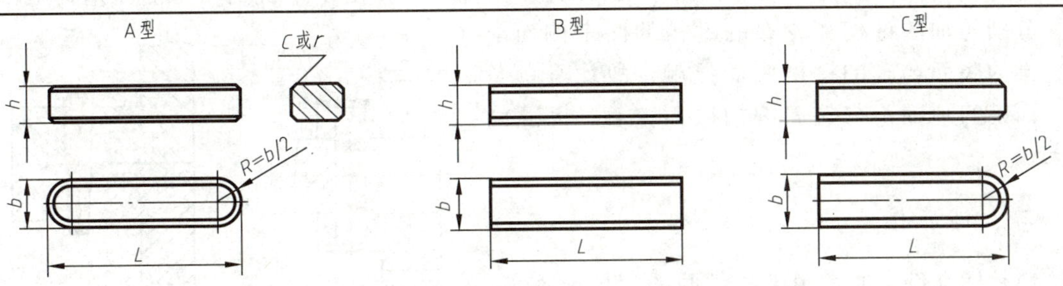

b)

标记示例

GB/T 1096　键　16×10×100（圆头普通平键 A 型，$b=16$mm，$h=10$mm，$L=100$mm）

GB/T 1096　键　B16×10×100（平头普通平键 B 型，$b=16$mm，$h=10$mm，$L=100$mm）

GB/T 1096　键　C16×10×100（单圆头普通平键 C 型，$b=16$mm，$h=10$mm，$L=100$mm）

轴	键		键槽											
公称直径 d	键尺寸 $b\times h$	长度 L	宽度 b						深度				半径 r	
			基本尺寸 b	偏差					轴 t_1		毂 t_2			
				松连接		正常连接		紧密连接						
				轴 H9	毂 D10	轴 N9	毂 JS9	轴和毂 P9	基本尺寸	极限偏差	基本尺寸	极限偏差	min	max
10～12	4×4	8～45	4	+0.030 0	+0.078 +0.030	0 −0.030	±0.015	−0.012 −0.042	2.5	+0.1 0	1.8	+0.1 0	0.08	0.16
12～17	5×5	10～56	5						3.0		2.3		0.16	0.25
17～22	6×6	14～70	6						3.5		2.8			
22～30	8×7	18～90	8	+0.036 0	+0.098 +0.040	0 −0.036	±0.018	−0.015 −0.051	4.0	+0.2 0	3.3	+0.2 0		
30～38	10×8	22～110	10						5.0		3.3		0.25	0.40
38～44	12×8	28～140	12	+0.043 0	+0.120 +0.050	0 −0.043	+0.0215	−0.018 −0.061	5.0		3.3			
44～50	14×9	36～160	14						5.5		3.8			
50～58	16×10	45～180	16						6.0		4.3			
58～65	18×11	50～200	18						7.0		4.4			
65～75	20×12	56～220	20	+0.052 0	+0.149 +0.065	0 −0.052	±0.026	−0.022 −0.074	7.5		4.9		0.40	0.60
75～85	22×14	63～250	22						9.0		5.4			
85～95	25×14	70～280	25						9.0		5.4			
95～110	28×16	80～320	28						10.0		6.4			

注：1. （$d-t_1$）和（$d+t_2$）两组组合尺寸的极限偏差按相应的 t_1 和 t_2 的极限偏差选取，但（$d-t_1$）极限偏差的值应取负号（−）。

2. L 系列：6～22（二进位）、25、28、32、36、40、45、50、56、63、70、80、90、100、110、125、140、160、180、200、220、250、280、320、360、400、450、500。

3. 轴的直径与键的尺寸的对应关系未列入标准，此表给出仅供参考。

4. 此表中数据单位为 mm。

3. 键连接画法

表 6-4 中图 a 所示为普通平键连接的装配图画法。主视图中键被剖切面纵向剖切，键按不剖处理。为了表示键在轴上的装配情况，采用了局部剖视。左视图中键被横向剖切，键要

画剖面线（与轮的剖面线方向相反，或一致但间隔不等）。由于平键的两个侧面是其工作表面，分别与轴的键槽和轮毂的键槽的两个侧面配合，键的底面与轴的键槽底面接触，故均画一条线，而键的顶面不与轮毂键槽底面接触，因此画两条线。

二、销连接

销是标准件，通常用于零件间的定位或连接。常用的有圆柱销、圆锥销和开口销。圆柱销和圆锥销的连接画法如图 6-16 所示。

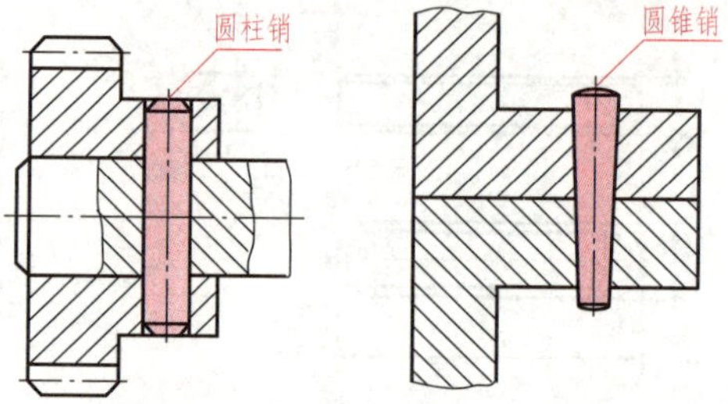

a) 圆柱销　　b) 圆锥销

图 6-16　销连接画法

知识拓展

键连接除了使用普通平键连接外，有时也用半圆键和楔键连接。表 6-5 列出了三种常用键连接的特点和应用场合。

表 6-5　三种常用键连接的特点和应用场合

名称	连接的画法	
普通平键	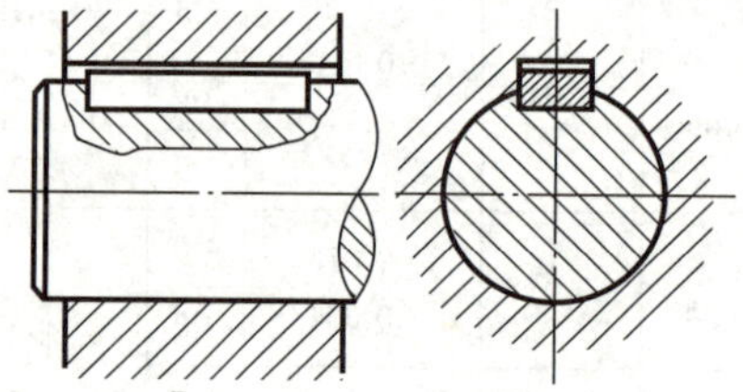	平键的一半嵌在轴的键槽内，另一半嵌在装配零件的轮毂内。传动时，轴和轮一起转动，传递转矩和旋转运动。平键制造简单，装拆方便，在各种机械上广泛应用
半圆键	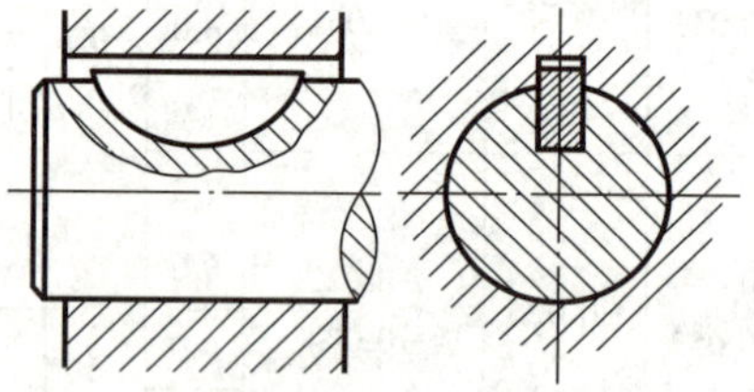	半圆键的两侧与键槽紧密配合，轴槽也呈半圆形。键的两侧和键底应与轴和轮的键槽表面接触，靠侧面传递转矩，装配方便，适用于轻载和锥形轴端
钩头楔键	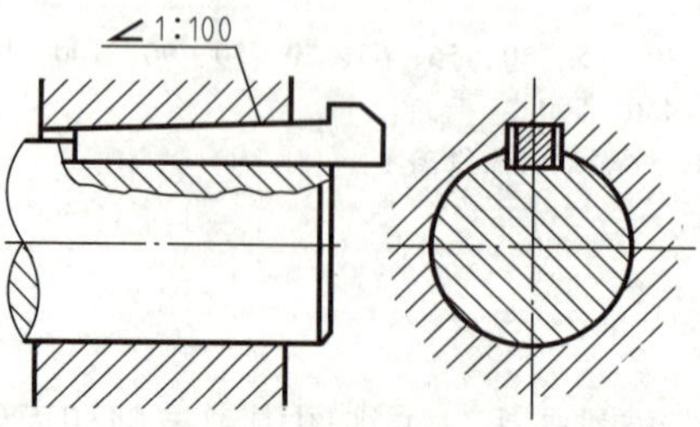	楔键的顶面有 1 : 100 的斜度，装配时打入键槽，其顶面和底面是工作面（平键和半圆键的两侧面是工作面），适用于低速、重载、低精度场合，在造船、农机、重型机械行业广泛应用

第三节　直齿圆柱齿轮

齿轮是广泛用于机器或部件中的传动零件，它不仅可以用来传递动力，还能改变转速和回转方向。齿轮的轮齿部分已标准化。

齿轮传动中常见的三种类型：

圆柱齿轮　它用于两平行轴之间的传动（图 6-17a）。

锥齿轮　它用于两相交轴之间的传动（图 6-17b）。

蜗轮蜗杆　它用于两垂直交叉轴之间的传动（图 6-17c）。

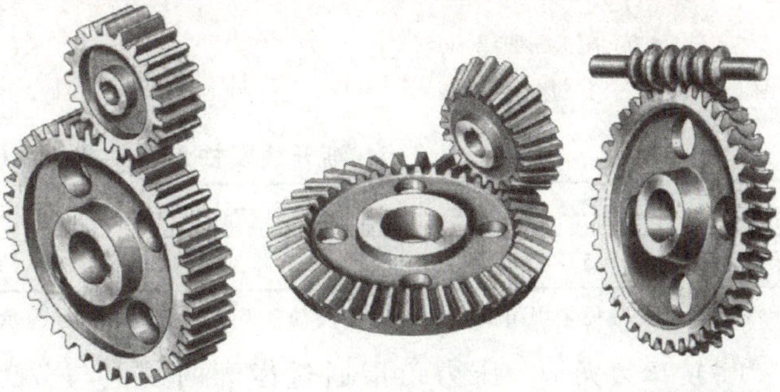

图 6-17　齿轮传动的常见类型

齿轮的齿廓曲线有多种，应用最广的是渐开线。本节只介绍齿廓曲线为渐开线的标准直齿圆柱齿轮的几何要素及其画法。

一、直齿圆柱齿轮的主要参数及其计算

圆柱齿轮按轮齿方向的不同分为直齿、斜齿和人字齿三种。

1. 直齿圆柱齿轮的几何要素及尺寸关系（图 6-18）

（1）齿顶圆　通过轮齿顶部的圆，其直径用 d_a 表示。

（2）齿根圆　通过轮齿根部的圆，其直径用 d_f 表示。

（3）分度圆　加工齿轮时，作为齿轮轮齿分度的圆称为分度圆，在该圆上，齿厚 s 等于齿槽宽 e（s 和 e 均指弧长）。分度圆直径用 d 表示，它是设计、制造齿轮时计算各部分尺寸的基准圆。

（4）齿距　分度圆上相邻两齿廓对应点之间的弧长，用 p 表示。

（5）齿高　轮齿在齿顶圆与齿根圆之间的径向距离，用 h 表示。

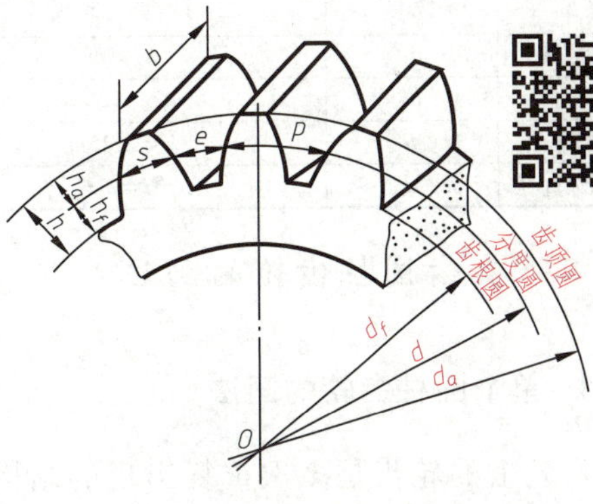

图 6-18　齿轮的几何要素及其代号

齿顶高：齿顶圆与分度圆之间的径向距离，用 h_a 表示。

齿根高：齿根圆与分度圆之间的径向距离，用 h_f 表示。

齿高：$h=h_a+h_f$。

（6）中心距　两啮合齿轮轴线之间的距离，用 a 表示。

（7）传动比　主动齿轮转速 n_1（转/分）与从动齿轮转速 n_2（转/分）之比称为传动比，用 i 表示。由于转速与齿数成反比，因此传动比也等于从动齿轮齿数 z_2 与主动齿轮 z_1 之比，即 $i=n_1/n_2 \geqslant z_2/z_1$。

2. 直齿圆柱齿轮的基本参数

（1）齿数 z　齿轮上轮齿的个数就是该齿轮的齿数。

（2）模数 m　齿轮的分度圆周长 $\pi d=zp$，则 $d=\frac{p}{\pi}z$，令 $\frac{p}{\pi}=m$，则 $d=mz$。所以模数是齿距 p 与圆周率 π 的比值，即 $m=\frac{p}{\pi}$，单位为mm。

模数是齿轮设计、加工中十分重要的参数。模数越大，轮齿就越大，因而齿轮的承载能力也越大。为了便于设计和制造，模数已经标准化，我国规定的标准模数值见表6-6。

表6-6　渐开线圆柱齿轮　模数（GB/T 1357—2008）　（单位：mm）

第Ⅰ系列	1	1.25	1.5	2	2.5	3	4	5	6	8	10	12	16	20	25	32	40	50	
第Ⅱ系列	1.125	1.375	1.75	2.25	2.75	3.5	4.5	5.5	(6.5)	7	9	11	14	18	22	28	35	45	

注：应尽量避免采用第Ⅱ系列中的法向模数6.5，表中用括号表示。

（3）压力角 α　压力角指通过齿廓曲线上与分度圆交点所作的切线与径向所夹的锐角（图6-19）。根据GB/T 1356—2001的规定，我国采用的标准压力角 α 为20°。

两标准直齿圆柱齿轮正确啮合传动的条件是模数 m 和压力角 α 均相同。

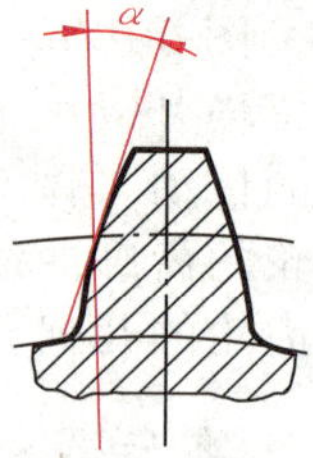

图6-19　压力角的概念

3. 直齿圆柱齿轮各部分尺寸的计算公式

齿轮的基本参数 z、m、α 确定以后，齿轮各部分尺寸可按表6-7中的公式计算。

表6-7　渐开线直齿圆柱齿轮几何要素的尺寸计算

名称	代号	计算公式	名称	代号	计算公式
齿顶高	h_a	$h_a=m$	齿顶圆直径	d_a	$d_a=m(z+2)$
齿根高	h_f	$h_f=1.25m$	齿根圆直径	d_f	$d_f=m(z-2.5)$
齿高	h	$h=2.25m$	中心距	a	$a=\frac{1}{2}(d_1+d_2)=\frac{1}{2}m(z_1+z_2)$
分度圆直径	d	$d=mz$			

二、直齿圆柱齿轮的画法

1. 单个圆柱齿轮的画法

齿轮上的轮齿是多次重复出现的结构，GB/T 4459.2—2003对齿轮的画法作了如下规定（图6-20）：

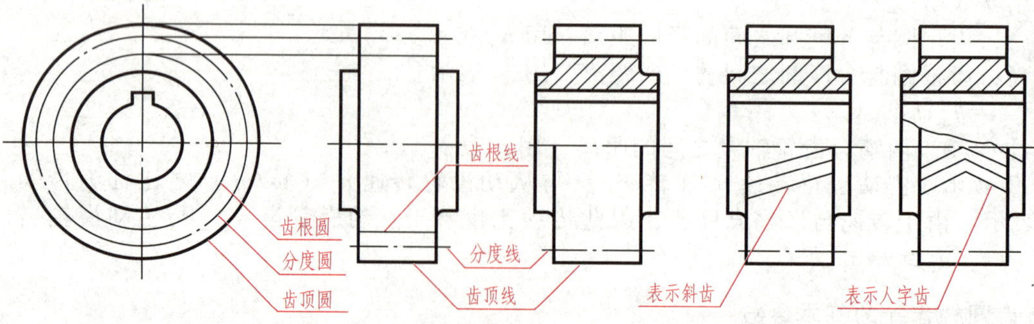

图6-20　单个圆柱齿轮的画法

1）齿顶圆和齿顶线用粗实线表示；分度圆和分度线用细点画线表示；齿根圆和齿根线画细实线或省略不画。

2）在剖视图中，齿根线用粗实线表示，轮齿部分不画剖面线。

3）对于斜齿或人字齿的圆柱齿轮，可用三条细实线表示轮齿的方向。齿轮的其他结构，按投影画出。

图 6-21 为直齿圆柱齿轮零件图。

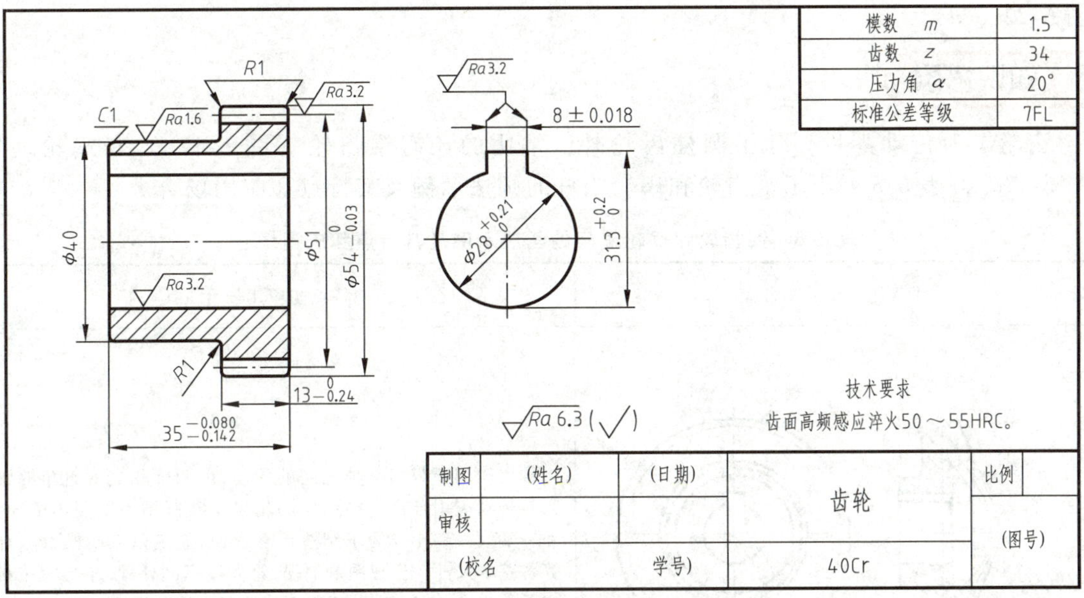

图 6-21　直齿圆柱齿轮零件图

2. 两圆柱齿轮啮合的画法

两标准齿轮互相啮合时，两轮分度圆处于相切的位置，此时分度圆又称为节圆。圆柱齿轮的啮合画法如图 6-22 所示，关键是啮合区的画法，其他部分仍按单个齿轮的画法规定绘制。啮合区的画法规定如下：

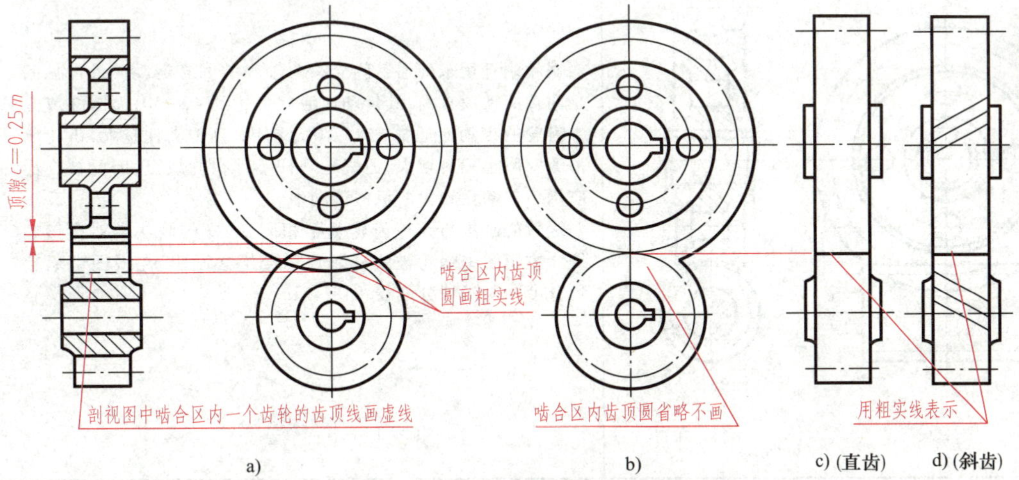

图 6-22　圆柱齿轮的啮合画法

1）在投影为圆的视图中，两齿轮的节圆相切。啮合区内的齿顶圆均画粗实线（图 6-22a），也可以省略不画（图 6-22b）。

2）在非圆投影的剖视图中，两齿轮节线重合，画细点画线，齿根线画粗实线。齿顶线的画法是将一个齿轮的轮齿作为可见，画成粗实线，另一个齿轮的轮齿被遮住部分画成虚线（图6-22a），该虚线也可省略不画。

3）在非圆投影的外形视图中，啮合区的齿顶线和齿根线不必画出，节线画成粗实线（图 6-22c、d）。

知识拓展

齿轮作为传动零件，除了圆柱齿轮外，常用的还有锥齿轮（图 6-17b）和蜗轮蜗杆（图 6-17c），表 6-8 列出了锥齿轮和蜗轮蜗杆的画法示例及其特点和应用场合。

表 6-8　锥齿轮和蜗轮蜗杆的画法示例及其特点和应用场合

锥齿轮与蜗轮蜗杆	特点与应用场合
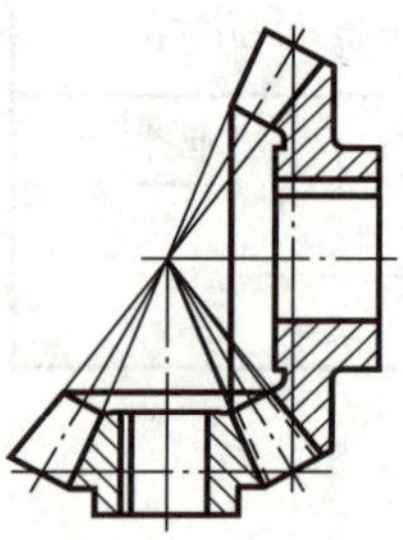 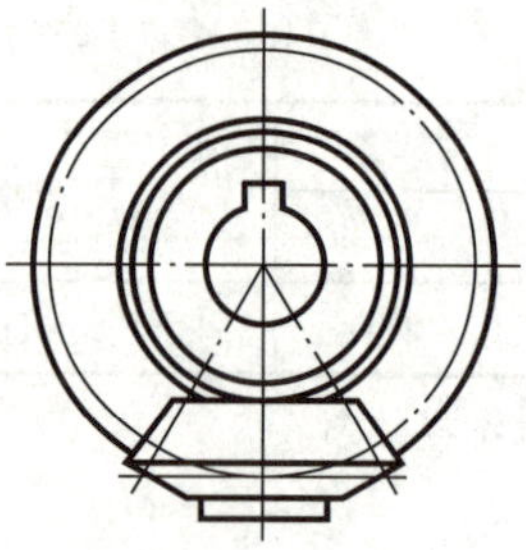	锥齿轮用于两相交轴之间的传动，以两轴相交成直角的锥齿轮传动应用最广。锥齿轮的轮齿是在圆锥面上制出的，因而一端大一端小。为了制造计算方便，规定以大端模数来计算各基本尺寸。主视图取剖视，轮齿按不剖处理，左视图用粗实线画出大、小端顶圆，用点画线画出大端分度圆
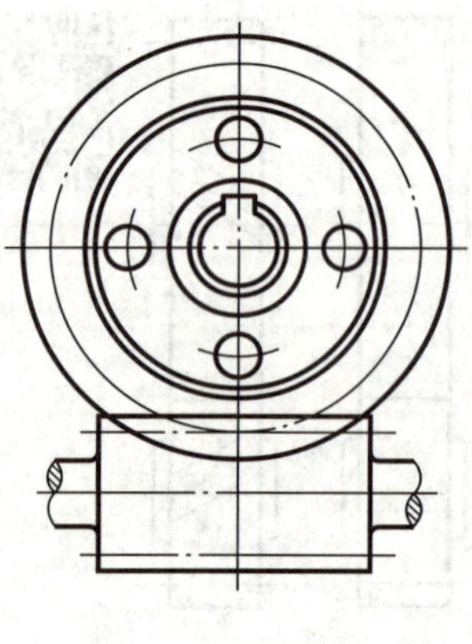 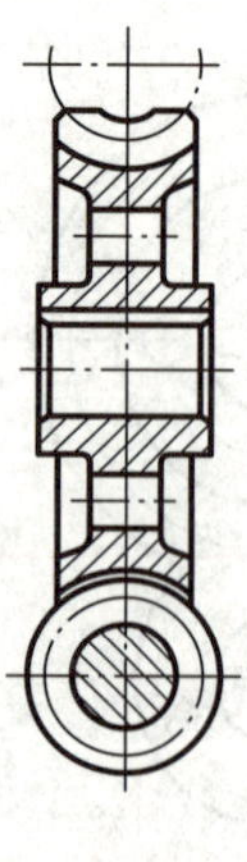	蜗轮蜗杆用来传递空间交叉两轴间的回转运动。最常见的是两轴交叉成直角，其传动比通常可达到 40～50，而圆柱或圆锥齿轮的传动比通常在 1～10 范围内，且传动比越大，齿轮所占的空间也相对增大，但蜗轮蜗杆不存在此缺点，因此被广泛应用于传动比较大的机械传动中。 蜗轮的画法与圆柱齿轮基本相同，蜗杆的画法类似梯形螺纹。主视图中蜗轮被蜗杆遮住部分不必画出，左视图中蜗轮的分度圆与蜗杆分度线相切

第四节 弹 簧

弹簧是用途很广泛的常用零件。它主要用于减振、夹紧、储存能量和测力等方面。

弹簧的特点是去掉外力后，能立即恢复原状。常用的弹簧如图 6-23 所示。本节仅介绍普通圆柱螺旋压缩弹簧的画法和尺寸计算。

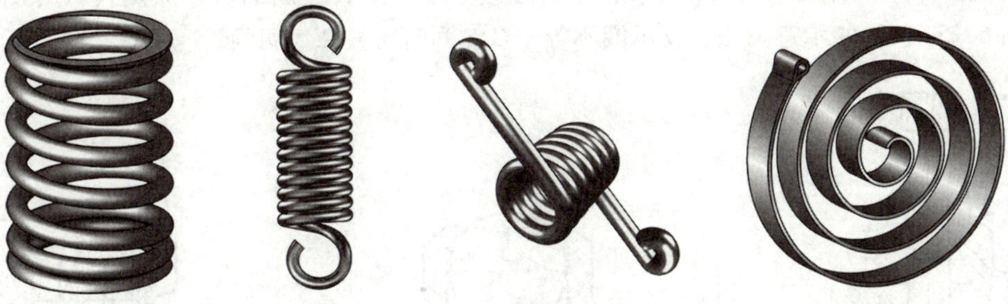

a) 压缩弹簧　b) 拉伸弹簧　c) 扭转弹簧　d) 平面涡卷弹簧

图 6-23 常用的弹簧

一、圆柱螺旋压缩弹簧各部分名称及尺寸计算（图 6-24）

(1) 线径 d　弹簧钢丝直径。

(2) 弹簧外径 D_2　弹簧最大直径。

(3) 弹簧内径 D_1　弹簧最小直径。

(4) 弹簧中径 D　弹簧内、外径的平均直径，$D=\frac{D_1+D_2}{2}=D_1+d=D_2-d$。

(5) 节距 t　除支承圈外，相邻两有效圈上对应点之间的轴向距离。

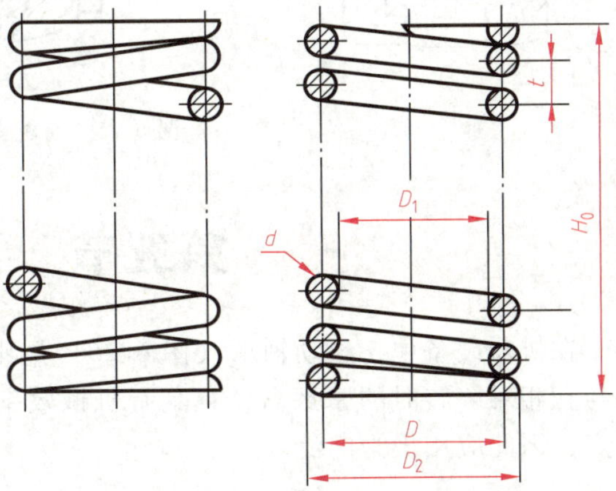

图 6-24 圆柱螺旋压缩弹簧

(6) 有效圈数 n、支承圈数 n_2 和总圈数 n_1　为了使螺旋压缩弹簧工作时受力均匀，增加弹簧的平稳性，将弹簧的两端并紧、磨平。并紧、磨平的部分主要起支承作用，称为支承圈。图 6-24 所示的弹簧，两端各有 $1\frac{1}{4}$圈为支承圈，即 $n_2=2.5$。保持相等节距的圈数，称为有效圈数。有效圈数与支承圈数之和称为总圈数，即 $n_1=n+n_2$。

(7) 自由高度 H_0　弹簧在不受外力作用时的高度（或长度），$H_0=nt+(n_2-0.5)d$。

(8) 展开长度 L　制造弹簧时坯料的长度。由螺旋线的展开可知 $L\approx n_1\sqrt{(\pi D)^2+t^2}$。

二、圆柱螺旋压缩弹簧的画法

1) 弹簧在平行于轴线的投影面上的视图中，各圈的轮廓应画成直线（图 6-24）。

2）螺旋弹簧均可画成右旋，但左旋弹簧不论画成左旋或右旋，一律要加注代号 LH。

3）有效圈数在4圈以上的螺旋弹簧，中间各圈可以省略，只画出其两端的1~2圈（不包括支承圈），中间只需用通过簧丝断面中心的细点画线连起来。省略后，允许适当缩短图形的长度，但应注明弹簧设计要求的自由高度（图6-24）。

4）在装配图中，螺旋弹簧被剖切后，不论中间各圈是否省略，被弹簧挡住的结构一般不画，其可见部分应从弹簧的外轮廓线或弹簧钢丝剖切面的中心线画起（图6-25a）。

在装配图中，当弹簧钢丝的直径在图上等于或小于2时，其断面可以涂黑表示（图6-25b），或采用图6-25c 所示的示意画法。支承圈不等于2.5圈时可按2.5圈画。

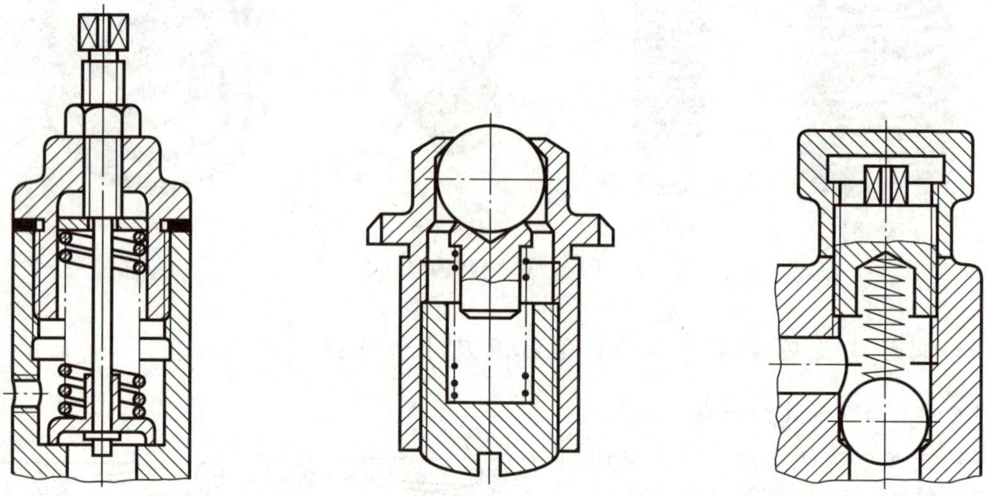

a)　　b)　　c)

图6-25　装配图中弹簧的画法

第五节　滚动轴承

在机器设备中，滚动轴承（图6-26）是用来支承轴的标准组件。由于它可以大大减小轴与孔相对旋转时的摩擦力，且具有机械效率高、结构紧凑等优点，因此应用极为广泛。

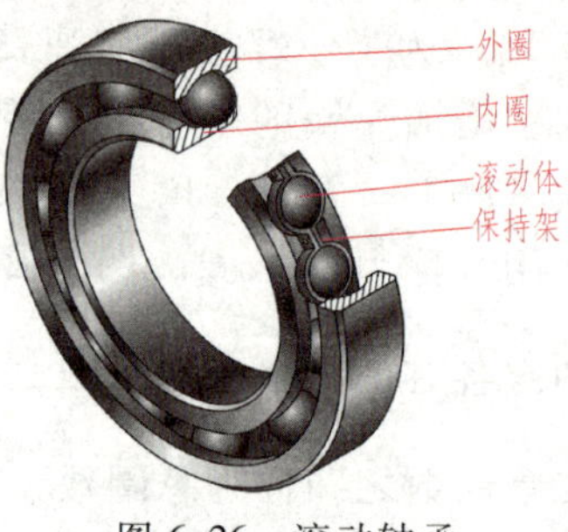

图6-26　滚动轴承

一、滚动轴承的结构及其分类（GB/T 4459.7—1998）

滚动轴承的种类很多，但其结构大体相同，一般由外圈、内圈、滚动体和保持架组成，如图6-26所示。内圈装在轴上，随轴一起转动；外圈装在机体或轴承座内，一般固定不动；滚动体安装在内、外圈之间的滚道中，其形状有球形、圆柱形和圆锥形等，当内圈转动时，它们在滚道内滚动；保持架用来隔离滚动体。

滚动轴承按其受力方向可分为三类：

1）向心轴承，主要受径向力，如深沟球轴承。

2）向心推力轴承，同时承受径向和轴向力，如圆锥滚子轴承。

3）推力轴承，只受轴向力，如推力球轴承。

二、滚动轴承的画法

滚动轴承是标准组件，不必画出其各组成部分的零件图。在装配图上，只需根据轴承的几个主要外形尺寸，即外径 D、内径 d、宽度 B，便可画出外形轮廓，轮廓内用规定画法或特征画法绘制，见表 6-9。各主要尺寸的数值由标准中查得，见表 6-10。

当不需要确切表示轴承的外形轮廓、载荷特性和结构特征时，可按轴承通用画法画出，见表 6-9。

表 6-9　常用滚动轴承的表示法

轴承类型	结构形式	通用画法	特征画法	规定画法	承载特征
		（均指滚动轴承在所属装配图的剖视图中的画法）			
深沟球轴承（GB/T 276—2013）6000 型	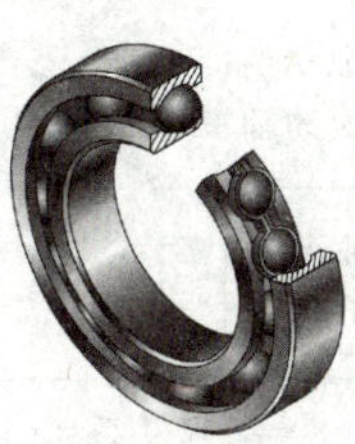		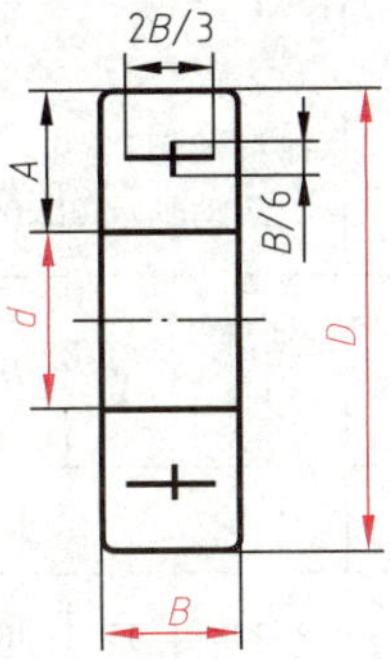	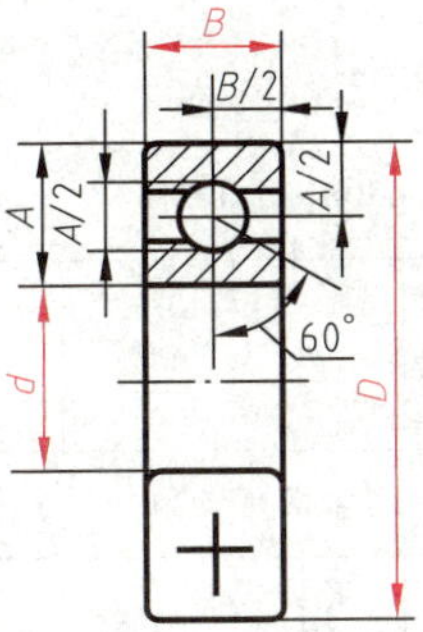	主要承受径向载荷
圆锥滚子轴承（GB/T 297—2015）30000 型		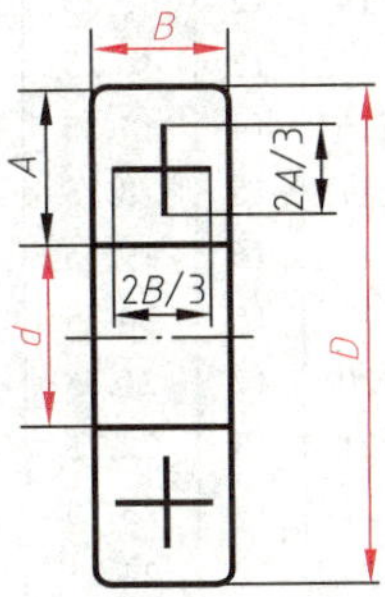	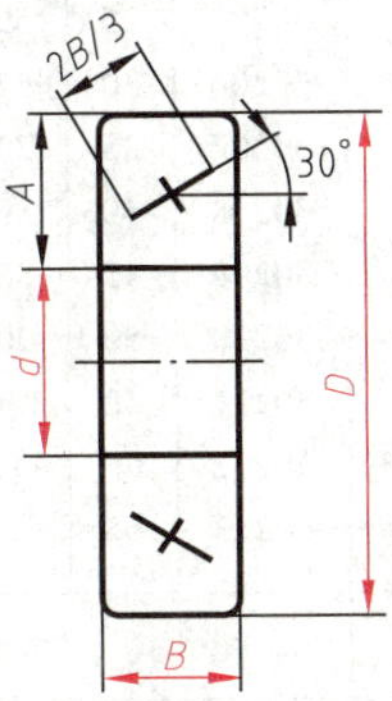	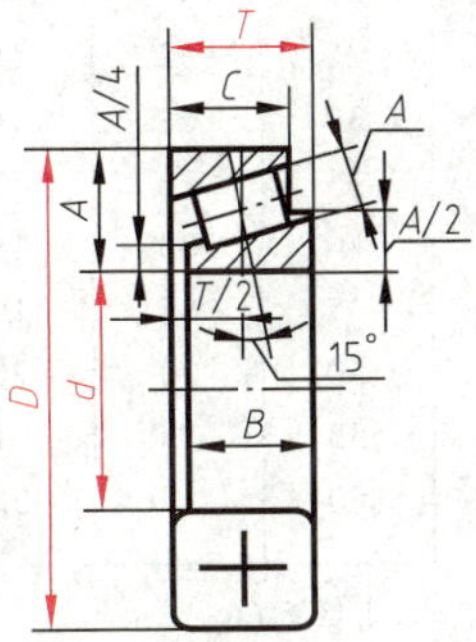	可同时承受径向和轴向载荷
推力球轴承（GB/T 301—2015）51000 型	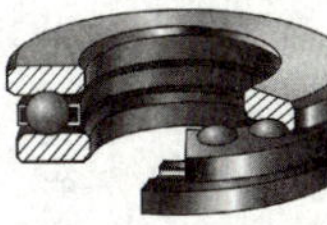		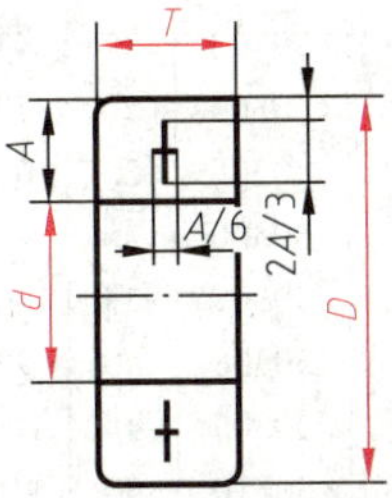	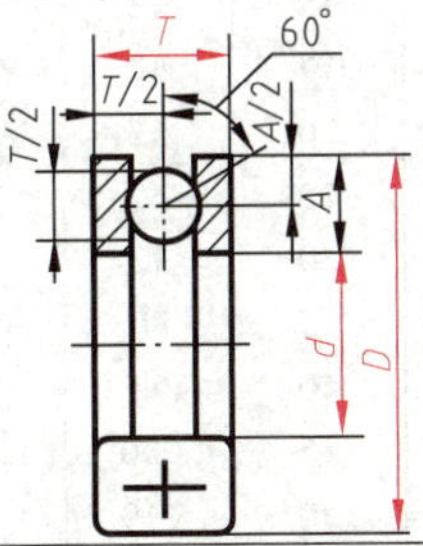	承受单方向的轴向载荷
三种画法的选用场合		当不需要确切地表示滚动轴承的外形轮廓、承载特性和结构特征时采用	当需要较形象地表示滚动轴承的结构特征时采用	滚动轴承的产品图样、产品样本、产品标准和产品使用说明书中采用	

表 6-10　滚动轴承　　（单位：mm）

深沟球轴承

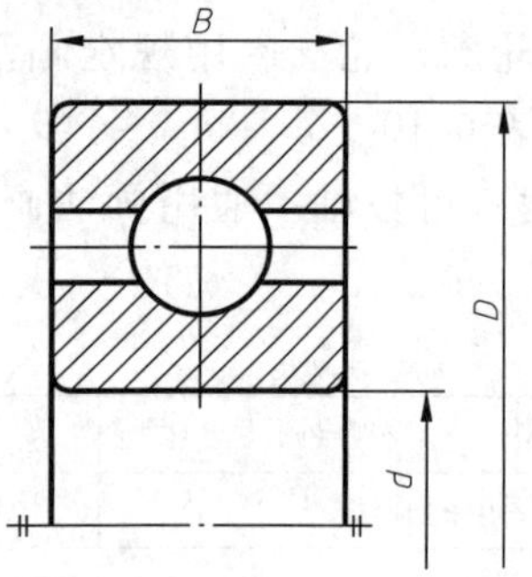

标记示例：
滚动轴承 6308 GB/T 276

轴承型号	d	D	B
尺寸系列(02)			
6202	15	35	11
6203	17	40	12
6204	20	47	14
6205	25	52	15
6206	30	62	16
6207	35	72	17
6208	40	80	18
6209	45	85	19
6210	50	90	20
6211	55	100	21
6212	60	110	22
尺寸系列(03)			
6302	15	42	13
6303	17	47	14
6304	20	52	15
6305	25	62	17
6306	30	72	19
6307	35	80	21
6308	40	90	23
6309	45	100	25
6310	50	110	27
6311	55	120	29
6312	60	130	31
6313	65	140	33

圆锥滚子轴承

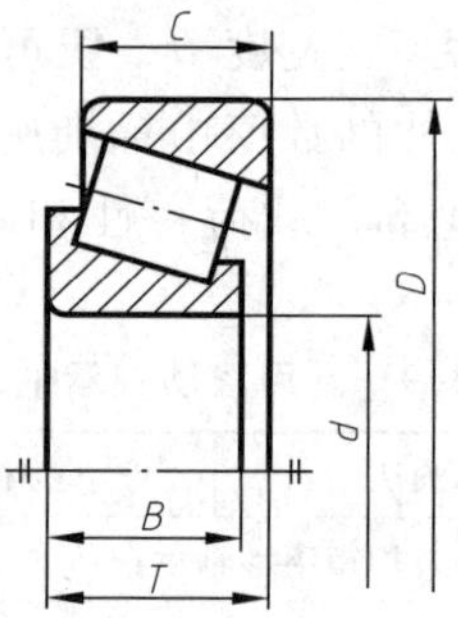

标记示例：
滚动轴承 30209 GB/T 297

轴承型号	d	D	B	C	T
尺寸系列(02)					
30203	17	40	12	11	13.25
30204	20	47	14	12	15.25
30205	25	52	15	13	16.25
30206	30	62	16	14	17.25
30207	35	72	17	15	18.25
30208	40	80	18	16	19.75
30209	45	85	19	16	20.75
30210	50	90	20	17	21.75
30211	55	100	21	18	22.75
30212	60	110	22	19	23.75
30213	65	120	23	20	24.75
尺寸系列(03)					
30302	15	42	13	11	14.25
30303	17	47	14	12	15.25
30304	20	52	15	13	16.25
30305	25	62	17	15	18.25
30306	30	72	19	16	20.75
30307	35	80	21	18	22.75
30308	40	90	23	20	25.25
30309	45	100	25	22	27.25
30310	50	110	27	23	29.25
30311	55	120	29	25	31.5
30312	60	130	31	26	33.5
30313	65	140	33	28	36.0

推力球轴承

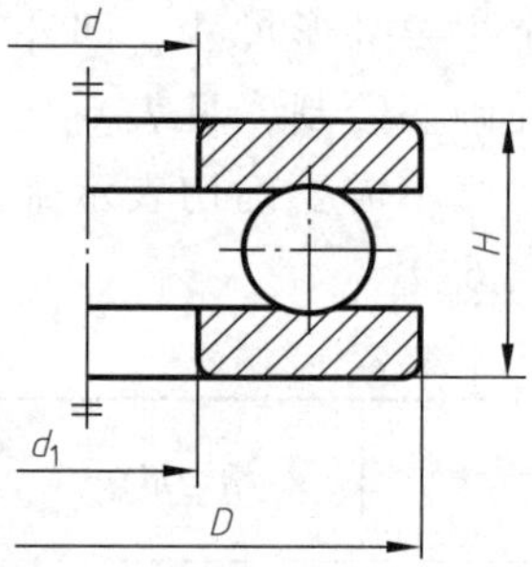

标记示例：
滚动轴承 51205 GB/T 301

轴承型号	d	D	H	$d_{1\min}$
尺寸系列(12)				
51202	15	32	12	17
51203	17	35	12	19
51204	20	40	14	22
51205	25	47	15	27
51206	30	52	16	32
51207	35	62	18	37
51208	40	68	19	42
51209	45	73	20	47
51210	50	78	22	52
51211	55	90	25	57
51212	60	95	26	62
尺寸系列(13)				
51304	20	47	18	22
51305	25	52	18	27
51306	30	60	21	32
51307	35	68	24	37
51308	40	78	26	42
51309	45	85	28	47
51310	50	95	31	52
51311	55	105	35	57
51312	60	110	35	62
51313	65	115	36	67
51314	70	125	40	72
51315	75	135	44	77

在装配图中，滚动轴承通常按规定画法绘制，如图6-27中的深沟球轴承上一半按规定画法画出，轴承内圈和外圈的剖面线方向和间隔均相同，而另一半按通用画法画出，即用粗实线画出正十字。必须注意：为了便于装拆，在装配图中，轴肩尺寸应小于轴承内圈外径，孔肩直径应大于轴承外圈内径。

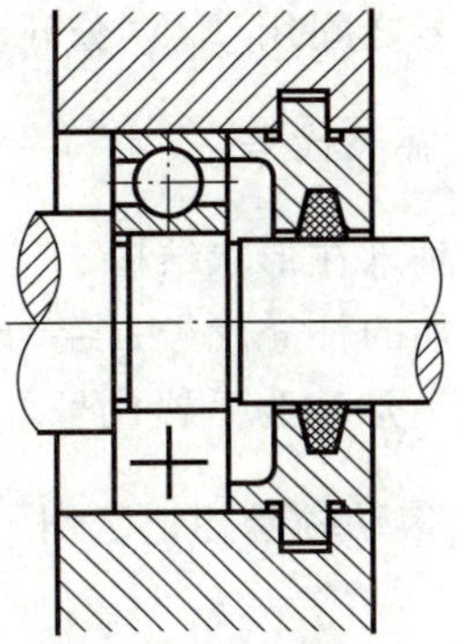
图 6-27　深沟球轴承

三、滚动轴承的标记

滚动轴承的标记由名称、代号、标准编号三部分组成。轴承的代号有基本代号和补充代号。

1. 基本代号

基本代号表示轴承的基本结构、尺寸、公差等级、技术性能等特征。滚动轴承的基本代号（滚针轴承除外）由轴承类型代号、尺寸系列代号、内径代号三部分组成。

例如，

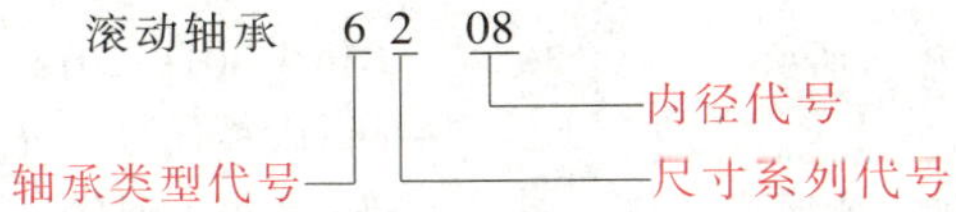

(1) 轴承类型代号　轴承类型代号用数字或字母表示，见表6-11，如“6”表示深沟球轴承。类型代号如果是“0”（双列角接触球轴承），按规定可以省略不注。

表 6-11　滚动轴承类型代号（摘自 GB/T 272—1993）

代号	轴承类型	代号	轴承类型
0	双列角接触球轴承	6	深沟球轴承
1	调心球轴承	7	角接触球轴承
2	调心滚子轴承和推力调心滚子轴承	8	推力圆柱滚子轴承
3	圆锥滚子轴承	N	圆柱滚子轴承（双列或多列用字母 NN 表示）
4	双列深沟球轴承	U	外球面球轴承
5	推力球轴承	QJ	四点接触球轴承

注：在表中代号后或前加字母或数字表示该类轴承中的不同结构。

(2) 尺寸系列代号　为适应不同的工作（受力）情况，在内径相同时，有各种不同的外径尺寸，它们构成一定的系列，称为轴承尺寸系列，用数字表示。例如，数字“1”和“7”为特轻系列，“2”为轻窄系列，“3”为中窄系列，“4”为重窄系列等。

(3) 内径代号　内径代号表示滚动轴承的内圈孔径，是轴承的公称内径，用两位数表示。

当代号数字为00、01、02、03时，分别表示内径 $d=10$、12、15、17。

当代号数字为04~99时，代号数字乘以“5”，即为轴承内径（22、28、33除外）。

尺寸大于或等于500，以及为22、28、32时，用公称内径毫米数直接表示，但与尺寸系列代号之间用“/”分开。

2. 补充代号

当轴承在形状结构、尺寸、公差、技术要求等有改变时，可使用补充代号。在基本代号前面添加的补充代号（字母）称为前置代号，在基本代号后面添加的补充代号（字母或字母加数字）称为后置代号。前置代号与后置代号的有关规定可查阅有关手册。

3. 滚动轴承标记示例

滚动轴承 2 03 GB/T 276—2013

类型代号 “0”双列角接触球轴承（规定“0”省略不写）

尺寸系列代号“02”（其中数字“0”省略不写）

内径代号 $d = 17\text{mm}$

滚动轴承 3 03 05 GB/T 276—2015

类型代号 圆锥滚子轴承

尺寸系列代号“03”中窄系列

内径代号 $d = 7 \times 5 = 25\text{mm}$

滚动轴承 5 12 07 GB/T 301—2015

类型代号 “5”推力球轴承

尺寸系列代号“12” 51000型的12系列

内径代号 $d = 7 \times 5 = 35\text{mm}$

第七单元 零件图

任何一台机器或一个部件都是由若干零件按一定的装配关系和设计、使用要求装配而成的。表达单个零件的图样称为零件图，它是制造和检验零件的主要依据。

本单元将介绍识读和绘制零件图的基本方法，并简要介绍在零件图上标注尺寸的合理性、零件的加工工艺结构以及极限与配合、几何公差、表面粗糙度等内容。

第一节 零件表达方案的确定

零件图要求把零件的内、外结构形状正确、完整、清晰地表达出来。要满足这些要求，首先要对零件的结构形状特点进行分析，并尽可能了解零件在机器或部件中的位置、作用和它的加工方法，然后灵活地选择视图、剖视图、断面图等表示法。解决表达零件结构形状的关键是恰当地选择主视图和其他视图，确定一个比较合理的表达方案。

一、零件图与装配图的关系

任何一台机器或一个部件，都是由若干零件按一定的装配关系装配而成。图 7-1 是一个球阀的轴测装配图。球阀是管道系统中控制流体流量和启闭的部件，由 13 种零件组成。当球阀的阀芯处于图 7-1 所示的位置时，阀门全部开启，管道畅通。转动扳手带动阀杆和阀芯旋转 90°时，则阀门全部关闭，管道断流。表达一台机器或一个部件的图样称为装配图，这个球阀的装配图见下一单元的图 8-1。制造这个球阀时，还必须有除了标准件以外的所有零件图，例如，图 7-2 就是这个球阀中序号为 4（阀芯）的零件图。显然，机器、部件与零件之间，装配图与零件图之间，都反映了整体与局部的关系，彼此互相依赖，非常密切。

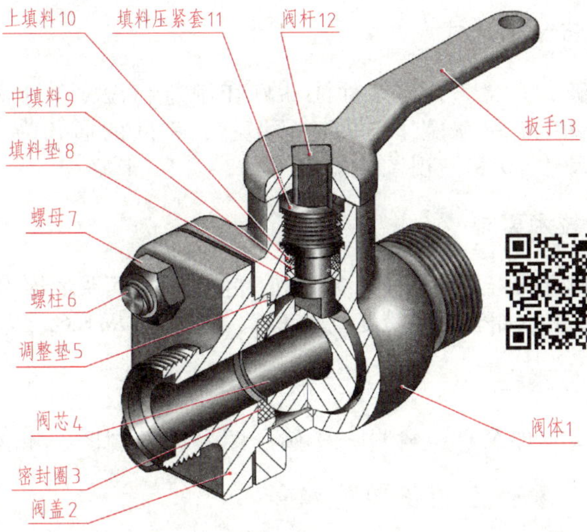

图 7-1 球阀轴测装配图

二、零件图的内容

图 7-2 所示为阀芯零件图。一张足以成为加工和检验依据的零件图应包括以下基本内容：

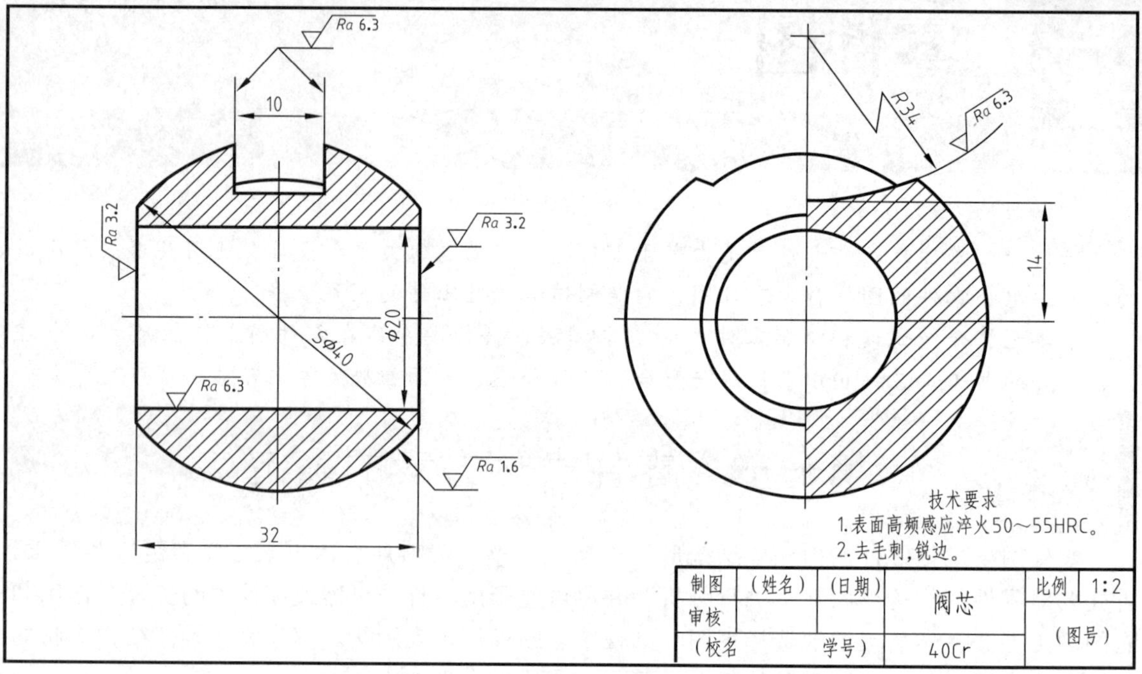

图 7-2　阀芯零件图

1. 一组图形

选用一组适当的视图、剖视图、断面图等图形，将零件的内、外形状正确、完整、清晰地表达出来。该阀芯用主、左视图表达，主视图采用全剖视，左视图采用半剖视。

2. 齐全的尺寸

正确、齐全、合理地标注零件在制造和检验时所需的全部尺寸。阀芯在主视图中标注的尺寸 $S\phi40$ 和 32 确定了它的轮廓形状，中间的通孔为 $\phi20$，上部凹槽的形状和位置通过主视图中的尺寸 10 和左视图中的尺寸 $R34$、14 来确定。

3. 技术要求

用规定的符号、代号、标记和文字说明等简明地给出零件制造和检验时所应达到的各项技术指标与要求，如表面粗糙度值 $Ra6.3$、$Ra3.2$、$Ra1.6$，以及表面高频淬火 50~55HRC、去毛刺等。

4. 标题栏

填写零件名称、材料、比例、图号以及制图、审核人员的责任签字等。

三、零件图的视图选择

1. 主视图的选择

主视图是表达零件最主要的视图，主视图选择是否合理直接关系到读图、画图是否方便。因此，在选择主视图时应考虑以下三个方面：

（1）零件的加工位置　主视图的选择应尽可能反映零件的主要加工位置，即零件在主要加工工序中的装夹位置。主视图与加工位置一致是为了制造者读图方便。例如，轴、套、轮盘等零件的主要加工工序是在车床或磨床上进行的，因此，这类零件的主视图应将其轴线水平放置，如图 7-3 所示的轴和图 7-4 所示的端盖。

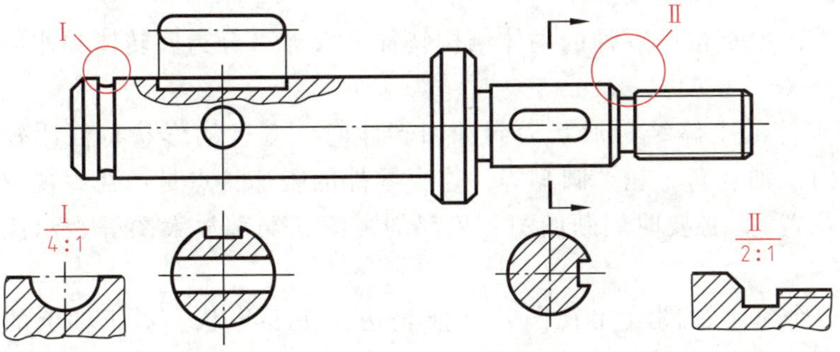

图 7-3　回转体类零件（轴）的视图表达

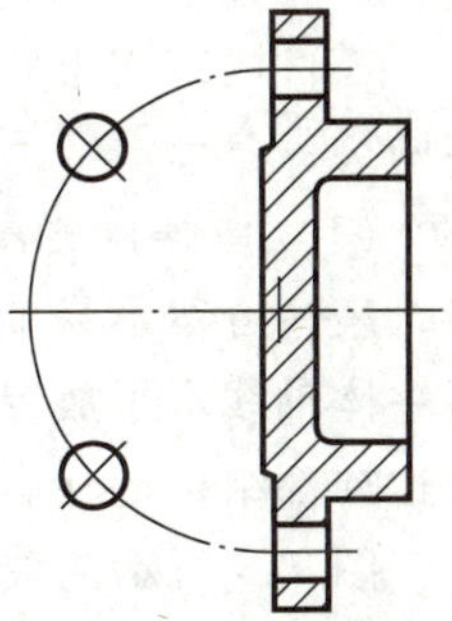

图 7-4　回转体类零件（端盖）的视图表达

（2）零件的工作位置　工作位置指零件在机器或部件中工作时的位置。例如，支架、箱体等零件，它们的结构形状比较复杂，加工工序较多，加工时的装夹位置经常变化，所以，主视图宜尽可能选择零件的工作状态绘制，如图 7-2 所示的阀芯零件图。

（3）零件的形状特征　对于一些工作位置不固定，而加工位置又多变的零件（如某些运动零件），在选择主视图时，应以表示零件形状和结构特征以及各组成部分之间的相对位置为主。例如，图 7-5 所示支架的主视图反映了自身的形体特征以及各部分之间的相互关系。

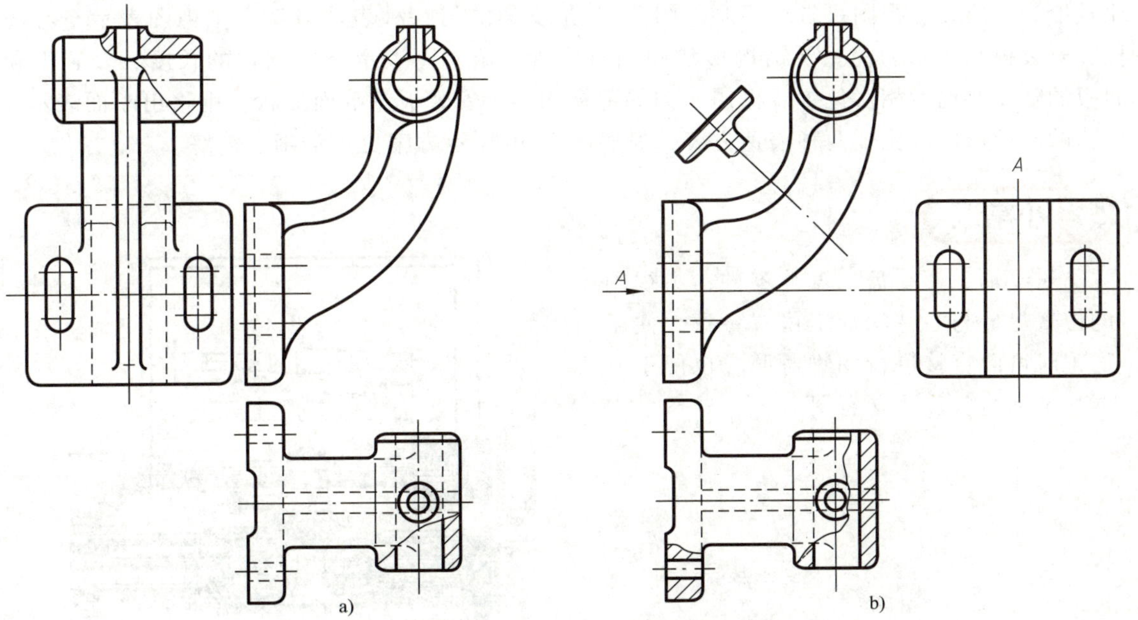

图 7-5　非回转体零件（支架）的视图表达

2. 视图数量的选择

要完整、清晰、简明地表达零件的内、外结构形状，一般仅有主视图是不够的，必须适当选择一定数量的其他视图。

确定视图数量的原则：*灵活采用各种表达方法，在满足完整、清晰地表达零件的前提下，尽可能减少视图的数量，力求绘图简便。*

零件的结构形状多种多样，但是按照零件的主体结构特征，大体可分为回转体和非回转体两类：

（1）*回转体类零件*　当零件的主体结构形状为同轴回转体时，零件的形状特征比较明显，表达方案容易确定。例如，轴、套、轮、圆盘等，这类零件的表达特点是：在主视图上将主体轴线水平放置（加工位置），必要时用断面图、局部剖视图、局部放大图等表示法来表达局部结构形状。

图7-3所示的轴，采用一个基本视图（主视图）就能表达其主要形状。对于轴上的键槽、销孔等局部结构，可采用断面图、局部剖视图和局部放大图来表达。图7-4所示的端盖，将主视图画成全剖视图，标注尺寸后，其内外结构形状已基本表达清楚了，将四个沿圆周均匀分布的圆孔采用简化画法表示后，左视图可省略不画。

（2）*非回转体类零件*　当零件的主体结构形状为非同轴回转体时，零件的结构形状一般都比较复杂，同一个零件的表达方法可能有几种。这就需要分析零件的结构特点，选择恰当的表示法，以便于看图为出发点来分析不同表达方案的优缺点，确定合适的表达方案。

如图7-5所示的支架，上部的空心圆柱和左面的安装板通过中间的T形肋连接。图7-5a采用三个基本视图——主视图、俯视图和右视图表达。由于主、俯视图已将空心圆柱的内、外结构形状表达清楚，而安装板的形状可以通过向视图表达，对于T形肋采用断面图表达比较恰当，所以右视图可省略不画。图7-5b是支架的另一种表达方案，主视图表示空心圆柱、安装板和T形肋的主要结构形状和相对位置，俯视图表示空心圆柱的长度、安装板和肋板的宽度及前后相对位置。再用*A*向局部视图表示安装板左端面形状，用移出断面表示T形肋的断面形状。比较两种表达方案，显然图7-5b所示方案更加清晰、简练。

小常识

对于轴、套、盘、盖类零件，主视图的位置尽量与零件的加工位置一致，便于加工时可以直接进行图物对照，也便于看图加工和检验尺寸（右图）。

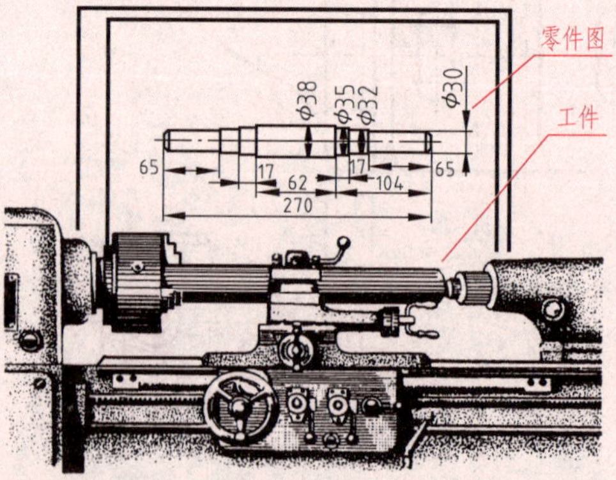

主视图的位置尽量与零件的工作位置或安装位置一致。如吊车上的吊钩与汽车上的前拖钩，它们的结构形状虽相似，但工作（或安装）位置不同，所以根据它们的工作位置和形状特征选定的主视图也就不一样（右图）。

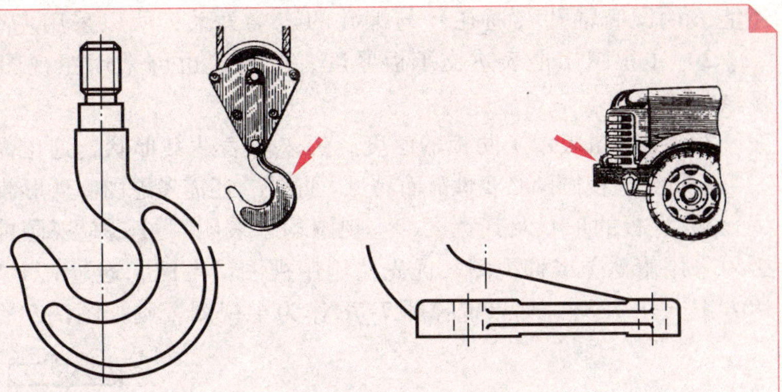

典型案例

【案例 7-1】 选择图 7-6 所示轴承座的表达方案。

1. 分析零件

轴承座的功用是支承轴，其工作状态如图7-6所示。轴承座的主体结构由四部分组成，即圆筒（包容轴或轴瓦）、支承板（连接圆筒和底板）、底板（与机座连接）、肋板（增加强度和刚度）。此外，还有轴承座的局部结构，如圆筒顶部有凸台和螺孔（安装油杯加润滑油），底板上有两个安装孔（通过螺栓与机座固定）。

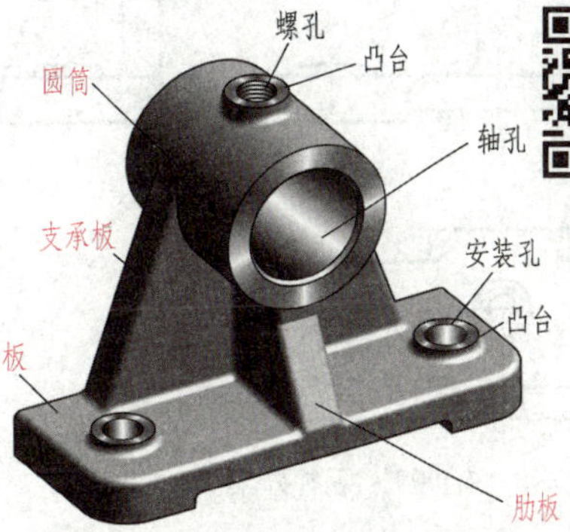

图 7-6 轴承座

2. 选择主视图

图 7-7a 和图 7-7b 都符合轴承座的工作位置，如果将图 7-7b 取局部剖视后（图 7-7c），对圆筒的结构形状表示很清楚，但从总体来分析，图 7-7a 反映结构形状明显，且各部分之间的相对位置和连接关系更清楚，表示信息量最多，所以确定作为主视图。

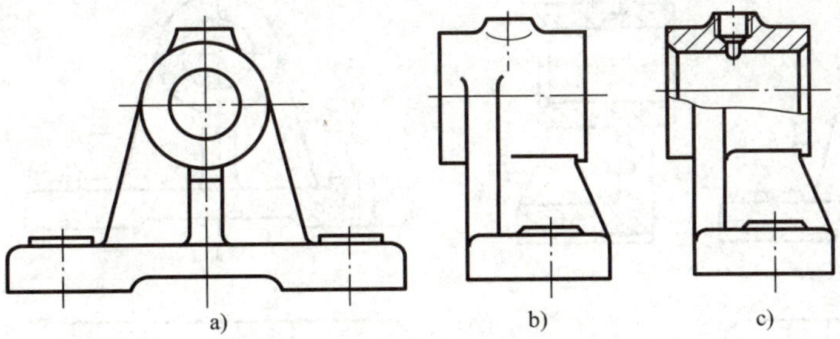

图 7-7 轴承座的主视图选择

3. 选择其他视图

1）圆筒的长度、轴孔（通孔或不通孔）以及顶部的螺孔，主视图均未能表达，此时，可采用左视图或俯视图表达。左视图能反映其加工状态，并且如果取局部剖视（图 7-7c），还能表明圆筒轴孔（通孔）与螺孔的连接关系，所以采用左视图比俯视图好。

2）主视图未能表达支承板厚度，此时，也可采用左视图或俯视图表达，用左视图更明显（图7-7b）。

3）主视图表示了肋板的厚度，但未能表达其形状，这也需要通过左视图表达（图7-7c）。至此，左视图的必要性显而易见。此外，还需考虑内、外形兼顾，故采用局部剖视（图7-7c）。

4）底板的形状及其宽度，主视图均未表明。虽然左视图能表示其宽度，但要确定其形状必须采用俯视图或仰视图，优先选用俯视图。至此，通过三个基本视图形成了轴承座的初步表达方案（图7-8）。如果选择图7-7c作为主视图，则如图7-9所示，显然图形布局不合理。

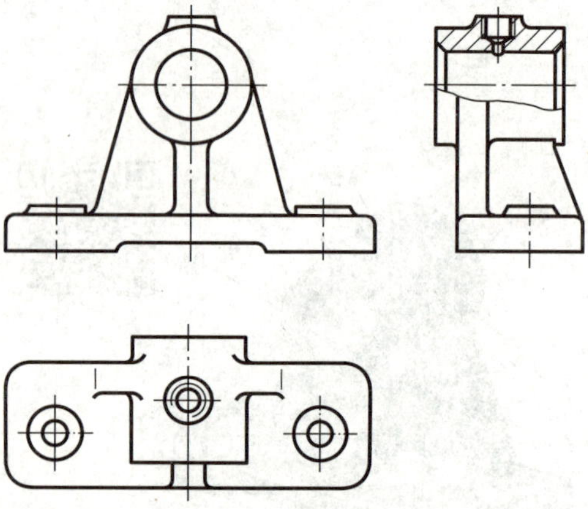

图7-8 轴承座视图方案（一）

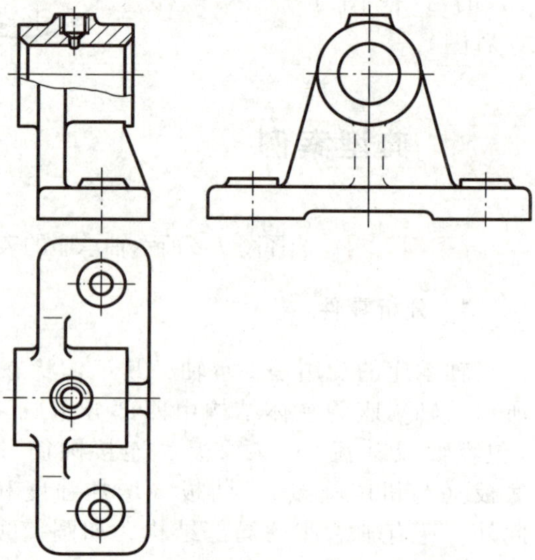

图7-9 轴承座视图方案（二）

4. 选择辅助视图，表达局部结构

1）底板上两个光孔的形状可在主视图上采取局部剖视表达（图7-10）。

2）支承板与肋板的垂直连接关系，在图7-8所示的三个基本视图中尚未表达清楚，可如图7-10所示，将俯视图画成全剖视图，或者如图7-11所示加画一个断面图和B向局部视图。

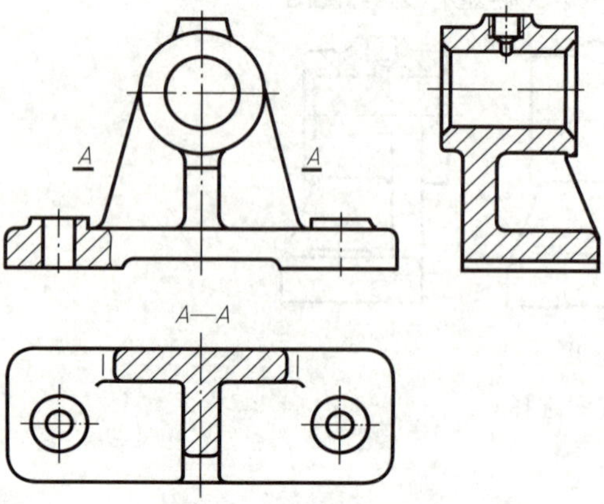

图7-10 轴承座视图方案（三）

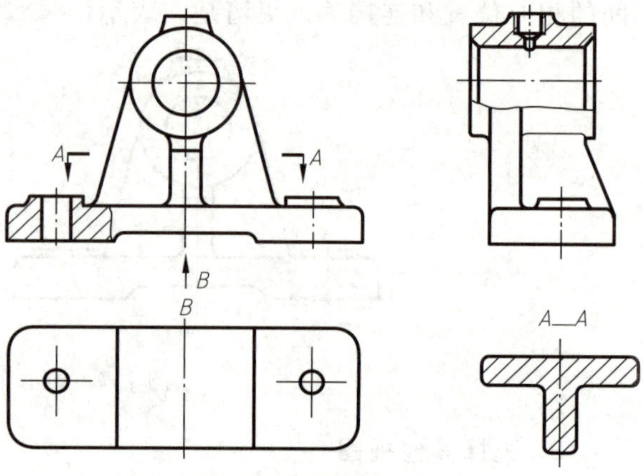

图7-11 轴承座视图方案（四）

读者可以从轴承座的四个表达方案中分析、比较，确定一个最佳方案。

第二节　零件图中的尺寸标注

零件图中的尺寸标注，除了要满足正确、齐全和清晰的要求外，还要考虑标注尺寸合理。

标注尺寸合理指所注尺寸既要满足设计使用要求，又能符合工艺要求，便于零件的加工和检验。必须注意，要使尺寸标注合理，需要有一定的生产实践经验和有关专业知识。本节所述仅是尺寸标注合理的一些基本知识。

一、合理选择尺寸基准

任何零件都有长、宽、高三个方向的尺寸，每个方向至少要选择一个尺寸基准。一般常选择零件结构的对称面、回转轴线、主要加工面、重要支承面或结合面作为尺寸基准。

根据作用的不同，基准可分为设计基准和工艺基准两种。

1. 设计基准

根据设计要求用以确定零件结构的位置所选定的基准，称为设计基准。如图 7-12 所示的轴承座，选择底面为高度方向的设计基准，对称面为长度方向设计基准。由于一根轴通常要由两个轴承支撑，两者的轴孔应在同一轴线上，所以在标注高度方向尺寸时，应以底面为基准，以保证两轴孔到底面的距离相等；在标注长度方向尺寸时，应以对称面为基准，以保证底板上两个安装孔之间的中心距及其与轴孔的对称关系，实现两轴承座安装后同轴。

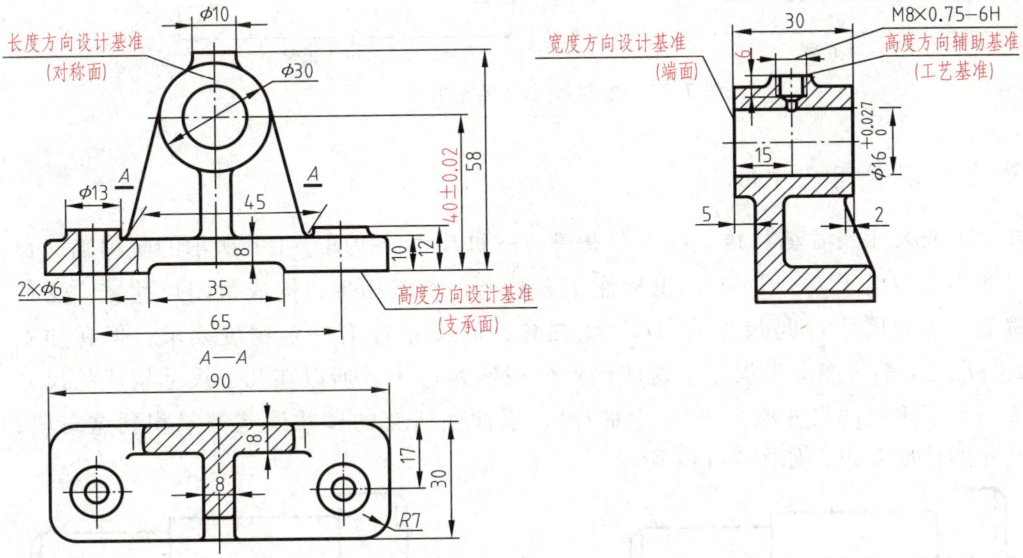

图 7-12　轴承座的尺寸标注

2. 工艺基准

为便于零件加工和测量所选定的基准，称为工艺基准。如图 7-12 中凸台的顶面为工艺基准，以此为基准测量螺孔深度 6 比较方便。

设计基准和工艺基准最好能重合，这样既可满足设计要求，又便于加工制造。例如，轴承座的底面是设计基准，也是工艺基准。对于顶面的局部结构，凸台顶面既是螺孔深度的设计基准，又是加工测量时的工艺基准。

当同一方向不止一个尺寸基准时，根据基准作用的重要性分为主要基准和辅助基准。例如，以轴承座底面为起点标注的尺寸有（40±0.02）（保证轴承座工作性能的重要尺寸）和三个一般尺寸10、12、58，而以凸台顶面为起点标注的尺寸只有一个螺孔深度6。因此，底面是高度方向主要基准，顶面是辅助基准。辅助基准与主要基准之间必须有直接的尺寸联系，如图7-12中的辅助基准是通过尺寸58与主要基准相联系的。

二、主要尺寸直接注出

为保证设计精度要求，主要尺寸应直接注出。如图7-13a中轴承孔的中心高应从设计基准（底面）为起点直接注出尺寸 a，不能如图7-13b所示，以 b、c 两个尺寸之和来代替。同样道理，为了保证底板上两个安装孔与机座上的两个螺孔对中，必须直接注出其中心距 l，而不应如图7-13b所示标注两个 e。

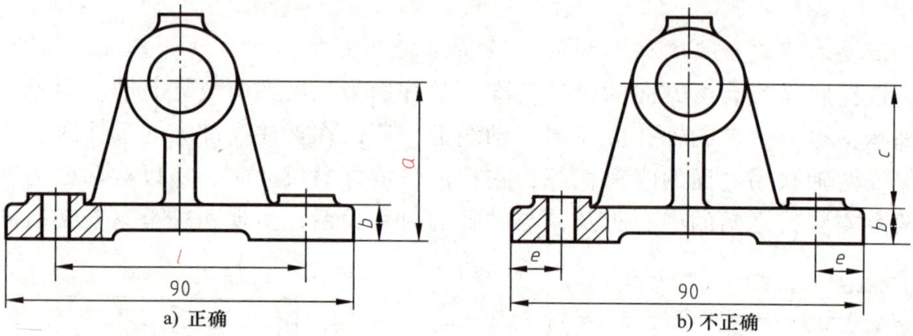

a) 正确　　b) 不正确

图7-13　主要尺寸直接注出

三、避免出现封闭尺寸链

封闭尺寸链指尺寸线首尾相接，绕成一整圈的一组尺寸。如图7-14b所示的阶梯轴，长度方向的尺寸不仅注出了 l_1、l_2、l_3，也标注了总长 l_4，首尾相接，构成封闭尺寸链。这种情况应该避免，因为尺寸 l_4 是尺寸 l_1、l_2、l_3 之和，而尺寸 l_4 有一定精度要求，但在加工时，尺寸 l_1、l_2、l_3 都可能产生误差，这些误差会积累到 l_4 上。所以在几个尺寸构成的尺寸链中，应选一个不重要的尺寸空出不注（如 l_1），以便使所有的尺寸误差都累积到这一段，保证重要尺寸的精度要求，如图7-14a所示。

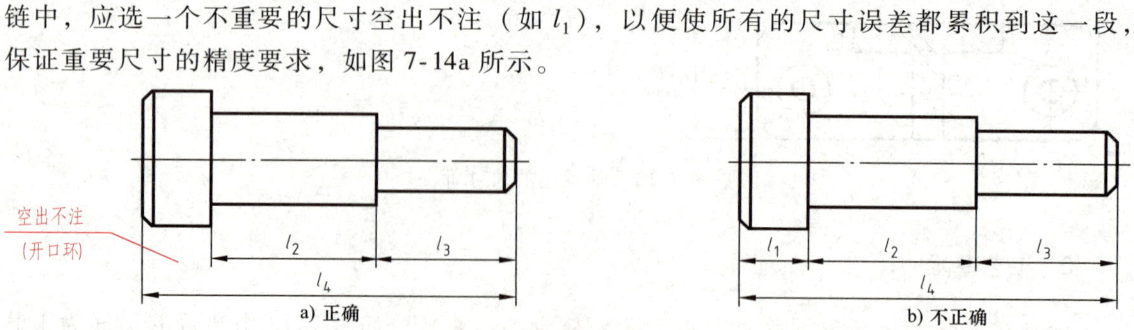

a) 正确　　b) 不正确

图7-14　避免出现封闭尺寸链示例

四、符合加工顺序和便于测量

按零件的加工顺序标注尺寸，便于看图和测量，有利于保证加工精度。

如图 7-15a 所示为该零件的加工顺序。图 7-15b 的尺寸标注符合加工顺序，便于测量。而图 7-15c 的尺寸注法不符合加工顺序，不便测量，故不宜采用。

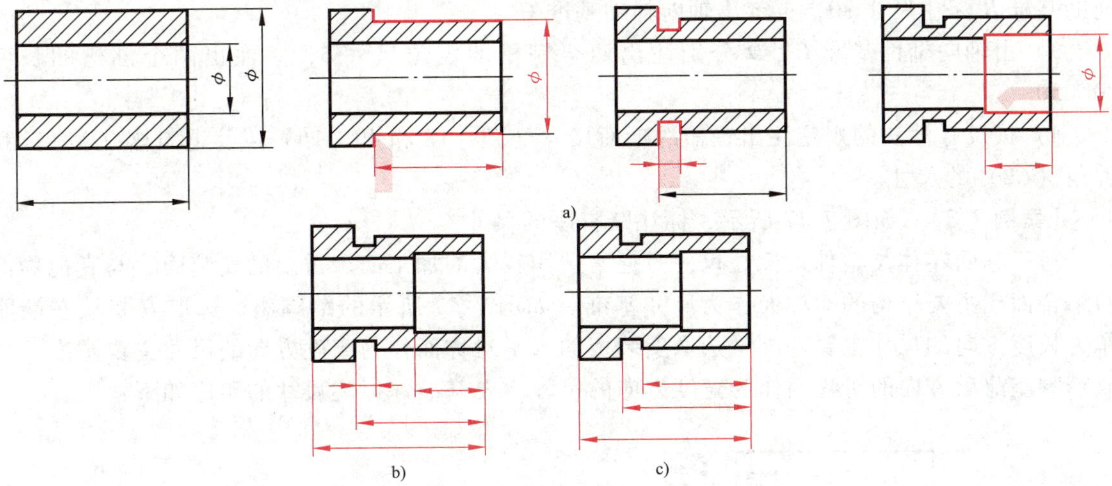

图 7-15 按加工顺序标注尺寸

典型案例

【案例 7-2】 如图 7-16 所示，标注减速器输出轴的尺寸。

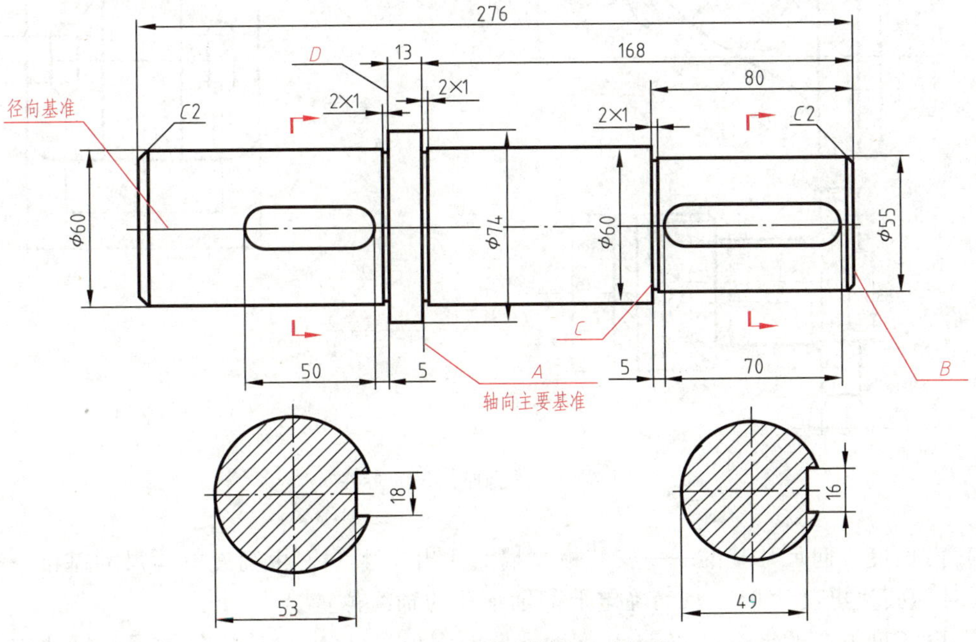

图 7-16 减速器输出轴的尺寸标注

按轴的加工特点和工作情况，选择轴线为宽度和高度方向的主要基准，端面 *A* 为长度方向的主要基准，对回转体类零件常用这样的基准，前者即为径向基准，后者则为轴向基准。标注尺寸的顺序如下：

1）由径向基准直接注出尺寸 ϕ60、ϕ74、ϕ60、ϕ55。

2）由轴向主要基准端面 *A* 直接注出尺寸 168 和 13，定出轴向辅助基准 *B* 和 *D*，由轴向辅助基准 *B* 标注尺寸 80，再定出轴向辅助基准 *C*。

3）由轴向辅助基准 *C*、*D* 分别注出两个键槽的定位尺寸 5，并注出两个键槽的长度 70、50。

4）按尺寸注法的规定注出键槽的断面尺寸（53、18 和 49、16）以及退刀槽（2×1）和倒角（*C*2）的尺寸。

【案例 7-3】 如图 7-17 所示，标注踏脚座的尺寸。

对于非回转体类零件，标注尺寸时通常选用较大的加工面、重要的安装面、与其他零件的结合面或主要结构的对称面作为尺寸基准。如图 7-17 所示的踏脚座，选取安装板左端面作为长度方向的尺寸主要基准；选取安装板的水平对称面作为高度方向的尺寸主要基准；选取踏脚座前后方向的对称面作为宽度方向的尺寸主要基准。标注尺寸的顺序如下：

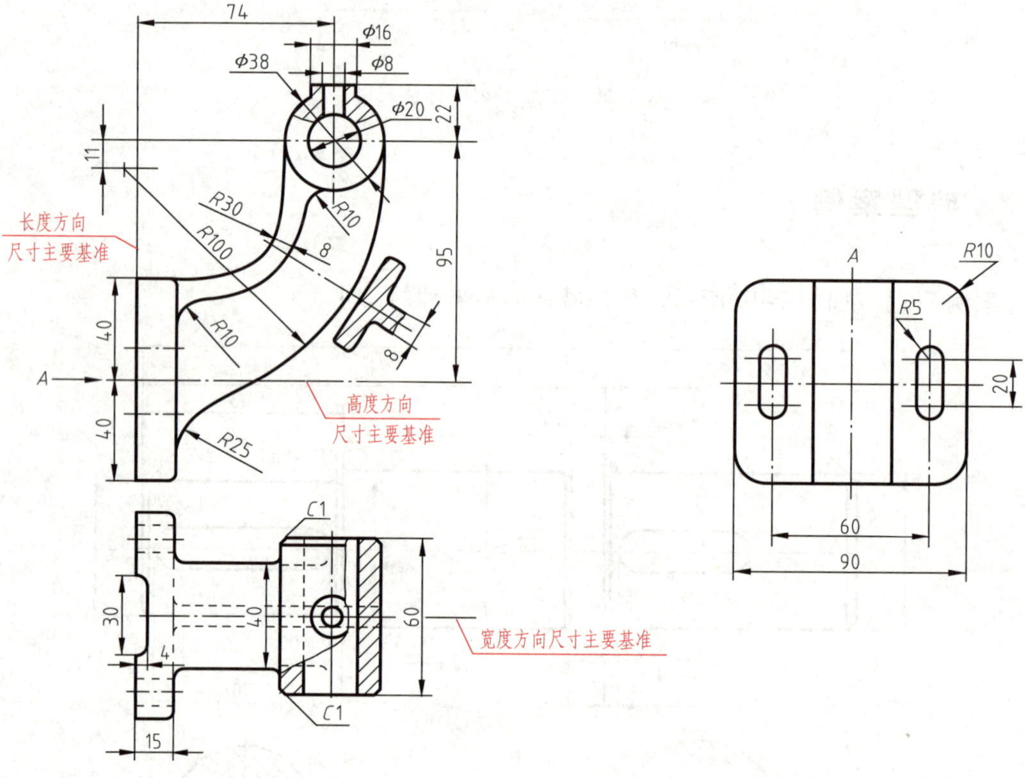

图 7-17 踏脚座的尺寸标注

1）由长度方向尺寸基准——安装板左端面注出尺寸 74，由高度方向尺寸基准——安装板水平对称面注出尺寸 95，从而确定上部轴承孔的轴线位置。

2）由长度方向的定位尺寸 74 和高度方向的定位尺寸 95 已确定的轴承的轴线作为径向

辅助基准，注出轴承的径向尺寸 $\phi20$、$\phi38$。由轴承孔的轴线出发，按高度方向分别注出 22、11，确定轴承顶面和踏脚座连接板 $R100$ 的圆心位置。

3）由宽度方向尺寸基准——踏脚座的前后对称面，在俯视图中注出尺寸 30、40、60，以及在 A 向局部视图中注出尺寸 60、90。

其他的尺寸请读者自行分析。

知识拓展

零件上常见孔的尺寸标注方法

国家标准《技术制图　简化表示法　第 2 部分：尺寸注法》（GB/T 16675.2—2012）要求标注尺寸时，应使用符号和缩写词，见表 7-1）。

表 7-1　各种孔的尺寸注法

零件结构类型		简化注法	一般注法	说明
光孔	一般孔	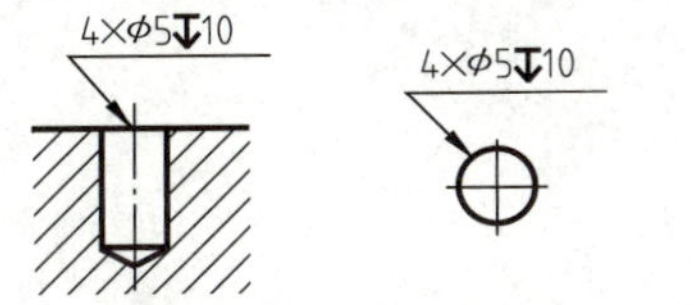	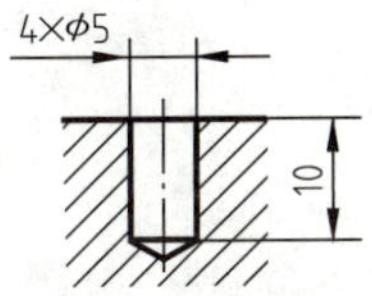	↧深度符号 $4\times\phi5$ 表示直径为 5 均布的四个光孔，孔深可与孔径连注，也可分注出
	精加工孔	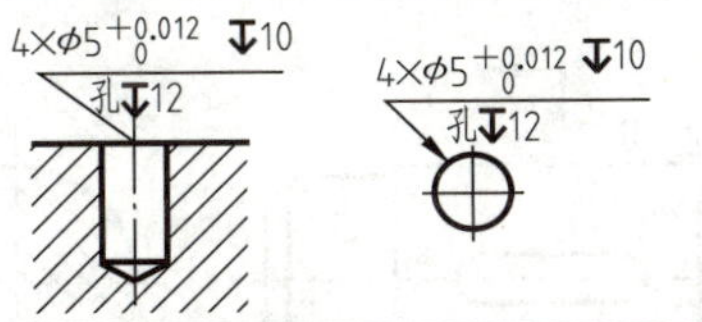	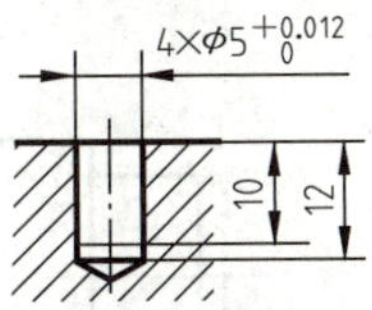	光孔深为 12，钻孔后需精加工至 $\phi5^{+0.012}_{0}$，深度为 10
	锥孔	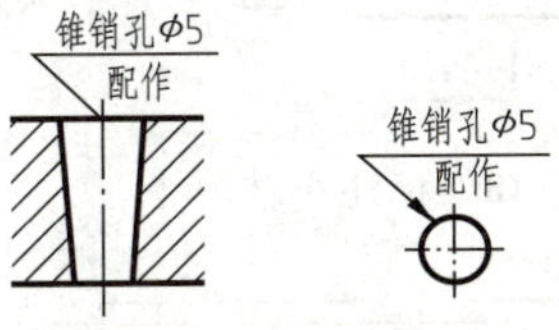	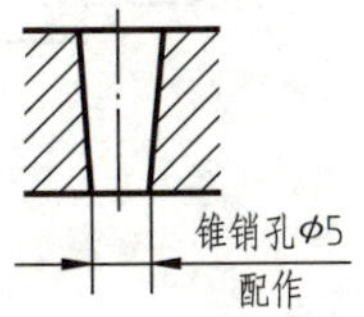	$\phi5$ 为与锥销孔相配的圆锥销小头直径（公称直径）。锥销孔通常是两零件装在一起后加工的
埋头孔		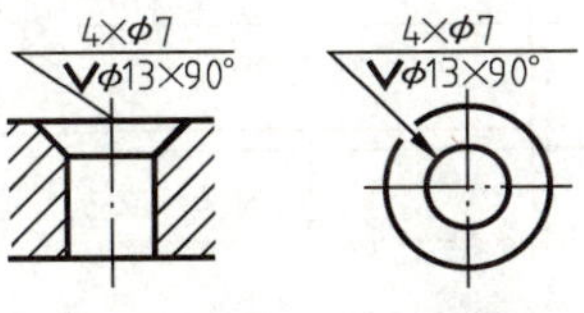	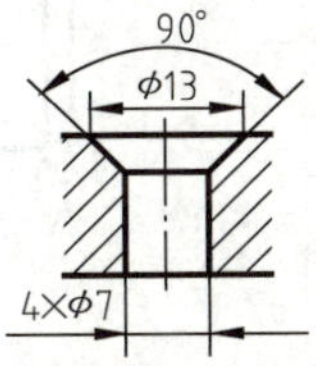	⌵埋头孔符号 $4\times\phi7$ 表示直径为 7 均匀分布的四个孔。锥形沉孔可以旁注，也可直接注出
沉孔		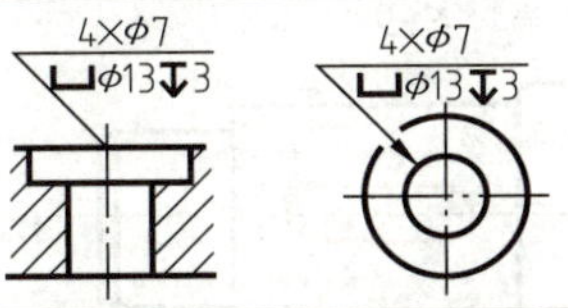	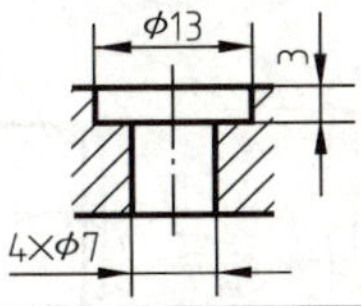	⌴沉孔及锪平孔符号 柱形沉孔的直径为 $\phi13$，深度为 3，均需标注
锪平		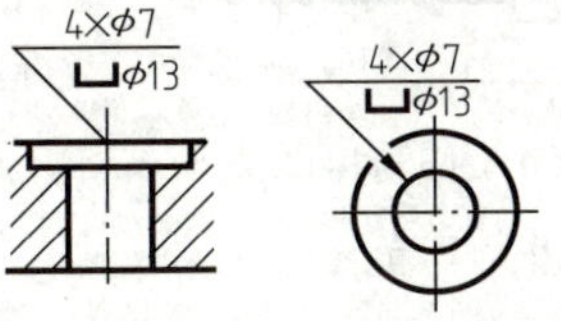	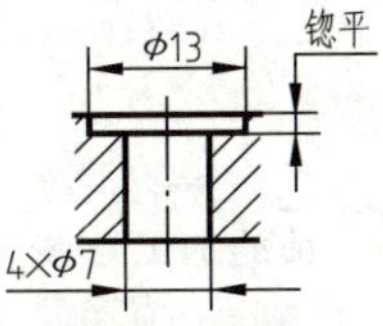	锪平直径 $\phi13$，锪平深度不必标注，一般锪平到不出现毛面为止

（续）

零件结构类型		简化注法	一般注法	说明
螺孔	通孔	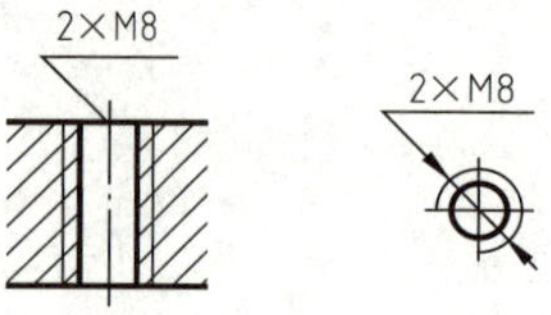	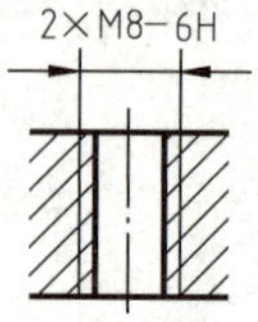	2×M8 表示公称直径为 8 的两螺孔（中径和顶径的公差带代号 6H 不注），可以旁注，也可直接注出
	不通孔	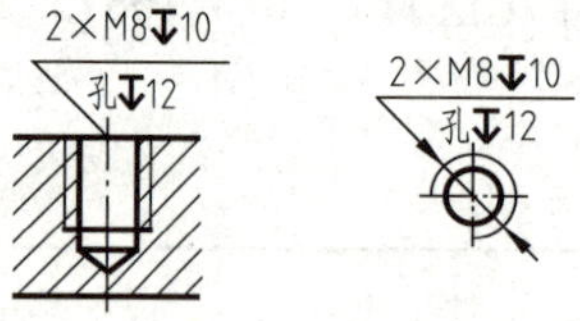	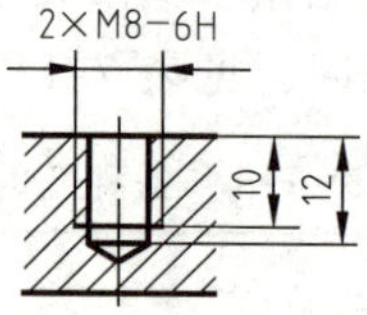	一般应分别注出螺纹和钻孔的深度尺寸（中径和顶径的公差带代号 6H 不注）

课堂讨论

标注图 7-18 所示小轴尺寸（提示：参考图 7-19 所示小轴的加工顺序标注尺寸），并指出：

1）轴向主要尺寸基准和辅助基准。

2）哪个尺寸属于主要尺寸？

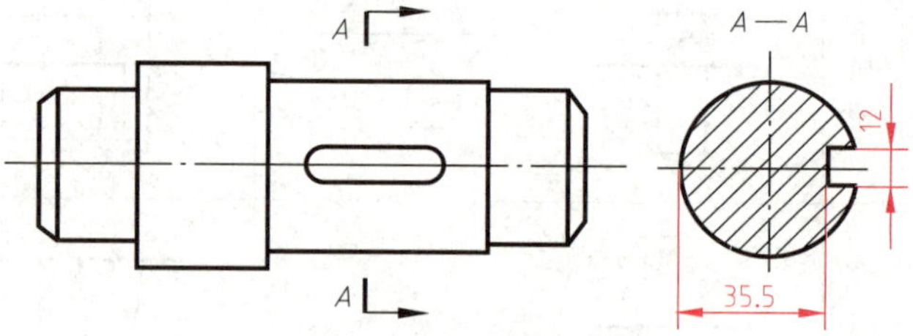

图 7-18　标注小轴尺寸

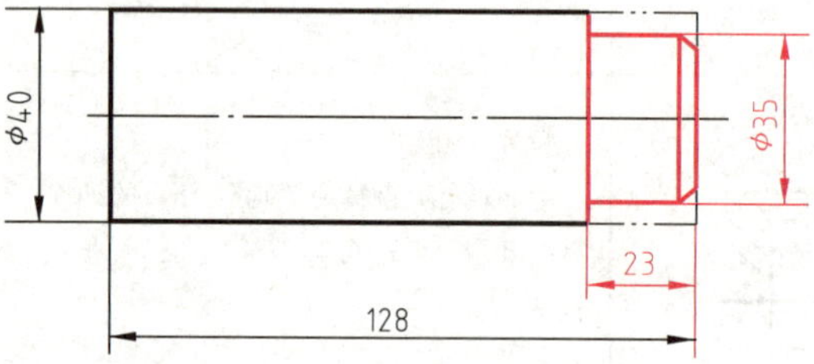

总长尺寸128，加工 φ35标注尺寸23

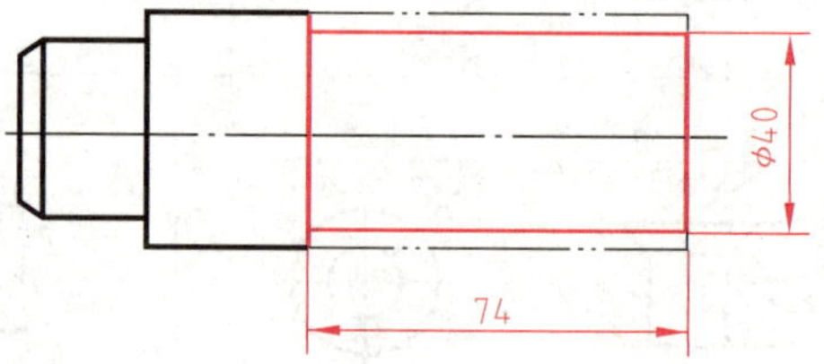

调头加工φ40标注尺寸74

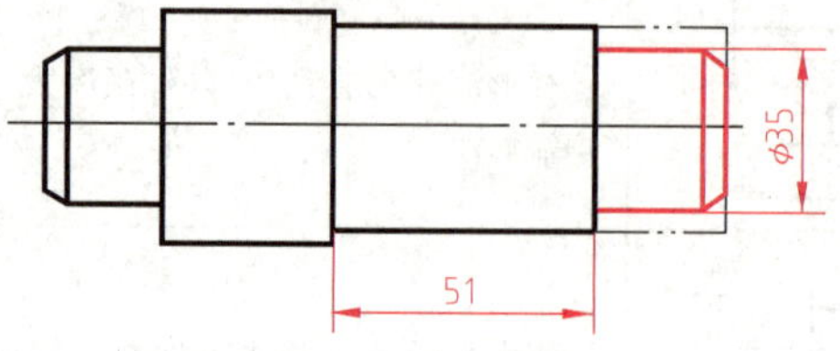

加工φ35标注尺寸51

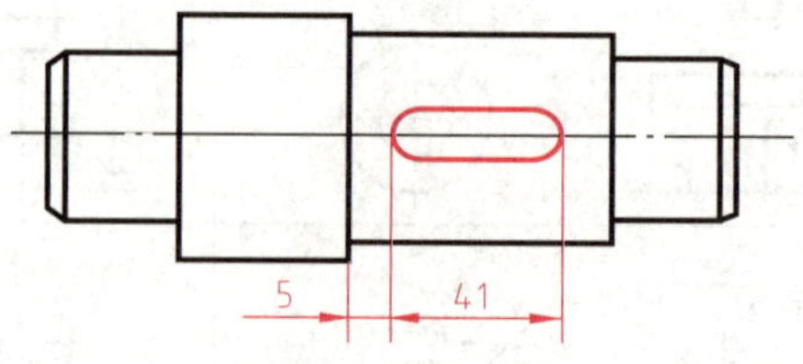

加工键槽标注尺寸5、41和12、35.5

图 7-19　轴的加工顺序与标注尺寸的关系

五、零件上常见的工艺结构

机器中的绝大部分零件都是通过铸造和机械加工制成。因此，在设计零件和绘制零件图时，就必须考虑到制造工艺的特点，使绘制的零件图能正确反映工艺要求，以免加工困难或产生废品。

下面介绍一些常见的工艺结构，供绘制零件图时参考。

1. 机械加工工艺对零件结构的要求

（1）倒角和倒圆　如图 7-20 所示，为了便于装配和安全操作，轴或孔的端部应加工成圆台面，称为倒角；为了避免因应力集中而产生裂纹，轴肩处应圆角过渡，称为倒圆。45°倒角和倒圆的尺寸注法如图 7-20 所示（图中 C 表示 45°倒角）。倒角和倒圆的尺寸关系，可查阅附表 12。

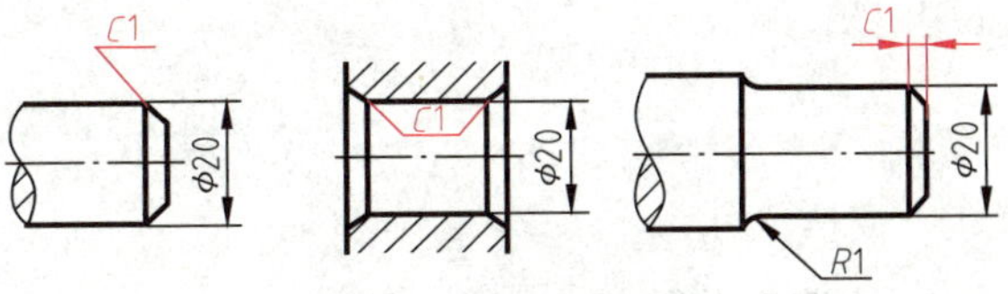

图 7-20　倒角和倒圆

（2）退刀槽和越程槽　切削加工（主要是车螺纹和磨削）时，为了便于退出刀具或砂轮，在被加工面的终端预先加工出沟槽，称为退刀槽或越程槽。其尺寸可按“槽宽×直径”或“槽宽×槽深”的形式标注，如图 7-21 所示。砂轮越程槽和螺纹退刀槽的结构尺寸系列，可查阅附表 13、附表 14。

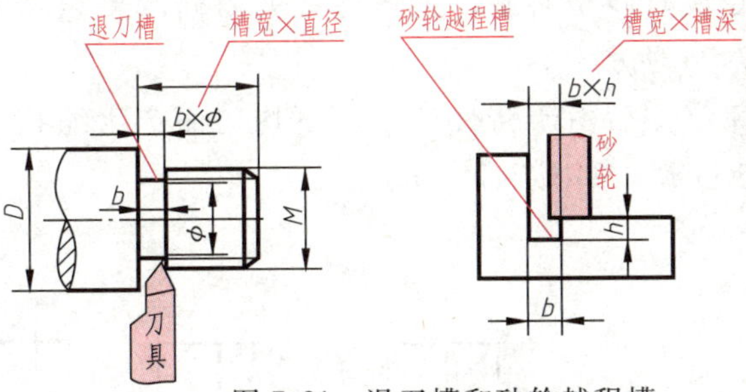

图 7-21　退刀槽和砂轮越程槽

（3）凸台和凹坑　为了使零件装配时接触良好，尽可能减少加工面积，常将两零件的接触表面作成凸台和凹坑（图 7-22a），或凹槽和凹腔（图 7-22b）。

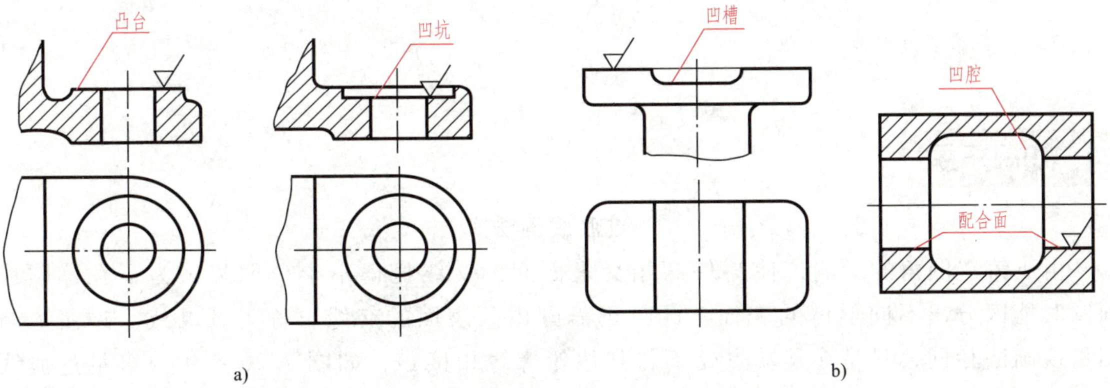

图 7-22　凸台和凹坑，凹槽和凹腔

（4）钻孔结构　钻孔时，应尽可能使钻头轴线与被钻孔表面垂直，以保证孔的精度和避免钻头弯曲或折断。图7-23所示为在斜面上钻孔的正确结构。

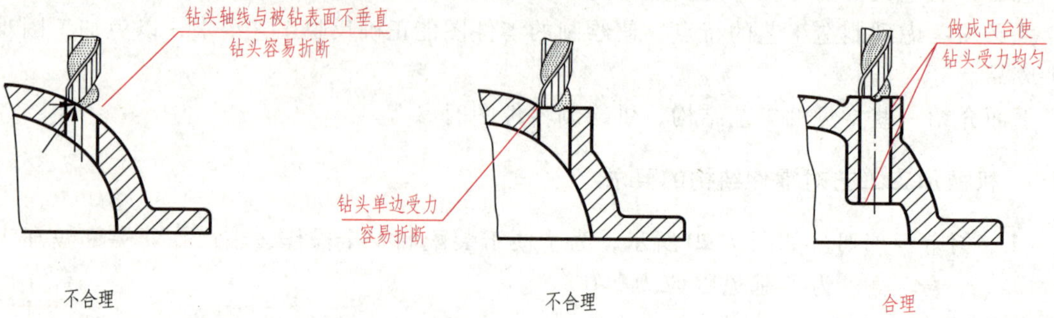

图7-23　钻孔结构

2. 铸造工艺结构

（1）起模斜度　为了便于从砂型中取出木模，一般将木模沿起模方向作成一定的斜度（3°~7°），称为起模斜度，如图7-24所示。在零件图上通常不画出起模斜度，如有特殊需要，可在技术要求中说明。

（2）铸造圆角　为防止起模时砂型落砂以及铸件在夹角处产生裂纹或缩孔，通常将铸件的转角处作成圆角，如图7-24所示。

（3）铸件壁厚　为了避免浇注后由于铸件的壁厚不均匀而产生缩孔、裂纹等缺陷，应尽可能使铸件壁厚均匀或逐渐过渡，如图7-25所示。

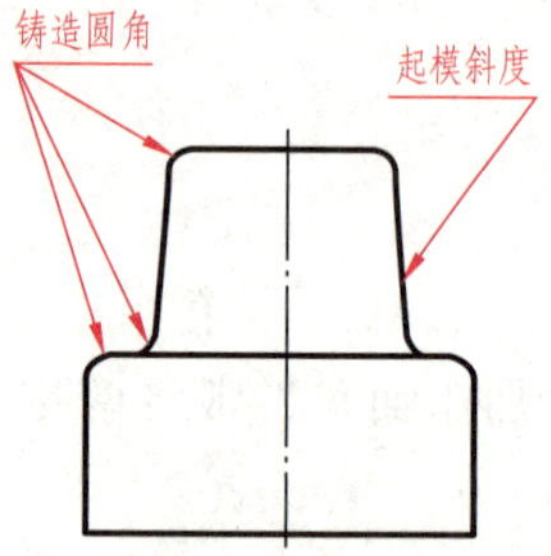

图7-24　起模斜度与铸造圆角

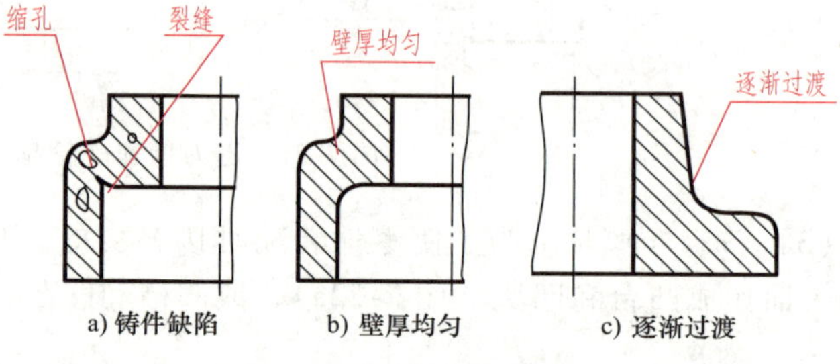

图7-25　铸件壁厚

知识拓展

过渡线画法

由于铸造圆角的影响，使铸件两相交表面间的交线显得不十分明显，为了在读图或画图时能区分出不同形体的表面，此时仍需画出两表面的交线，称为过渡线。过渡线与相贯线画法相同，只是在其端点处不与其他轮廓线相接触，如图7-26所示。可见过渡线画细实线。

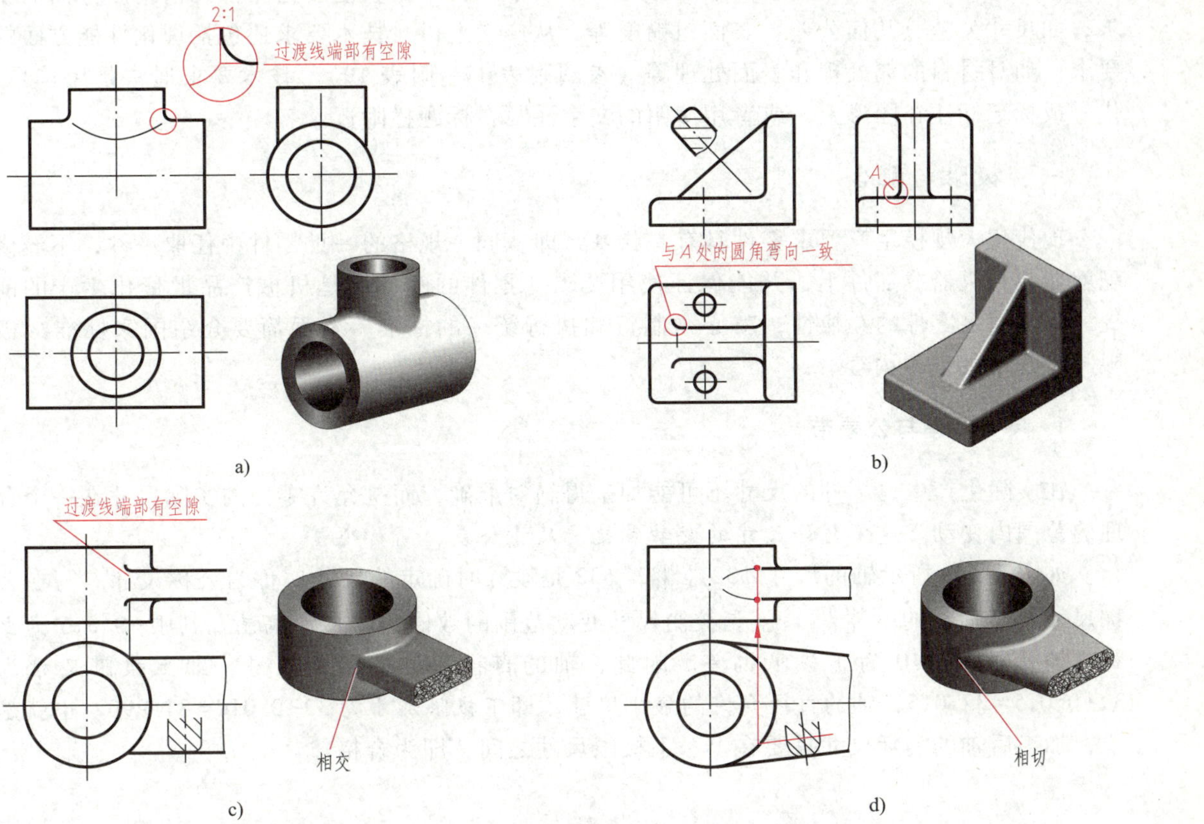

图 7-26　过渡线画法

小常识

长圆孔的尺寸标注

机件上的长圆孔通常采用图 7-27a 所示标注，如键槽、散热孔或薄板零件冲击的加强肋等，因为键槽的尺寸与平键的尺寸一致，散热孔与冲头的尺寸一致。当长圆孔装入螺栓时，采用图7-27b 所示标注，如电动机底座的螺栓孔，或者为了满足划线加工的要求等。

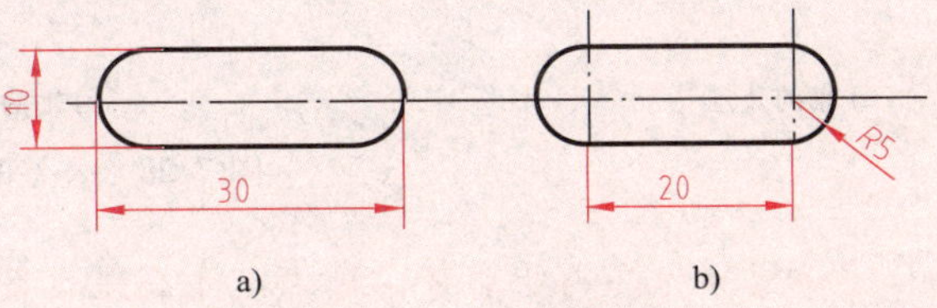

图 7-27　长圆孔

第三节　机械图样中的技术要求

零件图指导零件生产的重要技术文件，零件图上除了图形和尺寸外，还必须有制造和检验该零件应该达到的一些质量要求，称为技术要求。技术要求主要指零件几何精度方面的要求，如尺寸公差、几何公差、表面粗糙度等。从广义上讲，技术要求还包括理化性能方面的要求，如对材料的热处理和表面处理等（参阅附表 17～附表 19）。技术要求通常是用符号、代号或标记标注在图形上，或者用简明的文字注写在标题栏附近。

一、极限与配合

现代化大规模生产要求零件具有互换性，即从同一规格的一批零件中任取一件，不经修配就能装到机器或部件上，并能保证使用要求。零件的互换性是机械产品批量化生产的前提。为了满足零件的互换性，就必须制订和执行统一的标准。下面简要介绍国家标准《极限与配合》的基本内容。

1. 尺寸公差与公差带

在实际生产中，零件的尺寸不可能加工得绝对准确，而是允许零件的实际尺寸在一个合理的范围内变动。这个允许尺寸的变动量就是尺寸公差，简称公差。

如图 7-28a 所示轴的尺寸 $\phi32^{+0.015}_{-0.010}$，$\phi32$ 是设计时确定的尺寸，称为公称尺寸。写在公称尺寸 $\phi32$ 后面的（$^{+0.015}_{-0.010}$）就是控制尺寸变动范围的数值，即尺寸偏差。其中+0.015 为上极限偏差，-0.010 为下极限偏差。因此，轴的直径允许的最大尺寸，即上极限尺寸为 32+0.015=32.015，轴的直径允许的最小尺寸，即下极限尺寸为 32-0.010=31.990。也就是说，加工后轴的实际尺寸只要在上、下极限尺寸之间，即为合格。

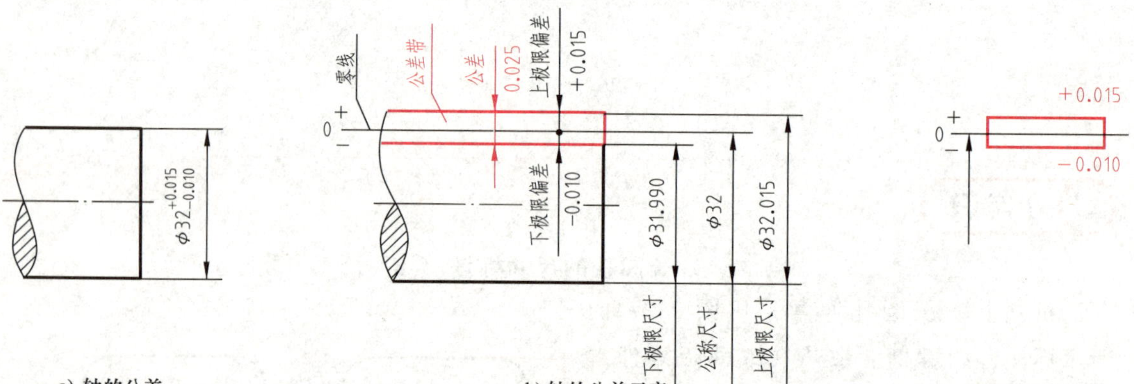

a) 轴的公差　b) 轴的公差示意　c) 轴的公差带图

图 7-28　公差的基本术语

零件尺寸允许的变动量，称为尺寸公差（简称公差），其数值等于上极限尺寸与下极限尺寸之差，或等于上极限偏差与下极限偏差之差。$\phi32^{+0.015}_{-0.010}$的公差为 32.015-31.990=0.025 或 0.015-(-0.010)=0.025。

上极限偏差和下极限偏差统称为极限偏差，其数值可以为正值、负值或零。而公差是绝对值，没有正负之分，也不可能为零。

为了便于分析尺寸公差和进行有关计算，以公称尺寸为基准（零线），用夸大了间距的两条直线表示上、下极限偏差，这两条直线所限定的区域称为公差带，用这种方法画出的图称为公差带图，如图 7-28c 所示。

在公差带图中，零线是确定正、负偏差的基准线，正偏差位于零线之上，负偏差位于零线之下。显然，公差带沿零线垂直方向的宽度反映了公差值的大小。公差值越小，零件尺寸的精度越高，反之则尺寸精度越低。

2. 标准公差与基本偏差

公差带包括两个要素，即公差带大小及其相对于零线的位置，分别由标准公差和基本偏差来确定。

公差带大小由标准公差确定　标准公差分为 20 个等级，即 IT01、IT0、IT1、IT2、…、IT18。IT 表示标准公差，IT 后面的数字表示公差等级，01 级公差值最小，精度最高；18 级公差值最大，精度最低。常用的标准公差数值见表 7-2。

表 7-2　常用的标准公差数值（GB/T 1800.2—2009）（节选）

公称尺寸/mm		标准公差等级																
		IT1	IT2	IT3	IT4	IT5	IT6	IT7	IT8	IT9	IT10	IT11	IT12	IT13	IT14	IT15	IT16	IT17	IT18
大于	至	μm											mm						
—	3	0.8	1.2	2	3	4	6	10	14	25	40	60	0.1	0.14	0.25	0.4	0.6	1	1.4
3	6	1	1.5	2.5	4	5	8	12	18	30	48	75	0.12	0.18	0.3	0.48	0.75	1.2	1.8
6	10	1	1.5	2.5	4	6	9	15	22	36	58	90	0.15	0.22	0.36	0.58	0.9	1.5	2.2
10	18	1.2	2	3	5	8	11	18	27	43	70	110	0.18	0.27	0.43	0.7	1.1	1.8	2.7
18	30	1.5	2.5	4	6	9	13	21	33	52	84	130	0.21	0.33	0.52	0.84	1.3	2.1	3.3
30	50	1.5	2.5	4	7	11	16	25	39	62	100	160	0.25	0.39	0.62	1	1.5	2.5	3.9
50	80	2	3	5	8	13	19	30	46	74	120	190	0.3	0.46	0.74	1.2	1.9	3	4.6
80	120	2.5	4	6	10	15	22	35	54	87	140	220	0.35	0.54	0.87	1.4	2.2	3.5	5.4
120	180	3.5	5	8	12	18	25	40	63	100	160	250	0.4	0.63	1	1.6	2.5	4	6.3
180	250	4.5	7	10	14	20	29	46	72	115	185	290	0.46	0.72	1.15	1.85	2.9	4.6	7.2
250	315	6	8	12	16	23	32	52	81	130	210	320	0.52	0.81	1.3	2.1	3.2	5.2	8.1

公差带相对零线的位置由基本偏差确定　为了确定公差带相对于零线的位置，将上、下极限偏差中的一个规定为基本偏差，一般为靠近零线（即绝对值较小）的那个偏差。如 $\phi32^{+0.015}_{-0.010}$ 的基本偏差为下极限偏差；而 $\phi32^{+0.007}_{-0.018}$ 的基本偏差是上极限偏差。基本偏差用代号表示。国家标准对孔和轴分别规定了 28 个基本偏差代号，用拉丁字母表示，大写字母表示孔，如 A、B、C…；小写字母表示轴，如 a、b、c…（基本偏差代号见附表 15、16）。

孔或轴的尺寸公差可用公差带代号表示。公差带代号由基本偏差代号（字母）和标准公差等级（数字）组成。例如，

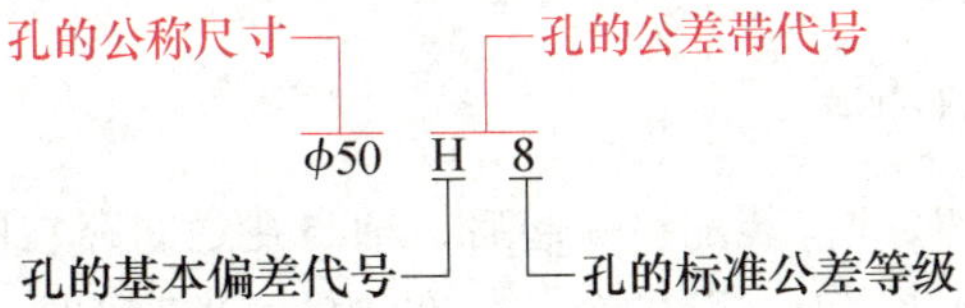

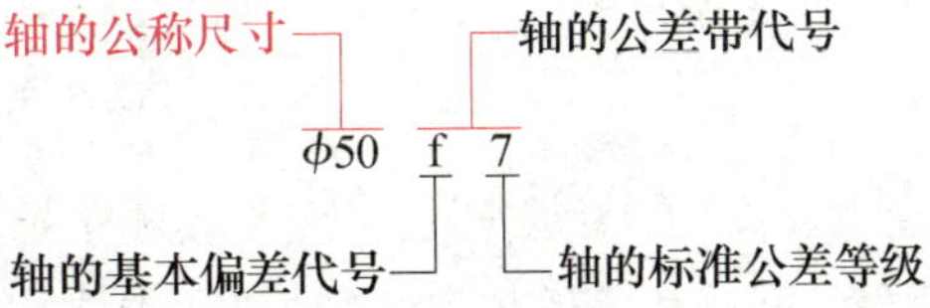

ϕ50H8 的含义： 公称尺寸为 ϕ50，基本偏差为 H 的 8 级孔。

ϕ50f7 的含义： 公称尺寸为 ϕ50，基本偏差为 f 的 7 级轴。

小常识

极限偏差数值的注写方法

a)	b)	c)	d)
30 ± 0.015	$\phi24^{+0.012}_{\ \ 0}$ $\phi45^{\ \ 0}_{-0.025}$	$\phi35^{+0.015}_{-0.020}$ $\phi20^{-0.010}_{-0.031}$	$\phi65^{+0.04}_{+0.02}$ $\phi92^{+0.65}_{+0.25}$

标注极限偏差数值时，偏差数值的数字比公称尺寸数字小一号，下极限偏差与公称尺寸注写在同一底线，上、下极限偏差的小数点必须对齐。此外，还要注意以下几点：

a）若上、下极限偏差符号相反，绝对值相同时，在公称尺寸右边注“±”号，且只写出一个偏差数值，其字体大小与公称尺寸相同。

b）当某一极限偏差（上或下极限偏差）为“0”时，必须标注“0”。

c）若上、下极限偏差中某一项末端数字为“0”时，为了使上、下极限偏差的位数相同，必须用“0”补齐。

d）当上、下极限偏差中小数点后末端数字为“0”时，上、下极限偏差中小数点后末位的“0”可省略不注。

3. 配合[⊖]

（1）配合的种类　公称尺寸相同并且相互结合的孔和轴公差带之间的关系称为配合。根据使用要求不同，孔和轴之间的配合有松有紧。例如，轴承座、轴套和轴三者之间的配合（图 7-29），轴套与轴承座之间不允许相对运动，应选择紧的配合，而轴在轴套内要求能转动，应选择松动的配合。为此，国家标准规定配合分为三类（图 7-30）。

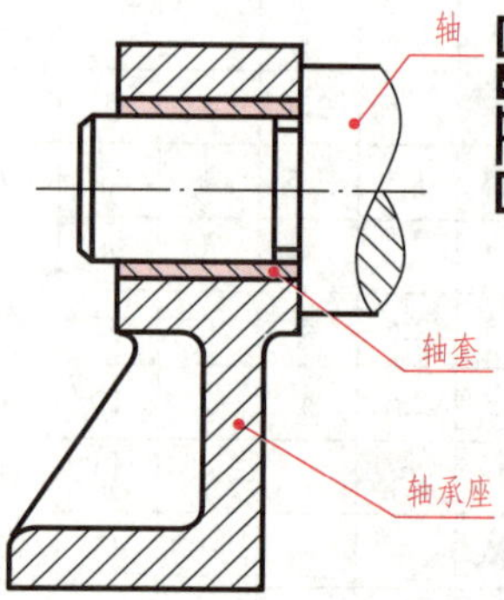

图 7-29　配合的概念

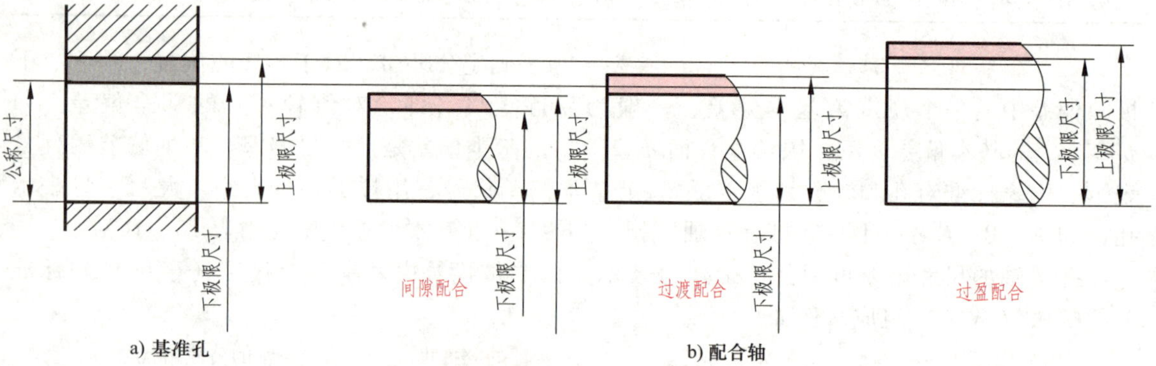

图 7-30　基孔制配合

间隙配合　孔的实际尺寸大于或等于轴的实际尺寸，装配在一起后，轴与孔之间存在间隙（包括最小间隙为零的情况），轴在孔中能相对运动。这时，孔的公差带在轴的公差带之上。

⊖ 配合的内容将在第八单元装配图中应用。

过盈配合 孔的实际尺寸小于轴的实际尺寸，在装配时需要一定的外力或使带孔零件加热膨胀后，才能把轴压入孔中，所以轴与孔装配在一起后不能产生相对运动。这时，孔的公差带在轴的公差带之下。

过渡配合 轴的实际尺寸比孔的实际尺寸有时小，有时大。它们装在一起后，可能出现间隙，或出现过盈，但间隙或过盈都相对较小。这种介于间隙与过盈之间的配合，即过渡配合。这时，孔的公差带与轴的公差带出现相互重叠部分。

（2）配合制 孔和轴公差带形成配合的一种制度，称为配合制。为了使两零件达到不同的配合要求，国家标准规定了两种配合制。

基孔制配合 基本偏差为一定的孔的公差带，与不同基本偏差的轴的公差带形成各种配合的一种制度。基孔制配合的孔称为基准孔，其基本偏差代号为 H，下极限偏差为零，即它的下极限尺寸等于公称尺寸（图 7-30）。

基轴制配合 基本偏差为一定的轴的公差带，与不同基本偏差的孔的公差带形成各种配合的一种制度。基轴制配合的轴称为基准轴，其基本偏差代号为 h，其上极限偏差为零，即它的上极限尺寸等于公称尺寸（图 7-31）。

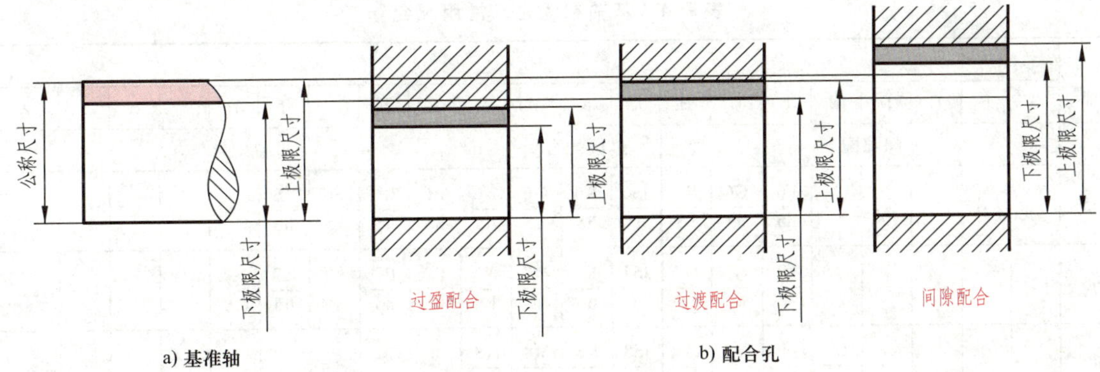

图 7-31 基轴制配合

（3）优先常用配合 在配合代号中，一般孔的基本偏差为 H 的，表示基孔制；轴的基本偏差为 h 的，表示基轴制。20 个标准公差等级和 28 种基本偏差可组成大量的配合。国家标准对孔、轴的公差带的选用分为优先、其次和最后三类，前两类合称常用。由孔、轴的优先和常用公差带分别组成基孔制和基轴制的优先和常用配合，见表 7-3 和表 7-4。

表 7-3 基孔制优先、常用配合

基准孔	轴																				
	a	b	c	d	e	f	g	h	js	k	m	n	p	r	s	t	u	v	x	y	z
	间隙配合								过渡配合			过盈配合									
H6						$\frac{H6}{f5}$	$\frac{H6}{g5}$	$\frac{H6}{h5}$	$\frac{H6}{js5}$	$\frac{H6}{k5}$	$\frac{H6}{m5}$	$\frac{H6}{n5}$	$\frac{H6}{p5}$	$\frac{H6}{r5}$	$\frac{H6}{s5}$	$\frac{H6}{t5}$					
H7						$\frac{H7}{f6}$	$\frac{H7}{h6}$	$\frac{H7}{h6}$	$\frac{H7}{js6}$	$\frac{H7}{k6}$	$\frac{H7}{m6}$	$\frac{H7}{n6}$	$\frac{H7}{p6}$	$\frac{H7}{r6}$	$\frac{H7}{s6}$	$\frac{H7}{t6}$	$\frac{H7}{u6}$	$\frac{H7}{v6}$	$\frac{H7}{x6}$	$\frac{H7}{y6}$	
H8					$\frac{H8}{e7}$	$\frac{H8}{f7}$	$\frac{H8}{g7}$	$\frac{H8}{h7}$	$\frac{H8}{js7}$	$\frac{H8}{k7}$	$\frac{H8}{m7}$	$\frac{H8}{n7}$	$\frac{H8}{p7}$	$\frac{H8}{r7}$	$\frac{H8}{s7}$	$\frac{H8}{t7}$	$\frac{H8}{u7}$				
				$\frac{H8}{d8}$	$\frac{H8}{e8}$	$\frac{H8}{f8}$		$\frac{H8}{h8}$													

（续）

基准孔	轴																				
	a	b	c	d	e	f	g	h	js	k	m	n	p	r	s	t	u	v	x	y	z
	间隙配合								过渡配合			过盈配合									
H9			H9/c9	H9/d9	H9/e9	H9/f9		H9/h9													
H10			H10/c10	H10/d10				H10/h10													
H11	H11/a11	H11/b11	H11/c11	H11/d11				H11/h11													
H12		H12/b12						H12/h12	1. 常用配合59种，其中优先配合13种。红色字为优先配合。2. H6/n5、H7/p6在公称尺寸≤3mm和H8/r7在公称尺寸≤100mm时为过渡配合。												

表7-4 基轴制优先、常用配合

基准轴	孔																				
	A	B	C	D	E	F	G	H	JS	K	M	N	P	R	S	T	U	V	X	Y	Z
	间隙配合								过渡配合			过盈配合									
h5						F6/h5	G6/h5	H6/h5	JS6/h5	K6/h5	M6/h5	N6/h5	P6/h5	R6/h5	S6/h5	T6/h5					
h6						F7/h6	G7/h6	H7/h6	JS7/h6	K7/h6	M7/h6	N7/h6	P7/h6	R7/h6	S7/h6	T7/h6	U7/h6				
h7					E8/h7	F8/h7		H8/h7	JS8/h7	K8/h7	M8/h7	N8/h7									
h8				D8/h8	E8/h8	F8/h8		H8/h8													
h9				D9/h9	E9/h9	F9/h9		H9/h9													
h10				D10/h10				H10/h10													
h11	A11/h11	B11/h11	C11/h11	D11/h11				H11/h11													
h12		B12/h12						H12/h12	常用配合共47种，其中优先配合13种。红色字为优先配合												

4. 极限与配合在图样上的标注

（1）在装配图上的标注方法　在装配图上标注配合代号时，采用组合式注法，如图7-32a所示，在公称尺寸后面用分式表示，分子为孔的公差带代号，分母为轴的公差带代号。

（2）*在零件图上的标注方法*　在零件图上标注公差有三种形式：在公称尺寸后只注公差带代号（图 7-32b），或只注极限偏差（图 7-32c），或代号和偏差均注（图 7-32d）。

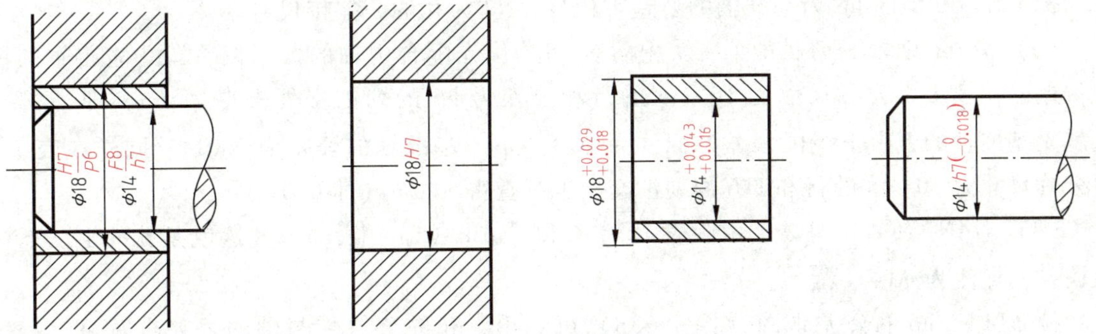

a)　b)　c)　d)

图 7-32　图样上极限与配合的标注方法

课堂讨论

【实例】　查表写出 $\phi18H8/f7$ 和 $\phi14N7/h6$ 的偏差数值，并说明属于何种配合制度和配合类别。

$\phi18H8/f7$ 中的 H8 为基准孔的公差带代号，f7 为轴的公差带代号。

（1）*$\phi18H8$ 基准孔的极限偏差*　由附表 16“优先配合中孔的极限偏差”中查得孔的极限偏差。在表中由公称尺寸为 14～18 的行和公差带 H8 的列汇交处查得 $^{+27}_{0}$ μm，这就是孔的上、下极限偏差，换算写成 $^{+0.027}_{0}$ mm，标注为 $\phi18^{+0.027}_{0}$。基准孔的公差为 0.027，这在表 8-2“标准公差数值”中公称尺寸为 10～18 的行和 IT8 的列汇交处也能查得 27μm（即 0.027mm）。

（2）*$\phi18f7$ 轴的极限偏差*　由附表 15“优先配合中轴的极限偏差”中查得轴的极限偏差。在表中由公称尺寸为 14～18 的行和公差带为 f7 的列汇交处查得 $^{-16}_{-34}$ μm，这就是轴的上、下极限偏差 $^{-0.016}_{-0.034}$ mm，标注为 $\phi18^{-0.016}_{-0.034}$。

从 $\phi18H8/f7$ 公差带图（图 7-33a）中可看出孔的公差带在轴的公差带之上，所以该

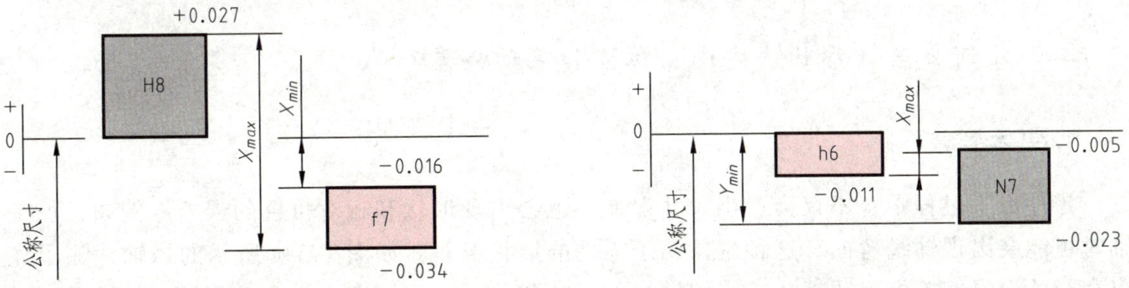

a) $\phi18H8/f7$　　b) $\phi14N7/h6$

图 7-33　公差带图

配合为基孔制间隙配合。“ϕ18H8/f7”的含义为：公称尺寸为18、公差等级为8级的基准孔，与相同公称尺寸、公差等级为7级、基本偏差为f的轴组成的间隙配合。

ϕ14N7/h6中的h6为基准轴的公差带代号，N7为孔的公差带代号。

（3）ϕ14h6基准轴的极限偏差　由附表15“优先配合中轴的极限偏差”中查得轴的极限偏差。在表中由公称尺寸为10~14的行和公差为h6的列汇交处查得$_{-11}^{0}$μm（即$_{-0.011}^{0}$），这就是基准轴的上、下极限偏差，标注为$\phi14_{-0.011}^{0}$。基准轴的公差为0.011。同样在表7-2中公称尺寸为10~18的行和IT6的列汇交处也可查得11μm（即0.011mm）。

（4）ϕ14N7的极限偏差　由附表16中查得$_{-23}^{-5}$μm（即$_{-0.023}^{-0.005}$mm），这就是孔的上、下极限偏差，标注为$\phi14_{-0.023}^{-0.005}$。

从ϕ14N7/h6的公差带图（图7-33b）可看出，孔的公差带与轴的公差带重叠，由表7-4查得，该配合为基轴制过渡配合。“ϕ14N7/h6”的含义为：公称尺寸为14、公差等级为6级的基准轴，与相同公称尺寸、公差等级为7级、基本偏差为N的孔组成的过渡配合。

由ϕ18H8/f7的公差带图（图7-33a）可看出，最大间隙X_{max}为0.061；最小间隙X_{min}为0.016；从ϕ14N7/h6的公差带图（图7-33b）中可看出，最大间隙X_{max}为0.005，最大过盈Y_{max}为0.023。

查表时要注意尺寸段的划分，如ϕ18要划在14~18的尺寸段内，而不要划在18~24的尺寸段内。

小问题

实际生产中，通常是优先使用基孔制，因为加工相同公差等级的孔和轴时，加工轴比较容易。

右图为与滚动轴承的配合，请读者思考：

与滚动轴承内环配合的轴颈以及与滚动轴承外环配合的座孔分别应采用基孔制还是基轴制？为什么？

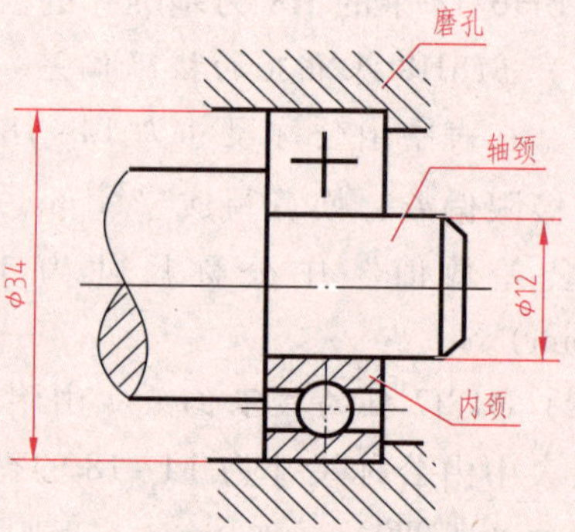

二、几何公差（形状、方向、位置和跳动公差）

1. 基本概念

零件加工过程中，不仅会产生尺寸误差，也会出现形状和相对位置的误差。例如，加工轴时可能会出现轴线弯曲，这种现象属于零件的形状误差。如图7-34a所示的销轴，除了注出直径的极限偏差外，还标注了圆柱轴线的形状公差——直线度，它表示圆柱实际轴线应限定在ϕ0.06的圆柱体内。又如图7-34b所示，箱体上两个安装锥齿轮轴的孔，如果两孔轴线歪斜太大，势必影响一对锥齿轮的啮合传动。为了保证正常的啮合，必须标注方向公差——

垂直度。图中代号的含义是：水平孔的轴线必须位于距离 0.05，且垂直于铅垂孔的轴线的两平行平面之间。

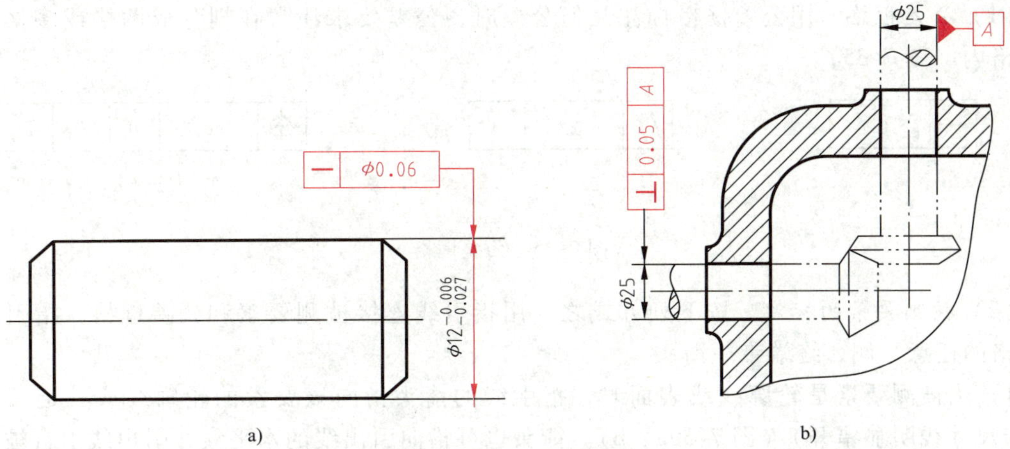

图 7-34　几何公差示例

由上例可见，为保证零件的装配和使用要求，在图样上除给出尺寸及其公差要求外，还必须给出几何公差（形状、方向、位置和跳动公差）要求。几何公差在图样上的注法应按照 GB/T 1182—2008 的规定。

2. 公差符号

几何公差的几何特征和符号见表 7-5。

表 7-5　几何公差的几何特征和符号

公差类型	几何特征	符　号	有无基准
形状公差	直线度	—	无
	平面度	▱	无
	圆度	○	无
	圆柱度	⌭	无
	线轮廓度	⌒	无
	面轮廓度	⌓	无
方向公差	平行度	//	有
	垂直度	⊥	有
	倾斜度	∠	有
	线轮廓度	⌒	有
	面轮廓度	⌓	有
位置公差	位置度	⌖	有或无
	同心度（用于中心点）	◎	有
	同轴度（用于轴线）	◎	有
	对称度	⌯	有
	线轮廓度	⌒	有
	面轮廓度	⌓	有
跳动公差	圆跳动	↗	有
	全跳动	⌰	有

3. 几何公差在图样上的标注

（1）公差框格　用公差框格标注几何公差时，公差要求注写在划分成两格或多格的矩形框格内（图7-35）。

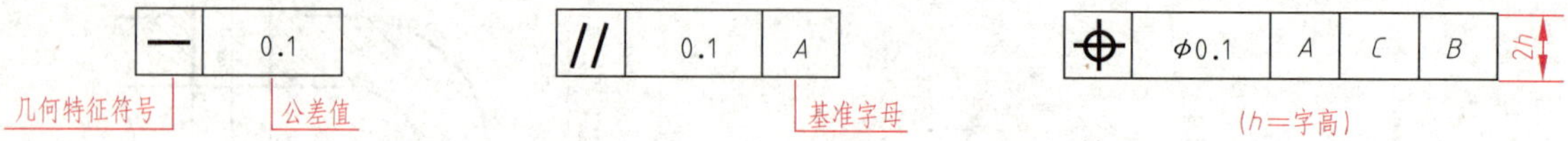

图7-35　公差框格

（2）被测要素的标注　按下列方式之一用指引线连接被测要素和公差框格。指引线引自框格的任意一侧，终端带一箭头。

1）当被测要素是轮廓线或表面时，指引线的箭头指向该要素的轮廓线或其延长线上（应与尺寸线明显错开）（图7-36a、b）。箭头也可指向引出线的水平线，引出线引自被测面（图7-36c）。

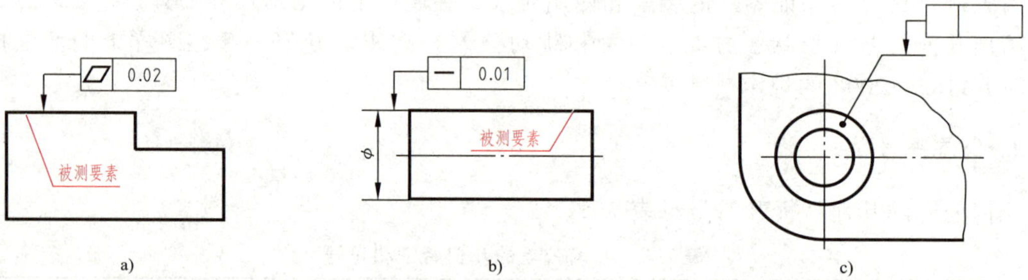

图7-36　被测要素和公差框格

2）当被测要素为轴线或中心平面时，箭头应位于尺寸线的延长线上（图7-37a），公差值前加注 ϕ，表示给定的公差带为圆形或圆柱形。

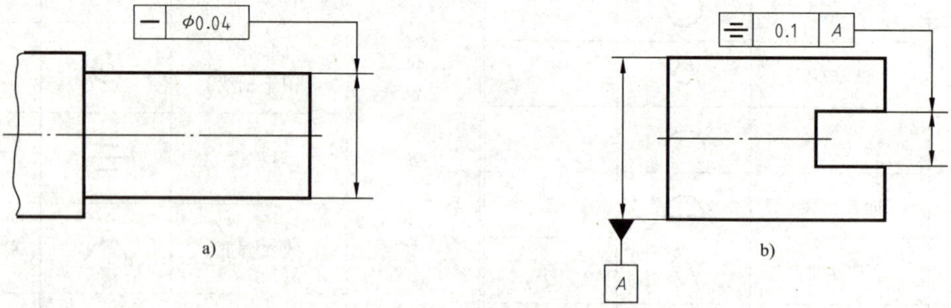

图7-37　被测要素为轴线或中心平面时的画法

（3）基准要素的标注　基准要素是零件上用于确定被测要素的方向和位置的点、线或面，用基准符号（字母注写在基准方格内，与一个涂黑的三角形相连）表示，表示基准的字母也应注写在公差框格内（图7-37b）。

带基准字母的基准三角形应按如下规定放置：

1）当基准要素是轮廓线或轮廓面时，基准三角形放置在要素的轮廓线或其延长线上并与尺寸线明显错开（图 7-38a）。基准三角形的画法如图 7-38b 所示。

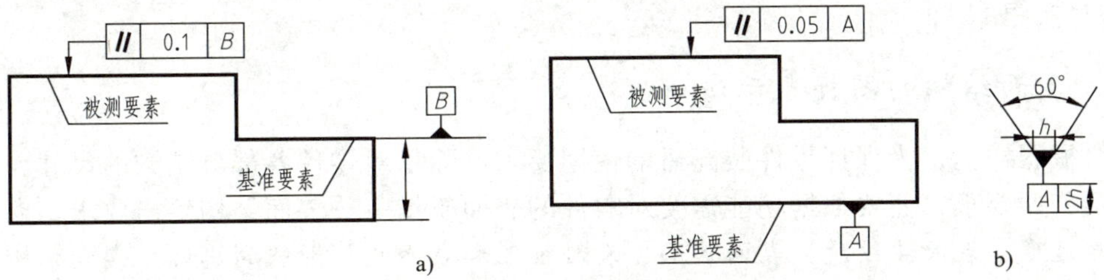

图 7-38　基准要素为表面时的注法

2）当基准要素是轴线或中心平面时，基准三角形应放置在该尺寸线的延长线上（图 7-39a）。如果没有足够的位置标注基准要素尺寸的两个尺寸箭头，则其中一个箭头可用基准三角形代替(图 7-39b)。

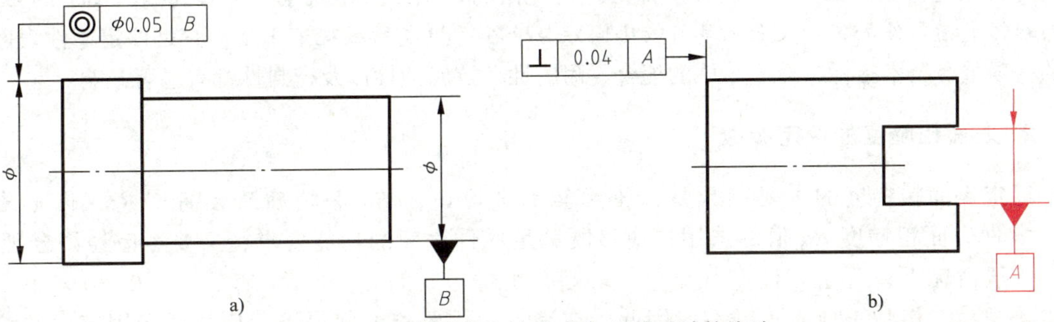

图 7-39　基准要素为轴线或中心平面时的注法

课堂讨论

【实例】 几何公差标注示例。

图 7-40 所示是气门阀杆的几何公差标注。当被测要素为线或表面时，从框格引出的指

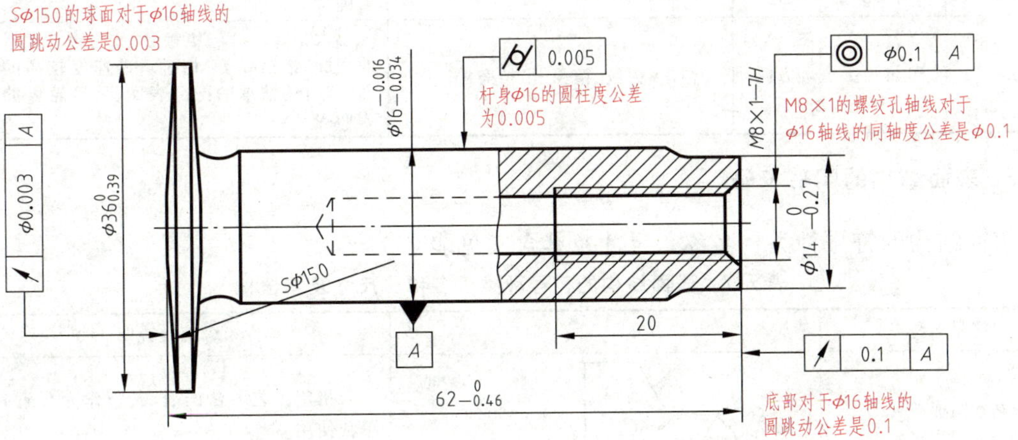

图 7-40　气门阀杆的几何公差标注

引线箭头应指在该要素的轮廓线或其延长线上。当被测要素是轴线时，应将箭头与该要素的尺寸线对齐，如M8×1轴线的同轴度注法。当基准要素是轴线时，应将基准符号与该要素的尺寸线对齐，如基准*A*。

三、表面结构的图样表示法

在机械图样上，为保证零件装配后的使用要求，除了对零件各部分结构的尺寸、形状和位置给出公差要求，还要根据功能需要对零件的表面质量——表面结构给出要求。表面结构是表面粗糙度、表面波纹度、表面缺陷、表面纹理和表面几何形状的总称。表面结构的各项要求在图样上的表示法在GB/T 131—2006中均有具体规定。本节主要介绍常用的表面粗糙度的表示法。

1. 表面粗糙度

零件经过机械加工后的表面并不都是绝对光滑的，用放大镜观察，可看到凹凸不平的刀痕。表面粗糙度指零件加工后表面上具有较小间距与峰谷所组成的微观不平度。它是评定零件表面质量的一项重要技术指标，对于零件的配合、耐磨性、抗腐蚀性以及密封性都有显著影响。

2. 表面粗糙度的评定参数

评定表面粗糙度的主要参数是：轮廓算术平均偏差*Ra*和轮廓最大高度*Rz*，优先选用*Ra*。零件表面粗糙度*Ra*值的选用，应该既满足零件表面的功能要求，又要考虑经济合理。

一般情况下，凡是零件上有配合要求或有相对运动的表面，*Ra*值要小。*Ra*值越小，表面质量越高，但加工成本也越高。因此，在满足使用要求的前提下，应尽量选用较大的参数值，以降低成本。常用的*Ra*值及其对应的表面特征和加工方法见表7-6。

表7-6　常用*Ra*数值与应用举例

Ra/μm	表面特征	主要加工方法	应用举例
25	可见刀痕	粗车、粗铣、粗刨、钻、粗纹锉刀和粗砂轮加工	非配合表面、不重要的接触面，如螺钉孔、倒角、退刀槽、机座底面等
12.5	微见刀痕	粗车、刨、立铣、平铣、钻	
6.3	可见加工痕迹	精车、精铣、精刨、铰、镗、粗磨等	没有相对运动的零件接触面，如箱、盖、套筒要求紧贴的表面，键和键槽工作表面；相对运动速度不高的接触面，如支架孔、衬套的工作表面等
3.2	微见加工痕迹		
1.6	看不见加工痕迹		
0.8	可辨加工痕迹方向	精车、精铰、精镗、半精磨等	要求很好配合的接触面，如与滚动轴承配合的表面、锥销孔等；相对运动速度较高的接触面，如滑动轴承的配合表面、齿轮轮齿的工作表面等

3. 表面结构的图形符号

表面结构的符号种类、名称、尺寸及其含义见表7-7。

表7-7　表面结构的符号种类、名称、尺寸及其含义

符号名称	符　　号	含义及说明
基本图形符号	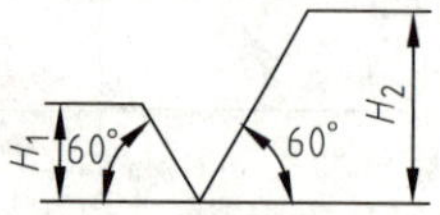 字高 $h=3.5mm$ $H_1=5mm$ $H_2=10.5mm$	未指定工艺方法的表面，当作为注解时，可单独使用

（续）

符号名称	符　　号	含义及说明
扩展图形符号	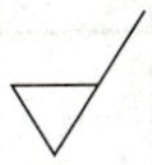	用去除材料的方法获得的表面
		用于不去除材料的表面，也可表示保持上道工序形成的表面
完整图形符号	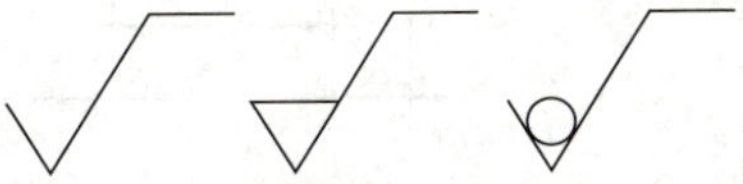 允许任何工艺　去除材料　不去除材料	在上述三个符号的长边上加一横线，用于标注有关参数和说明

4. 表面结构要求在图样中的注法

1）表面结构要求对每一表面一般只注一次，并尽可能注在相应的尺寸及其公差的同一视图上。除非另有说明，所标注的表面结构要求是对完工零件表面的要求。

2）表面结构的注写和读取方向与尺寸的注写和读取方向一致。表面结构要求可标注在轮廓线上，其符号应从材料外指向并接触表面（图 7-41）。必要时，表面结构也可用带箭头或黑点的指引线引出标注（图 7-42）。

3）在不致引起误解时，表面结构要求可以标注在给定的尺寸线上（图 7-43）。

4）表面结构要求可标注在几何公差框格的上方（图 7-44）。

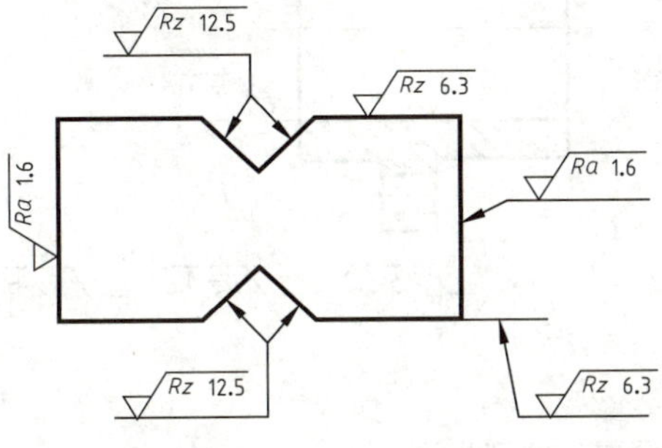

图 7-41　表面结构要求在轮廓线上的标注

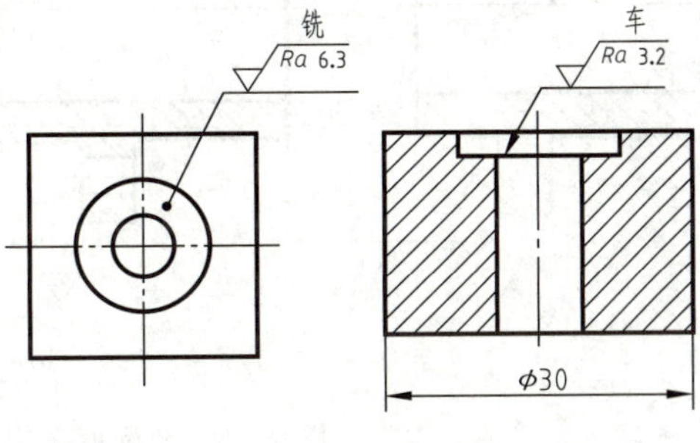

图 7-42　用指引线引出标注表面结构要求

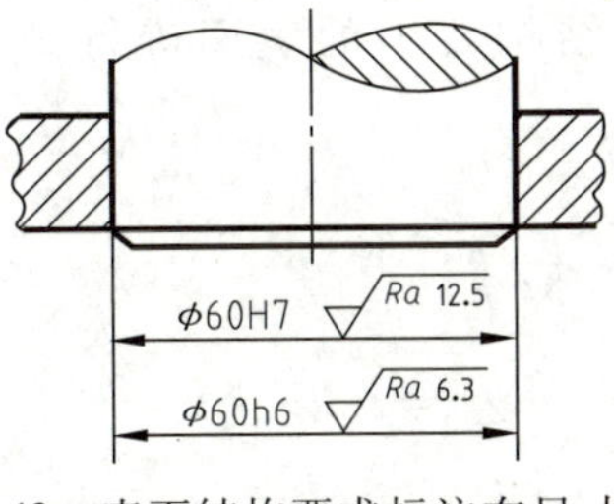

图 7-43　表面结构要求标注在尺寸线上

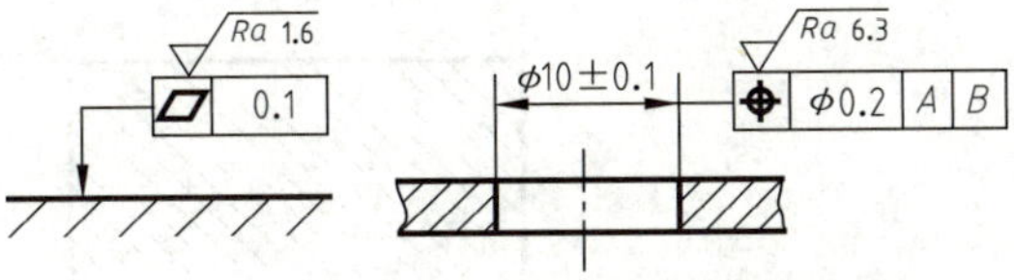

图 7-44　表面结构要求标注在几何公差框格的上方

5）圆柱和棱柱表面的表面结构要求只标注一次（图7-45）。

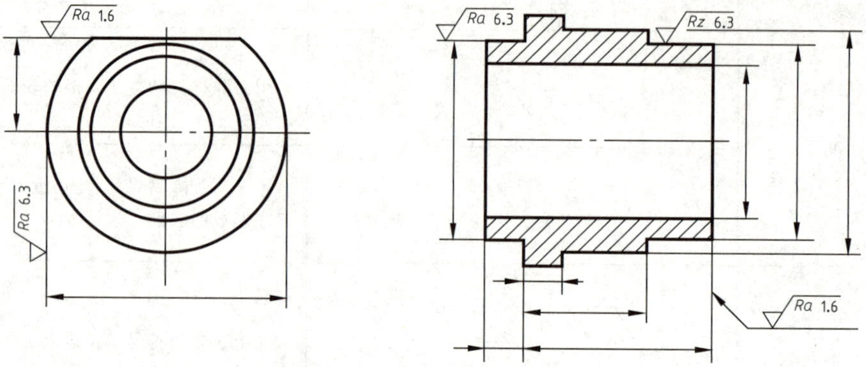

图7-45　表面结构要求标注在圆柱特征的延长线上

5. 表面结构要求在图样中的简化注法

（1）*全部表面有相同表面结构要求*　当工件全部表面有相同的表面结构要求时，可统一标注在图样的标题栏附近（图7-46a）。

（2）*多数表面有相同表面结构要求*　若工件的多数表面有相同的表面结构要求时，可统一标注在图样的标题栏附近，并在符号后面加圆括号，括号内给出无其他标注的基本符号（图7-46b），或在括号内给出不同的表面结构要求（图7-46c）。

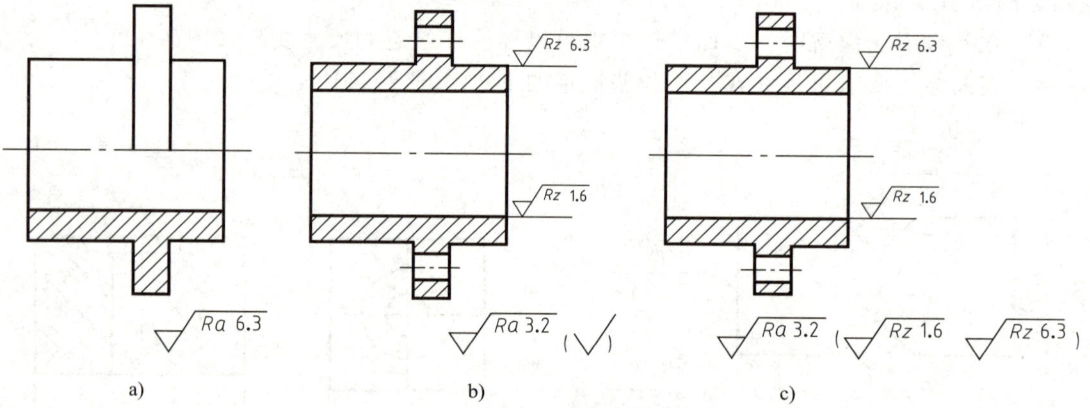

图7-46　全部或多数表面有相同要求的简化注法

（3）*多个表面有共同要求或图纸空间有限时的注法*　用带字母的完整符号标注在图样中，以等式的形式，在图形或标题栏附近，对有相同表面结构要求的表面进行简化标注（图7-47）。

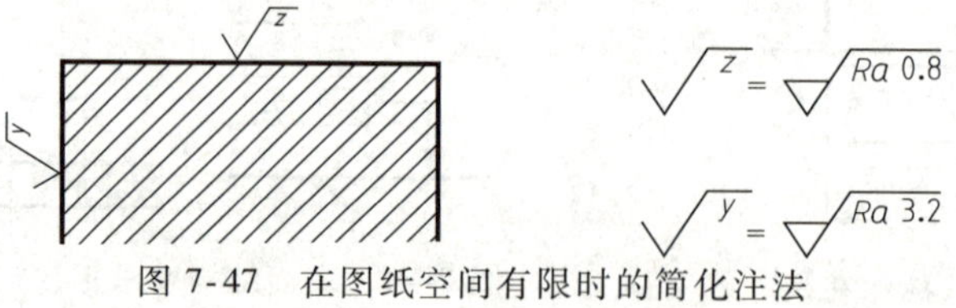

图7-47　在图纸空间有限时的简化注法

也可用基本符号或扩展符号以等式的形式给出多个表面共同的表面结构要求（图 7-48）。

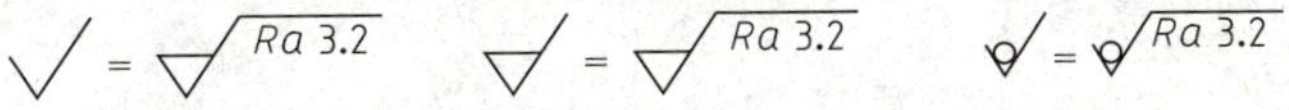

a) 未指定工艺方法　　b) 要求去除材料　　c) 不允许去除材料

图 7-48　多个表面结构要求的简化注法

第四节　读零件图

零件图是制造和检验零件的依据，是反映零件结构、大小和技术要求的载体。读零件图的目的就是根据零件图想象零件的结构形状，了解零件的制造方法和技术要求。为了读懂零件图，最好能结合零件在机器或部件中的位置、功能以及与其他零件的装配关系来读图。下面通过球阀中的主要零件来介绍识读零件图的方法和步骤。

读零件图的方法与步骤

读零件图的方法是通过对零件图中各视图、剖视图和断面图等图样画法的分析，想象出零件的形状。弄清楚该零件的全部尺寸以及各项技术要求，并根据零件的功用和相关的工艺知识，对零件进行结构分析。

读零件图的一般步骤如下：

1. 读标题栏

从标题栏了解零件的名称、材料、比例等内容。从名称可判断该零件属于哪一类零件，从材料可大致了解其加工方法，从绘图比例可估计零件的实际大小。必要时，要对照机器、部件实物或装配图了解该零件在装配体中的位置和功用，与相关零件之间的装配关系等，从而对该零件有初步了解。

2. 分析表达方案

从主视图入手，联系其他视图分析各视图之间的投影关系。运用形体分析法和结构分析法读懂零件各部分结构，想象出零件形状。看懂零件的结构形状是读零件图的重点，组合体的读图方法仍适用于读零件图。读图的一般顺序是先整体、后局部；先主体结构、后局部结构；先读懂简单部分，再分析复杂部分。

3. 分析尺寸和技术要求

分析尺寸首先要弄清楚图样中零件的长、宽、高三个方向的主要尺寸基准，从基准出发查找各部分的定形尺寸和定位尺寸，并分析尺寸的加工精度要求。必要时还要联系机器或部件中与该零件有关的零件一起分析，以便深入理解尺寸之间的关系，以及所注的尺寸公差、几何公差和表面粗糙度等技术要求。

4. 综合归纳

通过以上分析，对零件的形状、结构、尺寸以及技术要求等内容的综合归纳，对该零件形成了比较完整的认识，达到了读图的要求。必须注意，读图过程中，对上述步骤应穿插进行，而不是机械地割裂开来。

典型案例

【案例 7-4】 识读球阀（对照图 7-49）中主要零件阀杆、阀盖和阀体的零件图。

球阀是管路系统中的一个开关，从图 7-49 所示的球阀轴测分解图中可以看出，球阀的工作原理是旋转扳手带动阀杆和阀芯，控制球阀启闭。阀杆和阀芯包容在阀体内，阀盖通过四个螺柱与阀体连接。通过以上分析，即可清楚了解球阀中主要零件的功能以及零件间的装配关系。

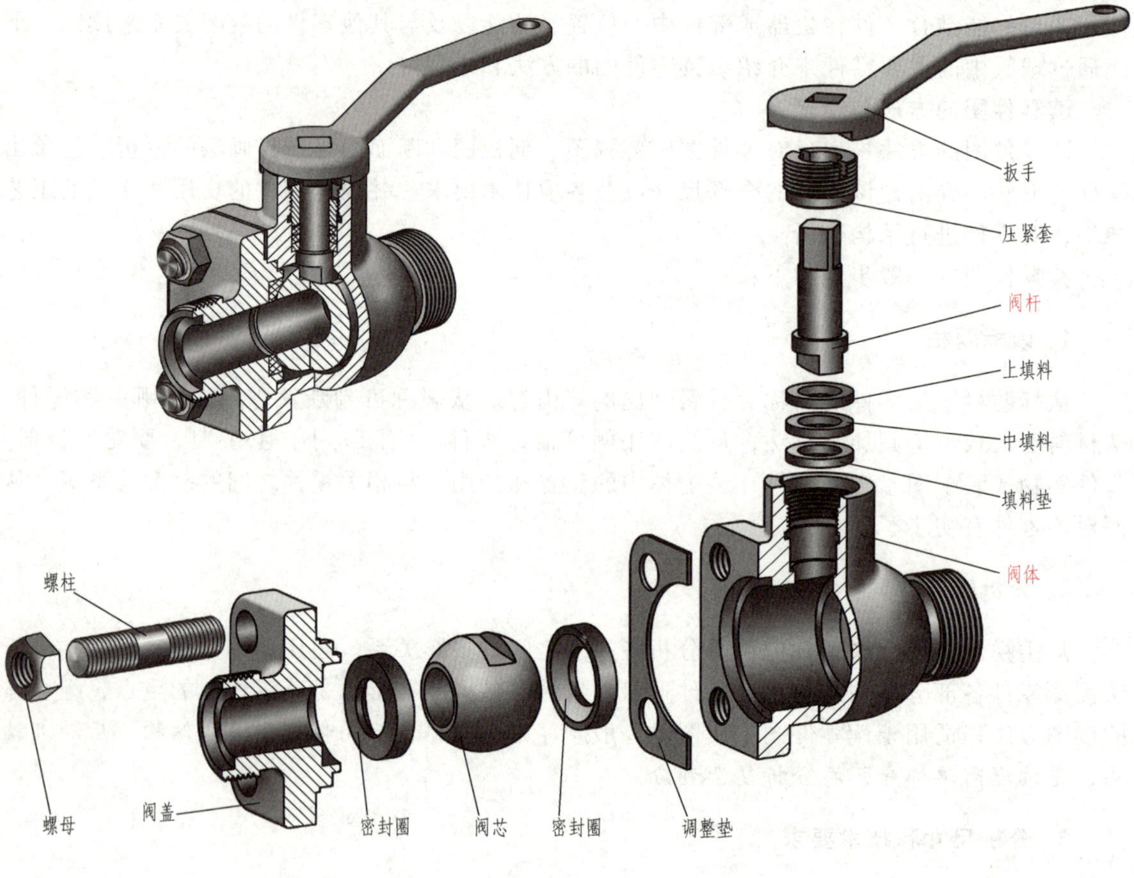

图 7-49 球阀

一、阀杆（图 7-50）

1. 结构分析

对照图 7-49 球阀轴测分解图可看出，阀杆的上部为四棱柱体，与扳手的方孔配合；阀杆下部带球面的凸榫插入阀芯上部的通槽内，以便使用扳手转动阀杆，带动阀芯旋转，控制球阀启闭，以控制流量。

2. 表达分析

阀杆零件图（图 7-50）用一个基本视图和一个断面图表达，主视图按加工位置将阀杆轴线水平横放。左端的四棱柱体采用移出断面表示。

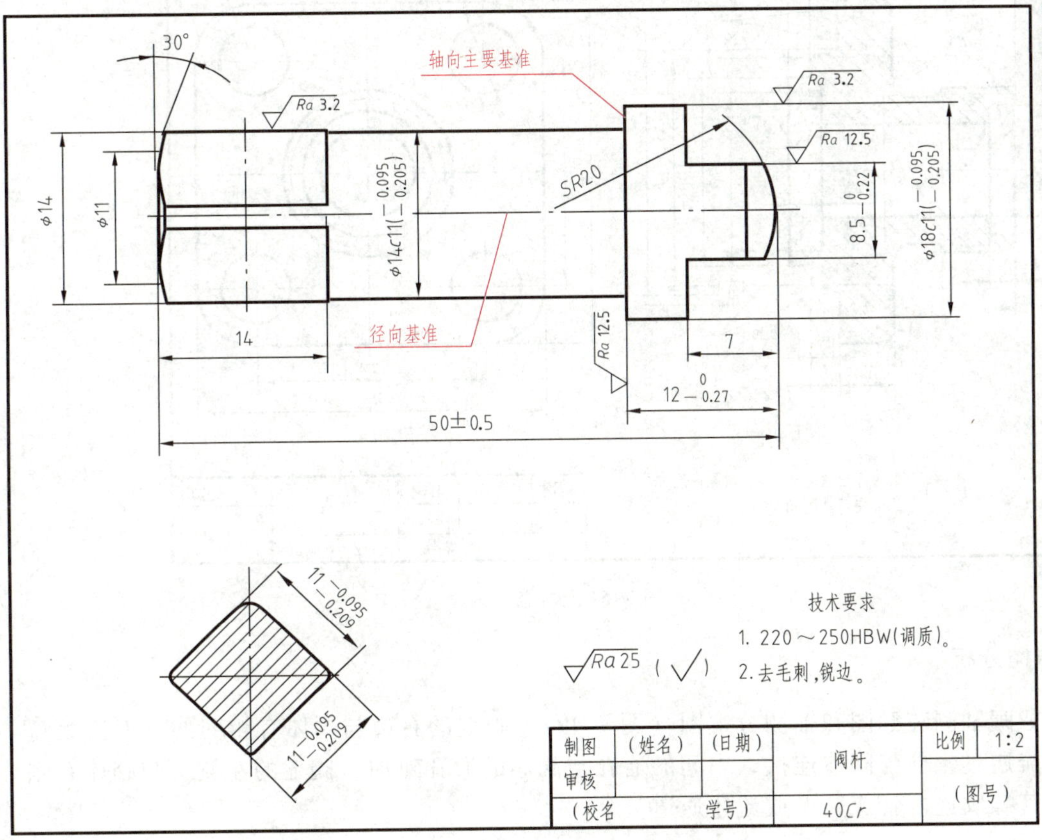

图 7-50　阀杆

3. 尺寸分析

阀杆以水平轴线作为径向尺寸基准，也是高度和宽度方向的尺寸基准。由此注出径向各部分尺寸 $\phi 14$、$\phi 11$、$\phi 14c11(^{-0.095}_{-0.205})$、$\phi 18c11(^{-0.095}_{-0.205})$。凡尺寸数字后面注写公差带代号或偏差值，一般指零件该部分与其他零件有配合关系。例如，$\phi 14c11(^{-0.095}_{-0.205})$ 和 $\phi 18c11(^{-0.095}_{-0.205})$ 分别与球阀中的填料压紧套和阀体有配合关系（图 7-49），所以表面粗糙度的要求较严，*Ra* 值为 3.2μm。

选择表面粗糙度 *Ra* 值为 12.5μm 的端面作为阀杆长度方向的主要尺寸基准，由此注出尺寸 $12^{\ 0}_{-0.27}$，以右端面为轴向的第一辅助基准，注出尺寸 7、50±0.5，以左端面为轴向的第二辅助基准，注出尺寸 14。

阀杆应经过调质处理硬度达到 220～250HBW，以提高材料的韧性和强度。

二、阀盖（图 7-51）

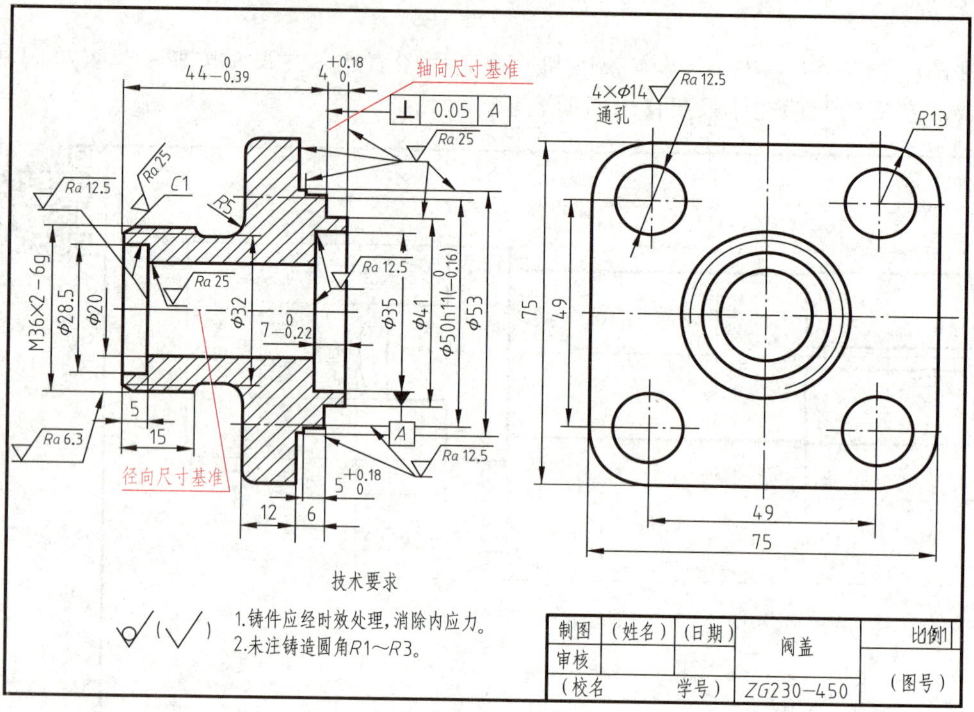

图 7-51 阀盖

1. 结构分析

对照球阀轴测装配图和轴测分解图（图 7-49），阀盖的右边与阀体有相同的方形法兰盘结构。阀盖通过螺柱与阀体连接，中间的通孔与阀芯的通孔对应。阀盖的左侧有与阀体右侧相同的外管螺纹连接管道，形成流体通道。

2. 表达分析

阀盖零件图用两个基本视图表达，主视图采用全剖视，表示零件的空腔结构以及左端的外螺纹。主视图的安放既符合主要加工位置，也符合阀盖在部件中的工作位置。左视图表达了带圆角的方形凸缘和四个均布的通孔。

3. 尺寸分析

多数盘盖零件的主体部分是回转体，所以通常以轴孔的轴线作为径向尺寸基准，由此注出阀盖各部分同轴线的直径尺寸，方形凸缘也用它作为高度和宽度方向的尺寸基准。注有公差的尺寸 $\phi 50\text{h}11(^{\ 0}_{-0.16})$，表明在这里与阀体有配合要求。

以阀盖的重要端面作为轴向尺寸基准，即长度方向的主要尺寸基准，此例为注有表面粗糙度 $Ra12.5\mu\text{m}$ 的右端凸缘的端面，由此注出尺寸 $4^{+0.18}_{\ 0}$、$44^{\ 0}_{-0.39}$ 以及 $5^{+0.18}_{\ 0}$、6 等。有关长度方向的辅助基准和联系尺寸，请读者自行分析。

4. 了解技术要求

阀盖是铸件，需进行时效处理，消除内应力。视图中有小圆角（铸造圆角 $R1\sim R3$）过渡的表面是不加工表面。注有尺寸公差的 $\phi50$，对照球阀轴测装配图可看出，与阀体有配合关系，但由于相互之间没有相对运动，所以表面粗糙度要求不严，Ra 值为 12.5μm。作为长度方向主要尺寸基准的端面相对阀盖水平轴线的垂直度位置公差为 0.05。

三、阀体（图 7-52）

1. 结构分析

阀体的作用是支承和包容其他零件。阀体的结构特征明显，是一个具有三通管式空腔的零件。水平方向空腔容纳阀芯和密封圈（在空腔右侧 $\phi35$ 圆柱形槽内放密封圈）；阀体右侧有外管螺纹与管道相通，形成流体通道；阀体左侧有 $\phi50^{+0.16}_{0}$ 圆柱形槽与阀盖右侧 $\phi50^{0}_{-0.16}$ 圆柱形凸缘相配合。竖直方向的空腔容纳阀杆、填料和填料压紧套等零件，孔 $\phi18^{+0.11}_{0}$ 与阀杆下部凸缘 $\phi18^{-0.095}_{-0.205}$ 相配合，阀杆的凸缘在这个孔内转动。

2. 表达分析

阀体采用三个基本视图，主视图用全剖视，表达零件的空腔结构；左视图的图形对称，采用半剖视，既表达零件的空腔结构形状，也表达零件的外部结构形状；俯视图表达阀体俯视方向的外形。将三个视图综合起来想象阀体的结构形状，并仔细看懂各部分的局部结构。如俯视图中标注 90°±1°的两段粗短线，对照主视图和左视图看懂 90°扇形限位块，它是用来控制扳手和阀杆的旋转角度的。

阀体的结构形状参看图 7-49 球阀分解图。

3. 尺寸分析

阀体的结构形状比较复杂，标注的尺寸很多，这里仅分析其中一些主要尺寸，其余尺寸请读者自行分析。

1）以阀体水平孔轴线为高度方向主要尺寸基准，注出水平方向孔的直径尺寸 $\phi50^{+0.16}_{0}$、$\phi43$、$\phi35$、$\phi32$、$\phi20$、$\phi28.5$ 以及右端外螺纹 M36×2 等，同时注出水平轴到顶端的高度尺寸 $56^{+0.56}_{0}$（在左视图上）。

2）以阀体铅垂孔轴线为长度方向主要尺寸基准，注出 $\phi36$、$\phi26$、M24×1.5、$\phi22^{+0.13}_{0}$、$\phi18^{+0.11}_{0}$ 等，同时注出铅垂孔轴线到左端面的距离 $21^{0}_{-0.18}$。

3）以阀体前后对称面为宽度方向主要尺寸基准，在左视图上注出阀体的圆柱体外形尺寸 $\phi55$，左端面方形凸缘外形尺寸 75×75，以及四个螺孔的宽度方向定位尺寸 49，同时在俯视图上注出前后对称的扇形限位块的角度尺寸 90°±1°。

4. 了解技术要求

通过上述尺寸分析可以看出，阀体中比较重要的尺寸都标注了偏差数值，与此对应的表面粗糙度要求也较严，Ra 值一般为 6.3μm。阀体左端和空腔右端的阶梯孔 $\phi50$、$\phi35$ 分别与密封圈（垫）有配合关系，但因密封圈的材料是塑料，所以相应的表面粗糙度要求稍低，Ra 的上限值为 12.5μm。零件上不太重要的加工表面粗糙度 Ra 值一般为 25μm。

主视图中对于阀体的几何公差要求是：空腔右端面相对 ϕ35 轴线的垂直度公差为 0.06；ϕ18 圆柱孔轴线相对 ϕ35 圆柱孔轴线的垂直度公差为 0.08。

在零件图的标题栏和第九单元装配图的明细栏中均有零件材料一项，关于金属材料（钢铁材料和非铁金属）的牌号或代号以及有关说明见附表 18、附表 19。

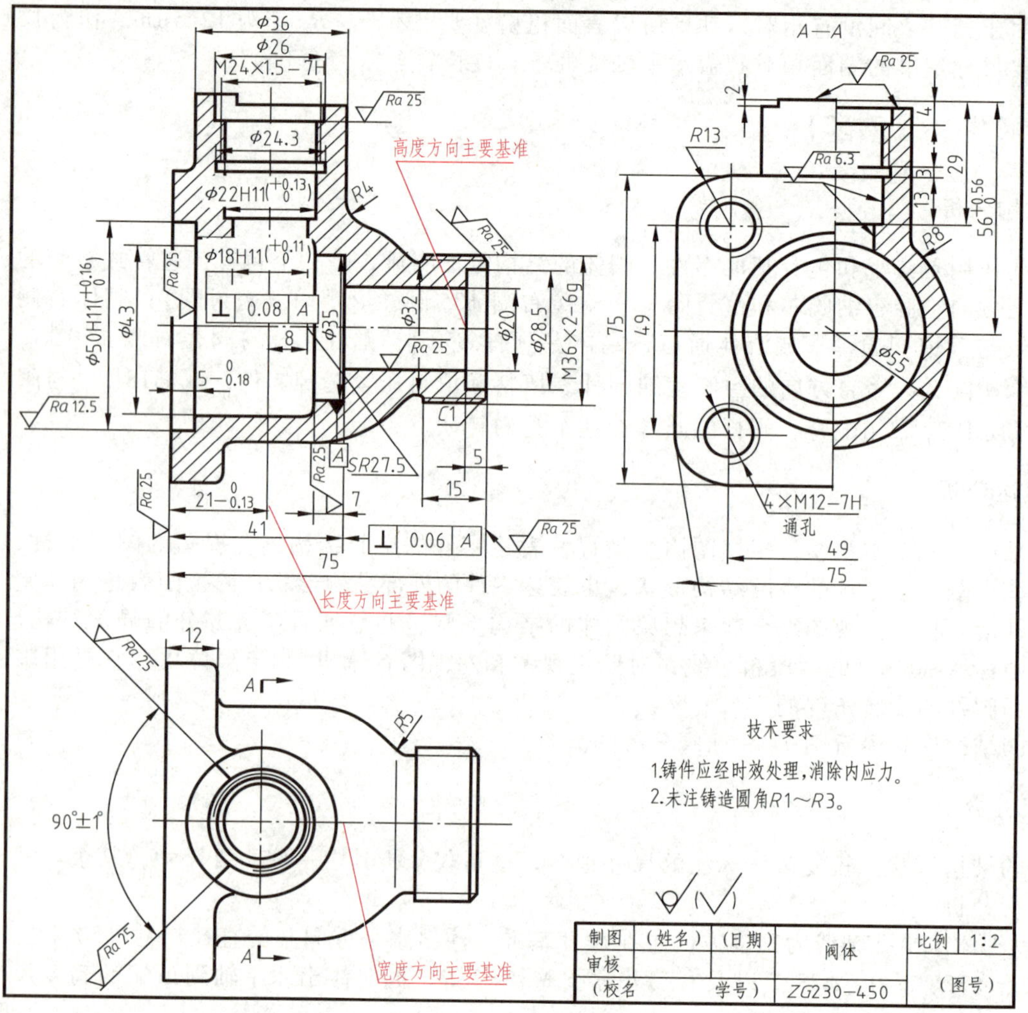

图 7-52　阀体

课堂讨论

读托架零件图想象结构形状回答下列问题（填空），并补画在视图（外形）。

讨论题：

1. 托架用了几个视图来表达？主视图采用什么剖视？俯视图主要表示什么？
2. 用符号▽指出长、宽、高方向的主要尺寸基准。
3. 尺寸“ϕ35H8”中 ϕ35 是______尺寸，H8 是______代号，H 是______代号，8 是______代号。

4. 托架顶面有两个______形安装孔，为什么在两个凸台之间开了一个深度为______的通槽？

5. 几何公差框格 |⊥|0.015|A| 表示______的轴线对顶面的______公差为______。

6. 图中标记代号 $\sqrt{Ra\,6.3}$ 表示该表面是用______的工艺方法获得的。解释 |⊥|0.015|A|

（√）的含义。

7. 补画左视图（外形），可徒手画草图。

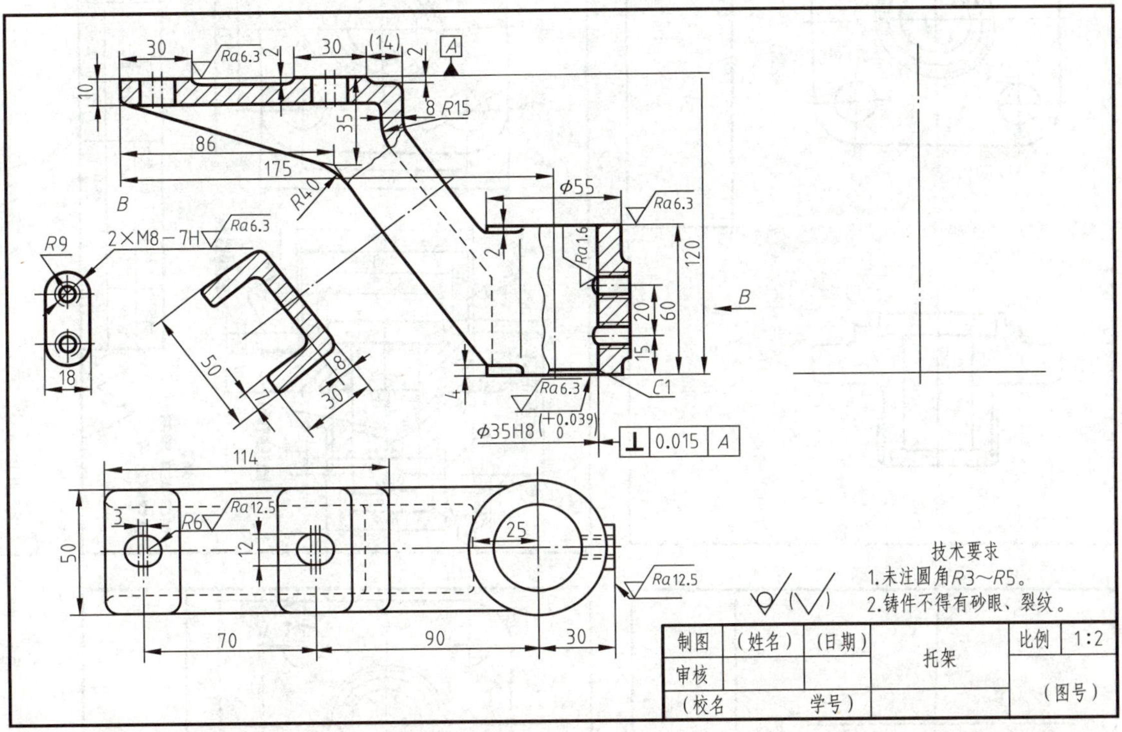

第五节　零件的测绘

零件测绘是依据实际零件，目测比例，徒手画出零件草图，测量出零件的各部分尺寸，并确定技术要求，再根据草图画出零件工作图（简称零件图）。在修配损坏的零件或改造旧机器设备时，要进行零件测绘。

零件草图是绘制零件图的主要依据，必要时还可直接用来制造加工零件。因此，零件草图必须具备零件图应有的全部内容。要求作到：图形正确、表达清晰、尺寸齐全、线型分明。

一、测绘零件的方法和步骤

以图 7-53 所示球阀的阀盖为例，说明零件测绘的方法和步骤。

1. 分析零件

了解零件的名称、用途、材料及其在机器（或部件）中的位置、作用和与相邻零件的关系，然后对零件的内、外结构形状进行初步分析（参阅图 7-49）。

图 7-53　阀盖

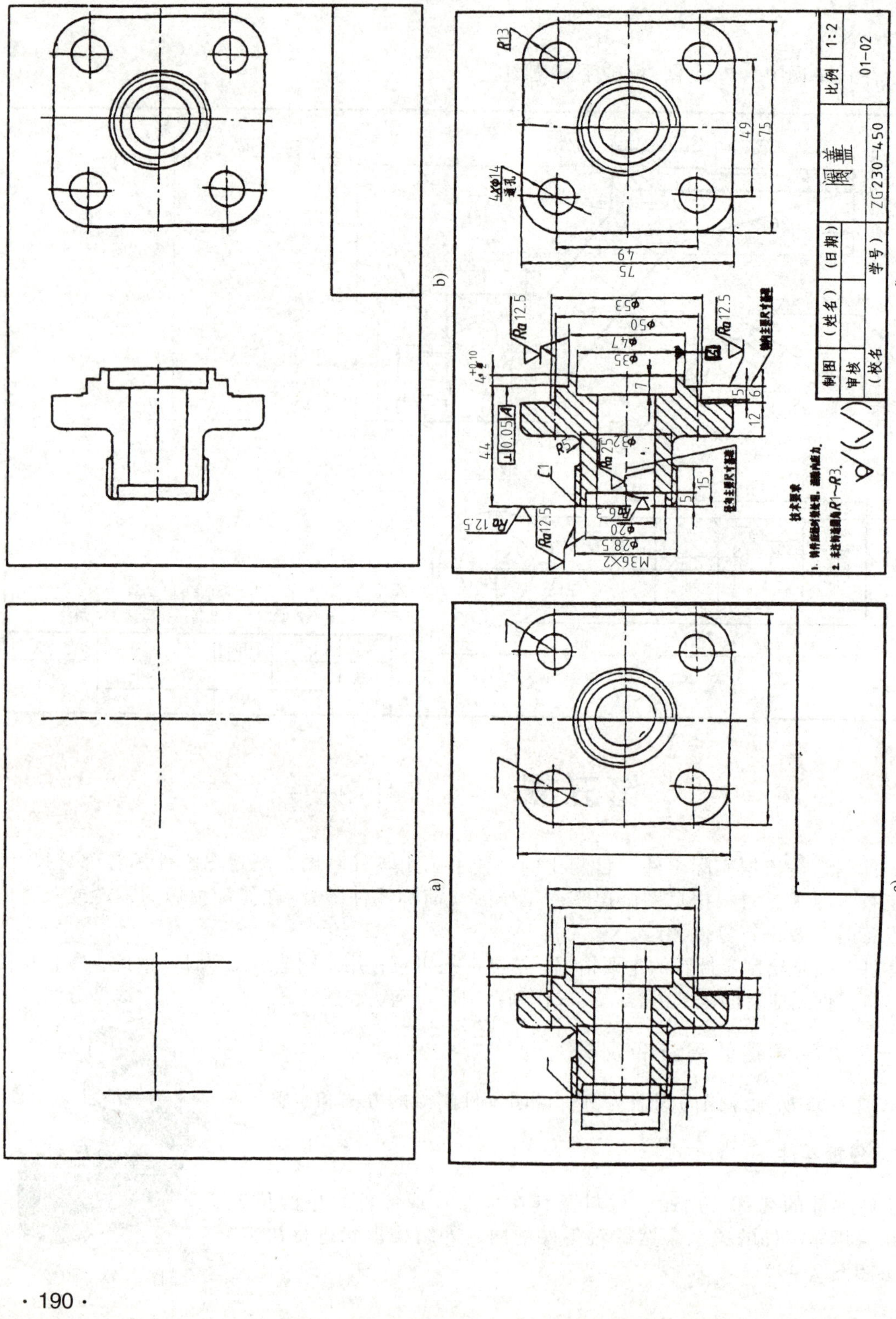

图 7-54 画零件草图的步骤

阀盖为铸钢件，其外凸缘制有外螺纹，与制有内螺纹的圆管连接形成管路系统；阀盖的内凸缘与阀体配合，用四个螺柱将阀盖与阀体连接，形成流体通道，并起密封作用。

2. 选择表达方案

先根据零件的结构形状特征、工作位置或加工位置选择主视图，再按需要选择其他视图，并考虑是否要用剖视、断面或简化画法等表达方法。视图表达方案要求完整、清晰、简练。据此，初步确定阀盖的表达方案为全剖的主视图和不剖的左视图。

3. 画零件草图

1）在图纸（或网格纸）上定出各视图的位置，画出主、左视图的对称中心线和作图基准线（图 7-54a）。布置视图时，要考虑预留标注尺寸的位置。

2）目测比例，详细地画出零件的外部及内部结构形状（图 7-54b）。

3）选定尺寸基准，按正确、齐全、清晰和合理标注尺寸的要求，画出全部尺寸界线、尺寸线和箭头。经校核后，按规定线型描深图线（图 7-54c）。

4）逐个测量并标注尺寸，注写表面粗糙度、尺寸公差等技术要求以及标题栏内的相关内容，完成零件草图（图 7-54d）。

4. 根据草图画零件图

零件草图的测绘通常在现场（车间）进行，时间不允许太长，所以选择的表达方案和标注的尺寸不一定是最完善和合理的。因此，在根据草图画零件图之前要对草图进一步校核，检查表达方案是否恰当，标注的尺寸是否齐全、清晰和合理，及时作出必要的修正。画零件图的步骤与画草图的步骤基本相同，但有时为了保持图面清洁，通常在画完底稿后先画尺寸线，注写数字，画剖面线，最后才描深。完成后的阀盖零件图如图 7-51 所示。

二、零件尺寸的测量方法

测量尺寸是零件测绘过程中的一处重要环节，测绘的过程是先“绘”后“测”，即在画完草图图形、尺寸界线、尺寸线之后集中测量并填写尺寸数值，这样不仅可以提高效率，还可以避免错误或遗漏。切忌画一个尺寸线，就测量填写一个尺寸数值。

测量尺寸时，应根据对尺寸精确程度的要求，选用不同的测量工具。常用的测量工具和测量方法见表 7-8。

三、零件测绘注意事项

1）零件上的制造缺陷，如砂眼、气孔等，以及长期使用所造成的磨损，均不应画出。

2）零件上的工艺结构，如铸造圆角、倒角、退刀槽、越程槽、凸台、凹坑等都必须画出，不可遗漏。

3）有配合功能要求的尺寸（如配合的孔和轴的直径），一般只需测量出它的公称尺寸，其配合性质和相应的公差值应在仔细分析后再查阅相应的标准确定。还需注意的是，除了通过计算得出且需保证特定装配关系的尺寸（如装有齿轮的两轴中心距）外，一般应将测得的尺寸适当圆整为整数（如 24. 8 可取整数 25）。

4）对螺纹、键槽、齿轮轮齿等标准结构的尺寸，应将测量结果与标准值核对；采用标准结构尺寸。

四、常用测量工具及测量方法

尺寸测量是零件测绘过程中的重要一环，常用的测量工具有钢直尺、外卡钳、内卡钳、游标卡尺和千分尺等。

零件的测量方法见表 7-8。

表 7-8　常用的测量工具和测量方法

<table>
<tr>
<td>线性尺寸</td>
<td>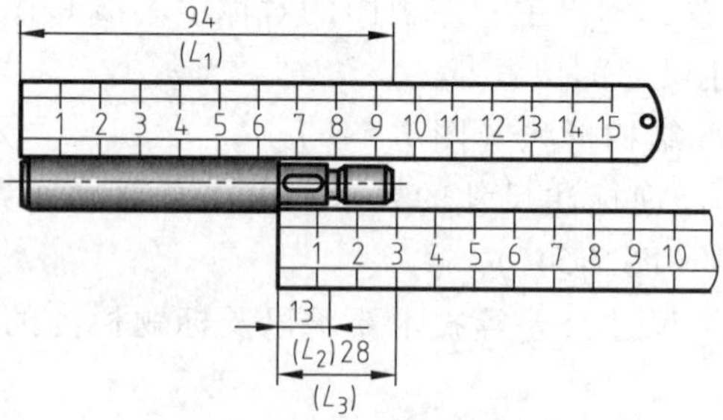

长度尺寸可以用直尺直接测量读数，如图中的长度 L_1(94)、L_2(13)、L_3(28)</td>
<td rowspan="2">孔间中</td>
<td rowspan="2">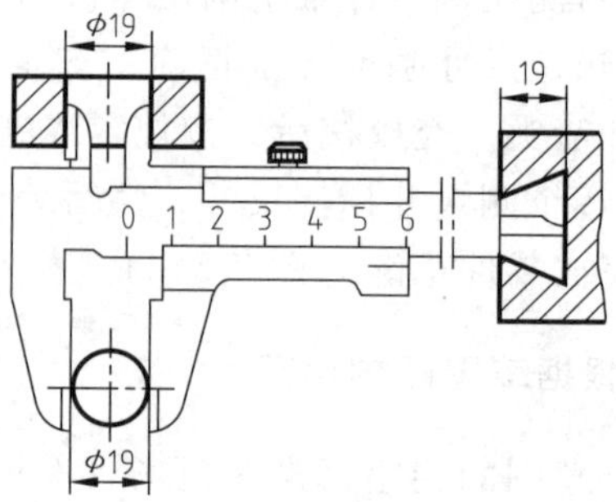

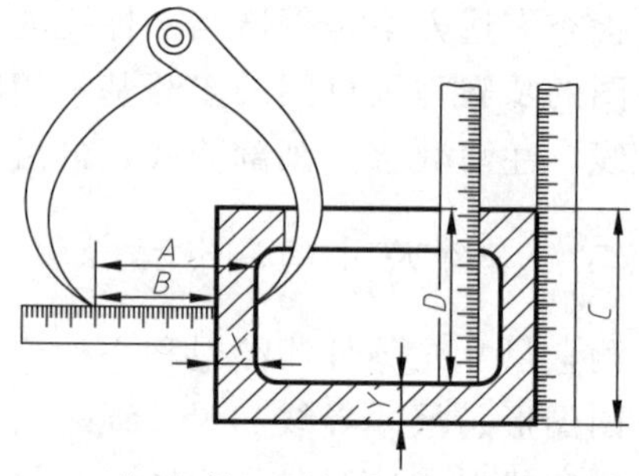

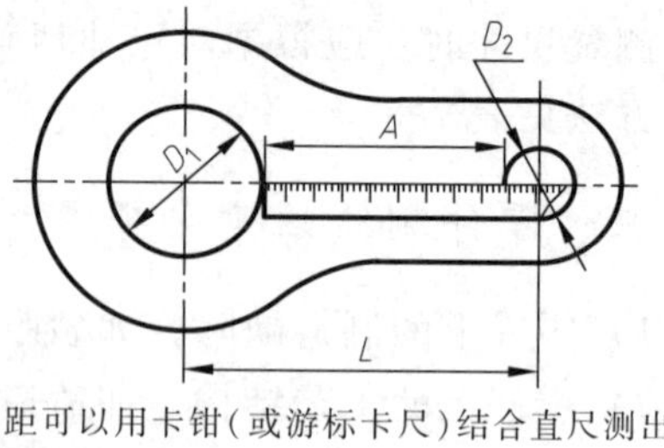

孔间距可以用卡钳（或游标卡尺）结合直尺测出
$L=A+\frac{D_1+D_2}{2}$</td>
</tr>
<tr>
<td>螺纹的螺距</td>
<td>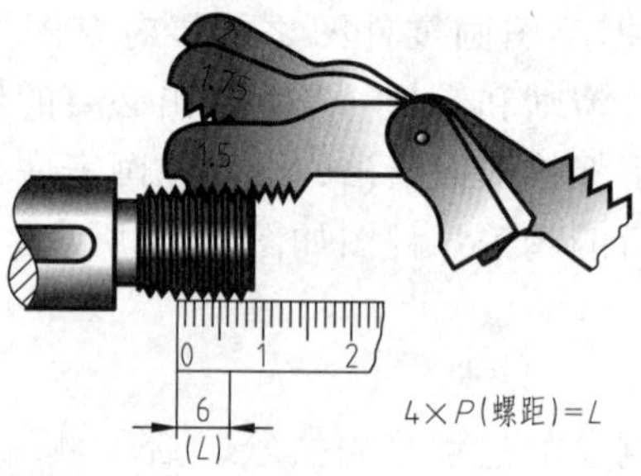

1. 螺纹规测螺距
1）用螺纹规确定螺纹的牙型和螺距 $P=1.5$
2）用游标卡尺量出螺纹大径
3）目测螺纹的线数和旋向
4）根据牙型、大径、螺距，与有关手册中螺纹的标准核对，选取相近的标准值
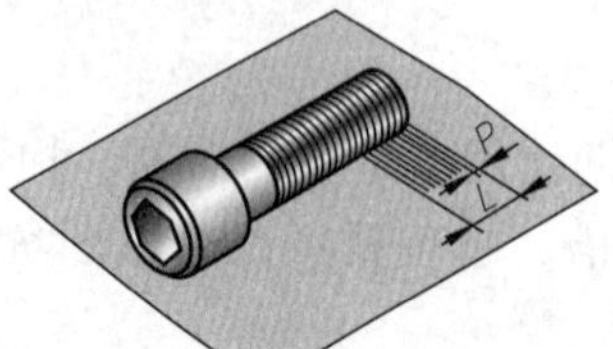

2. 压痕法测螺距
若没有螺纹规，可用一张纸放在被测螺纹上，压出螺距印痕，用直尺量出 5~10 个螺纹的长度，即可算出螺距 P，根据 P 和测出的大径查手册取标准数值</td>
</tr>
</table>

第八单元 装配图

装配图是用来表达机器或部件的图样。表示一台完整机器的图样，称为总装配图；表示一个部件的图样，称为部件装配图。

装配图主要表达机器或部件的工作原理、装配关系、结构形状和技术要求，用以指导机器或部件的装配、检验、调试、安装、维修等。因此，装配图是机械设计、制造、使用、维修以及进行技术交流的重要技术文件。

第一节　初识装配图

通过第七单元球阀主要零件图的识读，已对球阀的工作原理以及零件间的装配关系有了初步了解，再来识读球阀的装配图就比较顺利了。本节通过球阀的装配图来说明识读装配图的方法和步骤。

一、零件图与装配图的作用和关系

装配图和零件图是机械图中两种主要图样。零件图表示零件的结构形状、尺寸大小和技术要求，并根据它加工制造零件；装配图表示机器或部件的结构形状、装配关系、工作原理和技术要求。设计时，一般先画出装配图，再根据装配图绘制零件图；装配时，根据装配图的要求，把零件装配成部件或机器。因此，零件与部件、零件图和装配图之间的关系十分密切。在看或画装配图时，必须了解部件中主要零件的形状、结构和作用，各零件之间的相互关系。

下面通过识读球阀装配图（图 8-1）初步了解装配图的内容和表达方法，由于初次接触装配图，可以对照球阀轴测分解图（图 7-49）来帮助读懂装配图。

二、初读球阀装配图

在管道系统中，阀是启闭和调节流体流量的部件，球阀是阀的一种，它的阀芯是球形的，所以称为球阀。与零件图一样，装配图也包含以下四方面内容：

1. 一组图形

用一组视图表达部件中各零件的装配关系、连接方式和工作原理。图 8-1 中的主视图清楚地表示球阀主要零件之间的装配关系：阀体 1 与阀盖 2 均带有方形凸缘，用四个螺柱 6 与螺母 7 连接，并用合适的调整垫 5 调节阀芯 4 与密封圈 3 之间的松紧（可从明细栏中了解它们的材料和数量），使阀芯转动灵活。在阀体上部有阀杆 12，阀杆下部用凸块榫接阀芯上的凹槽。为了密封，在阀体与阀杆之间加进填料垫 8、填料 9、10，再旋入填料压紧套 11。从而看明白球阀的工作原理：阀杆 12 上部的四棱柱与扳手 13 的方孔连接，当扳手在如装配图所示的位置时，阀门全部开启，管道畅通；当扳手按顺时针方向旋转 90°（俯视图中细双点画线所示扳手位置），阀门全部关闭，管道断流。

俯视图主要表达球阀的外形，采用 *B—B* 局部剖视表示扳手与阀杆的连接关系，还可以看到阀体顶部定位凸块的形状，该凸块用来限制扳手的旋转位置（细双点画线）。

阀体的前后对称，左视图采用半剖视，表示阀盖的外形，并补充表达阀体、阀杆和阀芯的装配关系，由于扳手形状简单，主、俯视图已表达清楚，所以左视图中不必画出。

2. 必要的尺寸

装配图上标注尺寸与零件图标注尺寸目的不同，因为装配图不是制造零件的直接依据，所以在装配图中不必标注零件的全部尺寸，而只要注出下列几种必要的尺寸：

（1）规格（性能）尺寸　表示机器或部件规格或性能的尺寸，是设计和选用部件的主要依据。如图 8-1 中球阀的公称直径 $\phi20$。

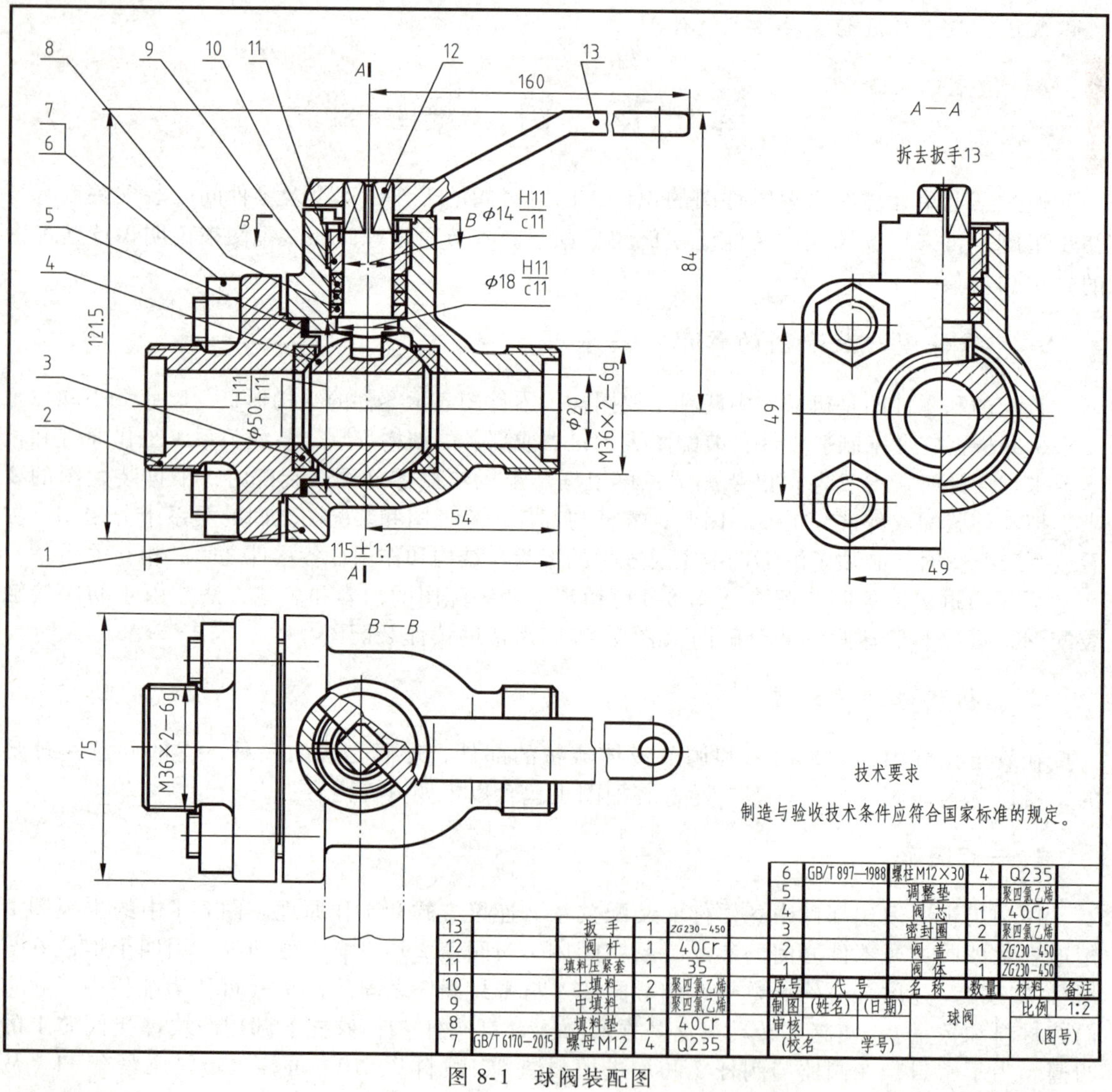

图 8-1　球阀装配图

（2）装配尺寸 表示零件之间装配关系的尺寸，如配合尺寸和重要的相对位置尺寸。如图 8-1 中阀盖与阀体的配合尺寸 ϕ50H11/h11 等。

（3）安装尺寸 表示部件安装到机器上或将整机安装到基座上所需的尺寸。如图 8-1 中与安装有关的尺寸：84、54、M36×2-6g 等。

（4）外形尺寸 表示机器或部件外形轮廓的大小，即总体尺寸，它为包装、运输、安装所需空间大小提供依据。如图 8-1 中球阀的总长、总宽、总高的尺寸为 115±1.1、75、121.5。

除上述尺寸外，必要时还要标注其他重要尺寸。如运动零件的极限位置尺寸、主要零件的重要结构尺寸等。

3. 技术要求

用符号、代号或文字说明装配体在装配、安装、调试等方面应达到的技术指标。

4. 标题栏、零件序号及明细栏

在装配图上，必须对每个零件编号，并在明细栏中依次列出零件序号、代号、名称、数量、材料等。标题栏中，写明装配体的名称、图号、绘图比例以及有关人员的签名等。

三、装配图中零部件序号和明细栏

为了便于看图和图样管理，对装配图中所有零部件均需编号。同时，在标题栏上方的明细栏中与图中序号一一对应地予以列出。

1. 零部件序号及其编排方法

如图 8-1 所示，在装配图中每个零件的可见轮廓范围内，画一小黑点，用细实线引出指引线，并在其末端的横线（画细实线）上注写零件序号。若所指的零件很薄或为涂黑者，要用箭头代替小黑点，如图 8-1 主视图中序号 5。

相同的零件只对其中一个进行编号，其数量填写在明细栏内。一组紧固件或装配关系清楚的零件组，可采用公共的指引线编号，如图 8-1 中螺柱连接序号 6、7 的形式。

各指引线不能相交，当通过剖面区域时，指引线不能与剖面线平行。指引线可画成折线，但只可曲折一次，如图 8-1 中序号 8。

零件序号应按顺时针或逆时针方向顺序编号，并沿水平和垂直方向排列整齐。

2. 明细栏

零件明细栏在标题栏上方，序号由下向上排列，便于补充编排序号时被遗漏的零件。当标题栏上方位置不够时，可在标题栏左方继续列表由下向上接排，如图 8-1 球阀装配图中所示。

四、装配图的图样画法

识读装配图首先要知道在装配图上是怎样表达装配体的，装配图的表达方法与零件图的表达方法有很多相似之处，但因装配图主要是要表达组成零件间的装配关系及其相对位置，不必把每个零件的结构形状完整地表达清楚。针对这一特点，国家标准制订了装配图的规定画法和简化画法。

1. 相邻零件的轮廓线画法

两相邻零件的接触面或配合面，只画一条共有的轮廓线表示。非接触面（即使间隙很

小)，画两条各自的轮廓线，如图 8-2 所示。

2. 相邻零件的剖面线画法

相邻两个（或两个以上）金属零件，剖面线的倾斜方向应相反，或者方向一致但间隔不等以示区别，如图 8-2 中三个相邻零件的剖面线画法。

3. 夸大画法

在装配图中，对于薄片零件或微小间隙，无法按其实际尺寸画出，或图线密集难以区分时，可不按比例夸大画出。如图 8-1 中调整垫的厚度和图 8-2 中的小间隙都采用了夸大画法。

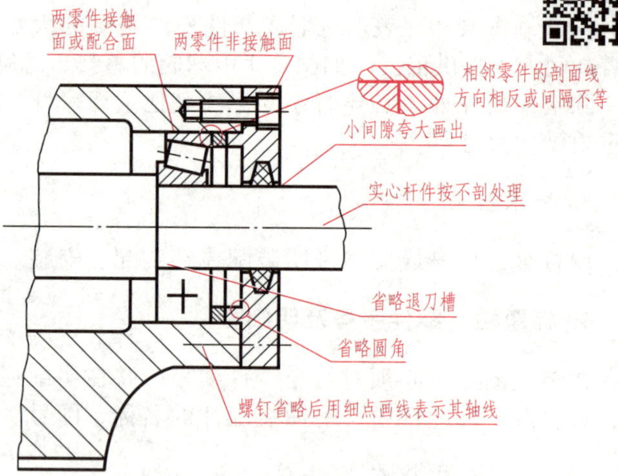

图 8-2　装配图的规定画法和简化画法

4. 假想画法

为了表示运动零件的运动范围或极限位置，可用粗实线画出该零件的一个极限位置，另一个极限位置则用细双点画线表示。如图 8-1 俯视图的下方，用细双点画线画出了扳手的另一个极限位置。

5. 简化画法

(1) 实心零件画法　在装配图中，对于紧固件以及轴、键、销等实心零件，若按纵向剖切，且剖切平面通过其对称平面或轴线时，这些零件均按不剖绘制，如图 8-2 中的轴、螺钉等。

(2) 零件工艺结构的简化　在装配图中，零件的工艺结构如倒角、圆角、退刀槽等允许省略不画（图 8-2)。

(3) 相同规格零件组画法　装配图中对于规格相同的零件组（如螺钉连接)，可详细地画出一处，其余用细点画线表示其装配位置（图 8-2)。

(4) 沿零件的结合面剖切和拆卸画法　在装配图中，当某些零件遮住了需要表达的结构和装配关系时，可假想沿某些零件的结合面剖切或假想将某些零件拆卸后绘制。需要说明时，可在相应的视图上方加注“拆去××等”。如图 8-1 所示球阀装配图中的左视图是拆去扳手 13 后画出的。

(5) 单独表示某个零件的画法　在装配图中可以单独画出某一零件的视图，但必须在所画视图上方注写该零件的视图名称，在相应的视图附近用箭头指明投射方向，并注写同样的字母。

典型案例

【案例 8-1】 读齿轮泵装配图（图 8-3)

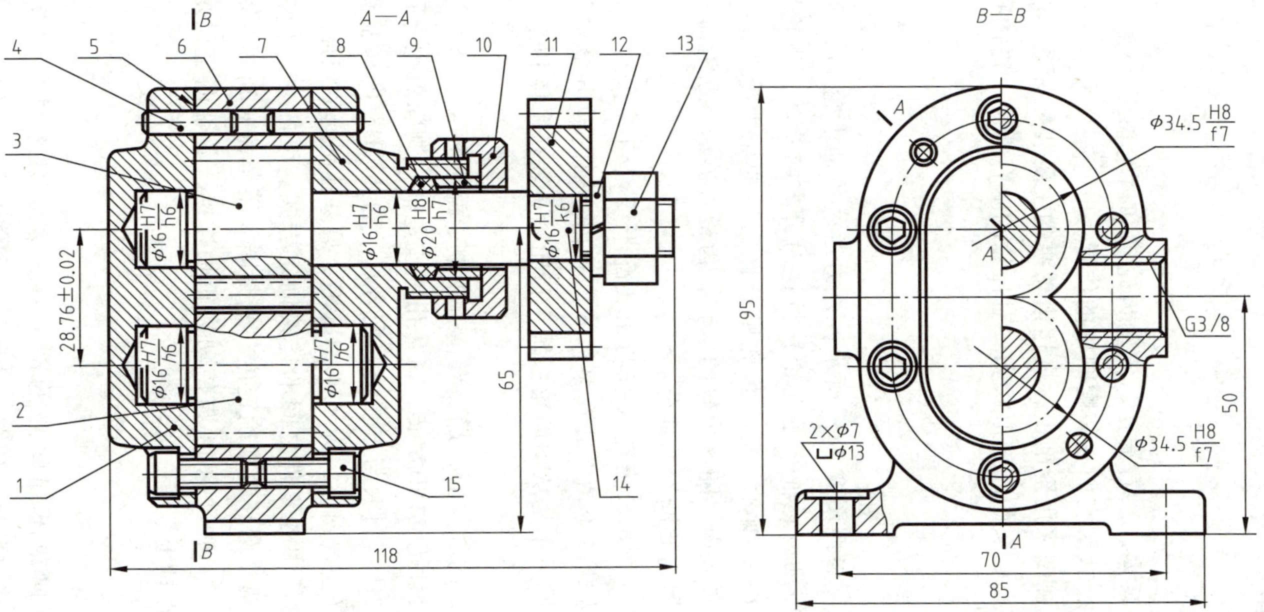

技术要求

1. 齿轮安装后，应转动灵活。
2. 两齿轮轮齿的接触面应占齿面的3/4以上。

15	GB/T 70.1—2008	螺钉 M6×16	12	35	
14	GB/T 1096—2003	键 4×4×10	1	45	
13	GB/T 6170—2015	螺母 M12×15	1	35	
12	GB/T 97.1—2002	垫圈 12	1	65Mn	
11		传动齿轮	1	45	m=2.5，z=20
10		压紧螺母	1	35	
9		压盖衬套	1	ZCuSn5-5-5	
8		密封圈	1	毛毡	
7		右端盖	1	HT200	
6		泵体	1	HT200	
5		垫片	2	纸	t=1
4	GB/T 119.1—2000	销 5m6×18	4	45	
3		传动齿轮轴	1	45	m=3，z=9
2		齿轮轴	1	45	m=3，z=9
1		左端盖	1	HT200	
序号	代号	名称	数量	材料	备注

制图	(姓名)	(日期)	齿轮泵	比例	
审核				(图号)	
(校名		学号)	(材料)		

图 8-3 齿轮泵装原理图

读装配图的基本要求是：

1）了解部件的工作原理和使用性能。

2）弄清各零件在部件中的功能、零件间的装配关系和连接方式。

3）读懂部件中主要零件的结构形状。

4）了解装配图中标注的尺寸以及技术要求。

1. 概括了解

由标题栏和明细栏了解，齿轮泵由泵体、左右端盖、传动齿轮轴和齿轮轴等15种零件装配而成。按明细栏中每个零件的序号，找到它们在装配图中的位置。

齿轮泵装配图用两个视图表达，主视图采用全剖视，表达齿轮泵的主要装配关系，左视图沿左端盖与泵体结合面半剖，反映了齿轮泵的外部形状和一对齿轮的啮合情况。进油孔的结构用局部剖视表达。

2. 分析工作原理和装配关系

（1）*了解部件工作原理*　如图8-3（参照图8-4a）所示，外力通过传动齿轮11，键14传给传动齿轮轴3，产生旋转运动。当传动齿轮轴（主动轮）按逆时针方向旋转，齿轮轴2（从动轮）则按顺时针方向旋转，如图8-4b所示。此时齿轮啮合区右边的压力降低，泵中的油在大气压力作用下，沿吸油口吸入泵腔内，随着齿轮的旋转，齿槽中的油不断沿箭头方向被带至左边压油口把油压出，送至机器需要润滑的部分。

（2）*分析部件的装配关系*　如图8-3所示，齿轮泵有两条装配干线（组装在同一轴线上的一系列相关零件称为装配干线），传动齿轮轴3装在泵体6的孔内，轴的伸出端装有密封圈8、压盖衬套9、压紧螺母10等。另一条是从动齿轮系统，齿轮轴2装在泵体和左右端盖孔内，与传动齿轮轴啮合在一起。

（3）*分析零件的配合关系*　凡是配合的工作面，都要看清基准制、配合种类、公差等级等。传动齿轮轴与左右端盖之间的配合尺寸为$\phi16H7/h6$，属基孔（或基轴）制间隙配合孔的公差等级为7级，轴的公差等级为6级。压盖衬套与右端盖的配合尺寸为$\phi20H8/f7$属基孔制间隙配合。齿轮齿顶圆与泵体内腔配合（左视图上）为$\phi34.5H8/f7$，属基孔制间隙配合。

（4）*分析零件的连接方式*　看清部件中各零件之间的连接固定方式。泵的左、右端盖与泵体通过六个内六角螺钉连接，并用两个圆柱销准确定位。密封圈8用压盖衬套9压紧并用压紧螺母10连接在泵体上。传动齿轮11通过键14与传动齿轮轴连接，其轴向定位是靠轴肩和弹簧垫圈12，并用螺母13连接在轴上。

3. 分析零件结构形状

分析零件时，首先要依据不同方向或不同间隔的剖面线，划定各零件的轮廓范围，并结合该零件的功能来分析零件的结构形状。如图8-3所示，泵体的左、右端盖，从主视图可看出，它们与泵体装配在一起，将一对齿轮轴密封在泵腔内，同时对齿轮轴起支承作用。左端盖设有两个轴颈的支承孔（盲孔），右端盖上部有传动齿轮轴穿过（通孔），下部有齿轮轴轴颈的支承孔（盲孔）。右端盖右部凸缘的外圆柱面上有螺纹，与压紧螺母连接。由左视图看出，端盖为长圆形，沿周围分布有六个具有沉孔的螺钉孔和两个圆柱销孔。

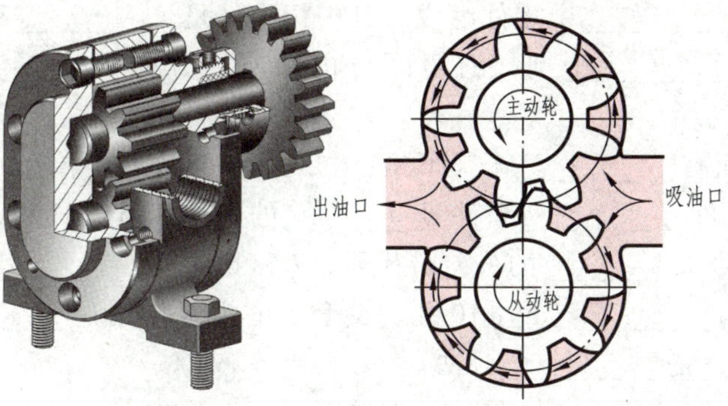

a)　　　　b)

图 8-4　齿轮泵轴测装配图和工作原理

课堂讨论

读懂钻模装配图，并回答下列问题。

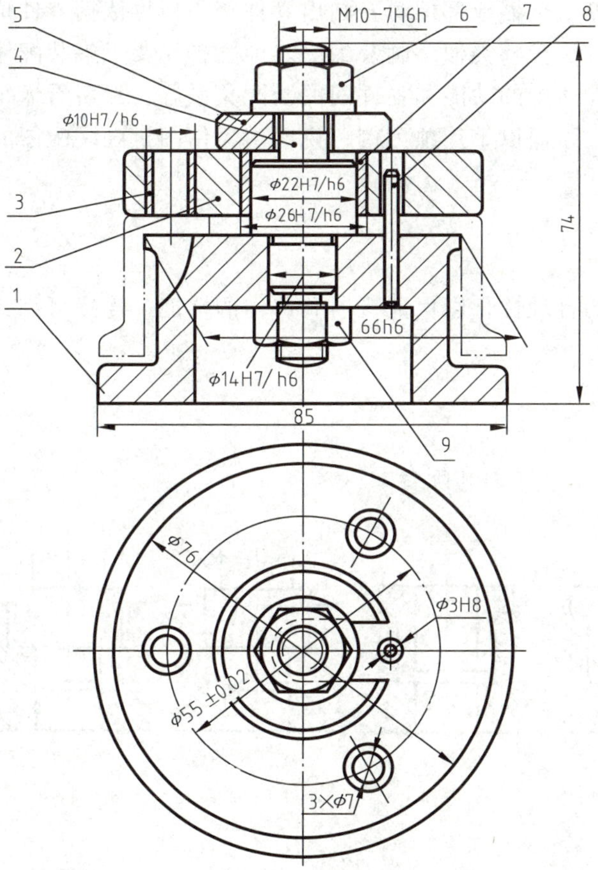

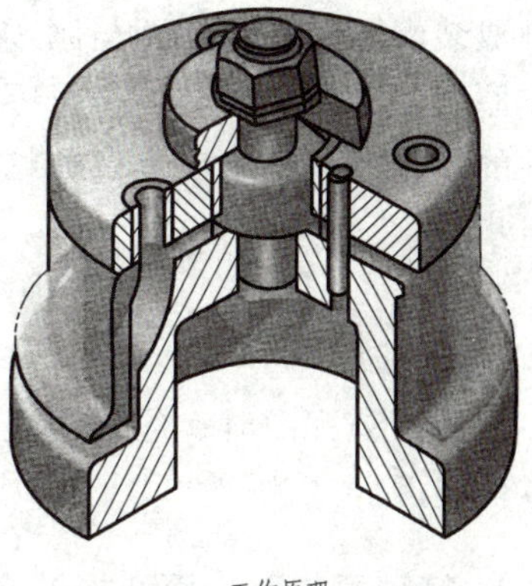

工作原理

钻模是用于加工工件(图中细双点画线所示的部分)的夹具。把工件放在件1(底座)上，装上件2(钻模板)，钻模板通过件8(圆柱销)定位后，再放置件5(开口垫圈)，并用件6(特制螺母)压紧。钻头通过件3(钻套)的内孔，准确地在工件上钻孔。

序号	代号	名称	数量	材料	备注
9	GB/T 6170	螺母 M10	2		6.8级
8	GB/T 119	圆柱销3×28	1		
7	0−07	衬套	1	45	
6	0−06	特制螺母	1	35	
5	0−05	开口垫圈	1	45	
4	0−04	轴	1	45	
3	0−03	钻套	3	T8	
2	0−02	钻模板	1	45	
1	0−01	底座	1	HT150	

制图	(姓名)	(日期)	钻模	比例	1:1
审核				(图号)	
(校名		学号)			

钻模装配图

1）该钻模是由__________个零件组成，其中标准件是__________和__________。

2）主视图采用了________剖，剖切面与机件前后方向的________重合，故省略了标注。

3）底座1的侧面有__________个弧形槽，与被加工工件的定位尺寸为__________。

4）ϕ22H7/h6是件号________和件号________的配合尺寸，H表示件号________的公差带代号，h表示件号__________的公差带代号，7和6代表__________。

5）钻模板2上有__________个ϕ10孔，钻套3的主要作用是__________。图中细双点画线表示__________，是__________画法。

6）拆卸工件时应先旋松______号件，再取下______号件，然后取下钻模板，取出被加工零件。

7）简述工件的安装过程以及加工结束后取下工件的操作过程。

8）与底座1相邻的零件有________________（只写件号）。

9）钻模的外形尺寸：长__________、宽__________、高__________。

第二节　画装配图的方法和步骤

设计机器或部件需要画出装配图，测绘机器或部件时先画出零件草图，再依据零件草图拼画成装配图。画装配图与画零件图的方法步骤类似。画装配图之前，首先要了解装配体的工作原理和零件的种类，每个零件在装配体中的功能和零件间的装配关系等，然后看懂每个零件的零件图，想象出零件的结构形状。下面以千斤顶为例，说明由零件图拼画装配图的方法与步骤。

一、常见装配结构

在绘制装配图时，应考虑装配结构的合理性，以保证机器和部件的性能，连接可靠，便于零件装拆。

1. 接触面与配合面结构的合理性

1）两个零件在同一方向上只能有一个接触面和配合面（图8-5）。

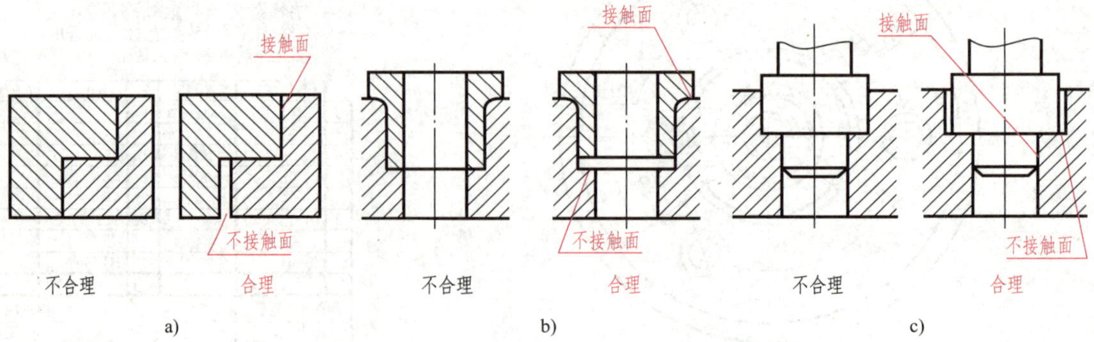

图8-5　常见装配结构（一）

2）为保证轴肩端面与孔端面接触，可在轴肩处加工出退刀槽，或在孔的端面加工出倒角（图 8-6）。

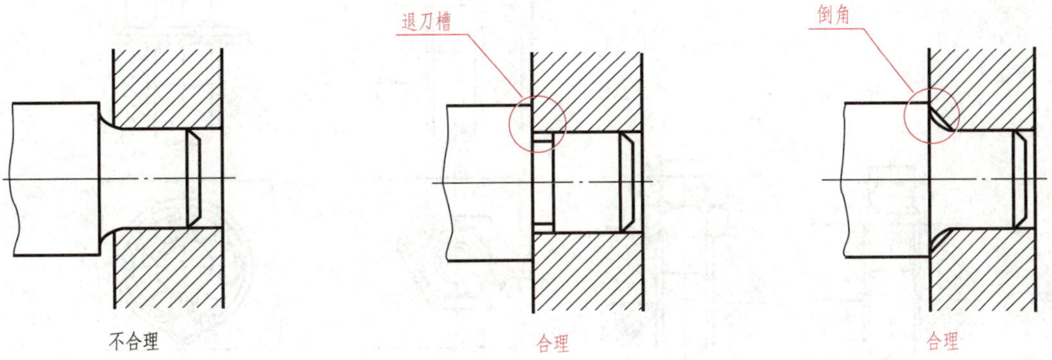

图 8-6 常见装配结构（二）

2. 密封装置

为防止机器或部件内部的液体或气体向外渗漏，同时也避免外部的灰尘、杂质等侵入，必须采用密封装置。图 8-7a、b 所示为两种典型的密封装置，通过压盖或螺母将填料压紧而起防漏作用。

滚动轴承需要进行密封，一方面是防止外部的灰尘和水分进入轴承，另一方面也要防止轴承的润滑剂渗漏。常见的密封方法（图 8-7c）。

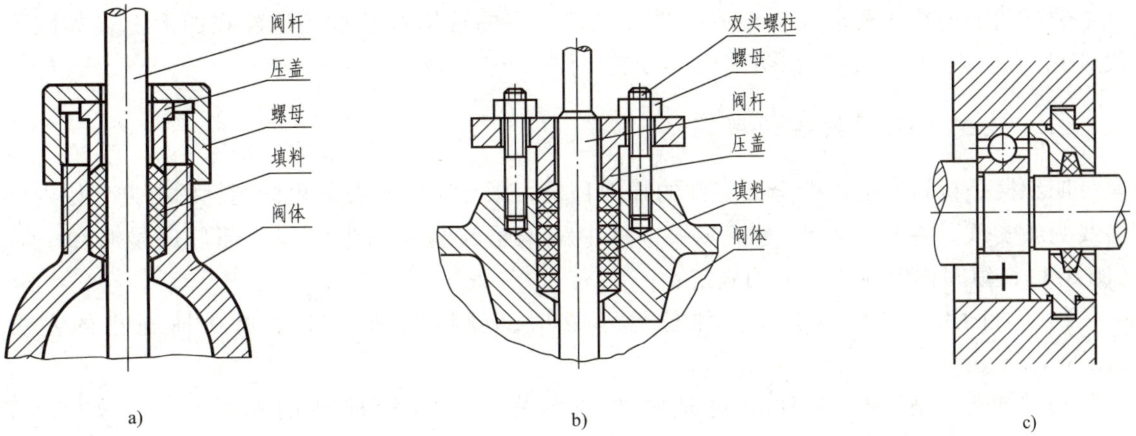

图 8-7 密封装置

3. 防松装置

机器或部件在工作时，由于受到冲击或振动，一些紧固件可能产生松动现象。因此，在某些装置中需采用防松装置，图8-8所示为几种常用的防松装置。

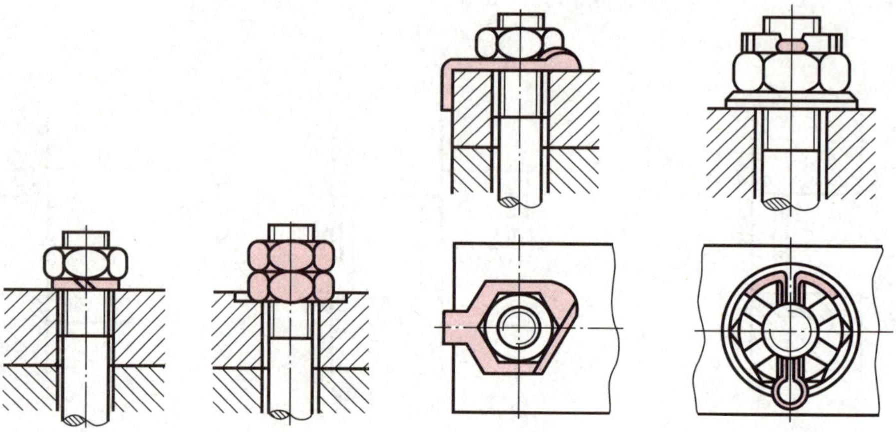

a) 弹簧垫圈　b) 双螺母　c) 止退垫圈　d) 开口销

图8-8　常用的防松装置

二、装配图上的技术要求

由于装配体的性能、要求不同，其技术要求也不尽相同，拟订技术要求时通常从以下几方面考虑：

1）装配过程中的注意事项和装配后应满足的要求等。例如，保证间隙、精度要求，润滑方式以及密封要求。

2）检验、试验的条件以及操作要求。

3）对装配体的规格、参数以及维护、保养、使用时的注意事项和要求等。

装配图上的技术要求视装配体的需要而定。有的可用符号直接标注在图形上（如配合代号），有些则用文字注写在明细栏上方或图样下方空白处。

三、装配图上明细栏的填写

明细栏是机器或部件中全部零件的详细目录，画在装配图右下角标题栏的上方，栏内分格线为细实线，左边外框线为粗实线，栏中的编号与装配图中的零、部件序号必须一致（图8-1），填写内容应遵守下列规定：

1）零件序号应自下而上。如位置不够时，可将明细栏顺序画在标题栏的左方（图8-1）。

2）“代号”栏内，应注出每种零件的图样代号或标准件的标准代号，如GB/T 6170—2015。

3）“名称”栏内，注出每种零件的名称，若为标准件应注出规定标记中除标准号以外的其余内容，如螺柱M12×30。对齿轮、弹簧等具有重要参数的零件，还应注出参数。

4）“材料”栏内，填写制造该零件所用的材料标记，如HT200。

5）“备注”栏内，可填写必要的附加说明或其他有关的重要内容，如齿轮的齿数、模数等。

典型案例

【案例 8-2】 绘制千斤顶装配图。

一、了解装配体，阅读零件图

图 8-9 所示千斤顶是机械安装或汽车修理时用来起重或顶压的工具，它利用螺旋作用顶举重物，由底座、螺杆和顶垫等七种零件组成，图 8-10 是千斤顶全部零件的零件图。工作时，铰杠（图中细双点画线表示）穿入螺杆 4 上部的通孔中，拨动铰杠，使螺杆 4 转动，通过螺杆 4 与螺母 3 之间螺纹的作用，使螺杆 4 上升而顶起重物。螺母 3 镶在底座 1 的内孔中，并用螺钉 7 紧定。在螺杆 4 的球面形顶部套一个顶垫 5，顶垫的内凹面是与螺杆顶面半径相同的球面。为了防止顶垫随螺杆一起转动时脱落，在螺杆顶部加工一环形槽，将紧定螺钉 6 的圆柱形端部伸进环形槽锁定。从底座 1 和螺母 3 的零件图可看出，螺母外表面与底座内孔的尺寸分别是 $\phi65f7$ 和 $\phi65H8$，查表 7-3 可知，两个零件的接合面是选用的基孔制间隙配合。

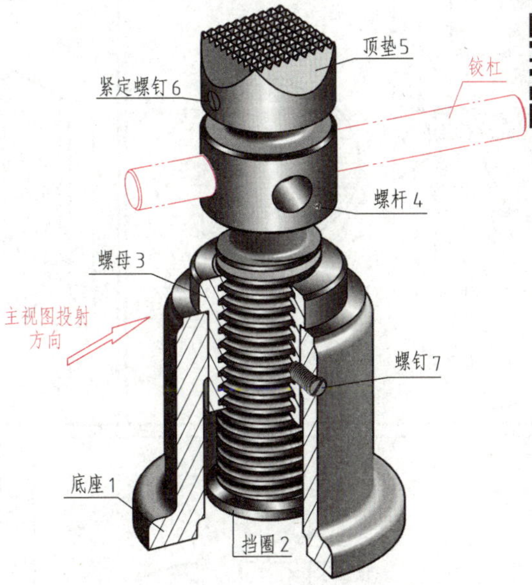

图 8-9　千斤顶轴测装配图

二、确定表达方案

1. 选择主视图

部件的主视图通常按工作位置画出，并选择能反映部件的装配关系、工作原理和主要零件的结构特点的方向作为主视图的投射方向。如图 8-9 所示千斤顶，按箭头所示作为主视图的投射方向，并作剖视，可清楚表达各主要零件的结构形状、装配关系以及工作原理。

2. 选择其他视图

根据确定的主视图，再考虑反映其他装配关系、局部结构和外形的视图。如图 8-9 所示，以俯视方向沿螺母与螺杆的结合面剖切，表示螺母和底座的外形，再补充两个辅助视图，反映顶垫的顶面结构和螺杆上部用于穿铰杠的四个通孔的局部结构。

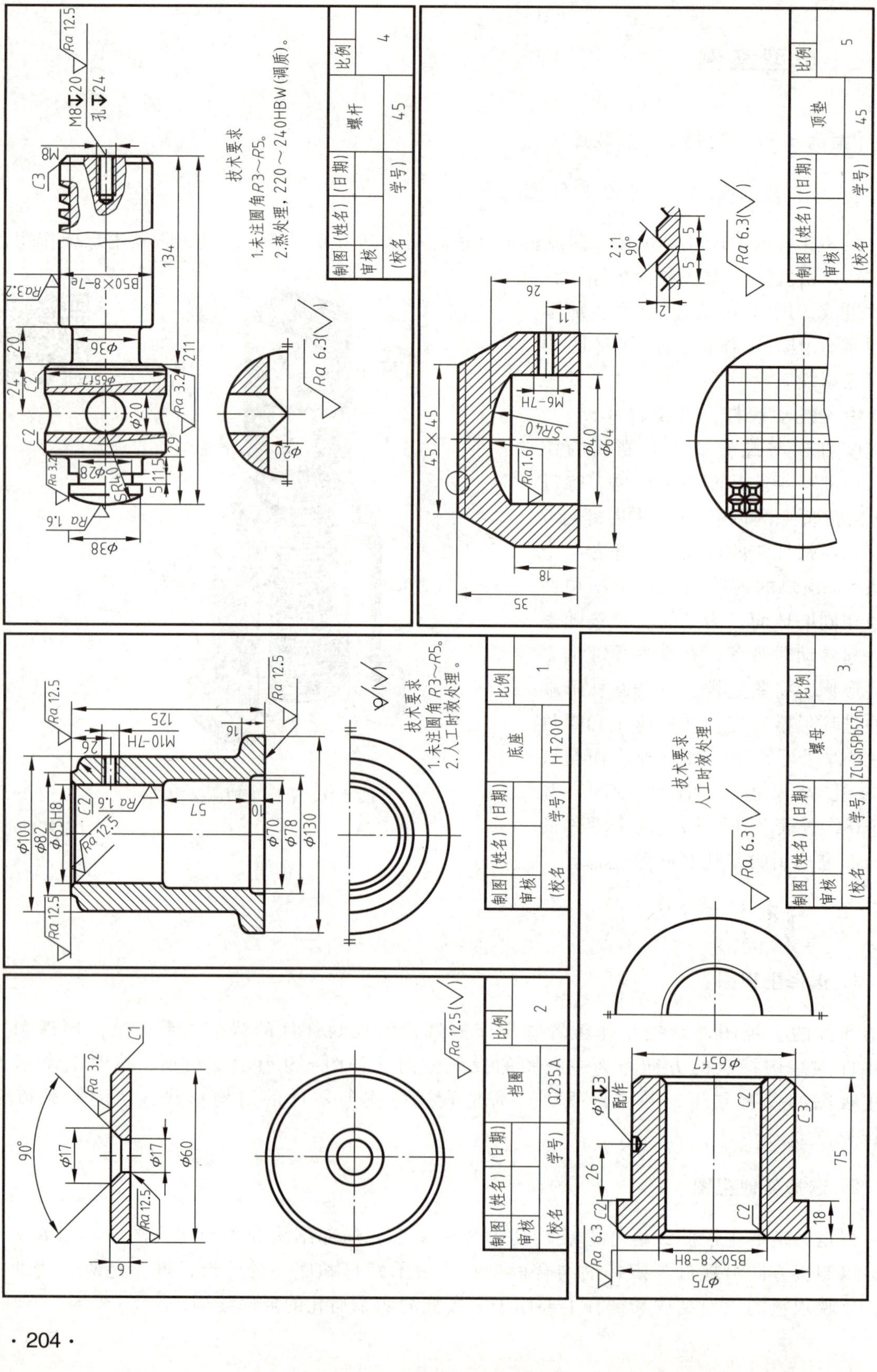
技术要求
1.未注圆角R3～R5。
2.热处理，220～240HBW(调质)。
制图 (姓名) (日期) 螺杆 比例 4
审核
(校名) 学号 45
M8↧20
孔↧24
B50×8-7e
134
211
Ra 6.3
2:1
90°
制图 (姓名) (日期) 顶垫 比例 5
审核
(校名) 学号 45
技术要求
1.未注圆角R3～R5。
2.人工时效处理。
制图 (姓名) (日期) 底座 比例 1
审核
(校名) 学号 HT200
M10-7H
125
Ra 12.5
制图 (姓名) (日期) 挡圈 比例 2
审核
(校名) 学号 Q235A
Ra 12.5
技术要求
人工时效处理。
制图 (姓名) (日期) 螺母 比例 3
审核
(校名) 学号 ZCuSn5Pb5Zn5
B50×8-8H
φ65f7
75

图 8-10 千斤顶零件图

三、画装配图的步骤（图 8-11）

1. 布置图面，画出作图基准线

根据部件大小、视图数量，定出比例和图纸幅面，然后画出各视图的作图基准线（如对称中心线、主要轴线和主要零件的基准面等）。千斤顶各视图的基准线如图 8-11a 所示。

2. 画底稿

一般从主视图画起，几个视图配合进行。画每个视图时，应先画部件的主要零件及主要结构，再画出次要零件及局部结构。千斤顶的装配图可先画出底座、螺母的轮廓线（图 8-11b），再画出螺杆、顶垫、挡圈以及两个辅助视图的轮廓线（图 8-11c），然后画出螺钉、孔槽、槽纹等局部结构（图 8-11d）。

图 8-11　千斤顶装配图画图步骤

3. 检查、描深，完成全图

检查底稿后，画剖面线，标注尺寸，编排零件序号，填写标题栏、明细栏和技术要求。最后将各类图线按规定描深。图 8-12 所示为千斤顶装配图。

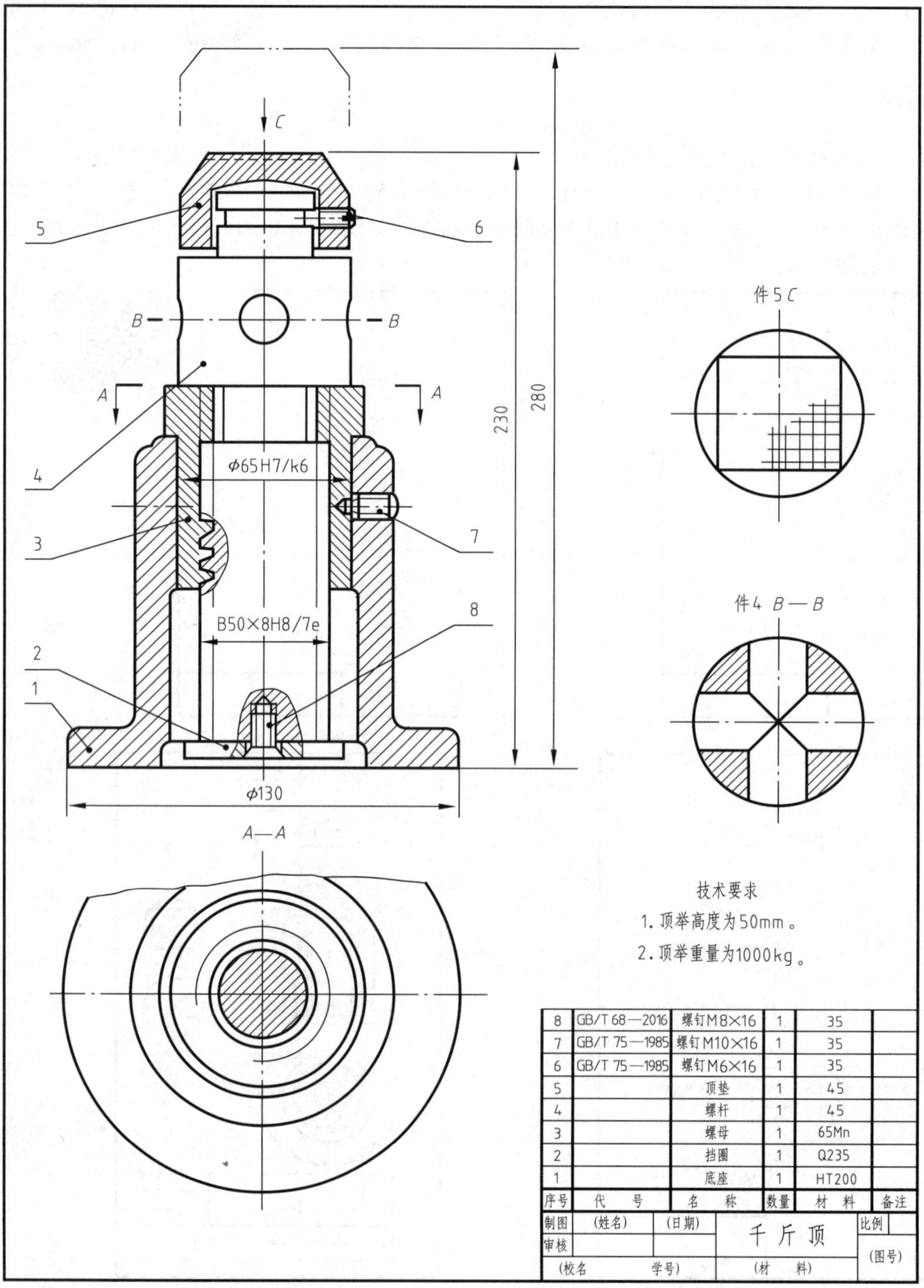

序号	代号	名称	数量	材料	备注
8	GB/T 68—2016	螺钉M8×16	1	35	
7	GB/T 75—1985	螺钉M10×16	1	35	
6	GB/T 75—1985	螺钉M6×16	1	35	
5		顶垫	1	45	
4		螺杆	1	45	
3		螺母	1	65Mn	
2		挡圈	1	Q235	
1		底座	1	HT200	

制图	（姓名）	（日期）	千斤顶	比例
审核				（图号）
（校名 学号）			（材 料）	

图 8-12 千斤顶装配图

第三节　读装配图和拆画零件图

机器在设计过程中通常是根据使用要求先画出设计装配图，以确定工作性能和主要结构，再由装配图拆画零件图。机器维修时，如果其中某个零件损坏，也要将该零件拆画出来，再重新加工修配。由装配图拆画零件图简称“拆图”。

在识读装配图的教学过程中，常要求拆画其中某个零件图以检查是否真正读懂装配图。因此，拆画零件图应该在读懂装配图的前提下进行。

一、由装配图拆画零件图的步骤

1）按读装配图的要求，看懂部件的工作原理、装配关系以及零件的结构形状。

2）根据零件图的视图表达要求，确定各零件的表达方案。

3）根据零件图的内容及画图要求，画出零件工作图。

二、拆画零件图时应注意的几个问题

1. 重新选择零件的表达方案

零件图与装配图表示的侧重点不同，装配图主要是表达装配关系，是从整个装配体来考虑，对某些零件的结构形状往往表达得不够完整。因此，在考虑零件的视图表达时不应简单照抄，而是应根据零件的结构形状，按零件图的视图选择原则重新考虑。但在多数情况下，零件的主视图投射方向与装配图是一致的。

2. 补全零件图上部分形状和工艺结构

在装配图上，零件的细小工艺结构，如倒角、圆角、退刀槽等，往往予以简化或省略。拆画零件图时，在零件图上都必须详细画出，并加以标准化。

3. 补齐零件图上的尺寸

装配图上仅标注必要的四种尺寸，从装配图拆画零件图时，零件的尺寸主要根据装配图从以下四个方面来确定：

（1）抄注　装配图上已注出的尺寸应直接抄注到零件图上，且不得随意更改。

（2）查注　零件标准结构的尺寸数值，应从明细栏或有关标准中查得。例如，螺孔、销孔直径等，要从相应标准中查取；倒角、沉孔、退刀槽等从有关手册中查取。

（3）计算　根据装配图所给出的数据进行计算而定的尺寸，如齿轮的分度圆、齿顶圆的直径尺寸，及齿轮的中心距等，要经过计算后标注。

（4）量取　在装配图上没有标出的其余尺寸，可在装配图上按比例直接量取标注，但要注意尺寸数字的圆整和取标准数值。

4. 零件图上技术要求的确定

根据零件表面的作用、要求，与其他零件的关系，应用类比法参考同类产品图样、资料来确定技术要求。例如，装配图上给定的尺寸公差带代号，应查出相应极限偏差值并注写在图样上。

零件上各表面的表面粗糙度值是根据零件的作用和要求确定的。通常，配合面和接触面，以及密封、耐蚀、美观等要求的表面，表面质量要求较高，可取较小的表面粗糙度值。

典型案例

【案例8-3】 读懂图 8-13 所示推杆阀装配图，并拆画阀体零件图。

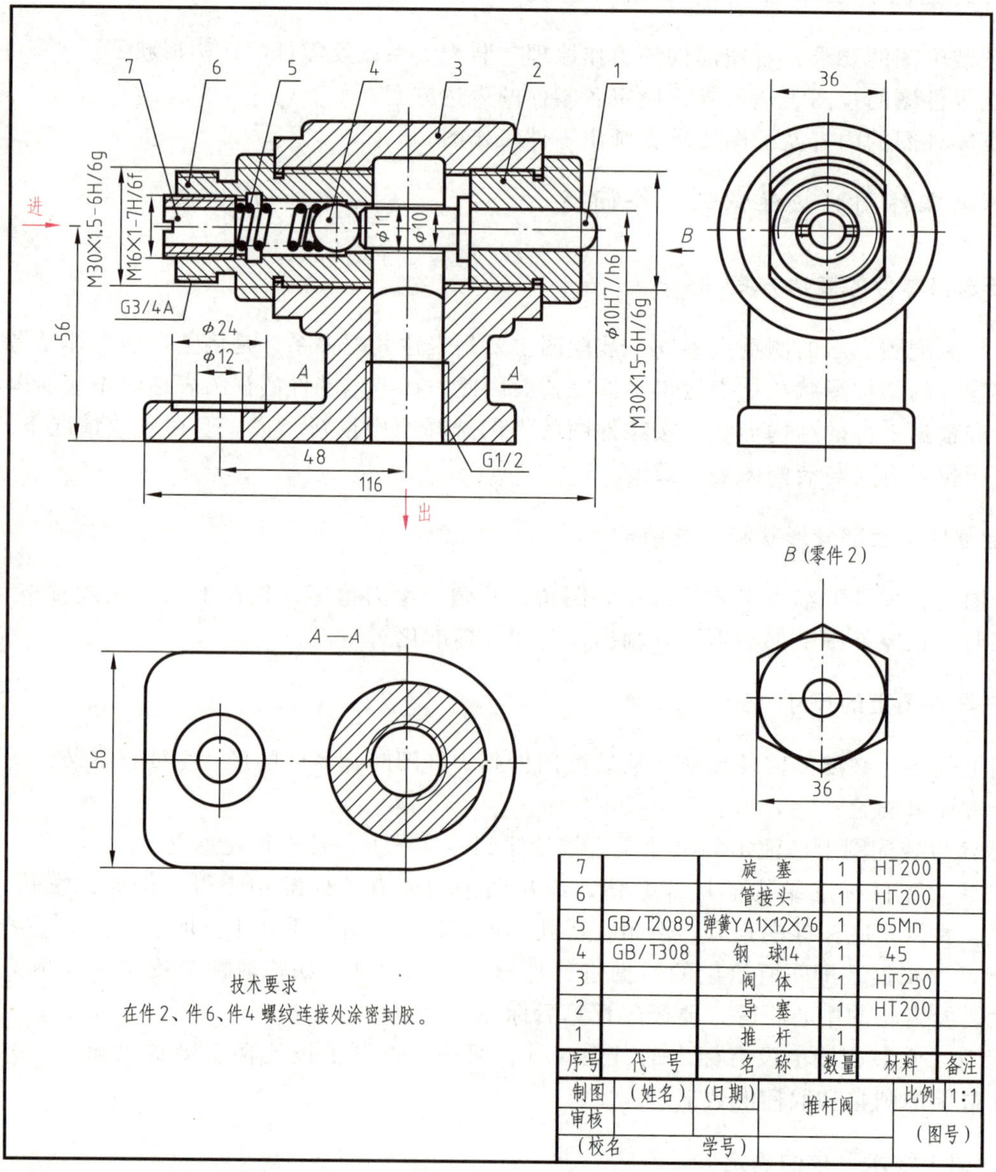

序号	代 号	名 称	数量	材料	备注
7		旋 塞	1	HT200	
6		管接头	1	HT200	
5	GB/T2089	弹簧YA1×12×26	1	65Mn	
4	GB/T308	钢 球14	1	45	
3		阀 体	1	HT250	
2		导 塞	1	HT200	
1		推 杆	1		

制图	（姓名）	（日期）	推杆阀	比例	1:1
审核				（图号）	
（校名		学号）			

图 8-13 推杆阀装配图

1. 读装配图

（1）概括了解　从标题栏可知，该装配体的名称为“推杆阀”，阀通常是用于管道系统中的部件。由序号可知，推杆阀由 7 种零件组成，其中标准件有 2 种，其他都是专用件，是比较简单的部件。

（2）表达分析　推杆阀装配图由三个基本视图和一个 B 向局部视图构成。主视图采用了通过阀前、后对称中心面（即过主轴线的正平面）的全剖视图，表达了通过阀孔轴线，即装配线上各零件间的装配关系，同时也有利于分析推杆阀的工作原理。因为阀的主要装配线在主视图上已表达清楚，俯视图采用了 A—A 全剖视图，以突出表明底座和阀体 3 下部的断面形状以及 $\phi12$ 光孔的位置。左视图则表达了阀体 3、管接头 6 的形状，并给出拆装时转动接头零件的夹持面宽度（36）。B 向视图单独表达导塞 2 的六棱柱结构，省略了右视图。

（3）结构分析　从主视图入手，紧紧抓住装配线，弄清各零件间的配合种类、连接方式和相互关系。对各零件的功用和运动状态，一般从主动件开始按传动路线逐个进行分析，从而看懂装配体的工作原理和装配关系。经过仔细识读分析主视图，看懂推杆阀的工作原理和装配关系：当推杆 1 在外力作用下向左移动时，推杆通过钢球 4 压缩弹簧 5，使钢球向左移动离开 $\phi11$ 孔，管路中的流体就可以从进口处经过 $\phi11$ 孔的通道流到出口处。当外力消失时，在弹簧作用下钢球向右移动，将 $\phi11$ 的孔道堵上，这时流体就被阻而“不通”。弹簧左面的旋塞 7 是用来调节弹簧作用力大小的。主视图清楚地表达了推杆阀上 7 种零件在装配体中的功用和相互之间的位置关系。

（4）分析零件　随着读图的深入，需对主要零件进一步分析。分析零件的目的是弄清零件的功用及其主要结构，并加深对零件与零件之间装配关系的理解，同时也为下一步拆画零件图和分析零件形状打下基础。

分析零件的关键是将该零件从装配体中分离出来（分离零件的依据是画装配图的三条基本规定），再通过对投影、想形体，弄清该零件的结构形状。例如，阀体零件，先从主视图中剖面线方向、间隔一致的四个封闭线框确定阀体的轮廓和范围，再对照俯视图、左视图想像出阀体的完整形状。阀体是推杆阀的主要零件，支承和包容推杆阀装配体中的其他零件。阀体结构分为上、中、下三部分：上部右侧制有螺孔，连接导塞，支承和容纳推杆，上部左侧也制有螺孔，连接管接头，支承和容纳钢球、弹簧和旋塞，而在这两个螺孔之间的空腔与进、出口连通，形成流体通道；下部是安装底板，底板的左侧有安装固定用的 $\phi12$ 沉孔，在底板下部中间有 G1/2 的螺孔，连接管路；阀体的中部是轴线铅垂的圆柱筒，连接上、下两部分，内孔是流体的通道。推杆阀中的其他零件及其工艺结构读者自行分析。

（5）尺寸分析　推杆阀装配图的性能规格尺寸为 $\phi11$，装配尺寸有阀体与导塞的 $\phi10H7/h6$、导塞和管接头与阀体的 M30×1.5-6H/6g 以及管接头与旋塞的 M16×1-7H/6f，安装尺寸为 G3/4A、G1/2、48、116、56。

通过上述分析，对推杆阀部件的工作原理、主要零件的结构及其在部件中的功用和零件间的装配关系得到了完整、清晰的概念。

2. 拆画零件图

在机器或部件的修配过程中，更换零件时需要由装配图拆画零件图，简称“拆图”。拆图是在读懂装配图，弄清装配关系和零件结构的基础上进行的。部件中的标准件属外购件，不需要拆画零件图，如钢球和弹簧，只要写出标记即可。对于部件中的专用件，要按装配图所表示的结构形状、大小和有关技术要求来绘制。下面以拆画阀体零件为例说明拆图的步骤和方法。

（1）*分离零件*　如前述根据画装配图的三条基本规定，将阀体从装配图中分离出来，如图 8-14 所示，补全被其所支承或包容的零件遮挡的部件结构，再想象出阀体的整体形状。

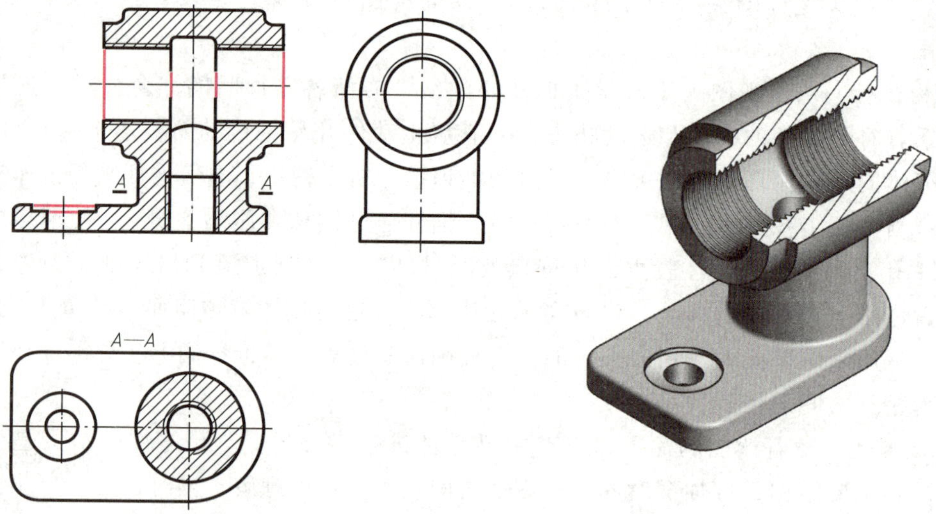

图 8-14　拆画零件图过程

（2）*确定表达方案*　零件的表达方案不应从装配图中照搬，而要根据零件的结构形状选择合适的表示法。多数情况下，部件中座体零件主视图可以选择与装配图中的位置一致，这样便于对照识读。推杆阀中的阀体就可以与装配图中的位置一致。对于装配图上有省略未画出零件的工艺结构（如倒角、圆角、退刀槽等），在拆画零件图时都应按标准结构要素的规定补全。图 8-15 所示的阀体零件图中的主、俯视图与装配图相同，但左视图宜改用半剖视图。

（3）*零件图的尺寸标注*　应按齐全、清晰、合理的要求标注尺寸。对装配图中已给出的尺寸，如 M30×1.5-6H、56、48、G1/2 等都是重要尺寸，应直接标注在零件图中。对于标准结构应从有关标准中查出后标注标准数值。其余尺寸从装配图中按比例量取，标注时要注意相关零件的相关尺寸不要互相矛盾。

对于零件图中的技术要求，如表面粗糙度、尺寸公差、几何公差等，要根据该零件在装配体中的功用和该零件与其他零件的关系确定。

按照上述步骤进行分析和画图，拆画出的阀体零件图如图 8-15 所示。

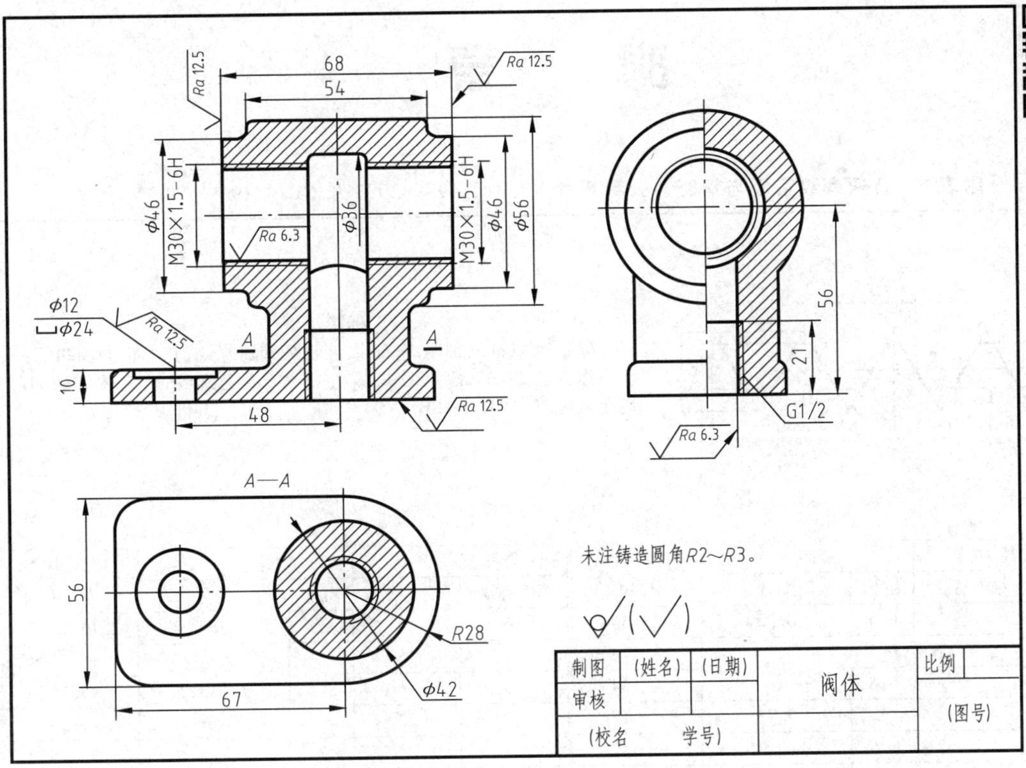
68
54
Ra 12.5
Ra 12.5
Ra 6.3
Φ46
M30×1.5-6H
Φ36
M30×1.5-6H
Φ46
Φ56
Φ12
⌴Φ24
Ra 12.5
A
A
10
48
Ra 12.5
56
21
G1/2
Ra 6.3
A—A
56
67
R28
Φ42
未注铸造圆角R2~R3。
制图
(姓名)
(日期)
阀体
比例
审核
(图号)
(校名　　学号)

图 8-15　阀体零件图

附　　录

附表 1　普通螺纹直径与螺距、公称尺寸（GB/T 193—2003 和 GB/T 196—2003）

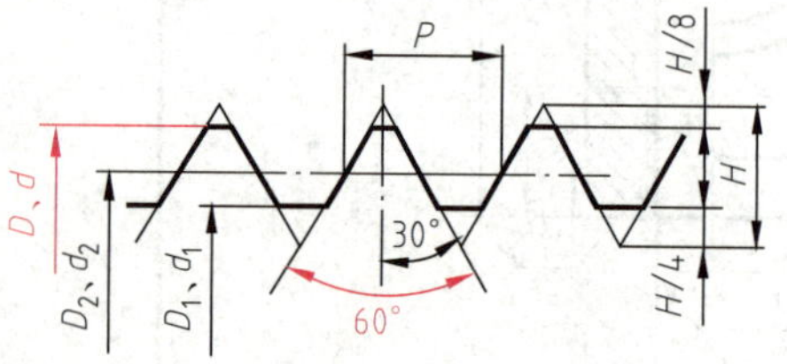

标记示例

公称直径 24mm，螺距 3mm，右旋粗牙普通螺纹，其标记为 M24

公称直径 24mm，螺距 1.5mm，左旋细牙普通螺纹，公差带代号 7H，其标记为 M24×1.5—LH

（单位：mm）

公称直径 D、d		螺距 P		粗牙小径	公称直径 D、d		螺距 P		粗牙小径
第一系列	第二系列	粗牙	细牙	D_1、d_1	第一系列	第二系列	粗牙	细牙	D_1、d_1
3		0.5	0.35	2.459	16		2	1.5,1	13.835
4		0.7	0.5	3.242		18	2.5	2,1.5,1	15.294
5		0.8		4.134	20				17.294
6		1	0.75	4.917		22			19.294
8		1.25	1,0.75	6.647	24		3	2,1.5,1	20.752
10		1.5	1.25,1,0.75	8.376	30		3.5	(3),2,1.5,1	26.211
12		1.75	1.25,1	10.106	36		4	3,2,1.5	31.670
	14	2	1.5,1.25*,1	11.835		39			34.670

注：应优先选用第一系列，括号内尺寸尽可能不用，带＊号仅用于火花塞。

附表 2　梯形螺纹直径与螺距系列、公称尺寸（GB/T 5796.2—2005、GB/T 5796.3—2005、GB/T 5796.4—2005）

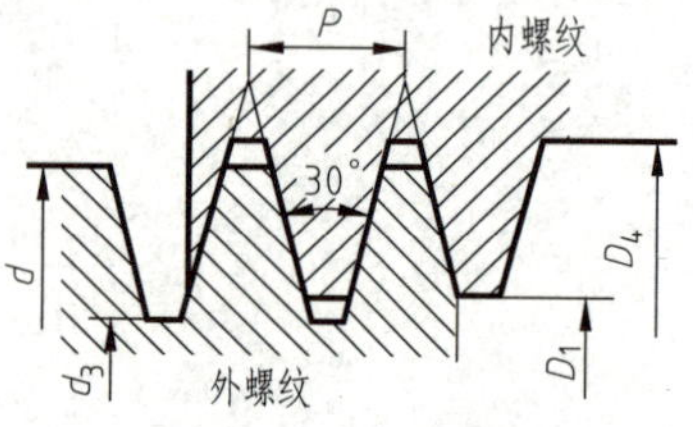

标记示例

公称直径 28mm、螺距 5mm、中径公差带代号为 7H 的单线右旋梯形内螺纹，其标记为 Tr28×5-7H

公称直径 28mm、导程 10mm、螺距 5mm，中径公差带代号为 8e 的双线左旋梯形外螺纹，其标记为 Tr28×10(P5)LH-8e

内外螺纹旋合所组成的螺纹副的标记为 Tr24×8-7H/8e

（单位：mm）

公称直径 d		螺距	大径	小径		公称直径 d		螺距	大径	小径	
第一系列	第二系列	P	D_4	d_3	D_1	第一系列	第二系列	P	D_4	d_3	D_1
16		2	16.50	13.50	14.00	24		3	24.50	20.50	21.00
		4		11.50	12.00			5		18.50	19.00
	18	2	18.50	15.50	16.00			8	25.00	15.00	16.00
		4		13.50	16.00		26	3	26.50	22.50	23.00
20		2	20.50	17.50	18.00			5		20.50	21.00
		4		15.50	16.00			8	27.00	17.00	18.00
	22	3	22.50	18.50	19.00	28		3	28.50	24.50	25.00
		5		16.50	17.00			5		22.50	23.00
		8	23.0	13.00	14.00			8	29.00	19.00	20.00

注：螺纹公差带代号：外螺纹有 9c、8c、8e、7e；内螺纹有 9H、8H、7H。

附表 3　管螺纹尺寸代号及公称尺寸

55°非密封管螺纹(GB/T 7307—2001)

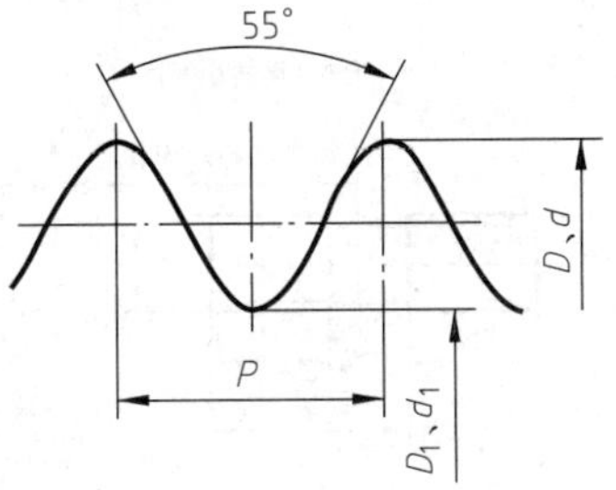

标记示例

尺寸代号为 1/2 的 A 级右旋外螺纹的标记为 G1/2A

尺寸代号为 1/2 的 B 级左旋外螺纹的标记为 G1/2B—LH

尺寸代号为 1/2 的右旋内螺纹的标记为 G1/2

尺寸代号	每 25.4mm 内的牙数 n	螺距 P/mm	大径 $D=d$/mm	小径 $D_1=d_1$/mm	基准距离/mm
1/4	19	1.337	13.157	11.445	6
3/8	19	1.337	16.662	14.950	6.4
1/2	14	1.814	20.955	18.631	8.2
3/4	14	1.814	26.441	24.117	9.5
1	11	2.309	33.249	30.291	10.4
1¼	11	2.309	41.910	38.952	12.7
1½	11	2.309	47.803	44.845	12.7
2	11	2.309	59.614	56.656	15.9

附表 4　六角头螺栓

六角头螺栓—A 和 B 级(GB/T 5782—2016)

六角头螺栓—全螺纹(GB/T 5783—2016)

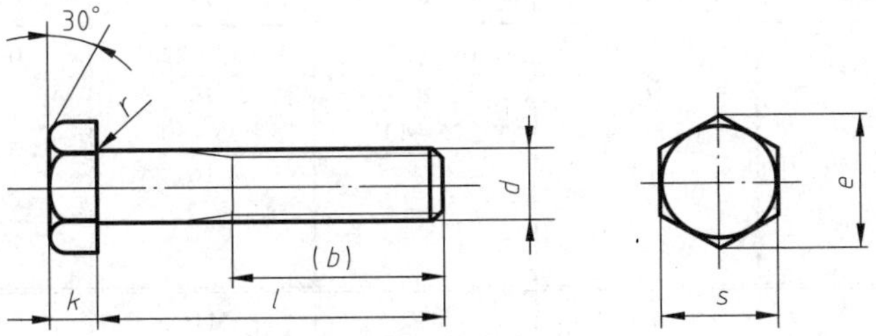

标记示例

螺纹规格 d=M12、公称长度 l=80mm、性能等级为 8.8 级、表面氧化、A 级的六角头螺栓,其标记为

螺栓 GB/T 5782　M12×80

(单位:mm)

螺纹规格 d		M3	M4	M5	M6	M8	M10	M12	M16	M20	M24	M30	M36
s		5.5	7	8	10	13	16	18	24	30	36	46	55
k		2	2.8	3.5	4	5.3	6.4	7.5	10	12.5	15	18.7	22.5
r		0.1	0.2	0.2	0.25	0.4	0.4	0.6	0.6	0.6	0.8	1	1
e	A	6.01	7.66	8.79	11.05	14.38	17.77	20.03	26.75	33.53	39.98	—	—
	B	5.88	7.50	8.63	10.89	14.20	17.59	19.85	26.17	32.95	39.55	50.85	51.11
(b) GB/T 5782	l≤125	12	14	16	18	22	26	30	38	46	54	66	—
	125<l≤200	18	20	22	24	28	32	36	44	52	60	72	84
	l>200	31	33	35	37	41	45	49	57	65	73	85	97
l 范围 (GB/T 5782)		20~30	25~40	25~50	30~60	40~80	45~100	50~120	65~160	80~200	90~240	110~300	140~360
l 范围 (GB/T 5783)		6~30	8~40	10~50	12~60	16~80	20~100	25~120	30~150	40~150	50~150	60~200	70~200
l 系列		6,8,10,12,16,20,25,30,35,40,45,50,55,60,65,70,80,90,100,110,120,130,140,150,160,180,200,220,240,260,280,300,320,340,360,380,400,420,440,460,480,500											

附表 5　双头螺柱

GB/T 897—1988（$b_m = 1d$）
GB/T 898—1988（$b_m = 1.25d$）
GB/T 899—1988（$b_m = 1.5d$）
GB/T 900—1988（$b_m = 2d$）

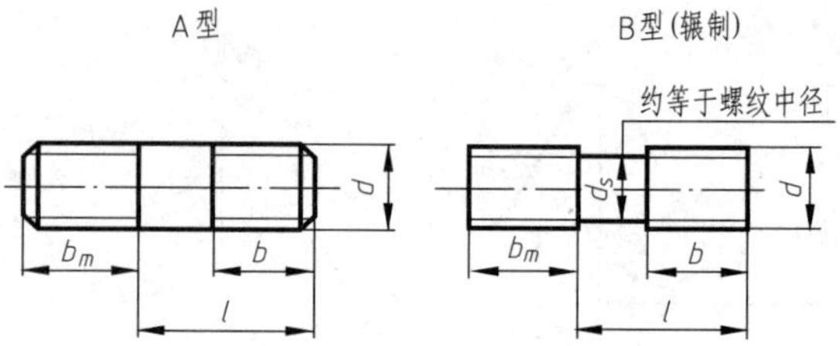

标记示例

两端均为粗牙普通螺纹，$d = 10$mm、$l = 50$mm、性能等级为 4.8 级、不经表面处理、B 型、$b_m = 1d$ 的双头螺柱，其标记为

螺柱　GB/T 897　M10×50

若为 A 型，则标记为　　螺柱　GB/T 897　AM10150

双头螺柱各部分尺寸　　（单位：mm）

螺纹规格 d		M3	M4	M5	M6	M8
b_m 公称	GB/T 897—1988			5	6	8
	GB/T 898—1988			6	8	10
	GB/T 899—1988	4.5	6	8	10	12
	GB/T 900—1988	6	8	10	12	16
$\frac{l}{b}$		$\frac{16\sim20}{6}$ $\frac{(22)\sim40}{12}$	$\frac{16\sim(22)}{8}$ $\frac{25\sim40}{14}$	$\frac{16\sim(22)}{10}$ $\frac{25\sim50}{16}$	$\frac{20\sim(22)}{10}$ $\frac{25\sim30}{14}$ $\frac{(32)\sim(75)}{18}$	$\frac{20\sim(22)}{12}$ $\frac{25\sim30}{16}$ $\frac{(32)\sim90}{22}$
螺纹规格 d		M10	M12	M16	M20	M24
b_m 公称	GB/T 897—1988	10	12	16	20	24
	GB/T 898—1988	12	15	20	25	30
	GB/T 899—1988	15	18	24	30	36
	GB/T 900—1988	20	24	32	40	48
$\frac{l}{b}$		$\frac{23\sim(28)}{14}$ $\frac{30\sim(38)}{16}$ $\frac{40\sim120}{26}$ $\frac{130}{32}$	$\frac{25\sim30}{16}$ $\frac{(32)\sim40}{20}$ $\frac{45\sim120}{30}$ $\frac{130\sim180}{36}$	$\frac{30\sim(38)}{20}$ $\frac{40\sim(55)}{30}$ $\frac{60\sim120}{38}$ $\frac{130\sim200}{44}$	$\frac{35\sim40}{25}$ $\frac{(45)\sim(65)}{35}$ $\frac{70\sim120}{46}$ $\frac{130\sim200}{52}$	$\frac{45\sim50}{30}$ $\frac{(55)\sim(75)}{45}$ $\frac{80\sim120}{54}$ $\frac{130\sim200}{60}$

注：1. GB/T 897—1988 和 GB/T 898—1988 规定螺柱的螺纹规格 d = M5 ~ M48，公称长度 $l = 16 \sim 300$mm；GB/T 899—1988 和 GB/T 900—1988 规定螺柱的螺纹规格 d = M2 ~ M48，公称长度 $l = 12 \sim 300$mm。

2. 螺柱公称长度 l（系列）：12，（14），16，（18），20，（22），25，（28），30，（32），35，（38），40，45，50，（55），60，（65），70，（75），80，（85），90，（95），100 ~ 260（10 进位），280，300mm，尽可能不采用括号内的数值。

3. 材料为钢的螺柱性能等级有 4.8、5.8、6.8、8.8、10.9、12.9 级，其中 4.8 级为常用。

附表 6 Ⅰ型六角螺母（GB/T 6170—2015）

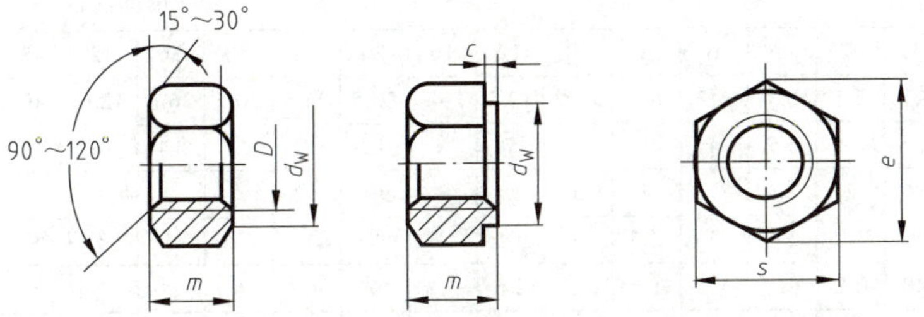

标记示例

螺纹规格 D=M12、性能等级为 8 级、不经表面处理、产品等级为 A 级的Ⅰ型六角螺母，其标记为

螺母 GB/T 6170　M12

（单位：mm）

螺纹规格 d		M3	M4	M5	M6	M8	M10	M12	M16	M20	M24	M30	M36
e	(min)	6.01	7.66	8.79	11.05	14.38	17.77	20.03	26.75	32.95	39.55	50.85	60.79
s	(max)	5.5	7	8	10	13	16	18	24	30	36	46	55
	(min)	5.32	6.78	7.78	9.78	12.73	15.73	17.73	23.67	29.16	35	45	53.8
c	(max)	0.4	0.5	0.5	0.5	0.6	0.6	0.6	0.8	0.8	0.8	0.8	0.8
d_w	(max)	4.6	5.9	6.9	8.9	11.6	14.6	16.6	22.5	27.7	33.2	42.7	51.1
	(min)	3.45	4.6	5.75	6.75	8.75	10.8	13	17.3	21.6	25.9	32.4	38.9
m	(max)	2.4	3.2	4.7	5.2	6.8	8.4	10.8	14.8	18	21.5	25.6	31
	(min)	2.15	2.9	4.4	4.9	6.44	8.04	10.37	14.1	16.9	20.2	24.3	29.4

附表 7 平垫圈—A 级（GB/T 97.1—2002）、平垫圈倒角型—A 级（GB/T 97.2—2002）

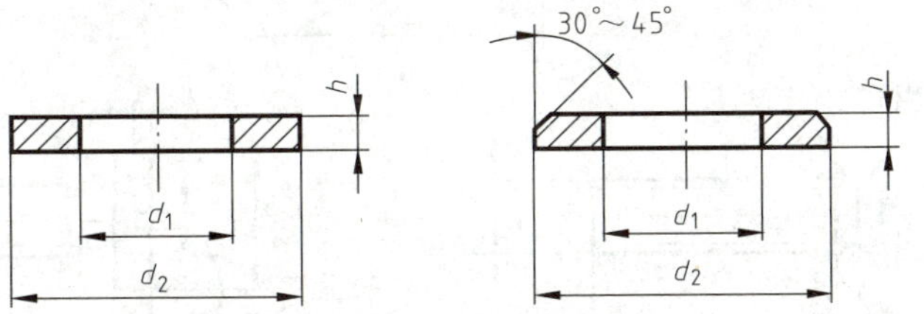

标记示例

标准系列，公称规格 8mm，由钢制造的硬度等级为 200HV 级、不经表面处理、产品等级为 A 级的平垫圈，其标记为垫圈　GB/T 97.1—8

（单位：mm）

公称规格（螺纹大径 d）	2	2.5	3	4	5	6	8	10	12	14	16	20	24	30
内径 d_1	2.2	2.7	3.2	4.3	5.3	6.4	8.4	10.5	13	15	17	21	25	31
外径 d_2	5	6	7	9	10	12	16	20	24	28	30	37	44	56
厚度 h	0.3	0.5	0.5	0.8	1	1.6	1.6	2	2.5	2.5	3	3	4	4

附表 8 标准型弹簧垫圈（GB/T 93—1987）、轻型弹簧垫圈（GB/T 859—1987）

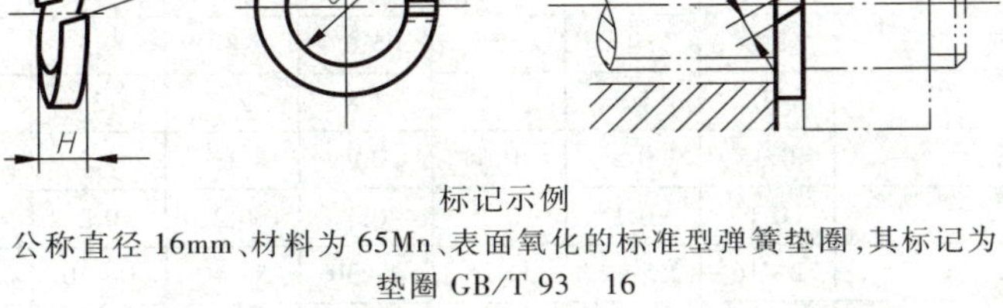

标记示例

公称直径 16mm、材料为 65Mn、表面氧化的标准型弹簧垫圈，其标记为

垫圈 GB/T 93　16

（续）

（单位：mm）

规格（螺纹大径）		2	2.5	3	4	5	6	8	10	12	16	20	24	30	36	42	48
d		2.1	2.6	3.1	4.1	5.1	6.2	8.2	10.2	12.3	16.3	20.5	24.5	30.5	36.6	42.6	49
H	GB/T 93—1987	1.2	1.6	2	2.4	3.2	4	5	6	7	8	10	12	13	14	16	18
	GB/T 859—1987	1	1.2	1.6	2	2.4	3.2	4	5	6.4	8	9.6	12				
$s(b)$	GB/T 93—1987	0.6	0.8	1	1.2	1.6	2	2.5	3	3.5	4	5	6	6.5	7	8	9
s	GB/T 859—1987	0.5	0.6	0.8	0.8	1	1.2	1.6	2	2.5	3.2	4	4.8	6			
$m \leqslant$	GB/T 93—1987	0.4		0.5	0.6	0.8	1	1.2	1.5	1.7	2	2.5	3	3.2	3.5	4	4.5
	GB/T 859—1987	0.3		0.4		0.5	0.6	0.8	1	1.2	1.6	2	2.4	3			
b	GB/T 859—1987	0.8		1	1.2		1.6	2	2.5	3.5	4.5	5.5	6.5	8			

附表 9　开槽圆柱头螺钉（GB/T 65—2016）、开槽沉头螺钉（GB/T 68—2016）、开槽盘头螺钉（GB/T 67—2016）

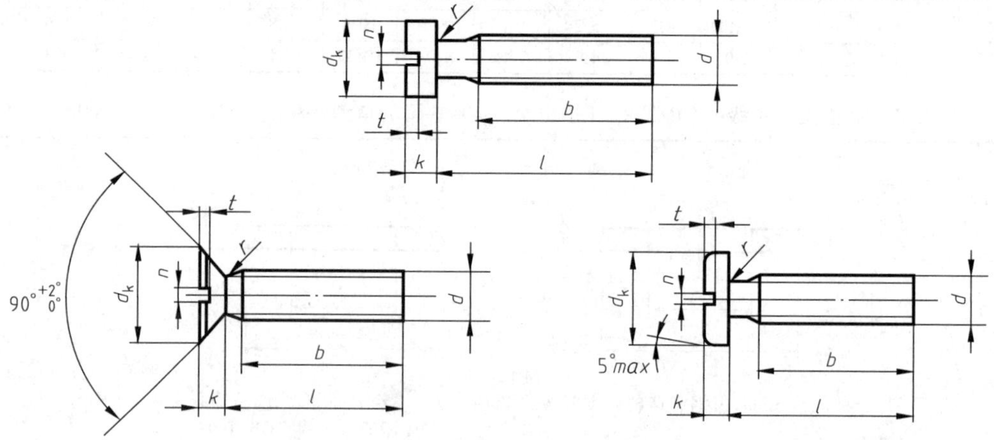

标记示例

螺纹规格 d=M5，公称长度 l=20mm、性能等级为 4.8 级、不经表面处理的 A 级开槽圆柱头螺钉，其标记为螺钉　GB/T 65　M5×20

（单位：mm）

螺纹规格 d		M1.6	M2	M2.5	M3	M4	M5	M6	M8	M10
GB/T 65—2016	d_k					7	8.5	10	13	16
	k					2.6	3.3	3.9	5	6
	t_{min}					1.1	1.3	1.6	2	2.4
	r_{min}					0.2	0.2	0.25	0.4	0.4
	l					5~40	6~50	8~60	10~80	12~80
	全螺纹时最大长度					40	40	40	40	40
GB/T 67—2016	d_k	3.2	4	5	5.6	8	9.5	12	16	23
	k	1	1.3	1.5	1.8	2.4	3	3.6	4.8	6
	t_{min}	0.35	0.5	0.6	0.7	1	1.2	1.4	1.9	2.4
	r_{min}	0.1	0.1	0.1	0.1	0.2	0.2	0.25	0.4	0.4
	l	2~16	2.5~20	3~25	4~30	5~40	6~50	8~60	10~80	12~80
	全螺纹时最大长度	30	30	30	30	40	40	40	40	40

（续）

螺纹规格 d		M1.6	M2	M2.5	M3	M4	M5	M6	M8	M10
GB/T 68—2016	d_k	3	3.8	4.7	5.5	8.4	9.3	11.3	15.8	18.5
	k	1	1.2	1.5	1.65	2.7	2.7	3.3	4.65	5
	t_{min}	0.32	0.4	0.5	0.6	1	1.1	1.2	1.8	2
	r_{min}	0.4	0.5	0.6	0.8	1	1.3	1.5	2	2.5
	l	2.5~16	3~20	4~25	5~30	6~40	8~50	8~60	10~80	12~80
	全螺纹时最大长度	30	30	30	30	45	45	45	45	45
n		0.4	0.5	0.6	0.8	1.2	1.2	1.6	2	2.5
b_{min}		25				38				
l 系列		2、2.5、3、4、5、6、8、10、12、(14)、16、20、25、30、35、40、45、50、(55)、60、(65)、70、(75)、80								

附表 10　圆柱销（不淬硬钢和奥氏体不锈钢）（GB/T 119.1—2000）、圆柱销（淬硬钢和马氏体不锈钢）（GB/T 119.2—2000）

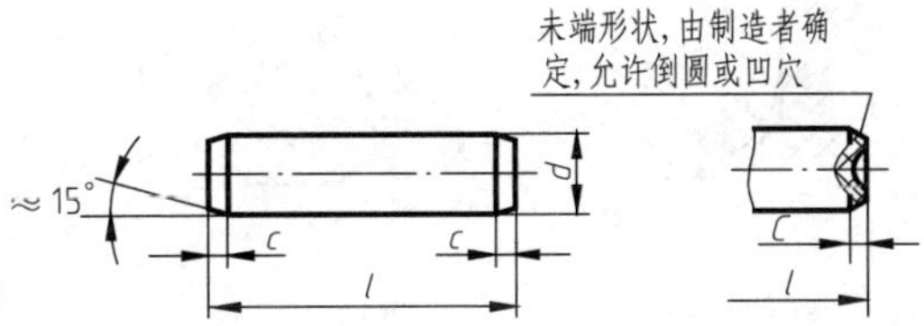

标记示例

公称直径 $d=6$mm、公差 m6、公称长度 $l=30$mm、材料为钢、不经淬火、不经表面处理的圆柱销，其标记为

销　GB/T 119.1　6m6×30

公称直径 $d=6$mm、公称长度 $l=30$mm、材料为钢、普通淬火（A 型）、表面氧化处理的圆柱销，其标记为

销　GB/T 119.2　6×30

（单位：mm）

公称直径 d		3	4	5	6	8	10	12	16	20	25	30	40	50
$c\approx$		0.50	0.63	0.80	1.2	1.6	2.0	2.5	3.0	3.5	4.0	5.0	6.3	8.0
公称长度 l	GB/T 119.1	8~30	8~40	10~50	12~60	14~80	18~95	22~140	26~180	35~200	50~200	60~200	80~200	95~200
	GB/T 119.2	8~30	10~40	12~50	14~60	18~80	22~100	26~100	40~100	50~100	—	—	—	—
l 系列		8,10,12,14,16,18,20,22,24,26,28,30,32,35,40,45,50,55,60,65,70,75,80,85,90,95,100,120,140,160,180,200												

注：1. GB/T 119.1—2000 规定圆柱销的公称直径 $d=0.6\sim50$mm，公称长度 $l=2\sim200$mm，公差有 m6 和 h8。

2. GB/T 119.2—2000 规定圆柱销的公称直径 $d=1\sim20$mm，公称长度 $l=3\sim100$mm，公差仅有 m6。

3. 当圆柱销公差为 h8 时，其表面粗糙度 $Ra\leqslant1.6\mu$m。

附表 11　圆锥销（GB/T 117—2000）

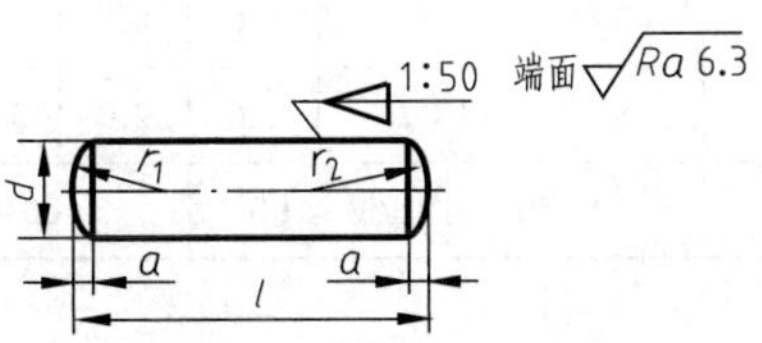

$r_1\approx d\quad r_2\approx d+\frac{a}{2}+\frac{(0.02l)^2}{8a}$

标记示例

公称直径 $d=10$mm、公称长度 $l=60$mm、材料为 35 钢、热处理硬度 28~38HRC、表面氧化处理的 A 型圆锥销，其标记为

销　GB/T 117　10×60

（续）

（单位：mm）

公称直径 d	4	5	6	8	10	12	16	20	25	30	40	50
$a\approx$	0.5	0.63	0.8	1	1.2	1.6	2	2.5	3	4	5	6.3
公称长度 l	14~55	18~60	22~90	22~120	26~160	32~180	40~200	45~200	50~200	55~200	60~200	65~200
l系列	2,3,4,5,6,8,10,12,14,16,18,20,22,24,26,28,30,32,35,40,45,50,55,60,65,70,75,80,85,90,95,100,120,140,160,180,200											

注：1. 标准规定圆锥销的公称直径 d=0.6~50mm。

2. 有A型和B型。A型为磨销，锥面表面粗糙度 Ra=0.8μm；B型为切削或冷镦，锥面粗糙度 Ra=3.2μm。

附表12 倒角和倒圆（摘自GB/T 6403.4—2008） （单位：mm）

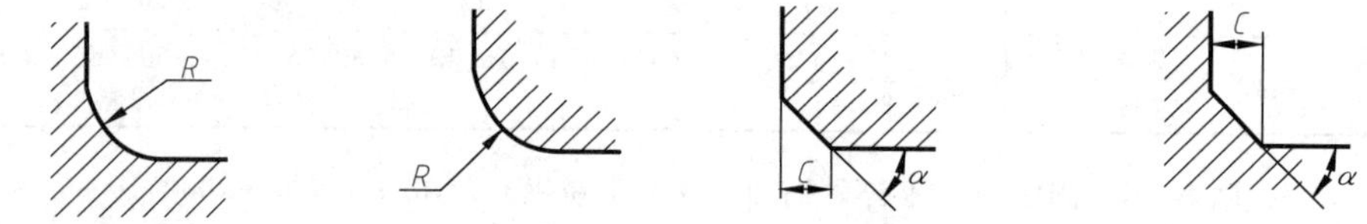

a) 内角倒圆　b) 外角倒圆　c) 外角倒角　d) 内角倒角

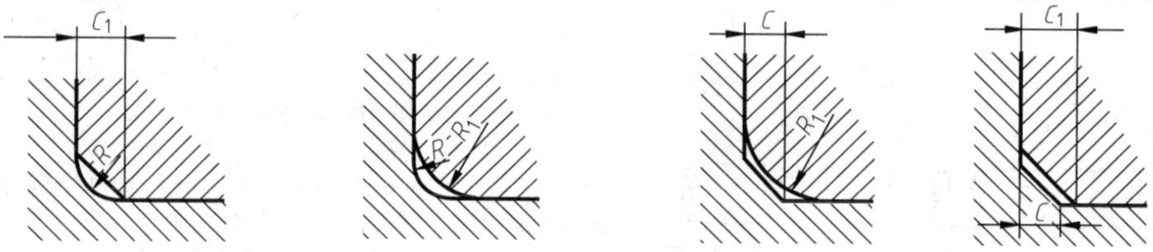

e) $C_1>R$　f) $R_1>R$　g) $C<0.58R_1$　h) $C_1>C$

直径 D		<3		3~6		6~10		10~18	18~30	30~50		50~80
C、R	R_1	0.1	0.2	0.3	0.4	0.5	0.6	0.8	1.0	1.2	1.6	2.0
$C_{max}(C<0.58R_1)$		—	0.1	0.1	0.2	0.2	0.3	0.4	0.5	0.6	0.8	1.0
直径 D		80~120	120~180	180~250	250~320	320~400	400~500	500~630	630~800	800~1000	1000~1250	1250~1600
C、R	R_1	2.5	3.0	4.0	5.0	6.0	8.0	10	12	16	20	25
$C_{max}(C<0.58R_1)$		1.2	1.6	2.0	2.5	3.0	4.0	5.0	6.0	8.0	10	12

注：α一般采用45°，也可采用30°或60°。

附表13 砂轮越程槽（摘自GB/T 6403.5—2008） （单位：mm）

磨外圆

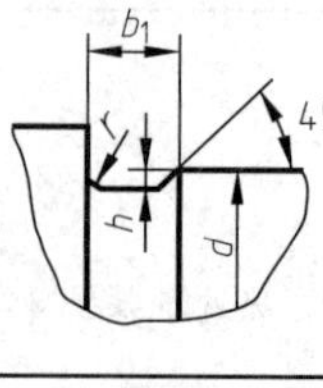

磨内圆

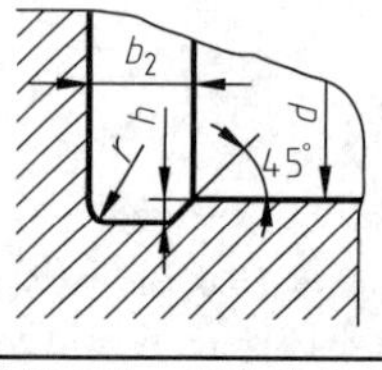

b_1	0.6	1.0	1.6	2.0	3.0	4.0	5.0	8.0	10
b_2	2.0	3.0		4.0		5.0		8.0	10
h	0.1	0.2		0.3	0.4		0.6	0.8	1.2
r	0.2	0.5		0.8	1.0		1.6	2.0	3.0
d	<10			10~50		50~100		>100	

注：1. 越程槽内二直线相交处，不允许产生尖角。

2. 越程槽深度 h 与圆弧半径 r，要满足 $r\leqslant 3h$。

3. 磨削具有数个直径的工件时，可使用同一规格的越程槽。

4. 直径 d 值大的零件，允许选择小规格的砂轮越程槽。

5. 砂轮越程槽的尺寸公差和表面粗糙度根据该零件的结构、性能确定。

附表 14　普通螺纹退刀槽和倒角（GB/T 3—1997）　　（单位：mm）

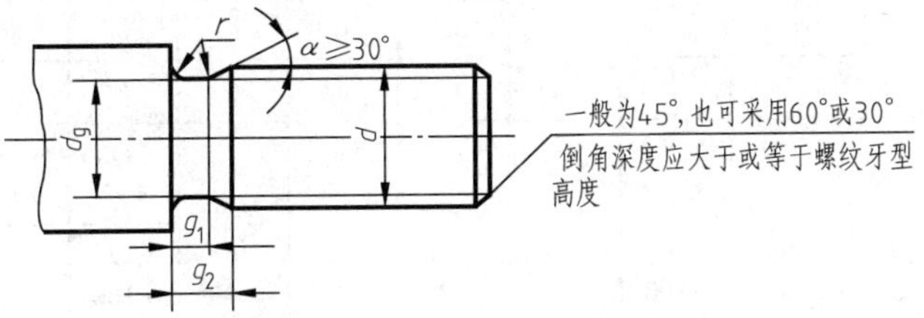

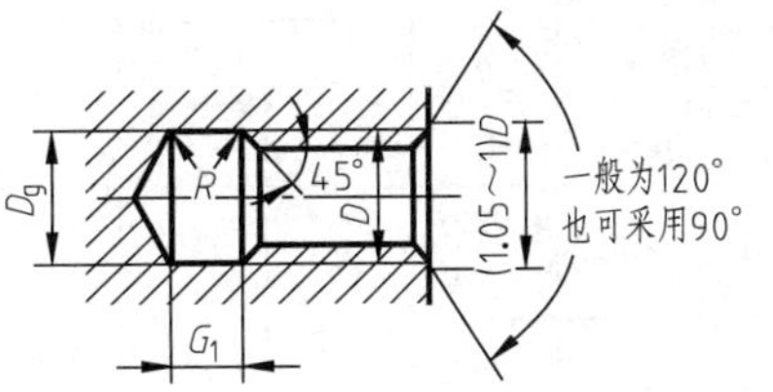

螺距	外螺纹			内螺纹		螺距	外螺纹			内螺纹	
	g_{2max}	g_{1min}	d_g	G_1	D_g		g_{2max}	g_{1min}	d_g	G_1	D_g
0.5	1.5	0.8	d-0.8	2	D+0.3	1.75	5.25	3	d-2.6	7	D+0.5
0.7	2.1	1.1	d-1.1	2.8		2	6	3.4	d-3	8	
0.8	2.4	1.3	d-1.3	3.2		2.5	7.5	4.4	d-3.6	10	
1	3	1.6	d-1.6	4	D+0.5	3	9	5.2	d-4.4	12	
1.25	3.75	2	d-2	5		3.5	10.5	6.2	d-5	14	
1.5	4.5	2.5	d-2.3	6		4	12	7	d-5.7	16	

注：1. d、D 为螺纹公称直径代号。
2. d_g 公差为：d>3mm 时，为 h13；d≤13mm 时，为 h12。D_g 公差为 H13。
3. “短” 退刀槽仅在结构受限制时采用。

附表 15　优先配合中轴的极限偏差（GB/T 1800.2—2009）

公称尺寸/mm		公差带/μm												
		c	d	f	g	h				k	n	p	s	u
大于	至	11	9	7	6	6	7	9	11	6	6	6	6	6
—	3	-60 -120	-20 -45	-6 -16	-2 -8	0 -6	0 -20	0 -25	0 -60	+6 0	+10 +4	+12 +6	+20 +14	+24 +18
3	6	-70 -145	-30 -60	-10 -22	-4 -22	0 -8	0 -12	0 -30	0 -75	+9 +1	+16 +8	+20 +12	+27 +19	+31 +23
6	10	-80 -170	-40 -76	-13 -28	-5 -14	0 -9	0 -15	0 -36	0 -90	+10 +1	+19 +10	+24 +15	+32 +23	+37 +28
10	14	-95 -205	-50 -93	-16 -34	-6 -17	0 -11	0 -18	0 -43	0 -110	+12 +1	+23 +12	+29 +18	+39 +28	+44 +33
14	18													
18	24	-110 -240	-65 -117	-20 -41	-7 -20	0 -13	0 -21	0 -52	0 -130	+15 +2	+28 +15	+35 +22	+48 +35	+54 +41
24	30													+61 +48
30	40	-120 -280	-80 -142	-25 -50	-9 -25	0 -16	0 -25	0 -62	0 -160	+18 +2	+33 +17	+42 +26	+59 +43	+76 +60
40	50	-130 -290												+86 +70
50	65	-140 -330	-100 -174	-30 -60	-10 -29	0 -19	0 -30	0 -74	0 -190	+21 +2	+39 +20	+51 +32	+72 +53	+106 +87
65	80	-150 -340											+78 +59	+121 +102
80	100	-170 -390	-120 -207	-36 -71	-12 -34	0 -22	0 -35	0 -87	0 -220	+25 +3	+45 +23	+59 +37	+93 +71	+146 +124
100	120	-180 -400											+101 +79	+166 +144

（续）

公称尺寸/mm		公差带/μm												
		c	d	f	g	h				k	n	p	s	u
大于	至	11	9	7	6	6	7	9	11	6	6	6	6	6
120	140	-200 -450											+117 +92	+195 +170
140	160	-210 -460	-145 -245	-43 -83	-14 -39	0 -25	0 -40	0 -100	0 -250	+28 +3	+52 +27	+68 +43	+125 +100	+215 +190
160	180	-230 -480											+133 +108	+235 +210
180	200	-240 -530											+151 +122	+265 +236
200	225	-260 -550	-170 -285	-50 -96	-15 -44	0 -29	0 -46	0 -115	0 -290	+33 +4	+60 +31	+79 +50	+159 +130	+287 +258
225	250	-280 -570											+169 +140	+313 +284
250	280	-300 -620	-190 -320	-56 -108	-17 -49	0 -32	0 -52	0 -130	0 -320	+36 +4	+66 +34	+88 +56	+190 +158	+347 +315
280	315	-330 -650											+202 +170	+382 +350
315	355	-360 -720	-210 -350	-62 -119	-18 -54	0 -36	0 -57	0 -140	0 -360	+40 +4	+73 +37	+98 +62	+226 +190	+426 +390
355	400	-400 -760											+244 +208	+471 +435
400	450	-440 -840	-230 -385	-68 -131	-20 -60	0 -40	0 -63	0 -155	0 -400	+45 +5	+80 +40	+108 +68	+272 +232	+530 +490
450	500	-480 -880											+292 +252	+580 +540

附表16 优先配合中孔的极限偏差（GB/T 1800.2—2009）

公称尺寸/mm		公差带/μm												
		C	D	F	G	H				K	N	P	S	U
大于	至	11	9	8	7	7	8	9	11	7	7	7	7	7
—	3	+120 +60	+45 +20	+20 +6	+12 +2	+10 0	+14 0	+25 0	+60 0	0 -10	-4 -14	-6 -16	-14 -24	-18 -28
3	6	+145 +70	+60 +30	+28 +10	+16 +4	+12 0	+18 0	+30 0	+75 0	+3 -9	-4 -16	-8 -20	-15 -27	-19 -31
6	10	+170 +80	+76 +40	+35 +13	+20 +5	+15 0	+22 0	+36 0	+90 0	+5 -10	-4 -19	-9 -24	-17 -32	-22 -37
10	14	+205 +95	+93 +50	+43 +16	+24 +6	+18 0	+27 0	+43 0	+110 0	+6 -12	-5 -23	-11 -29	-21 -39	-26 -44
14	18													
18	24	+240 +110	+117 +65	+53 +20	+28 +7	+21 0	+33 0	+52 0	+130 0	+6 -15	-7 -28	-14 -35	-27 -48	-33 -54
24	30													-40 -61

（续）

公称尺寸/mm		公差带/μm												
		C	D	F	G	H				K	N	P	S	U
大于	至	11	9	8	7	7	8	9	11	7	7	7	7	7
30	40	+280 +120	+142 +80	+64 +25	+34 +9	+25 0	+39 0	+62 0	+160 0	+7 -18	-8 -33	-17 -42	-34 -59	-51 -76
40	50	+290 +130												-61 -86
50	65	+330 +140	+174 +100	+76 +30	+40 +10	+30 0	+46 0	+74 0	+190 0	+9 -21	-9 -39	-21 -51	-42 -72	-76 -106
65	80	+340 +150											-48 -78	-91 -121
80	100	+390 +170	+207 +120	+90 +36	+47 +12	+35 0	+54 0	+87 0	+220 0	+10 -25	-10 -45	-24 -59	-58 -93	-111 -146
100	120	+400 +180											-66 -101	-131 -166
120	140	+450 +200	+245 +145	+106 +43	+54 +14	+40 0	+63 0	+100 0	+250 0	+12 -28	-12 -52	-28 -68	-77 -117	-155 -195
140	160	+460 +210											-85 -125	-175 -215
160	180	+480 +230											-93 -133	-195 -235
180	200	+530 +240	+285 +170	+122 +50	+61 +15	+46 0	+72 0	+115 0	+290 0	+13 -33	-14 -60	-33 -79	-105 -151	-219 -265
200	225	+550 +260											-113 -159	-241 -287
225	250	+570 +280											-123 -169	-267 -313
250	280	+620 +300	+320 +190	+137 +56	+69 +17	+52 0	+81 0	+130 0	+320 0	+16 -36	-14 -99	-36 -88	-138 -190	-295 -347
280	315	+650 +330											-150 -202	-330 -382
315	355	+720 +360	+350 +210	+151 +62	+75 +18	+57 0	+89 0	+140 0	+360 0	+17 -40	-16 -73	-41 -98	-169 -226	-369 -426
355	400	+760 +400											-187 -244	-414 -471
400	450	+840 +440	+385 +230	+165 +68	+83 +20	+63 0	+97 0	+155 0	+400 0	+18 -45	-17 -80	-45 -108	-209 -272	-467 -530
450	500	+880 +480											-229 -292	-517 -580

附表 17　常用热处理和表面处理（GB/T 7232—2012 和 JB/T 8555—2008）

名称	有效硬化层深度和硬度标注举例	说　明	目　的
退火	退火 163~197HBW 或退火	加热→保温→缓慢冷却	用来消除铸、锻、焊零件的内应力，降低硬度，以利切削加工，细化晶粒，改善组织，增加韧性

（续）

名称	有效硬化层深度和硬度标注举例	说　明	目　的
正火	正火 170~217HBW 或正火	加热→保温→空气冷却	用于处理低碳钢、中碳结构钢及渗碳零件，细化晶粒，增加强度与韧性，减少内应力，改善切削性能
淬火	淬火 42~47HRC	加热→保温→急冷 工件加热奥氏体化后，以适当方式冷却获得马氏体或（和）贝氏体的热处理工艺	提高机件强度及耐磨性。但淬火后引起内应力，使钢变脆，所以淬火后必须回火
回火	回火	回火是将淬硬的钢件加热到临界点（Ac_1）以下的某一温度，保温一段时间，然后冷却到室温	用来消除淬火后的脆性和内应力，提高钢的塑性和冲击韧度
调质	调质 200~230HBW	淬火→高温回火	提高韧性及强度，重要的齿轮、轴及丝杠等零件需调质
感应淬火	感应淬火 DS= 0.8~1.6， 48~52HRC	用感应电流将零件表面加热→急速冷却	提高机件表面的硬度及耐磨性，而心部保持一定的韧性，使零件既耐磨又能承受冲击，常用来处理齿轮
渗碳淬火	渗碳淬火 DC=0.8~1.2， 58~63HRC	将零件在渗碳介质中加热、保温，使碳原子渗入钢的表面后，再淬火回火，渗碳深度 0.8~1.2mm	提高机件表面的硬度、耐磨性、抗拉强度等，适用于低碳、中碳（$w_C<$ 0.40%）结构钢的中小型零件
渗氮	渗氮 DN=0.25~0.4， ≥850HV	将零件放入氨气内加热，使氮原子渗入钢表面。渗氮层 0.25~0.4mm，渗氮时间 40~50h	提高机件的表面硬度、耐磨性、疲劳强度和耐蚀能力。适用于合金钢、碳钢、铸铁件，如机床主轴、丝杠、重要液压元件中的零件
碳氮共渗淬火	碳氮共渗淬火 DC=0.5~0.8， 58~63HRC	钢件在含碳氮的介质中加热，使碳、氮原子同时渗入钢表面。可得到 0.5~0.8mm 硬化层	提高表面硬度、耐磨性、疲劳强度和耐蚀性，用于要求硬度高、耐磨的中小型、薄片零件及刀具等
时效	自然时效 人工时效	机件精加工前，加热到 100~150℃后，保温 5~20h，空气冷却，铸件也可自然时效（露天放一年以上）	消除内应力，稳定机件形状和尺寸，常用于处理精密机件，如精密轴承、精密丝杠等
发蓝处理、发黑	发蓝处理或发黑	将零件置于氧化剂内加热氧化，使表面形成一层氧化铁保护膜	防腐蚀、美化，如用于螺纹紧固件
镀镍	镀镍	用电解方法，在钢件表面镀一层镍	防腐蚀、美化
镀铬	镀铬	用电解方法，在钢件表面镀一层铬	提高表面硬度、耐磨性和耐蚀能力，也用于修复零件上磨损了的表面
硬度	HBW（布氏硬度见 GB/T 231.1—2009） HRC（洛氏硬度见 GB/T 230.1—2009） HV（维氏硬度见 GB/T 4340.1—2009）	材料抵抗硬物压入其表面的能力 依测定方法不同而有布氏、洛氏、维氏等几种	检验材料经热处理后的力学性能 ——硬度 HBW 用于退火、正火、调制的零件及铸件 ——HRC 用于经淬火、回火及表面渗碳、渗氮等处理的零件 ——HV 用于薄层硬化零件

注：“JB/T” 为机械工业行业标准的代号。

附表 18 铁和钢

1. 灰铸铁（GB/T 9439—2010）、工程用铸钢（GB/T 11352—2009）

牌　号	统一数字代号	使用举例	说　明
HT150 HT200 HT350		中强度铸铁：底座、刀架、轴承座、端盖 高强度铸铁：床身、机座、齿轮、凸轮、联轴器、机座、箱体、支架	"HT"表示灰铸铁，后面的数字表示最小抗拉强度（MPa）
ZG230-450 ZG310-570		各种形状的机件、齿轮、飞轮、重负荷机架	"ZG"表示铸钢，第一组数字表示屈服强度（MPa）最低值，第二组数字表示抗拉强度（MPa）最低值

2. 碳素结构钢（GB/T 700—2006）、优质碳素结构钢（GB/T 699—1999）

牌　号	统一数字代号	使用举例	说　明
Q215 Q235 Q255 Q275		受力不大的螺钉、轴、凸轮、焊件等 螺栓、螺母、拉杆、钩、连杆、轴、焊件 金属构造物中的一般机件、拉杆、轴、焊件 重要的螺钉、拉杆、钩、连杆、轴、销、齿轮	"Q"表示钢的屈服强度，数字为屈服强度数值（MPa），同一钢号下分质量等级，用 A、B、C、D 表示质量依次下降，如 Q235A
30 35 40 45 65Mn	U20302 U20352 U20402 U20452 U21652	曲轴、轴销、连杆、横梁 曲轴、摇杆、拉杆、键、销、螺栓 齿轮、齿条、凸轮、曲柄轴、链轮 齿轮轴、联轴器、衬套、活塞销、链轮 大尺寸的各种扁、圆弹簧，如座板簧、弹簧发条	牌号数字表示钢中碳的质量分数，例如，"45"表示碳的质量分数为 0.45%，数字依次增大，表示抗拉强度、硬度依次增加，伸长率依次降低。当锰的质量分数在 0.7% ~ 1.2%时需注出"Mn"

3. 合金结构钢（GB/T 3077—1999）

牌　号	统一数字代号	使用举例	说　明
15Cr 40Cr 20CrMnTi	A20152 A20402 A26202	用于渗透零件、齿轮、销轴、离合器、活塞销 用于活塞销、凸轮，心部韧性较高的渗碳零件 工艺性好，用于汽车拖拉机的重要齿轮，供渗碳处理	符号前数字表示碳的质量分数，符号后数字表示元素的质量分数，当质量分数小于 1.5%时，不注数字

注：表中物质的含量均为质量分数。

附表 19 非铁金属及其合金

1. 加工黄铜（GB/T 5231—2012）、铸造铜合金（GB/T 1176—2013）

牌号或代号	使用举例	说　明
H62（代号）	散热器、垫圈、弹簧、螺钉等	"H"表示普通黄铜，数字表示铜的质量分数
ZCuZn38Mn2Pb2 ZCuSn5Pb5Zn5 ZCuAl10Fe3	铸造黄铜：用于轴瓦、轴套及其他耐磨零件 铸造锡青铜：用于承受摩擦的零件，如轴承 铸造铝青铜：用于制造蜗轮、衬套和耐蚀性零件	"ZCu"表示铸造铜合金，合金中其他主要元素用化学符号表示，符号后数字表示该元素的质量分数

（续）

2. 铝及铝合金（GB/T 3190—2008）、铸造铝合金（GB/T 1173—2013）		
牌号或代号	使用举例	说明
1060 1050A 2A12 2A13	适于制作储槽、塔、热交换器、防止污染及深冷设备 适用于中等强度的零件，焊接性能好	铝及铝合金牌号用4位数字或字符表示，部分新旧牌号对照如下： 新 旧 新 旧 1060 L2 2A12 LY12 1050A L3 2A13 LY13
ZAlCu5Mn （代号 ZL201） ZAlMg10 （代号 ZL301）	砂型铸造，工作温度在175～300℃的零件，如内燃机缸头、活塞 在大气或海水中工作，承受冲击载荷，外形不太复杂的零件，如舰船配件、氨用泵体等	“ZAl”表示铸造铝合金，合金中的其他元素用化学符号表示，符号后数字表示该元素的质量分数。代号中的数字表示合金系列代号和顺序号

参考文献

[1] 大连理工大学工程图学教研室．机械制图［M］. 7版. 北京：高等教育出版社，2013.

[2] 谭建荣，张树有，陆国栋，施岳定. 图学基础教程［M］. 2版. 北京：高等教育出版社，2006.

[3] 许纪倩. 机械工人速成识图［M］. 2版. 北京：机械工业出版社，2008.

[4] 果连成. 机械制图［M］. 6版. 北京：中国劳动社会保障出版社，2014.

[5] 钱可强. 机械制图［M］. 4版. 北京：高等教育出版社，2014.

[6] 钱可强. 零部件测绘实训教程［M］. 3版. 北京：高等教育出版社，2011.

信 息 反 馈 表

尊敬的老师：

您好！机工版大类专业基础课中等职业教育课程改革国家规划新教材与您见面了。为了进一步提高我社教材的出版质量，更好地为我国职业教育发展服务，欢迎您对我社的教材多提宝贵意见和建议。如贵校有相关教材的出版意向，请及时与我们联系。感谢您对我社教材出版工作的支持！

您的个人情况							
姓名		性别		年龄		职务/职称	
工作单位及部门				从事专业			
E-mail		办公电话/手机			QQ/MSN		
联系地址					邮编		

您讲授的课程情况			
序号	课程名称	学生层次、人数/年	现使用教材
1			
2			
3			

贵校机械大类专业基础课程的相关情况
1. 在哪些方面有优势、特色？特色课程有哪些？
2. 您觉得贵校在专业基础课程中是否存在教材短缺或不适用的情况？都有哪些？
3. 贵校老师是否有创新教材希望出版？如何联系？

您对《机械制图（多学时）》教材的意见和建议
1. 本教材错漏之处：
2. 本教材内容和体系不足之处：

请用以下任何一种方式返回此表（此表复印有效）：

联系人：齐志刚　编辑

通信地址：100037　北京市西城区百万庄大街 22 号机械工业出版社中职教育分社

联系电话：010-88379197　E-mail：dadidoo@163.com　传真：010-88379181

教学资源网上获取途径

为便于教学，机工版大类专业基础课中等职业教育课程改革国家规划新教材配有电子教案、助教课件、视频等教学资源，选择这些教材教学的教师可登录**机械工业出版社教材服务网**（www. cmpedu. com）网站，注册、免费下载。会员注册流程如下：

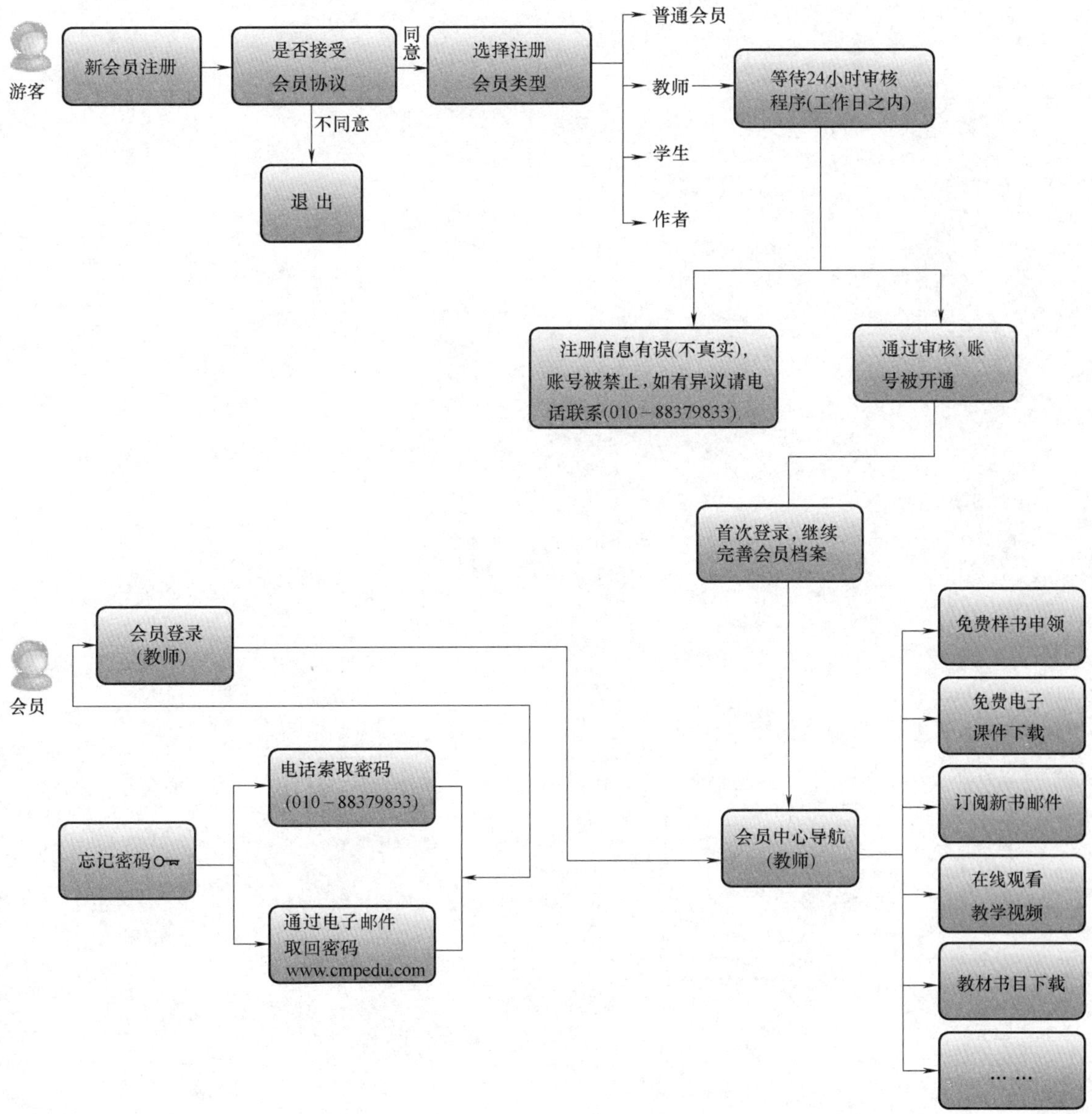